CMP BOOKS
机工IT

U0553112

Rust编程很简单

[新西兰] 大卫·麦克劳德（David Macleod）著
王鹏 母春航 译

机械工业出版社
CHINA MACHINE PRESS

这是一本专为初学者量身打造的 Rust 编程指南，无论你是编程新手还是希望快速提升 Rust 编程技巧的开发者，本书都是你的不二之选。本书共有 24 章，包括基础知识，内存、变量和所有权，更复杂的类型，泛型、Option 和 Result，集合与错误处理，迭代器和闭包，生命周期和内部可变性，多线程，Box 和 Rust 文档，测试，默认值、构建者模式和 Deref，常量、不安全的 Rust、外部 crates，异步 Rust，标准库、宏等。从基础概念到高级特性，全面覆盖，无须复杂设置。本书都将以清晰易懂的方式，引领你步入 Rust 编程的殿堂，开启高效、安全编程的新篇章。

本书适合想要系统学习 Rust 编程语言的初学者阅读，也适合经验丰富的程序员细细品味。

图书在版编目（CIP）数据

Rust 编程很简单 /（新西兰）大卫·麦克劳德（David Macleod）著；王鹏，母春航译. -- 北京：机械工业出版社，2025. 5. -- ISBN 978-7-111-78437-1

Ⅰ. TP312

中国国家版本馆 CIP 数据核字第 2025LH9865 号

机械工业出版社（北京市百万庄大街 22 号　邮政编码 100037）

策划编辑：杨　源　　责任编辑：杨　源

责任校对：甘慧彤　张雨霏　景　飞　　责任印制：任维东

北京科信印刷有限公司印刷

2025 年 8 月第 1 版第 1 次印刷

184mm×260mm · 31.25 印张 · 732 千字

标准书号：ISBN 978-7-111-78437-1

定价：109.00 元

电话服务　　网络服务

客服电话：010-88361066　　机　工　官　网：www.cmpbook.com

010-88379833　　机　工　官　博：weibo.com/cmp1952

010-68326294　　金　书　网：www.golden-book.com

封底无防伪标均为盗版　　机工教育服务网：www.cmpedu.com

序

PREFACE

感谢你购买了本书。现在正是你开始学习 Rust 的好时机!

在尝试了多门语言之后，Rust 吸引了我。在 Rust 中，我找到了我所见过最友好的编译器，其惊人的性能使我对计算机如何工作，以及如何管理内存有了更深的了解。我希望你也能拥有类似的体验。

本书旨在尽可能提供最快、最简单和最完整的 Rust 入门。它不需要你对 Rust 或其他编程知识有任何了解。某种程度上，这本书是我写给自己的，那时我刚开始学习 Rust。所以在很多方面它对同样是初学者的你也会非常友好，例如：

- 我过去是在工作的午休时间开始学习的，只有一台小笔记本计算机，甚至 VS Code 都无法正常运行。因此几乎所有的代码示例都不依赖 VS Code 这样的 IDE，甚至不需要安装 Rust。它们可以在 Rust Playground 上的浏览器中运行。
- 我过去对各种编程术语不太熟悉，当时许多 Rust 书籍将 Rust 与 C++进行比较，这很令人困惑。因此，这本书中的用语通俗易懂，而且不需要你了解任何其他编程语言。
- 我过去渴望尽可能多地学习，但很难专注于太冗长的代码示例。因此，书中的代码示例相当简短，只帮你掌握一个概念足矣，这之后再进入下一个概念的学习。
- 我过去忙于标准库，而不太考虑外部库，在 Rust 中被称为箱（crate）。所以，这本书首先尽量使用标准库，其次再去查找常用的 crates。

话虽如此，Rust 仍然是一种即使是经验丰富的程序员，也需要坐下来思考的语言，并非学习一遍就能掌握。许多人都说过，Rust 需要大量反复学习才能逐渐适应，而且 Rust 对此有所回报（反之，如果你仓促行事，Rust 也会惩罚你）。因此，从这个意义上来看，本书既适合初学者学习，也适合经验丰富的程序员细细品味。

近年来，Rust 发展得越来越好，例如新增的 Android native 代码中 21% 都是用 Rust 编写的，甚至连 Linux 内核本身也是。Rust 必将继续展现令人难以置信的增长，所以现在是开始学习它的最佳时机。

在我 2019 年开始学习 Rust 时，许多书籍都会列出使用 Rust 的大公司，以证明它是一门能胜任正式工作的成熟语言。到了今天，我想已经不太需要了——因为使用 Rust 的公司已经遍地都是了!

到目前为止，看到编辑和读者对这本书的反馈实在令人欣慰，这足以证明本书是一本更加容易学习且更全面的 Rust 语言入门书。

David Macleod

前 言

FORWORD

Rust 语言发布于 2015 年，它诞生时间不长，但已经非常流行，出现在你能想到的几乎所有地方，比如 Windows、Android、Linux 内核、亚马逊网络服务（AWS）、Discord、Cloudflare 等。Rust 在不到十年的时间里变得如此受欢迎，真是不可思议。Rust 之所以流行，是因为它几乎给了你在语言中想要的一切：像 C 或 C++那样的速度和控制，像 Python 这类新语言一样的内存安全，一个丰富的类型系统可以让你避免 BUG，以及一个在出错时帮助你的友好编译器。它通过一些有时与其他语言不同的新想法实现了这一点。

这意味着有一些新事物需要学习，你不能只是"走马观花"地学习。Rust 是一种需要你花一段时间去深入理解的语言。

感觉 Rust 是一种出了名难学的语言。但我不同意这一观点，编程本身就是困难的。Rust 只是在你写代码时更早展示了这些困难，而不是留在代码运行之后。这就是"在 Rust 中，你会先感到头晕"说法的来源。在许多其他语言中，你的代码很快可以通过编译，但是一旦运行，会发现错误接踵而至，这时你会感到更加"头晕"。

Rust 之所以让人"头晕"是因为需要确保你的代码先满足编译器的检查。如果你的代码不满足编译器，它就不会运行。你不能混合类型，必须处理可能的错误，必须在一个值可能缺失时决定该做什么。但当你这样做时，编译器会给你提示和建议来修正代码，以确保它能运行。这是一个艰苦的工作，但编译器会引导你完成这个过程。当你的代码最终编译时，它会运行得很好。

事实上也正因如此，Rust 成为我第一个真正能够学会的语言。当代码无法编译时，我喜欢编译器的友好。编译器给我的感觉像是老师或合作伙伴。它不仅帮助 Rust 完成构建，还教会了我很多之前不了解的计算机知识，例如计算机如何使用内存等。我使用它的次数越多就学得越多，这也是为什么 Rust 能够成为我所学的第一门编程语言。我希望这本书也能帮助其他人学习 Rust，即使 Rust 也是他们所学的第一门编程语言。

使 Rust 变得简单

本书的唯一目标是成为所有人学习 Rust 的捷径。

这本书的三个特点让你轻松上手 Rust。

1. 书中的文字简单易懂

本书用非常通俗的语言编写，文字不会成为阅读障碍。我对本书的目标人群设定如下。

- 那些雄心勃勃并希望尽快学会 Rust 的人。书中使用的简单文字不会成为你的障碍，你能更专注于 Rust 本身。

- 那些每天没有足够时间的人，只想直接获取信息。也许你每天只有 30 分钟可以用来学习 Rust。本书没有华丽的词藻，你可以尽可能有效地利用这 30 分钟来获得想要的信息。
- 那些已经读过另一本入门级 Rust 书籍，并希望用新的内容再次复习基础的人。
- 那些尝试学习 Rust 但仍未能掌握的人。希望这本书能解决问题！

2. 本书将 Rust 作为你的第一编程语言进行教学

当 2015 年 Rust 发布时，它需要说服世界这门语言值得学习。很多书籍将 Rust 与 C++ 和 C 这样的语言相比较，因为 Rust 是 C++ 和 C 程序员的一个很好的替代语言选择。Rust 的书籍和网站也是为那些来自 Java、C# 等语言的人编写的。

但现在越来越多的人把 Rust 作为第一门语言来学习。对这些人来说，一本以其他语言为例的书只会让人感到困惑。本书针对泛型、指针、堆栈内存、参数、表达式、并发等所有术语都会一一解释。

3. 开发环境极其简单，甚至不需要安装 Rust

本书几乎全部使用在线 Rust Playground 编写，不需要安装任何软件。当然，你可以使用 VS Code 或其他已经安装的 IDE，但这并不是必需的。这本书旨在以这种方式简化学习过程：你应该能够仅通过在浏览器中打开一个标签页，就可以学习大部分语言。

因此，这本书旨在提供一种学习 Rust 的简单方法。

Rust 本身有点简单

大多数学习 Rust 的人都有挫败的时候（有时是难以忍受的挫败感），他们只是希望自己的代码能编译通过，却不知道该怎么做。

但这个阶段不会永远持续。这个阶段过后，Rust 就会变得容易上手，因为它为帮你完成很多思考工作。Rust 是那种能让初级开发者自信地在现有代码库上开展工作的编程语言，因为大多数情况下，如果你的代码有问题，它根本就不会编译。有时你会听到关于初级开发者加入一家公司的故事。他们看到一个代码库并问是否可以进行更改，但资深开发者说不要碰它，“因为它在工作，谁知道如果你进行更改会发生什么”。Rust 可不会这样。

这使得贡献和重构代码变得更容易。如果你在 YouTube 或 Twitch 上观看 Rust 直播，会看到这种情况经常发生。主播会对一些现有代码进行大量更改，然后说“好吧，让我们看看哪里出了问题。”编译器会给出几十条消息，显示哪些部分不再工作，然后主播逐一追踪它们并进行必要的更改，直到代码再次编译通过——通常只需几分钟。没有多少语言能做到这一点。

Rust 就像一个“挑剔”的配偶

我最喜欢用来形容 Rust 的比喻是挑剔但有帮助的配偶。想象一下，你有一个工作面试，正准备出门时问你的配偶你看起来怎么样。让我们看看两种类型的配偶会怎么回应你：宽容的语言配偶和严格的 Rust 配偶。

宽容的语言配偶看到你要出门，会喊：“亲爱的，你看起来很棒！希望面试顺利。”

然后你就出门了！ 你感觉良好。但也许你看起来并不那么棒，只是自己没意识到。可能你忘记准备面试的许多重要事项。如果你是面试的专家，你会做得很好，但如果不是，你可能会遇到麻烦。

Rust 配偶就没有那么宽容，甚至不会让你出门：“你要穿这个出门？ 今天太热了，你到那里的时候会满头大汗。换上那套面料更轻薄的西装。”

你换了西装。

Rust 配偶看着你说：“你刚换的西装和你的袜子不搭。你需要换成灰色的袜子。”

你嘟囔着去换袜子。

Rust 配偶仍然不满意：“今天风很大，从停车场到公司有 500 米的步行路程。到那时你的头发会很乱。用一些发胶。”

你回到浴室，给头发上了些发胶。

Rust 配偶：“你还是不能走。你要用的停车场不接受信用卡。你需要为机器准备 2.5 美元的零钱。找点零钱吧。”

你去四处寻找一些零钱。最后总算凑齐了 2.5 美元。

这样的情况又反复了十次。你开始感到恼火，但你知道配偶是对的。

你又做了一个更改。这是最后一个吗?

现在你的 Rust 配偶上上下下打量了你一番，思考了一会儿，然后说：“……好吧，你可以走了。”

当你走出门时，尽管对你不得不做的所有更改感到有些沮丧，但当你路过一扇窗户时，看到了自己的样子，看起来棒极了！ 今天风很大，但你的头发没有被吹得乱七八糟。你开车进停车场，放入 2.5 美元——正好是需要的零钱量。

你看到有其他人也来面试，穿的西装太厚，已经在出汗了。他的袜子和西装不搭。他只有一张信用卡，正试图找附近的商店换些零钱。他开始走向商店，他的头发被风吹得乱七八糟。但你不会这样——你的配偶在开始前就已经为你完成了一半的工作。

所以从这个意义上讲，Rust 确实是一门很简单的语言。

仔细想想，在程序启动之前，你还有机会去修改它，一旦你的代码编译通过了，你单击运行并希望一切顺利。因为一旦程序开始运行，你就无法再控制程序了。

如果你的语言在编译时不严格，大多数可能的错误将在运行时发生，现在你必须调试它们。Rust 在编译时尽可能严格，它会在运行程序之前尽可能多地教你有关程序的知识。

那么，这在实践中是什么样子呢？ 让我们来看一个真实的例子。我们将前往 Playground 编写一些不正确的 Rust 代码，看看会发生什么。首先是使用它时的一些提示：

- 使用 Run 来运行你的代码。
- 如果希望你的代码运行得更快，可以将 Debug 改为 Release。Debug 可以使编译更快，运行更慢，包含调试信息。Release 则可以使编译更慢，运行得更快，移除调试信息。
- 单击 Share 获取一个网址链接。如果你想求助，可以用它分享你的代码。单击 Share 后，你可以单击 Open a new thread in the Rust user forum 向 Rust 论坛中的人寻求帮助。
- Tools - Rustfmt 会优雅地格式化你的代码。
- Tools - Clippy 会提供额外的信息，告诉你如何使代码变得更好。
- Config：在这里你可以将主题切换为暗模式（以便夜间工作），还能进行许多其他配置。

好的，现在让我们编写一些不正确的代码。我们将尝试创建一个 String，然后向其中添加一个字符并打印出来。这只是为了展示 Rust 编译器消息的样子——你很快就会了解这一切的含义。

```
fn main() {
    let my_name: String = " Dave";
    my_ name. push ( "!" ) ;
    println! ( " {} " my_ name ) ;
}
```

对于第一次尝试 Rust 的人来说，这已经相当不错了，但它还不正确。Rust 编译器对此有何反馈呢？实际上，它给出了几个建议：

```
error: expected `,`, found `my_name`
  |
4 |     println!("{}" my_name);
  |                   ^^^^^^^ expected `,`

error[E0308]: mismatched types
 --> src/main.rs:2:27
  |
2 |     let my_name: String = "Dave";
  |                  ------   ^^^^^^- help: try using a conversion method: `.to_string()`
  |                  |        |
  |                  |        expected struct `String`, found `&str`
  |                  expected due to this

error[E0308]: mismatched types
 --> src/main.rs:3:18
  |
3 |     my_name.push("!");
  |             ---- ^^^ expected `char`, found `&str`
  |             |
  |             arguments to this function are incorrect
  |
help: if you meant to write a `char` literal, use single quotes
  |
3 |     my_name.push('!');
  |                  ~~~
fn main() {
    let my_name: String = "Dave".to_string();
    my_name.push('!');
    println!("{}", my_name);
}
```

如果你按照编译器的建议去做，那么它看起来会像这样：

```
fn main() {
    let my_name: String = "Dave".to_string();
    my_name.push(' ! ' );
    println!("{}", my_name);
}
```

如果再次运行，你会看到编译器又出现更多反馈：

```
error[E0596]: cannot borrow `my_name` as mutable, as it is not declared as mutable
 --> src/main.rs:3:5
  |
2 |     let my_name: String = "Dave".to_string();
  |         ------- help: consider changing this to be mutable: `mut my_name`
3 |     my_name.push('!');
  |     ^^^^^^^^^^^^^^^^^ cannot borrow as mutable
```

如果这里遵循它的建议，那么你最终将得到这样的代码：

```
fn main() {
    let mut my_name: String = "Dave".to_string();
    my_name.push('!');
    println!("{}", my_name);
}
```

终于可以正常运行了！这正是 Rust 编译器以其严格性和实用性而闻名的体现。

你将在短短几章内理解所有这些代码，所以现在不用太担心。

在进入第 1 章之前，还有两点最后的说明：

- 书中的少数代码片段可能因为不够完整没法正常运行。比如 Rust 需要 fn main()（主函数）才能运行，但有时我们只想看一小部分代码，所以没有 fn main()。这些代码片段本身是正确的，只是不能贴到 Playground 直接运行，可能需要一个 fn main()。
- 关于 unused code 的编译器警告：Rust 编译器足够智能，能够知道你写了一些从未使用过的代码。在这种情况下，它会给你一个警告，以便让你知道自己写了一些没有使用的代码。

在这本书中，许多示例只是为了教授一个概念而从未被使用，所以不用担心那些警告。那么，让我们开始吧！

CONTENTS 目录

序

前　言

第1章 CHAPTER.1 一些基础知识 / 1

1.1 注释 / 1
1.2 原始类型：整数、字符和字符串 / 2
1.3 类型推断 / 8
1.4 浮点数 / 9
1.5 Hello World 和打印 / 11
1.6 声明变量和代码块 / 14
1.7 显示和调试 / 16
1.8 最小值和最大值 / 17
1.9 可变性 / 18
1.10 变量遮蔽（Shadowing） / 19
1.11 总结 / 22

第2章 CHAPTER.2 内存、变量和所有权 / 23

2.1 栈、堆和指针 / 23
2.2 字符串 / 24
2.3 常量和静态变量 / 27
2.4 引用的更多内容 / 28
2.5 可变引用 / 29
2.5.1 Rust 的引用规则 / 30
2.5.2 情景一：只有一个可变引用 / 30
2.5.3 情景二：仅有不可变引用 / 30
2.5.4 情景三：问题情况 / 30
2.6 再聊聊变量遮蔽 / 31
2.7 将引用传递给函数 / 32
2.8 复制（Copy）类型 / 35
2.9 变量没有值 / 38
2.10 关于打印的更多内容 / 39
2.11 总结 / 43

第3章 CHAPTER.3 更复杂的类型 / 44

3.1 集合类型 / 44
3.1.1 数组 / 44
3.1.2 Vec（向量） / 47
3.1.3 元组 / 49
3.2 控制流 / 51
3.2.1 基本控制流 / 51
3.2.2 匹配语句 / 52
3.2.3 循环 / 56
3.3 总结 / 61

第4章 CHAPTER.4 构建你自己的类型 / 62

4.1 结构体和枚举概述 / 62
4.1.1 结构体 / 62
4.1.2 枚举 / 65
4.1.3 将枚举类型转换为整数 / 69
4.1.4 枚举使用多种类型 / 70
4.1.5 实现结构体和枚举 / 71
4.2 解构 / 74

4.3 引用和点运算符 / 77
4.4 总结 / 79

第5章 CHAPTER 5 泛型、Option 和 Result / 80

5.1 泛型 / 80
5.2 Option 和 Result / 85
5.2.1 Option / 85
5.2.2 Result / 88
5.2.3 其他一些模式匹配的方法 / 91
5.3 总结 / 94

第6章 CHAPTER 6 更多的集合，更多的错误处理 / 95

6.1 其他集合 / 95
6.1.1 HashMap 和 BTreeMap / 95
6.1.2 HashSet 和 BTreeSet / 102
6.1.3 二叉堆 / 104
6.1.4 VecDeque / 105
6.2 问号运算符 / 106
6.3 当 panic 和 unwrap 是合适的 / 110
6.4 总结 / 114

第7章 CHAPTER 7 特性：使不同类型执行相同的操作 / 115

7.1 特性：基础知识 / 115
7.1.1 你所需要的只是方法签名 / 118
7.1.2 更复杂的例子 / 122
7.1.3 特性约束 / 127
7.1.4 Traits 类似于资格认证 / 129
7.2 From 特性 / 131
7.3 孤儿规则 / 133
7.4 绕过孤儿规则的方法之一是使用新类型 / 133
7.5 在函数中接受 String 和 &str / 134
7.6 总结 / 136

第8章 CHAPTER 8 迭代器和闭包 / 137

8.1 方法链 / 137
8.2 迭代器 / 138
8.3 闭包和迭代器中的闭包 / 145
8.4 总结 / 152

第9章 CHAPTER 9 再谈迭代器和闭包! / 153

9.1 闭包和迭代器的有用方法 / 153
9.1.1 映射和过滤 / 153
9.1.2 更多的迭代器和相关方法 / 158
9.1.3 在迭代器中检查和查找项目 / 160
9.1.4 循环、压缩、折叠等 / 163
9.2 调试宏 dbg! 和 .inspect / 168
9.3 总结 / 170

第10章 CHAPTER 10 生命周期和内部可变性 / 172

10.1 &str 的类型 / 172
10.2 生命周期注解 / 173
10.2.1 函数中的生命周期 / 173
10.2.2 类型中的生命周期注解 / 174
10.2.3 匿名生命周期 / 177
10.3 内部可变性 / 181
10.3.1 Cell / 182
10.3.2 RefCell / 183
10.3.3 Mutex / 186
10.3.4 RwLock / 188
10.4 总结 / 190

第11章 CHAPTER 11 多线程及更多内容 / 191

11.1 在函数内部导入和重命名 / 191
11.2 todo!宏 / 193
11.3 类型别名 / 196
11.4 Cow / 197
11.5 Rc / 200
11.5.1 Rc 的存在原因 / 201
11.5.2 实践中使用 Rc / 201
11.5.3 使用 Rc 避免生命周期注解 / 204
11.6 多线程 / 206
11.6.1 创建线程 / 206
11.6.2 使用 JoinHandle 等待线程完成 / 208
11.6.3 闭包的类型 / 210
11.6.4 使用 move 关键字 / 211
11.7 总结 / 213

第12章 CHAPTER 12 关于闭包、泛型和线程的更多内容 / 214

12.1 闭包作为参数 / 214
12.1.1 一些简单的闭包 / 217
12.1.2 FnOnce、FnMut 和 Fn 之间的关系 / 219
12.1.3 闭包都是独一无二的 / 221
12.1.4 闭包示例 / 222
12.2 impl Trait / 224
12.2.1 常规泛型与 impl Trait 的比较 / 224
12.2.2 使用 impl Trait 返回闭包 / 226
12.3 Arc / 229
12.4 作用域线程 / 233
12.5 通道（Channel） / 236
12.5.1 通道基础 / 236
12.5.2 实现一个通道 / 237
12.6 总结 / 240

第13章 CHAPTER 13 Box 和 Rust 文档 / 241

13.1 阅读 Rust 文档 / 241
13.1.1 assert_eq! / 241
13.1.2 搜索 / 243
13.1.3 [src] 按钮 / 243
13.1.4 特性信息 / 244
13.1.5 属性 / 244
13.2 Box / 249
13.2.1 Box 的基础知识 / 250
13.2.2 将 traits 放入 Box / 252
13.2.3 使用 Box 处理多种错误类型 / 254
13.2.4 将 trait 对象向下转型为具体类型 / 257
13.3 总结 / 259

第14章 CHAPTER 14 测试 / 260

14.1 包和模块 / 260
14.1.1 模块基础 / 261
14.1.2 关于 pub 关键字的更多信息 / 262
14.1.3 模块内的模块 / 263
14.2 测试 / 266
14.2.1 只需添加 # [test]，它就变成了一个 test / 266
14.2.2 当测试失败时发生了什么 / 266
14.2.3 编写多个测试 / 269
14.3 测试驱动开发（TDD） / 270
14.3.1 构建一个计算器：从编写测试开始 / 270
14.3.2 真正将计算器拼凑起来 / 272
14.4 总结 / 278

第15章 CHAPTER 15 默认值、构建者模式和 Deref / 279

15.1 实现 Default / 279
15.2 构建者模式 / 282
15.2.1 编写构建者方法 / 282
15.2.2 在构建者模式中添加最终检查 / 284
15.2.3 使构建者模式更严格 / 288
15.3 Deref 和 DerefMut / 289
15.3.1 Deref 基础知识 / 290
15.3.2 实现 Deref / 291
15.3.3 实现 DerefMut / 293
15.3.4 错误使用 Deref / 295
15.4 总结 / 297

第16章 CHAPTER 16 常量、不安全的 Rust、外部 crates / 298

16.1 常量泛型 / 298
16.2 常量函数 / 300
16.3 可变的静态变量 / 302
16.4 不安全的 Rust / 303
16.4.1 概述 / 303
16.4.2 在不安全的 Rust 中使用静态可变变量 / 304
16.4.3 Rust 中最著名的不安全方法 / 306
16.4.4 以_unchecked 结尾的方法 / 307
16.5 引入外部 crate / 308
16.5.1 Crates 和 Cargo.toml / 309
16.5.2 使用 rand crate / 309
16.5.3 使用 rand 函数掷骰子 / 310
16.6 总结 / 312

第17章 CHAPTER 17 Rust 最流行的 crate / 314

17.1 serde / 314
17.2 标准库中的时间 / 317
17.3 chrono / 321
17.3.1 检查外部库中的代码 / 321
17.3.2 再次回到 chrono / 322
17.4 rayon / 325
17.5 anyhow 和 thiserror / 328
17.5.1 anyhow / 328
17.5.2 thiserror / 330
17.6 通用特性实现 / 333
17.7 lazy_static 和 once_cell / 337
17.7.1 lazy_static：延迟评估的静态变量 / 337
17.7.2 OnceCell：只能写入一次的单元 / 339
17.8 总结 / 342

第18章 CHAPTER 18 在你的计算机上使用 Rust / 343

18.1 Cargo / 343
18.1.1 为什么每个人都使用 Cargo / 343
18.1.2 使用 Cargo 和 Rust 编译时的操作 / 345
18.2 处理用户输入 / 349
18.2.1 通过 stdin 的用户输入 / 349
18.2.2 访问命令行参数 / 351
18.2.3 访问环境变量 / 353
18.3 使用文件 / 355
18.3.1 创建文件 / 356
18.3.2 打开现有文件 / 356
18.3.3 使用 OpenOptions 处理文件 / 357
18.4 Cargo doc / 359

18.5 总结 / 362

第19章 CHAPTER 19 更多crate和异步Rust / 363

19.1 reqwest crate / 363
19.2 特性标志 / 365
19.3 异步Rust / 368
19.3.1 异步基础 / 368
19.3.2 检查Future是否准备好 / 369
19.3.3 使用异步运行时 / 370
19.3.4 关于异步Rust的其他一些细节 / 372
19.4 总结 / 376

第20章 CHAPTER 20 标准库之旅 / 377

20.1 数组 / 377
20.1.1 数组现在实现了迭代器 / 377
20.1.2 解构和映射数组 / 378
20.1.3 使用from_fn创建数组 / 380
20.2 字符（char） / 381
20.3 整数 / 383
20.3.1 检查操作 / 383
20.3.2 Add特性和其他类似特性 / 384
20.4 浮点数 / 387
20.5 关联项和关联常量 / 388
20.5.1 关联函数 / 389
20.5.2 关联类型 / 389
20.5.3 关联常量 / 391
20.6 bool / 393
20.7 Vec / 394
20.8 String / 396
20.9 OsString和CString / 398
20.10 总结 / 399

第21章 CHAPTER 21 继续游览标准库 / 401

21.1 std::mem / 401
21.2 设置panic钩子 / 406
21.3 查看回溯（backtrace） / 410
21.4 标准库的前言（prelude） / 413
21.5 其他宏 / 415
21.5.1 unreachable! / 415
21.5.2 column!, line!, file!, module_path! / 417
21.5.3 thread_local! / 419
21.5.4 cfg! / 421
21.6 总结 / 422

第22章 CHAPTER 22 编写自己的宏 / 424

22.1 宏存在的原因 / 424
22.2 编写基本宏 / 425
22.3 从标准库中读取宏 / 432
22.4 使用宏保持代码整洁 / 437
22.5 总结 / 440

第23章 CHAPTER 23 项目实战——半成品项，需要等你完成 / 441

23.1 为最后两章设置项目 / 441
23.2 打字教程 / 441
23.2.1 设置和第一段代码 / 442
23.2.2 开发代码 / 442
23.2.3 进一步开发和清理 / 444
23.2.4 现在轮到你了 / 446
23.3 维基百科文章摘要搜索器 / 447
23.3.1 设置和第一段代码 / 447
23.3.2 开发代码 / 448

23.3.3 进一步开发和清理 / 450
23.3.4 现在轮到你了 / 452
23.4 终端秒表和时钟 / 452
23.4.1 设置和第一段代码 / 452
23.4.2 开发代码 / 454
23.4.3 进一步开发和清理 / 458
23.4.4 现在轮到你了 / 461
23.5 总结 / 461

第24章 CHAPTER.24 项目实战，继续挑战未完成的项目 / 462

24.1 网页服务器猜词游戏 / 462
24.1.1 设置和第一段代码 / 462
24.1.2 开发代码 / 465
24.1.3 进一步开发和清理 / 468
24.1.4 现在轮到你了 / 470
24.2 激光笔 / 471
24.2.1 设置和第一段代码 / 471
24.2.2 开发代码 / 473
24.2.3 进一步开发和清理 / 476
24.2.4 现在轮到你了 / 479
24.3 目录和文件导航器 / 479
24.3.1 设置和第一段代码 / 479
24.3.2 开发代码 / 480
24.3.3 进一步开发和清理 / 483
24.3.4 现在轮到你了 / 485
24.4 总结 / 486

第 1 章　一些基础知识

本章涵盖了以下内容：

- 注释：在你的代码中加入人类可读的提示。
- 一些原始类型：简单的数字和其他简单类型。
- 类型推断：Rust 如何知道类型。
- Hello World 和打印。
- 声明变量和代码块。
- 变量遮蔽（Shadowing）：当给一个变量赋予另一个变量相同的名字时。

第 1 章是 Rust 最简单的部分，涵盖了一些基础内容以便开始学习。你会注意到，即使是在 Rust 最简单的数据类型中，也非常关注构成计算机系统的比特和字节。这意味着即便是像整数这样的简单类型中，也有相当多的选择。你也将开始感受到 Rust 的严格性。如果编译器不满意，你的程序就无法运行！这是件好事——它为你考虑了很多。

两个小提醒：正如前言中提到的，本书中的大多数 Rust 代码只需要在浏览器访问 Playground 并在那里运行即可。还要记住，有时 Rust 会对完全正确的代码发出警告，只是为了让你知道自己在程序中创建了某些东西，但从未使用它。这只是 Rust 尝试提供帮助。这些不是错误，所以不用担心。

让我们开始吧！

1.1 注释

注释是让程序员阅读的，不是计算机。写注释有助于其他人理解你的代码。这也有助于以后理解自己的代码（许多人写好了代码，但后来却忘记了为什么要写它）。在 Rust 中写注释通常使用//，如下例所示：

```
fn main() {
    // Rust programs start with fn main()
    // You put the code inside a block. It starts with { and ends with }
    let some_number = 100; // We can write as much as we want here and the compiler won't
        look at it
}
```

当写一个//注释时，编译器不会查看//右边的任何内容。

代码中的 `let some_number = 100` 部分是在 Rust 中创建变量的方式。变量可以理解为一个有名称的数据片段，这个名称由我们选择——希望是一个好名字，这样以后我们会记得这个变量保存的是什么类型的数据。这里我们告诉 Rust 取这个数据（数字 100），并给它命名为 'some_number'，以便以后可以使用 'some_number' 来访问它所持有的数字 100。变量名称可以根据上下文不同而不同。如果数字 100 代表一个考试中的满分，我们可能会写 `let perfect_score = 100;`。

还有另一种类型的注释，你可以用/* 开始，并用 */结束。用/* 和 */包裹的注释适用于在代码中间书写。

```
fn main()
    let some_number/*: i16*/ = 100;
}
```

对编译器来说，let some_number/*: i16*/ = 100 看起来像是 let some_number = 100。

/**/形式也适用于超过一行的非常长的注释。在下面的示例中，你可以看到需要为每一行写//。但是如果输入/*，注释将不会停止，直到用 */结束它。

```
fn main(){
    let some_number = 100; // Let me tell you
    // a little about this number.
    // It's 100, which is my favorite number.
    // It's called some_number but actually I think that...

    let some_number = 100; /* Let me tell you
    a little about this number.
    It's 100, which is my favorite number.
    It's called some_number but actually I think that... */
}
```

如果你看到 ///（三个斜杠），那就是“文档注释”（documentation comment）。文档注释可以自动转换为你的代码的文档。文档用于解释代码的工作方式——通常是供其他人阅读，但对自己来说也可能是有益的，这样就不会忘记了。

因此，//意味着代码内部的注释，而///是用于共享超出代码本身的更正式信息。普通的//注释可以不太正式，比如：

```
//todo:delete this after Fred updates the client.
```

但///注释是给阅读你代码的外部人员看的，通常更正式，比如：

```
/// Converts a string slice in a given base to an integer. Leading and trailing whitespace
   represent an error.
```

我们将在本书后面部分讨论文档注释。但如果已经安装了 Rust 并且感到好奇，可以尝试编写一些注释，然后输入“cargo doc --open”来看看会发生什么。

好，注释就讲这么多，因为这个概念非常好理解。

接下来，让我们看看 Rust 中有哪些原始数据类型。

1.2 原始类型：整数、字符和字符串

Rust 有许多类型让你可以处理数字、字符等。有些很简单，有些更复杂，你甚至可以创建自己的类型。Rust 中最简单的类型称为原始类型（primitive types）。我们将从其中的两个开始：

整数和 char（字符）。

Rust 有很多整数类型，但都有一个共同点：它们是没有小数点的整数。有两种类型的整数：

- 有符号整数。
- 无符号整数。

那么，什么是有符号的呢？很简单，有符号意味着+（加号）和-（减号）。

因此，有符号整数可以是正数或负数（例如+8，-8）或零。但无符号整数（例如 8）只能是非负的，因为它们没有符号。

- 有符号整数类型：i8，i16，i32，i64，i128，isize。
- 无符号整数类型：u8，u16，u32，u64，u128，usize。

i 或 u 后面的数字表示数字的位数，因此位数更多的数字可以更大。8 位 = 一个字节，所以 i8 是一个字节，i64 是 8 个字节，以此类推。位数更多的数字类型可以容纳更大的数字。例如：

- 一个 u8 可以容纳到 255。
- 一个 u16 可以容纳到 65535。
- 而一个 u128 可以容纳到 340282366920938463463374607431768211455。

关于整数如何工作的快速解释：计算机使用二进制数字，而人们使用十进制。二进制意味着 2，十进制意味着 10，这就是为什么二进制有 2 个可能的数字（0 或 1），而十进制有 10 个可能的数字（0 到 9）。

这是人类计数的方式：

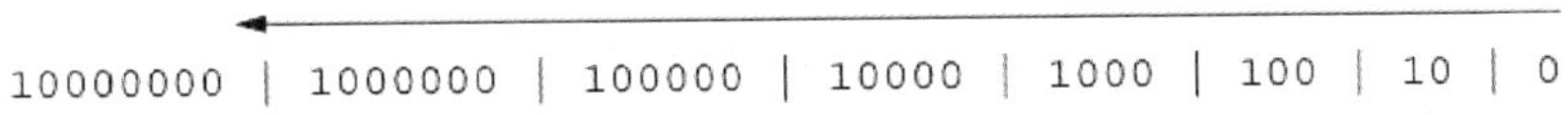

对于十进制，你每次以十为单位递增：100 是 10 的十倍，1000 是 100 的十倍，以此类推。

但计算机以 2 而不是 10 来增加它们的数字，这是二进制的增长方式。这里是一个 u8 的 8 位二进制数字翻倍后看起来的样子：

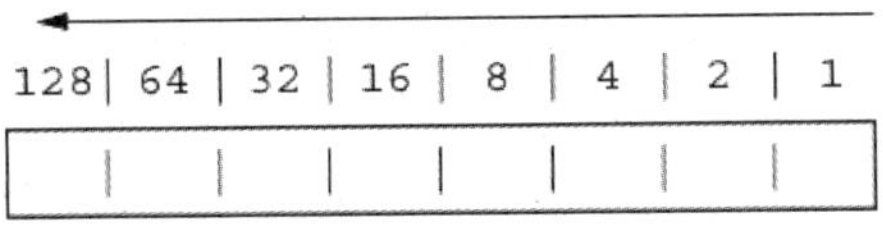

你可以看到有 8 个数字的空间，这些就是位。每个位代表的数字是上一个数字的两倍。一个位可以是 0，也可以是 1——没有其他。当位显示为 0 时，该数字不被计算；如果显示为 1，则计算该数字。

如果你有一个带有 8 位数字的十进制数，能得到的最高数字是 99999999。从右向左读，可以将这个数字看作由一个 9、一个 90、一个 900、一个 9000、一个 90000、一个 900000、一个 9000000 和一个 90000000 组成。把它们全部加起来可得到 99999999。现在如果你对二进制做同样的事，在 8 位数字上能得到的最高数字是 11111111。如果把这些数字加起来，得到：1 + 2 + 4 + 8 + 16 + 32 + 64 + 128 = 255。这就是为什么 255 是 u8 的最大大小。如果转到 u16，那么就有了额外的 8 个空间，每一个都是上一个的两倍。所以 u16 是所有这些加上 256，然后是 512，以此类推。因此，即使 u16 只是大小的两倍（16 位，或 2 字节），u16 的最高数字却是 65535（高得多）。

你也可以这样想：一个在杂货店的人类收银员要求你支付 $226，他要求的是：

- 6 个 1 元（6）。

- 2 个 10 元（20）。
- 2 个百元（200）。

但“机器收银员”要求你支付的是 11100010，即（注意，从右向左）：

- 没有 1 元。
- 一个 2 元。
- 没有 4 元。
- 没有 8 元。
- 没有 16 元。
- 一个 32 元。
- 一个 64 元。
- 一个 128 元。

把这一切加起来得到：2 + 32 + 64 + 128 = 226。

这就是为什么 226 的 u8 表示看起来是这样的。

128	64	32	16	8	4	2	1
1	1	1	0	0	0	1	0

有符号整数的最大值只有相同位数的无符号类型的一半，因为它们还必须表示负数。因此，u8 的范围是 0 到 255，而 i8 的范围是-128 到 127。

那么 isize 和 usize 呢，为什么它们的名字中没有数字？这两种类型的位数取决于你的计算机类型（计算机上的位数称为计算机的架构）。所以，在 32 位计算机上的 isize 和 usize 就像 i32 和 u32 一样，在 64 位计算机上的 isize 和 usize 就像 i64 和 u64 一样。

Rust 有很多整数大小的原因有很多。其中一个原因是计算机性能：较少的字节数可以更快地处理。例如，数字-10 作为 i8 是 11110110，但作为 i64 是 1111111111111111111111111111111111111111111111111111111111110110 大类型的最大值取值范围更大，即使数字很小，仍然使用相同位数的空间，也是一种内存浪费。

当然还有其他一些原因使得 Rust 需要有多个整数类型。比如 char 类型就与 Rust 的 u8 类型有关。

Rust 中的字符称为 char。每个 char 在内存里都是一个数字：字母 A 是数字 65，而汉字“友”是数字 21451。表示字符的数字编码被称为“Unicode”。其中代表基本字符的 Unicode 数字都比较小，如 A 到 Z、数字 0 到 9、空格等。

随着越来越多的语言使用 Unicode 表示，其数字越来越大，一些语言有数千个字符，这就是为什么“友”这样的数字如此之高。除了一些语言，字符也可以是表情符号等：

```
fn main(){
    let first_letter ='A';
    let space = ' ';      #A
    let other_language_char = 'Ꮔ';      #B
    let cat_face = '😺';      #C
}
```

#A：单引号内的空格也是一个字符。

#B：由于 Unicode 的存在，像切罗基语这样的稀有语言的文字也可以正常显示。

#C：表情符号也是字符。

我们不可能将所有字符都装进像 u8 这么小的东西里，但是，最常用的字符（称为 ASCII）可以由小于 256 的数字表示，它们可以用 u8 承载。u8 是 0 加上 255 以内的所有数字，总共是 256。这意味着 Rust 可以安全地将 u8“转换”为 char。

Rust 使用 as 进行强制转换，这非常重要。因为 Rust 是强类型语言，它需要在编译期就明确变量的类型，即使它们都是整数，也不会让你将两种不同类型一起使用。例如，这样是行不通的：

```
fn main() {     #A
    let my_number = 100;     #B
    println!("{}", my_number as char);
}
```

#A main()是 Rust 程序开始运行的地方。代码放在{}中（称为大括号或“花括号”）。

#B 我们没有指定它的整数类型时，Rust 默认会选择 i32。

这就是原因：

```
error[E0604]: only u8 can be cast as char, not i32
 --> src\main.rs:3:20
  |
3 |    println!("{}", my_number as char);
  |                   ^^^^^^^^^^^^^^^^^
```

顺便说一句，在这一章节中你会经常看到 println!、{}和{:?}。输入“println!”会打印，然后换行，而{}和{:?}描述了打印的类型。println! 是一种被称为宏的东西。宏的功能类似代码中的函数，宏名字的结尾都有一个!。你不需要担心忘记加上 !，因为编译器会提醒你：

```
fn main() {
    let my_number = 100;
    println("{}", my_number);
}
```

编译器告诉我们确切要做的事情是：

```
error[E0423]: expected function, found macro `println`
 --> src/main.rs:3:5
  |
3 |    println("{}", my_number);
  |    ^^^^^^^ not a function
  |
help: use `!` to invoke the macro
  |
3 |    println!("{}", my_number);
  |
```

在本章和下一章中，我们将更多地学习有关打印的知识。

现在回到 my_number 作为 char 的问题。幸运的是，我们可以很容易地用 as 解决这个问题。我们无法将 i32 强制转换为 char，但可以将 i32 强制转换为 u8。然后再将 u8 转换为 char。因此，先使用 as 将 my_number 转换为 u8，然后再将其转换为 char。现在它将会编译通过：

```
fn main() {
    let my_number = 100;
    println!("{}", my_number as u8 as char);
}
```

因为强制转换，这里会打印出字母 d 而不是 100。

强制转换可能很方便，但要小心，当你将一个大数转换为一个较小的类型时，可能会发生一些意想不到的事情。例如，u8 可以达到 255。如果你将数字 256 转换为 u8 会发生什么？

```
fn main(){
    let my_number = 256;
    println!("{}", my_number as u8);
}
```

你可能会认为它会将其削减到 255，即最大可能的大小，但实际上会返回 0。

如果你将一个 i32 的数字 600 转换为 u8 会发生什么？

```
fn main(){
    let my_number = 600;
    println!("{}", my_number as u8);
}
```

这里会返回 88。你可能已经看出它是怎么做的了：每次它超过最大值时，都会从 0 开始计数。所以当你将一个 600 转换为 u8 时，它会超过 u8 的最大值两次，然后剩下 88。你可以在数学上将其理解为 600 - 256 - 256 = 88。所以在强制转换为较小类型时要小心！确保在强制转换时，旧数字不大于新类型的最大值。

实际上，在 Rust 中，强制转换是很少见的，因为通常没有必要这样做。例如，你不需要使用强制转换来获得一个 u8。你可以直接告诉 Rust，my_number 是一个 u8。以下是做法：

```
fn main(){
    let my_number: u8 = 100;// change my_number to my_number: u8
    println!("{}", my_number as char);
}
```

关于 Rust 中存在不同数值类型的用途，还有一个例子：usize 是 Rust 用于索引的大小，索引用来代表“第一项是哪个”“第二项是哪个”。usize 是索引的最佳大小，因为：

- 索引不能为负数，因此需要使用带有 u 的无符号整数。
- 它应该有很多空间，因为索引号可能会相当大，但是它不能是 u64，因为 32 位计算机无法使用 u64。

因此，Rust 使用 usize，以便计算机可以获取最大的可索引的数字。

让我们进一步学习一下 char。你已经看到一个 char 总是一个字符，并且使用 ''（单引号）而不是" "（双引号）。

所有的字符都使用 4 个字节的内存，因为 4 个字节足以容纳任何类型的字符。

- 基本的字母和符号通常需要 1 个字节来表示：a、b、1、2、+、-、=、$、@。
- 其他带有德语 umlauts（重音符号）或重音符号的字母需要 2 个字节：ä、ö、ü、ß、è、à、ñ。
- 韩文、日文或中文字符需要 3 或 4 个字节：国、안、녕。

因此，为了确保 char 可以是这些字符之一，它需要 4 个字节。使用两个字节（一个 u16）可以制作的最大数字是 65535，远远低于世界上所有语言中字母的数量（仅中文字符就超过了这个数字！）。但是一个 u32（4 个字节）提供了足够的空间，允许达到 4,294,967,295 个字母，这就是为什么 char 在内部是一个 u32。

但始终使用 4 个字节只是针对 char 类型。字符串是不同的，并不总是单个字符使用 4 个字节。当一个字符是字符串的一部分时（而不是 char 类型），该字符串被编码为使用每个字符所需的最小内存量。

我们可以使用一个叫作 .len( ) 的方法来亲自查看这一点。尝试复制粘贴它并单击运行：

```
fn main(){
    println!("Size of a char: {}", std::mem::size_of::<char>());
    println!("Size of a: {}", "a".len());
    println!("Size of ß: {}", "ß".len());
    println!("Size of 国: {}", "国".len());
    println!("Size of 𓅱: {}", "𓅱".len());
}
```

顺便说一句，std :: mem 意味着标准库中被称为 mem 的部分，其中包含了 size_of( ) 函数。:: 符号的使用类似于指向地址的路径。可以类比一个多级行政单位 USA :: California :: LosAngeles。我们以后会学到这一点。

以上代码打印如下。

```
Size of a char: 4
Size of a: 1
Size of ß: 2
Size of 国: 3
Size of 𓅱: 4
```

你可以看到 a 是1个字节，德语的 ß 占用 2 个字节，汉字的“国”占用 3 个字节，而古埃及的（一只鹌鹑）占用 4 个字节。

让我们尝试打印 2 个字符串的长度，一个有 6 个字母，另一个有 3 个字母。有趣的是，第二个字符串更长：

```
fn main() {
    let str1 = "Hello!";
    println!("str1 is {} bytes.", str1.len());
    let str2 = "안녕!"; // Korean for "hi"
    println!("str2 is {} bytes.", str2.len());
}
```

这将打印：

```
str1 is 6 bytes.
str2 is 7 bytes.
```

str1 有 6 个字符，长度为 6 字节，但是 str2 有 3 个字符，长度为 7 字节。

所以要切记，.len( ) 方法返回的是字节数，而不是字母或字符的数量。

顺便说一下，一个字节的大小是一个 u8：它是一个从 0 到 255 的数字。我们可以使用一个叫作 .as_bytes( ) 的方法来看看这些字符串作为字节时是什么样子。

```
fn main(){
    println!("{:?}", "a".as_bytes());
    println!("{:?}", "ß".as_bytes());
    println!("{:?}", "国".as_bytes());
    println!("{:?}", "𓅱".as_bytes());
}
```

你可以看到每一个都不同，而为了在单个类型中显示它们，需要用 4 个字节来做到这一点。

这就是为什么 char 类型长度为 4 个字节的原因。

```
[97]
[195, 159]
[229, 155, 189]
[240, 147, 133, 177]
```

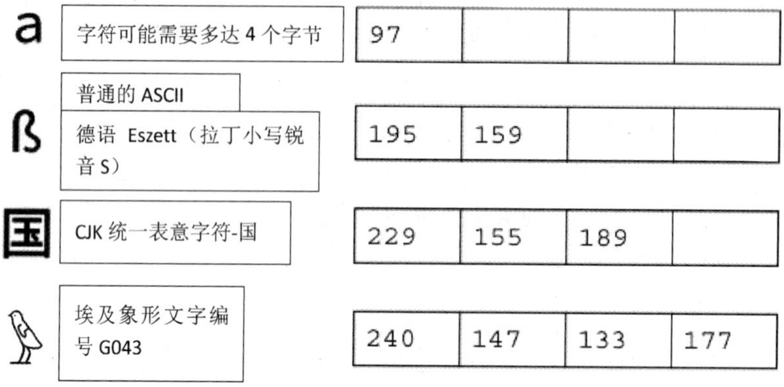

如果 .len( ) 给出的是字节大小，那么想获得字母数量怎么办呢？你可以通过组合调用 .chars( ).count( ) 的方法来获得答案。我们将在本书后面更详细地学习这些方法（特别是第 8 章）.chars( ).count( ) 将给出字符或字母的数量，而不是字节。首先调用 .chars( ) 方法会将一个字符串转换为一个字符集合，然后 .count( ) 计算其中有多少个字符。

让我们试试这个：

```
fn main() {
    let str1 = "Hello!";
    println!("str1 is {} bytes and also {} characters.", str1.len(), str1.chars().count());
    let str2 = "안녕!";
    println!("str2 is {} bytes but only {} characters.", str2.len(), str2.chars().count());
}
```

这里打印：

```
str1 is 6 bytes and also 6 characters.
str2 is 7 bytes but only 3 characters.
```

你可能已经注意到了，通常不需要告诉 Rust 变量的类型。Rust 编译器会接受 let letter = 'ß'，而不需要你输入 “let letter: char = 'ß'” 来声明一个 char。Rust 的这个特性叫作类型推断。

1.3 类型推断

类型推断这个术语意味着 Rust 通常能够确定一个变量的类型，即使你不告诉它。这个术语来源于动词 “推断”，意思是做出一个有根据的猜测。

编译器足够聪明，通常可以 “推断” 你正在使用的类型。换句话说，它始终需要知道你正在使用的变量的类型，但大多数情况下你不需要告诉它。例如，如果你输入 “let my_number = 8”，这个变量，my_number 将是一个 i32。这是因为编译器会选择 i32 作为整数，除非你告诉它选择另一种整数类型。但是，如果你写成 let my_number: u8 = 8，它会将 my_number 设为 u8，因为你告诉它使用 u8 而不是 i32。

所以通常编译器可以猜出来。但有时候你需要告诉它，通常有两个原因：

- 你正在进行非常复杂的操作，编译器无法确定你想要的类型。
- 你只是想要一个不同的类型（例如，你想要一个 i128，而不是 i32）。

要指定类型，在变量名后加上一个冒号：

```
fn main(){
    let small_number: u8 = 10;
}
```

对于数字，可以在数字后面加上类型。不需要空格，直接在数字后面输入即可：

```
fn main(){
    let small_number = 10u8; //same as "u8 = 10"
}
```

如果你想让数字更容易阅读，也可以添加：

```
fn main(){
    let small_number = 10_u8;
    let big_number = 100_000_000_i32;
}
```

下画线只是为了让人类更容易阅读数字，并不影响数字。它们完全被编译器忽略。实际上，你使用多少个下画线都无关紧要：

```
fn main(){
    let number = 0________u8;
    let number2 = 1___6______2____4______i32;
    println!("{}, {}", number, number2);
}
```

这将打印 0、1624。

有趣的是，如果给一个数字加上小数点，它将不再是整数。Rust 将会生成一个浮点数，这是一种完全不同类型的数字。现在让我们学习一下浮点数是如何工作的。

1.4 浮点数

浮点数是带有小数点的数字。5.5 是一个浮点数，而 6 是一个整数。5.0 也是一个浮点数，甚至 5.也是一个浮点数。下面代码中的变量 my_float 不会是 i32，因为它后面跟着小数点：

```
fn main(){
    let my_float = 5.;
}
```

但是这些类型并不是正式称为“float”，它们被称为 f32 和 f64。正如你所想象的那样，类型名称中的数字表示需要的位数：32 和 64（因此为 4 字节和 8 字节）。与 Rust 默认选择 i32 类型一样，它也会默认选择 f64，除非你告诉它要使用 f32。

当然，Rust 是严格的，所以只有相同类型的浮点数才能在一起使用。因此，你不能将一个 f32 加到一个 f64 上。如果我们创建一个 f64 和一个 f32，并试图将它们加在一起，如下所示。

```
fn main(){
    let my_float: f64 = 5.0;
    let my_other_float: f32 = 8.5;

    let third_float = my_float + my_other_float;
}
```

当你尝试运行这段代码时，Rust 会报错：

```
error[E0308]: mismatched types
--> src\main.rs:5:34
  |
5 |    let third_float = my_float + my_other_float;
  |                                 ^^^^^^^^^^^^^^ expected `f64`, found `f32`
```

当你使用错误的类型时，编译器会写上"expected (type), found (type)"。它会像这样阅读你的代码：

- let my_float: f64 = 5. 0：第一个变量类型是 f64。
- let my_other_float: f32 = 8. 5；另一个变量是 f32。
- let third_flot = my_float + my_other_float，当编译器读到 my_float 时，会期待另一个被加数也是 f64，这样才能相加，如果不是会报错。

因此当你看到"expected (type), found (type)"时，需要找出哪里的类型不符合编译期预期。当然，对于简单的数字，修复起来很容易。可以用 as 将 f32 强制转换为 f64：

```
fn main(){
    let my_float: f64 = 5.0;
    let my_other_float: f32 = 8.5;

    let third_float = my_float + my_other_float as f64;    #A
}
```

#A 将 my_other_float 作为 f64 使用，就像使用 my_other_float 一样。

但是还有一种更简单的方法：移除类型声明，让 Rust 为我们完成工作。Rust 会选择可以相互相加的类型。在下面的代码中，Rust 会将每个浮点数都作为 f64 处理：

```
fn main(){
    let my_float = 5.0;
    let my_other_float = 8.5;

    let third_float = my_float + my_other_float;
}
```

Rust 编译器非常聪明，如果我们声明一个 f32 并尝试将其与另一个浮点数相加，它不会生成一个 f64：

```
fn main(){
    let my_float: f32 = 5.0;
    let my_other_float = 8.5;    #A

    let third_float = my_float + my_other_float;    #B
}
```

#A 通常情况下，Rust 会为 my_other_float 选择 f64。

#B 但现在它知道你需要将它与 f32 相加。因此它也为 my_other_float 选择了 f32。

这些是 Rust 中一些最基本的概念和类型。也许有人着急问我们何时会看到“hello world”，这通常才是学习编程语言时看到的第一个例子。OK，现在是时候了！

1.5 Hello World 和打印

当你在 Playground 中打开一个新的 Rust 程序时，它总是有这段代码。

```
fn main(){
    println!("Hello, world!");
}
```

让我们稍微分解一下这段代码，看看它的含义。

- fn 表示函数。
- main( )是启动程序的函数。
- ( )表示我们没有向函数传递任何参数（参数是函数的输入）。这意味着函数启动时没有任何可用的变量。

接着是 {}，被称为代码块。代码块是代码存在的空间。如果你在代码块内声明一个变量，它将一直存在直到代码块结束。这就是它的生命周期。让我们看看之前的浮点数示例。当我们将其中一个放在代码块中时，会发现它并不能在代码块之外继续存在：

```
fn main(){
    let my_float = 5.0;     #A
    {
        let my_other_float = 8.5;     #B
    }   #C
    // let third_float = my_float + my_other_float; #D
}   #E
```

#A 变量 my_float 存在于 main( )的代码块内。这是它的生命周期开始的地方。

#B 变量 my_other_float 的生命周期从这里开始。但它位于另一个代码块内，它的生命周期更短。

#C 这是 my_other_float 生命周期结束的地方，在这行之后，你不能再使用它。

#D 变量 my_other_float 的生命周期已经结束了。所以我们将其注释了。

#E 这是包含 my_float 的代码块的结尾。它的生命周期到这里也结束了。

这就是 {} 代码块的工作原理。

在 Rust 中，{} 并不总是表示一个代码块。下面的代码演示了如何使用 {} 来更改 main 函数的输出，以在 Hello world 后添加一个数字 8：

```
fn main(){
    println!("Hello, world number {}!", 8);
}
```

println! 中的 {} 表示“将变量放在这里”。换句话说，{} 用于捕获变量。这会打印出 Hello, world number 8!。

我们可以像之前一样添加更多内容：

```
fn main(){
    println!("Hello, worlds number {} and {}!", 8, 9);
}
```

这会打印出 Hello, worlds number 8 和 9！。

我们注意到每行结尾都有一个“;”。在 Rust 中分号的使用很有讲究。我们通过创建一个简单的函数来了解分号的用途。我们将这个函数称为 give_number，并将其放在 main( )的上面（虽然通常你会将 main( )放在底部，但实际上没有任何区别）。然后在 main( )内调用这个函数，方法是输入“give_number( )”。

```
fn give_number ( ) -> i32 {
    8
}

fn main ( ) {
    println! ("Hello, world number {}!", give_ number ( ) );
}
```

这也会打印出 Hello, world number 8！。当 Rust 看到 give_number( )时，它意识到你正在调用一个函数。这个函数：

- 没有参数，因为( )没有内容。
- 返回一个 i32。箭头“->”（称为“箭头符号”）表示函数返回的内容。

函数内部只有一个 8。因为这行末尾没有分号，这个 8（一个 i32）就是函数 give_number( )返回的值。如果在行末添加了分号，它就不会返回任何值（它会返回一个( )，称为单元类型，表示“无”）。

所以这是重要的一点：如果函数体以分号结尾，Rust 将无法编译这个程序，因为返回类型是 i32，而加上分号后函数返回的是( )，而不是 i32。让我们尝试添加分号来查看错误。现在我们的代码如下：

```
fn give_number() -> i32 {
    8;
}

fn main(){
    println!("Hello, world number {}", give_number());
}
```

错误：

```
error[E0308]: mismatched types
 --> src/main.rs:1:21
  |
1 | fn give_number() -> i32 {
  |    -----------      ^^^ expected `i32`, found `()`
  |    |
  |    implicitly returns `()` as its body has no tail or `return` expression
2 |     8;
  |      - help: remove this semicolon to return this value
```

这表示“你告诉我 give_number( )返回一个 i32，但你加了一个分号，所以它不返回任何值”。因此，编译器建议移除分号。

你也可以写成 return 8；来返回一个值，但在 Rust 中通常只需删除 return。函数的最后一行是函数的返回值，你不需要输入“return”来触发返回。当然，如果想在函数中提前返回一个值（在最后一行之前），那么你会使用 return。

这里是一个简单的示例，展示了一个提前返回值的函数。有趣的是，代码可以编译！它甚至返回了与之前相同的输出“Hello，world number 8”。

```
fn give_number() -> i32 {
    return 8;
    8
}

fn main() {
    println!("Hello, world number {}", give_number());
}
```

它编译成功是因为代码没有问题：give_number( )函数返回了一个 i32，就像它应该的那样。然而，Rust 注意到这个函数永远不会到达 return 8；下面的行，并给出了一个警告：

```
warning: unreachable expression
 --> src/main.rs:3:5
  |
2 |     return 8;
  |     -------- any code following this expression is unreachable
3 |     10
  |     ^^ unreachable expression
  |
  = note: `#[warn(unreachable_code)]` on by default
```

所以我们在这里没有理由使用提前返回，但是 Rust 仍然会运行代码。

当你想要将变量传递给函数时，将它们放在( )中。你必须给它们一个名称，并写上类型。

```
fn multiply(number_one: i32, number_two: i32) {     #A
    let result = number_one * number_two;
    println!("{} times {} is {}", number_one, number_two, result);
}

fn main() {
    multiply(8, 9);     #B
    let some_number = 10;     #C
    let some_other_number = 2;
    multiply(some_number, some_other_number);     #D
}
```

#A 这个函数将接受两个 i32 型参数，我们将它们称为 number_one 和 number_two。

#B 可以直接将这两个数字传递给函数…

#C 或者也可以声明两个 i32 变量…

#D 将它们传递给函数。

这个示例的输出是：

```
8 times 9 is 72
10 times 2 is 20
```

我们也可以返回一个 i32。只需去掉末尾的分号：

```
fn multiply(number_one: i32, number_two: i32) -> i32 {
    let result = number_one * number_two;    #A
    result    #B
}

fn main() {
    let multiply_result = multiply(8, 9);
    println!("The two numbers multiplied are: {multiply_result}");
}
```

#A 在这里定义一个名为 result 的数字…

#B 将其放在最后一行以返回它。

输出将是：

```
The two numbers multiplied are: 72
```

实际上，我们甚至不需要在返回之前声明一个变量。这段代码产生相同的输出：

```
fn multiply(number_one: i32, number_two: i32) -> i32 {
    number_one * number_two    #A
}

fn main() {
    let multiply_result = multiply(8, 9);
    println!("The two numbers multiplied are: {}", multiply_result);
}
```

#A 这意味着“返回 number_one * number_two 的结果”。

Rust 之所以如此快速，一个原因在于它精确地知道变量在内存中存在的时间。一旦变量不再需要内存，它们就会被丢弃，Rust 会自动释放该内存。现在让我们学习一下如何声明变量，以及它们的生命周期。

1.6 声明变量和代码块

在 Rust 中，我们使用 let 关键字来声明变量。变量只是代表某种类型信息的名称，就像真实的姓名代表一个人一样。

```
fn main() {
    let my_number = 8;    #A
    println!("Hello, number {}", my_number);
}
```

#A “创建一个名为 my_number 的变量，它的值是数字 8"。

2021 年后，可以在 println! 的 {} 内部捕获变量，因此也可以这样做：

```
fn main(){
    let my_number = 8;
    println!("Hello, number {my_number}");
}
```

在本书中，我们将同时使用这两种打印方法。有时在 {} 中写入变量名称看起来更好：

```
fn main(){
    let color1 = "red";
    let color2 = "blue";
    let color3 = "green";

    println!("I like {color1} and {color2} and {color3}");
}
```

但有时在 {} 之后使用逗号看起来更好：

```
fn main(){
    let naver_base_url = "naver";
    let google_base_url = "google";
    let microsoft_base_url = "microsoft";

    // Printing this way is okay,but...
    println!("The url is www.{naver_base_url}.com");
    println!("The url is www.{google_base_url}.com");
    println!("The url is www.{microsoft_base_url}.com");

    // This way it lines up much nicer
    println!("The url is www.{}.com", naver_base_url);
    println!("The url is www.{}.com", google_base_url);
    println!("The url is www.{}.com", microsoft_base_url);
}
```

顺便说一下，Rust 管理内存的方式与垃圾回收（GC）不同。大多数语言都有 GC 来处理内存清理。另一些不依赖 GC 的语言，比如 C 和 C++，则需要自己清理内存。Rust 没有垃圾回收器，与 C 和 C++ 一样。但是 Rust 也有不同之处：它足够智能，知道变量何时不再需要存在，并自动释放内存。

正如我们上面所看到的，变量的生命周期在代码块 {} 内开始和结束。这个例子会产生一个错误，因为 my_number 在自己的代码块内，而且它的生命周期在我们尝试打印它之前就结束了。

```
fn main(){
    {
        let my_number = 8;    #A
    }
    println!("Hello, number {}", my_number);    #B
}
```

#A 变量 my_number 从这里开始，但仅在下一行就结束了！

#B 错误：println! 没有要打印的 my_number。

然而，你可以从代码块中返回一个值来保持它的存在。仔细看看这是如何工作的：

```
fn main(){
    let my_number = {
```

```
        let second_number = 8;
            second_number + 9     #A
        };

        println!("My number is: {}", my_number);
    }
```

#A 没有分号，所以代码块返回了 8 + 9。就像从函数中返回一样。

second_number 的值是 8，我们返回 second_number + 9，所以这就像是写成 let my_number = 8 + 9。由于代码块返回了这个值，my_number 从未存在于代码块内部；相反，它从代码块末尾的返回值中获得它的值。

如果在代码块内部加上分号，它将返回 ()（什么都没有）：

```
fn main(){
    let my_number = {
    let second_number = 8;     #A
        second_number + 9;     #B
    };

    println!("My number is: {:?}", my_number);// my_number is()
}
```

#A 这里我们声明了一个变量 second_number，并将 9 加到它上面。

#B 但是我们加了一个分号，所以 my_number 不再是一个 i32！代码块返回了一个 ()，而 second_number 在此处消失了。

那么为什么我们写的是 {:?} 而不是 {} 呢？现在来谈谈这个问题。

1.7 显示和调试

在 Rust 中，简单变量可以使用 {} 在 println! 中打印。这被称为显示打印。但有些变量并非像基本类型那样可打印，无法使用 {} 直接输出，此时你需要调试打印。可以将调试打印视为针对程序员的打印，因为它通常可以显示更多信息，但是不够简洁。

你如何知道是需要 {:?} 而不是 {} 呢？编译器会告诉你。让我们尝试使用 Display 打印 ()，看看会发生什么错误：

```
fn main(){
    let doesnt_print = ();
    println!("This will not print: {}", doesnt_print);
}
```

当我们运行时，编译器会报告：

```
error[E0277]: `()` doesn't implement `std::fmt::Display`
 --> src\main.rs:3:41
  |
3 |    println!("This will not print: {}", doesnt_print);
  |                                        ^^^^^^^^^^^^ `()` cannot be formatted with the
    default formatter
  |
```

```
   = help: the trait `std::fmt::Display` is not implemented for `()`
   = note: in format strings you may be able to use `{:?}` (or {:#?} for pretty-print)
     instead
   = note: required by `std::fmt::Display::fmt`
   = note:this error orisinates in a macro(in Nightly builds,run with -Z macro-backtrace
     for more info)
```

这里有多个提示信息。还有一个重要的词叫作“trait”，中文翻译为特性或者特性。trait 在 Rust 中很重要，我们会在整本书中学到它们。但就目前而言，你可以将 trait 想象成“一个类型能做什么”。因此，如果编译器说“trait Display is not implemented”，意味着“这种类型没有 Display 的能力”。

现在编译器消息的重点是：

```
you may be able to use{:?}(or{:#?}for Pretty-Print)instead.
```

这意味着你可以尝试使用 {:?}，还有 {:#?}。{:#?} 被称为“美观打印（Pretty）”。它与 {:?} 的调试打印相同，但会换行打印，格式更美观。

因此，使用 {:?} 你会看到这样的输出：

```
User { name: "Mr. User", user_number: 101 }
```

使用 {:#?} 则会看到换行：

```
User {
    name: "Mr. User",
    user_number: 101,
}
```

如果你不想换行，还可以使用 print!，不带 ln。

```
fn main() {
    print!("This will not print a new line");
    println!(" so this will be on the same line");
}
```

所以总结一下，这是我们学到的 3 种打印方式：

- {}：Display 打印，但很多类型不支持，所以此时可以尝试使用下面这个。
- {:?}：Debug 打印。如果一行上有太多信息，可以尝试下面这个。
- {:#?}：Pretty 打印。每个部分都打印在自己的一行上，以便更容易阅读。

在 Rust 中打印还有很多内容，我们将在下一章中学习。现在让我们回到一些关于 Rust 最简单类型的基本信息。

1.8 最小值和最大值

如果你想要查看类型的最小值和最大值，可以在类型名称后面使用 MIN 和 MAX：

```
fn main(){
    println!("The smallest i8: {} The biggest i8: {}", i8::MIN, i8::MAX);
    println!("The smallest u8: {} The biggest u8: {}", u8::MIN, u8::MAX);
    println!("The smallest i16: {} The biggest i16: {}", i16::MIN, i16::MAX);
```

```
    println!("The smallest u16: {} and the biggest u16: {}", u16::MIN, u16::MAX);
    println!("The smallest i32: {} The biggest i32: {}", i32::MIN, i32::MAX);
    println!("The smallest u32: {} The biggest u32: {}", u32::MIN, u32::MAX);
    println!("The smallest i64: {} The biggest i64: {}", i64::MIN, i64::MAX);
    println!("The smallest u64: {} The biggest u64: {}", u64::MIN, u64::MAX);
    println!("The smallest i128: {} The biggest i128: {}", i128::MIN, i128::MAX);
    println!("The smallest u128: {} The biggest u128: {}", u128::MIN, u128::MAX);
}
```

这将打印出：

```
The smallest i8: -128 The biggest i8: 127
The smallest u8: 0 The biggest u8: 255
The smallest i16: -32768 The biggest i16: 32767
The smallest u16: 0 and the biggest u16: 65535
The smallest i32: -2147483648 The biggest i32: 2147483647
The smallest u32: 0 The biggest u32: 4294967295
The smallest i64: -9223372036854775808 The biggest i64: 9223372036854775807
The smallest u64: 0 The biggest u64: 18446744073709551615
The smallest i128: -170141183460469231731687303715884105728 The biggest i128:
    170141183460469231731687303715884105727
The smallest u128: 0 The biggest u128: 340282366920938463463374607431768211455
```

顺便提一下，MIN 和 MAX 是用全大写字母写的，因为它们是常量（不可更改的全局值）。在这种情况下，它们是通过“::”附加到它们的类型的。我们将在下一章中学习更多关于常量的知识。

1.9 可变性

当你使用 let 声明一个变量时，默认它是不可变的（无法更改）。

因此，以下代码将不起作用：

```
fn main(){
    let my_number = 8;
    my_number = 10;
}
```

如果你只使用 let 来声明变量，就无法更改 my_number，因为变量是不可变的。编译器的错误信息会非常详细地告知我们：

```
error[E0384]: cannot assign twice to immutable variable `my_number`
 --> src/main.rs:3:5
  |
2 |     let my_number = 8;
  |         ---------
  |         |
  |         first assignment to `my_number`
  |         help: consider making this binding mutable: `mut my_number`
3 |     my_number = 10;
  |     ^^^^^^^^^^^^^^ cannot assign twice to immutable variable
```

但有时你想要更改变量，编译器已经给了我们一些建议。要创建一个可以更改的变量，只需在 let 后面添加 mut：

```
fn main(){
    let mut my_number = 8;
    my_number = 10;
}
```

现在就没有问题了。

但是，即使将其声明为 mut，你也不能变更量类型。因此，以下操作不起作用：

```
fn main(){
    let mut my_variable = 8;
    my_variable = "Hello, world!";
}
```

你会看到编译器会同样报错。

```
error[E0308]: mismatched types
 --> src/main.rs:3:19
  |
2 |     let mut my_variable = 8;
  |                           - expected due to this value
3 |     my_variable = "Hello, world!";
  |                   ^^^^^^^^^^^^^^^ expected integer, found `&str`
```

顺便说一句，&str 是一种字符串类型，我们很快会学到它。

1.10 变量遮蔽（Shadowing）

现在我们了解了可变性的基础知识，是时候学习一下遮蔽了。遮蔽是指使用 let 来声明一个与另一个变量同名的新变量。它看起来像是可变性，但实际上完全不同。一定要注意避免混淆它们！遮蔽的示例如下：

```
fn main(){
    let my_number = 8;     #A
    println!("{}", my_number);
    let my_number = 9.2;     #B
    println!("{}", my_number);
}
```

#A 只是一个普通的 i32，名为 my_number...

#B 这是一个相同名称的 f64。但它不是第一个 my_number，它完全不同！

这里我们用一个新的 let 让变量 my_number 指向一个完全不同的值。

那么第一个 my_number 被销毁了吗？没有，但当我们调用 my_number 时，现在得到的是 f64 类型的 my_number。因为它们在同一个作用域块（同一个 {} ）中，我们看不到第一个 my_number 了。

但如果它们在不同的块中，就能同时看到两者。让我们采用相同的示例，并将第二个 my_number 放在不同的块中，看看会发生什么。

```
fn main(){
    let my_number = 8;
    println!("{}", my_number);
    {
        let my_number = 9.2;
        println!("{}", my_number);     #A
    }
    println!("{}", my_number);// prints 8,not 9.2
}
```

#A 这将打印出 9.2，因为第二个 my_number 遮蔽了第一个 my_number。但是第二个 my_number 只在此块结束前存在。第一个 my_number 仍然存在。

所以当你用同名的新变量来遮蔽一个变量时，并没有销毁第一个变量，只是把它掩盖了。

想象一下教室里有一个叫布莱恩的学生，他总是说 true（一个布尔值）。每次你叫他的名字，他都告诉你他的值。然后有一天，新来一个学生也叫布莱恩，坐在另一个布莱恩前面。第二个布莱恩遮蔽了第一个布莱恩。

这第二个布莱恩是完全不同的类型：他是一个字符串，每次都会说 "I'm Brain"。现在每次你叫布莱恩并询问他的值，你都会得到完全不同的东西。但假设第二个布莱恩只是从另一所学校来参观，然后离开了——他在一个更小的"范围"内。现在当你叫布莱恩的名字时，你会再次听到 true，因为第一个布莱恩仍然在那里（他的范围持续时间更长），如下图所示。

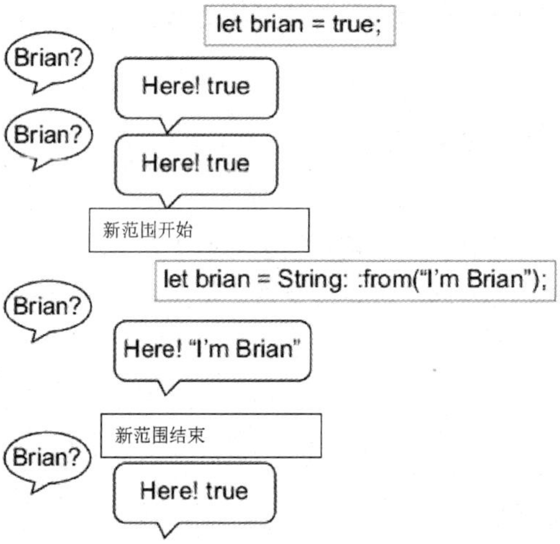

那么变量遮蔽的优势是什么呢？当你需要频繁处理一个变量，并且在中间不关心它的时候，遮蔽是很有用的。想象一下，你想对一个变量进行大量的简单数学运算：

```
fn times_two(number: i32) -> i32 {
    number * 2
}

fn main(){
    let final_number = {
        let y = 10;
        let x = 9;
```

```
        let x = times_two(x); //shadow with x:18
        let x = x + y; //shadow again with x:28
        x //returns x:final_nuber is now the value of x
    };
    println!("The number is now: {}", final_number)
}
```

这将打印出 "现在的数字是：28"。

如果没有遮蔽，你就不得不考虑不同的名称，即使你不在乎 x。假设我们想要做同样的事情，Rust 如果不支持遮蔽，我们就不得不每次想一个新名字，起名字是很痛苦的事情。

```
fn times_two(number: i32) -> i32 {
    number * 2
}

fn main(){
    let final_number = {
        let y = 10;
        let x = 9;
        let x_twice = times_two(x);     #A
        let x_twice_and_y = x_twice + y;     #B
        x_twice_and_y
    };
    println!("The number is now: {}", final_number)
}
```

#A 在这里我们不得不想出一个新的变量名...

#B 这里也是！

遮蔽变量在处理可变性时也很有用。在下面的示例中，再次有一个名为 x 的数字。我们想要改变它的值，而且不关心原始的名为 x 的变量。在这种情况下，可以用一个新的可变变量来对其进行遮蔽，该变量是一个浮点数，现在我们可以改变它。

```
fn main(){
    let x = 9;
    let mut x = x as f32;
    x += 0.5; //现在数值是 9.5
}
```

总的来说，在 Rust 中，你会在以下情况下看到遮蔽的使用：快速处理我们不太关心的变量，或者绕过 Rust 对类型、可变性等严格规则的情况。

这就是第 1 章的全部内容。如果你了解另一种编程语言，可能会注意到 Rust 在某些方面非常熟悉，但在某些领域却有很大不同。如果 Rust 是你的第一种语言则更好。对你来说，一切都是从新学习，不需要改变已有的使用习惯。

在下一章中，我们将学习内存是如何工作以及数据的所有权。所有权是 Rust 中最独特的概念之一，因此我们将花费大量时间来思考它。

1.11 总结

- 你可以在注释中写任何想写的内容，如果你用///，还可以将注释生成有用的文档。
- 可以告诉 Rust 你的变量类型，但大多数情况下可以省略，依靠类型推断即可。
- 理解二进制可以帮助你掌握和选择更合适的整数类型。
- 变量存在于 {} 代码块（作用域）内。在其中创建的变量不能脱离代码块，除非是通过返回值传递到外部。
- 默认变量不可变，如果尝试更改变量，必须使用 mut。
- 遮蔽变量与可变性完全不同：它只是定义了另一个同名变量而已。

第 2 章　内存、变量和所有权

本章涵盖了以下内容：

- 栈、堆、指针和引用。
- 字符串：处理文本最常见的方式。
- const 和 static：永久持续的变量。
- 更多关于遮蔽的内容。
- 复制类型。
- 更多有关打印的内容。

在本章中，你将了解到 Rust 如何让你思考计算机本身。Rust 让你专注于计算机内存如何被程序使用，以及所有权是什么（谁拥有数据）。记住“所有权”这个词，这是 Rust 最独特和关键的概念。还有关于打印的更多干货，可以扩展你在上一章学到的知识。请在本章的最后寻找相关内容！

本章我们将从计算机常见的两种内存类型开始：栈和堆。

2.1 栈、堆和指针

理解栈、堆和指针在 Rust 中非常重要。

首先，我们将从栈和堆开始，它们是计算机中保存内存的两个地方。以下是一些需要记住的重要知识点：

- 栈非常快，但堆不太快。当然这只是相对于栈来说，堆也并非那么慢。
- 栈很快，因为栈里的变量在编译期就预定好了位置，它们顺序堆叠，一个挨着一个。当函数执行完毕时，它们会随着函数一并消失，直至内存被彻底释放。有些人将栈比作一堆盘子：你把一个盘子叠在另一个上面，如果想把它们分开，首先拿掉顶部的一个，然后是下一个顶部的，以此类推。所有的盘子都紧紧地叠在一起，所以它们很容易找到。但你不能一直使用栈。
- 栈上的变量要在编译期明确大小和起始地址。因此，像 i32 这样的简单变量可以放在栈上，因为我们知道它们的确切大小。你总是知道 i32 将会占据 4 个字节，因为 32 位等于 4 个字节。所以 i32 总是可以放在栈上的。
- 有些类型在编译时不知道大小。但栈需要知道确切的大小。那么该怎么办呢？此时就需要把数据放在堆上，因为堆可以容纳任意大小的数据（你不必自己这样做——程序会请求计算机提供一块内存来存放数据）。然后，为了从堆上找到它，需要在栈上存一个指针。因为指针的大小是明确的。指针记录堆上的变量地址信息，通过指针读取变量内容。

- 有时甚至不能使用堆内存！如果你在 Rust 中为一个小型嵌入式设备编程，只能使用栈内存。因为在小型嵌入式设备上没有操作系统可以请求堆内存。

指针听起来很复杂，其实不然。指针就像一本书的目录。举个例子，如下图所示：

所以这就像是 5 个指针。你可以阅读它们并找到它们所指代的信息。“我的生活”章在哪里？在第 1 页。“我的工作”章在哪里？在第 23 页。

在 Rust 中，你通常看到的指针被称为引用，可以把它看作是一种内存安全的指针：它们指向拥有的内存，而不是不安全的随机内存位置。关于引用需要知道的重要一点是：引用指向另一个值的内存。引用意味着你借用了这个值，但并不拥有它。就像我们的书一样，目录并不拥有信息，而是章节拥有信息。在 Rust 中，引用前面有一个 & 符号。所以：

- let my_variable = 8 表示创建一个常规变量。
- let my_reference = &my_variable 表示创建一个指向 my_variable 数据的引用。

你可以这样理解 my_reference = &my_variable：my_reference 是指向 my_variable 的引用或者 my_reference 指向 my_variable。

这意味着 my_reference 只是查看 my_variable 的数据，而 my_variable 仍然拥有它的数据。

你甚至可以有一个指向另一个引用的引用，或者任意数量的引用。

```
fn main() {
    let my_number = 15; //This is an i32
    let single_reference = &my_number; //This is a &i32
    let double_reference = &single_reference; //This is a &&i32
    let five_references = &&&&&my_number; //This is a &&&&&i32
}
```

这些都是不同的类型，就像“朋友的朋友”不同于“朋友”一样。实际上，你可能不会经常看到 5 层深的引用，但有时会看到一个引用指向另一个引用。

2.2 字符串

Rust 有两种主要类型的字符串：String 和 &str。为什么会有两种类型，它们有什么区别呢？

- &str 通常被称为“字符串切片”，关于切片的概念后面会详细学习，这里只需要知道切片记录了一个字符串数据指针和长度。当你写 let my_variable = "Hello, world!" 时，就创建了一个 &str。&str 使用指针找到数据，然后使用长度来确定要查看多少数据。它可能只是某个其他变量所有数据的部分视图。

- String 是一个稍微复杂一些的字符串。它可能会慢一些，但具有更多的功能。String 是一个指针，其数据存储在堆上。最大的区别在于，String 拥有其数据，而 &str 则是一个只读的视图，即对某些数据的一个视图。String 可以轻松地增长、缩小、改变等。

还要注意，&str 前面有一个 &，因为你需要一个引用来使用 str。这是因为我们上面看到的原因：栈需要知道大小，而 str 可以是任意长度。因此，我们使用一个引用 & 来访问它。编译器知道引用指针的大小，然后可以使用 & 来找到 str 数据并读取它。另外，因为你使用 & 来与 str 交互，所以并不拥有它。但是 String 是一个“所有权”类型。我们很快就会了解为什么这一点很重要。

&str 和 String 都使用 UTF-8 编码，这是全球范围内主要使用的字符编码。因此，&str 或 String 中的内容可以是任何语言：

```
fn main() {
    let name = "자우림";     #A
    let other_name = String::from("Adrian Fahrenheit Țepeș");     #B
}
```

#A 这个韩国摇滚乐队名字的 &str 没问题，韩文字符也是 UTF-8 的。

#B 而这个持有一个著名吸血鬼名字的 String 也没有问题：Ț 和 ș 都是有效的 UTF-8。

你可以看到在 String::from("Adrian Fahrenheit Țepeș") 中很容易从一个 &str 创建一个 String。第二个变量是一个拥有所有权的 String。

你甚至可以写表情符号，感谢 UTF-8：

```
fn main() {
    let name = "😄";
    println!("My name is actually {}", name);
}
```

在你的计算机上，它会打印出“My name is actually 😄”，除非你的终端命令行无法显示特殊字符。此时可能显示类似于“My name is actually”，但是 Rust 本身对表情符号或任何其他 Unicode 没有问题，即使你的终端无法正常显示。

让我们再次看看为什么使用 & 来表示 str，以确保我们理解。

str 是一种“动态大小”的类型。“动态大小”意味着大小可以不同。例如，我们之前看到的两个名字（"자우림" 和 "Adrian Fahrenheit Țepeș"）大小不一样。可以用两个函数来看到这一点：size_of，显示类型的大小；size_of_val，显示值的大小。它看起来像这样：

```
fn main() {
    let size_of_string = std::mem::size_of::<String>();     #A
    let size_of_i8 = std::mem::size_of::<i8>();
    let size_of_f64 = std::mem::size_of::<f64>();
    let size_of_jaurim = std::mem::size_of_val("자우림");     #B
    let size_of_adrian = std::mem::size_of_val("Adrian Fahrenheit Țepeș");

    println!("A String is Sized and always {size_of_string} bytes.");
    println!("An i8 is Sized and always {size_of_i8} bytes.");
```

```
    println!("An f64 is always Sized and {size_of_f64} bytes.");
    println!("But a &str is not Sized: '자우림' is {size_of_jaurim} bytes.");
    println!("And 'Adrian Fahrenheit Țepeș' is {size_of_adrian} bytes - not Sized.");
}
```

#A std::mem::size_of::<Type>()给出了类型的大小（以字节为单位）。

#B std::mem::size_of_val()给出了值的大小（以字节为单位）。

这里打印出：

```
A String is Sized and always 24 bytes.
An i8 is Sized and always 1 bytes.
An f64 is always Sized and 8 bytes.
But a &str is not Sized: '자우림' is 9 bytes.
And 'Adrian Fahrenheit Țepeș' is 25 bytes - not Sized.
```

这就是为什么我们需要一个 &，因为 & 生成一个指针，而 Rust 知道指针的大小。所以只有指针能放在栈上。如果我们写成 str，Rust 就不知道该怎么做，因为它不知道大小。实际上，你可以试试，告诉它创建一个 str 而不是一个 &str：

```
fn main(){
    let my_name: str = "My name";
}
```

这是错误提示：

```
error[E0308]: mismatched types
 --> src/main.rs:2:24
  |
2 |    let my_name: str = "My name";
  |                 ---   ^^^^^^^^^ expected `str`, found `&str`
  |                 |
  |                 expected due to this

error[E0277]: the size for values of type `str` cannot be known at compilation time
 --> src/main.rs:2:9
  |
2 |    let my_name: str = "My name";
  |        ^^^^^^^ doesn't have a size known at compile-time
  |
  = help: the trait `Sized` is not implemented for `str`
  = note: all local variables must have a statically known size
  = help: unsized locals are gated as an unstable feature
help: consider borrowing here
  |
2 |    let my_name: &str = "My name";
  |                 +
```

很详细的错误信息！编译器不止报错，还会指导我们怎么使用 Rust。

有很多方法可以创建 String。以下是其中一些：

- String::from("This is the string text")：这是一个 String 的方法，接受文本并创建一个 String。
- "his is the string text".to_string()：这是一个 &str 的方法，将其转换为 String。

- format!：这是与 println! 类似的宏函数，但它创建一个 String 而不是打印出来。因此，你可以这样做：

```
fn main(){
    let name = "Billybrobby";
    let country = "USA";
    let home = "Korea";
    let together = format!("I am {name} and I come from {country} but I live in {home}.");
}
```

现在我们有一个名为 together 的 String，但还没有打印出来。

另一种创建 String 的方式叫作.into()，但它有点不同，因为.into()不仅仅用于创建 String，它还可用于将一种类型转换为另一种类型。一些类型可以很容易地使用 From:: 和.into()相互转换。如果你有 From，那么你也有.into()，From 更清晰，因为你已经知道了类型，即你知道 String::from（"Some str"）是一个从 &str 到 String 的 String。但是对于.into()，有时编译器并不知道：

```
fn main(){
    let my_string = "Try to make this a String".into();
}
```

Rust 不知道你想要什么类型，因为很多类型都可以从一个 &str 创建出来。它在说："我可以把一个 &str 转换成很多东西，你想要哪个？"

```
error[E0282]: type annotations needed
 --> src\main.rs:2:9
  |
2 |     let my_string = "Try to make this a String".into();
  |         ^^^^^^^^^ consider giving `my_string` a type
```

所以可以这样做：

```
fn main(){
    let my_string: String = "Try to make this a String".into();
}
```

现在你得到了一串字符。

接下来是两个关键字，让你可以创建全局变量。全局变量永远存在，所以不需要为它们考虑所有权！

2.3 常量和静态变量

除了 let 关键字外，声明值还有两种方式，分别称为 const 和 static。需要注意，Rust 不会对它们使用类型推断，你需要写出它们的类型。const 用于定义不会改变的值，static 有可能改变，主要的区别在于：

- const 用于不会改变且在编译时创建的值。
- static 类似于 const，但具有固定的内存位置。它可能不是在编译时创建的。

你暂时可以把它们的作用认为是几乎相同的。对于全局变量，Rust 程序员通常会使用 const，但 static 关键字也有其存在的理由。在本书的后面部分你会看到其中的一些原因。

可以使用全大写字母来编写它们，并且通常放在 main 函数之外，以便使它们可以在整个程序中存在。

两个快速的例子是：

```
const NUMBER_OF_MONTHS: u32 = 12;
static SEASONS: [&str; 4] = ["Spring", "Summer", "Fall", "Winter"];
```

因为它们是全局的，所以可以在任何地方访问它们，它们不会被丢弃。这里有一个例子。这个 print_months( ) 函数没有输入，但没问题，NUMBER_OF_MONTHS 可以从任何地方访问。

```
const NUMBER_OF_MONTHS: u32 = 12;

fn print_months() {// This function takes no input!
    println!("Number of months in the year: {NUMBER_OF_MONTHS}");
}

fn main() {
    print_months();
}
```

这很方便。那么为什么不把所有东西都设为全局呢？一个原因是这些类型是在编译时创建的。如果你在编译时不知道一个值是什么，就不能将其设置为 const 或 static。此外，在编译时不能使用堆，因为程序需要执行内存分配（分配就像是对堆内存的预订），不需要自己分配内存。Rust 会为你处理内存分配。

所以 const 和 static 相当简单：如果编译器允许你创建一个，那么就可以在任何地方使用它，而且不必担心所有权。

现在让我们转向引用，引用需要结合所有权的概念来理解，需要花一点时间来消化。

2.4 引用的更多内容

我们已经了解了引用的基本知识，并知道使用 & 来创建引用。让我们看一个包含引用的代码示例：

```
fn main() {
    let country = String::from("Austria");
    let ref_one = &country;
    let ref_two = &country;
    println!("{}", ref_one);
}
```

这将打印出 “Austria”。

在代码内部有一个变量 country，它是一个 String 类型，因此拥有它的数据。然后我们创建了两个对 country 的引用。它们的类型是 &String，你可以说它们是 “对 String 的引用”。这两个变量可以查看 country 拥有的数据。我们可以创建三个引用，甚至一百个引用指向 country，都没有问题，因为它们只是查看数据。

但下面的代码会出现问题。让我们看看当尝试从函数中返回一个对 String 的引用时会发生什么：

```
fn return_str() -> &String {
    let country = String::from("Austria");
    let country_ref = &country;
```

```
    country_ref
}

fn main(){
    let country = return_str();
}
```

编译器的提示如下：

```
error[E0515]: cannot return value referencing local variable country
 --> src/main.rs:4:5
  |
3 |     let country_ref = &country;
  |                       -------- `country` is borrowed here
4 |     country_ref
  |     ^^^^^^^^^^^ returns a value referencing data owned by the current function
```

函数 return_str() 创建了一个 String，然后创建了一个指向该 String 的引用。接着，它试图返回这个引用。但是名为 country 的 String 只存在于函数内部，然后就被销毁了——记住，变量只在其代码块存在。一旦变量消失了，计算机就会清理内存，以便为其他用途使用。所以在函数返回之后，country_ref 将引用已经不存在的内存。Rust 在这里防止我们出现内存错误。

这就是上面谈到的“拥有”类型的重要部分。因为你拥有一个 String，可以传递它。但是如果它所引用的 String 消失了，那么 &String 也会消失，你就不能通过它传递“所有权”了。

2.5 可变引用

如果要通过引用来更改数据，需要使用可变引用。对于可变引用，需要写成 &mut 而不是 &。

```
fn main(){
    let mut my_number = 8;
    // ^^^ don't forget to write mut here!
    let num_ref = &mut my_number;
}
```

那么这两种类型叫什么？my_number 是一个 i32，num_ref 是 &mut i32。我们可以称之为“i32 的可变引用”，或者“ref mut i32”。

所以让我们用它来给 my_number 加 10。但是，你不能写成 num_ref += 10，因为 num_ref 不是 i32 值，而是 &i32。在引用中没有要添加的东西。要添加的值实际上在 i32 内部。为了访问值所在的位置，我们使用 *。使用 * 可以从引用转移到引用后面的值。换句话说，* 是 & 的相反。另外，一个 * 消除一个 &。

以下代码展示了这两个概念：使用 * 通过可变引用更改数字的值；一个 * 对应一个 &。

```
fn main(){
    let mut my_number = 8;
    let num_ref = &mut my_number;
    *num_ref += 10; // Use * to change the i32 value.
    println!("{}", my_number);

    let second_number = 800;
```

```
    let triple_reference = &&&second_number;
    println!("Are they equal? {}", second_number == ***triple_reference);
}
```

打印得出：

```
18
Are they equal? true
```

因为使用 & 被称为“引用”，而使用 * 被称为“解引用”。

2.5.1 Rust 的引用规则

Rust 有两条关于可变和不可变引用的规则。它们非常重要，但是并不难理解：

- 规则 1（不可变引用）：你可以拥有任意多个不可变引用。多到 1000 个也没问题。因为你只是查看数据，所以没有问题。
- 规则 2（可变引用）：你只能拥有一个可变引用。此外，不能同时拥有一个不可变引用和一个可变引用。

这是因为可变引用可以改变数据。如果在其他引用正在读取数据时更改数据，可能会出现并发问题。

为了便于理解，我们用 PPT 演示文稿或 Google 文档这种现实生活的常见例子来类比和理解引用的所有权。

2.5.2 情景一：只有一个可变引用

一位员工正在使用在线的 Google 文档编写演示文稿。他拥有这些数据，现在，他想让经理帮忙。员工用自己的账号登录经理的计算机，并请求经理帮忙进行编辑。现在经理拥有对员工演示文稿的“可变引用”，但并不拥有员工的计算机。经理可以随意进行任何更改，然后在完成后退出登录。这没问题，因为没有其他人在查看演示文稿。

2.5.3 情景二：仅有不可变引用

这名员工正在向 100 人做报告。现在所有 100 人都可以看到员工的数据。他们都有对员工演示文稿的“不可变引用”。这是没问题的，因为他们可以看到数据，但没有人能更改数据。另外 1000 人或一百万人来参加演示，都不会有任何影响。

2.5.4 情景三：问题情况

员工像之前一样在经理的计算机上登录。经理现在拥有了一个“可变引用”。然后员工去给 100 人做演示，但经理还没有退出。经理仍然可以在计算机上随意操作。也许经理会删除演示文稿，开始给母亲写电子邮件，甚至做更糟糕的事情！现在这 100 人必须看经理随机的计算机活动，而不是演示文稿。这是意外的行为，也正是 Rust 防止的情况。

以下是一个具有不可变借用的可变引用的示例：

```
fn main() {
    let mut number = 10;
    let number_ref = &number;
    let number_change = &mut number;
    *number_change += 10;
```

```
    println!("{}", number_ref);
}
```

果然编译器报了错，指出了我们的问题。

```
error[E0502]: cannot borrow `number` as mutable because it is also borrowed as immutable
 --> src\main.rs:4:25
  |
3 |     let number_ref = &number;
  |                      ------- immutable borrow occurs here
4 |     let number_change = &mut number;
  |                         ^^^^^^^^^^^ mutable borrow occurs here
5 |     *number_change += 10;
6 |     println!("{}", number_ref);
  |                    ---------- immutable borrow later used here
```

仔细看下面的代码示例。在示例中，我们创建了一个可变变量，接着创建了一个可变引用。然后通过引用改变了变量的值。最后，它创建了一个不可变引用，并使用不可变引用打印了值。

下面的代码同时进行了可变引用和不可变引用，但代码却可以正常工作。为什么呢？

```
fn main(){
    let mut number = 10;
    let number_change = &mut number;
    *number_change += 10;
    let number_ref = &number;
    println!("{}", number_ref);
}
```

它打印了 20。上面的代码之所以有效，是因为编译器足够聪明，能够理解我们的代码。它知道我们使用了 number_change 来改变 number，但之后没有再次使用它，这就是可变引用的结束。所以我们没有同时使用不可变和可变引用。

在 Rust 早期的版本中，这种类型的代码实际上会生成错误，但编译器现在比以前更聪明了。它不仅能理解我们输入的内容，还能理解我们何时以及如何使用（大多数）具有所有权的内容。

2.6 再聊聊变量遮蔽

记得在上一章提到遮蔽不会销毁一个值吗？现在我们知道如何使用引用了，可以来证明遮蔽的这个特性。看看这段代码，思考一下输出会是什么。它会是 Austria 8 还是 8 8？

```
fn main(){
    let country = String::from("Austria");
    let country_ref = &country;
    let country = 8;
    println!("{country_ref} {country}");
}
```

答案是：Austria，8。首先我们声明一个名为 country 的字符串。然后创建一个指向这个字符串的引用 country_ref。接着用一个 i32 的值 8 来屏蔽 country。但是第一个 country 并没有被销毁，所以 country_ref 仍然指向 Austria，而不是 8。下面是同样的代码，并附有一些注释来说明它是如何工作的：

```
fn main(){
    // We have a String called country
    let country = String::from("Austria");

    // Makes a reference to the String data
    let country_ref = &country;

    // Next, we have a variable called country that is an i8.
    // It blocks the original String but the String is not destroyed
    let country = 8;

    // And The reference still points to the String
    println!("{country_ref}, {country}");
}
```

当我们将引用传递到函数中时，由于所有权的关系，函数也会获取所有权！下一节中的第一个代码示例对于大多数初学 Rust 的人来说都会有些意外。让我们来看看。

2.7 将引用传递给函数

在 Rust 中，值的一个规则是它只能有一个所有者。这使得引用在函数中非常有用，因为你可以让函数快速查看一些数据，而无须传递所有权。下面的代码虽然不能运行，但可以让我们了解所有权是如何工作的。

```
fn print_country(country_name: String) {
    println!("{country_name}");
}

fn main(){
    let country = String::from("Austria");
    print_country(country); //Print "Austria"...
    print_country(country); //That was fun,let's do it again!
}
```

这不起作用是因为在第一次调用 print_country( ) 函数后，country 被销毁，内存被清理了。具体如下。

- 第 1 步：我们创建了名为 country 的字符串。变量 country 是数据的所有者。
- 第 2 步：我们将 country 传递给 print_country 函数，此时 print_country 拥有数据。该函数没有返回值。在 print_country 完成后，我们的字符串现在已经死亡。
- 第 3 步：我们试图将 country 再次给 print_country，但已经这样做过了，它在函数内部消失了！country 曾经拥有的数据现在已经不存在了。

这也被称为“移动”，因为数据移动到函数后，生命周期转移到函数内部。在编译器错误中看到“use of moved value”。表示我们在使用已转移到其他地方的值。编译器还贴心地告诉我们移动数据发生在哪一行“value moved here”：

```
error[E0382]: use of moved value: `country`
 --> src/main.rs:8:19
```

```
  |
6 |   let country = String::from("Austria");
  |       ------- move occurs because `country` has type `String`, which does not
  implement the `Copy` trait
7 |   print_country(country);//Print "Austria"...
  |                 ------- value moved here
8 |   print_country(country);//That was fun,let's do it again!
  |                 ^^^^^^^ value used here after move
```

这是为什么用 Rust 程序速度快的一个例子。一个 String 会分配内存，如果你频繁进行内存分配，那么你的程序可能会变慢。Rust 不会为另一个 String 分配新的内存，它只是将相同的数据所有权交给其他东西。在这种情况下，函数成为相同数据的所有者（顺便提一下，我们还注意到编译器报错的一部分写着 “which does not implement the 'Copy' trait”，在后面会很快学到）。

那么该怎么办呢？可以让 print_country 将 String 还回来，但那会很麻烦。

```
fn print_country(country_name: String) -> String {     #A
    println!("{}", country_name);
    country_name
}

fn main(){
    let country = String::from("Austria");
    let country = print_country(country);     #B
    print_country(country);
}
```

#A 现在这个函数不只是打印字符串，它打印字符串并将其返回。

#B 这意味着我们必须从函数中获取返回值并再次将其赋值给一个变量。

现在打印的结果是：

```
Austria
Austria
```

这种方法在两方面都很尴尬。你必须让函数返回该值，并且必须声明一个变量来保存函数返回的值。幸运的是，有一个更好的方法，即只需添加 &。

```
fn print_country(country_name: &String) {
    println!("{}", country_name);
}

fn main(){
    let country = String::from("Austria");
    print_country(&country);     #A
    print_country(&country);
}
```

#A 注意你必须传入 &country，而不是 country。

现在 print_country()是一个接受 String 的引用（&String）的函数。由于这一点，print_country()函数只能查看数据，但不会获取所有权。

现在让我们用一个可变引用做类似的事情。以下是一个使用可变变量的函数示例。

```
fn add_hungary(country_name: &mut String) {    #A
    country_name.push_str("-Hungary");    #B
    println!("Now it says: {country_name}");
}

fn main(){
    let mut country = String::from("Austria");
    add_hungary(&mut country);    #C
}
```

#A 这次传递的是一个 &mut String 而不是一个 &String。

#B push_ str()方法将一个 &str 添加到一个 String 中。

#C 还要注意这里需要传入一个 &mut country，而不仅仅是一个 &country。

打印出来的是：Now it says：Austria-Hungary。

最后总结一下：

- fn function_name（variable：String）接受一个 String 并拥有它。如果不返回任何东西，那么变量在函数内部将会消失。
- fn function_name（variable：&String）借用了一个 String 并可以查看它。变量在函数内部不会消失。
- fn function_name（variable：&mut String）借用了一个 String 并可以修改它。变量在函数内部不会消失。

接下来的这个例子，它看起来像是一个可变引用，但实际上有所不同。没有 &，因此它根本不是一个引用。

```
fn main(){
    let country = String::from("Austria");    #A
    adds_hungary(country);
}

fn adds_hungary(mut string_to_add_hungary_to: String) {    #B
    string_to_add_hungary_to.push_str("-Hungary");
    println!("{}", string_to_add_hungary_to);
}
```

#A 变量 country 不是可变的，但我们要打印出 Austria-Hungary 如何实现呢？

#B 这样做：adds_hungary 函数接受 String 并声明它是可变的！

输出是 Austria-Hungary，怎么做到的呢？因为 mut country 不是一个引用，adds_hungary 现在拥有 country。它接受的是一个 String 而不是一个 &String。一旦调用 adds_hungary，这个函数就成为数据的完全所有者。string_to_add_hungary_to 这个变量根本不需要关心 country 变量，因为它的数据已经转移，而 country 现在已经不存在了。因此，adds_hungary 可以改变 country，而且是完全安全的，没有其他人拥有它。

还记得前面我们提到的员工和经理的情况吗？在这种情况下，就像员工辞职并把整个计算机交给经理一样。员工已经离开了，永远不会再碰它了，所以经理可以随心所欲地对待它。

更有趣的是，如果你在第二行将 country 声明为一个可变变量，编译器会给出一个小小的警告。你觉得为什么呢？

```
fn main(){
    let mut country = String::from("Austria");    #A
    adds_hungary(country);
}

fn adds_hungary(mut string_to_add_hungary_to: String) {
    string_to_add_hungary_to.push_str("-Hungary");
    println!("{}", string_to_add_hungary_to);
}
```

#A 在这里，我们已经将 country 声明为 mut。

让我们看看警告：

```
warning: variable does not need to be mutable
 --> src/main.rs:2:9
  |
2 |    let mut country = String::from("Austria");
  |        ----^^^^^^^
  |        |
  |        help: remove this `mut`
  |
  = note: `#[warn(unused_mut)]` on by default
```

在第二行，有一个名为 country 的所有者，它拥有这个可变的字符串，但并没有改变它！只是将它传递给 adds_hungary 函数。所以没有必要将其设置为可变的。但是 adds_hungary 函数会获取所有权并希望对其进行更改，因此将其命名为 mut string_to_add_hungary_to 是为了清楚表明所有权发生了转移。但实际项目中不需命名这么长，mut country 足以。

再次以员工和经理的比较来说，就好像员工开始了新工作，分配了一台计算机，然后辞职并将其交给了经理，甚至没有启动它。一开始甚至不需要给他可变访问权限，因为员工甚至都没有碰它。

还要注意位置：它是 mut country：String 而不是 country：mut String。这与在使用 let 时的顺序相同，就像在 let mut country：String 中一样。

2.8 复制（Copy）类型

Rust 中最简单的类型也被称为“复制类型”（Copy Types）。它们都存储在栈上，并且编译器知道它们的大小。这意味着它们非常容易复制，因此当你将这些类型发送给函数时，编译器总是复制它们的数据。复制成本很低，所以没理由不这样做。对于这些类型，你不需要担心所有权问题。

记得在上一节中提到：编译器说字符串“use of moved value”，因为字符串不是一个复制类型。如果它是一个复制类型，数据就会被简单地复制，而不是移动。同样地，一个变量指向另一个变量的一行代码，其背后可能是“移动语义”，也可能是“复制语义”。

复制类型包括整数、浮点数、布尔值（true 和 false）、字符等。

复制类型需要实现 Copy 方法，通过查看官方文档可以知道哪些类型实现了 Copy。例如，下面是 char 的文档，可以在 Trait Implementations（特性实现）看到，如 Copy、Debug 和 Display

等。通过这个我们知道一个 char：

- 当你将它发送到一个函数时会被复制（Copy）。
- 可以使用 {} 打印（Display）。
- 可以使用 {:?} 打印（Debug）。

让我们来看一个类似于上面的代码示例，不过这次涉及一个接受 i32（也是复制类型）而不是 String 的函数。在这种情况下，你不再需要考虑所有权，因为每次传递到 print_number( ) 函数中时，i32 会被复制简单地。

```
fn prints_number(number: i32) {     #A
    println!("{}", number);
}

fn main(){
    let my_number = 8;
    prints_number(my_number);     #B
    prints_number(my_number);     #C
}
```

#A 这里没有 ->，所以函数没有返回任何东西。如果 number 不是一个复制类型，函数结束时会销毁，我们就无法再次使用它。

#B 这里 prints_number 获取了 my_number 的一个副本。

#C 这里不再有问题，因为 my_number 是一个复制类型。

但是，如果你查看 String 的文档，会发现它不是一个复制类型。在左边的 Trait Implementations 中，可以按字母顺序查找。A，B，C…没有 Copy 类型，但是有一个叫作 Clone 的。Clone 类似于 Copy，但通常需要更多的内存。而且，必须使用 . clone( ) 来调用它——它不会像复制类型那样自己克隆。

让我们回到上面的 prints_country( ) 函数的例子。记得因为函数会获取所有权，所以你不能两次传递相同的 String 吗？

```
fn prints_country(country_name: String) {
    println!("{country_name}");
}

fn main(){
    let country = String::from("Kiribati");
    prints_country(country);
    prints_country(country);
}
```

但现在我们理解了这条信息：

```
error[E0382]: use of moved value: `country`
 --> src\main.rs:4:20
  |
2 |    let country = String::from("Kiribati");
  |        ------- move occurs because `country` has type `std::string::String`, which
    does not implement the `Copy` trait
3 |   prints_country(country);
  |                  ------- value moved here
```

```
4 |    prints_country(country);
  |                    ^^^^^^^ value used here after move
```

重要的部分是 String "does not implement the `Copy` trait"。

如果这是别人的代码，我们无法将 prints_country( ) 函数更改为接受 &String 怎么办？或者出于某些原因想通过值传递一个 String 的时候怎么办？在文档中，我们看到 String 实现了 Clone 特性。所以可以在代码中添加 .clone( )。这将创建一个克隆，并将克隆发送到函数。现在 country 仍然存在，所以我们可以使用它。

```
fn prints_country(country_name: String) {
    println!("{}", country_name);
}

fn main() {
    let country = String::from("Kiribati");
    prints_country(country.clone());    #A
    prints_country(country);
}
```

#A 创建一个克隆并将其提供给函数。只有克隆进入函数，而 country 变量仍然存在。

当然，如果字符串非常大，.clone( ) 可能会使用大量内存。一个字符串可能长度相当于一整本书，每次调用 .clone( ) 都会复制书的内容。所以如果可以的话，使用引用 & 更快。例如，下面的代码将一个 &str 推送到一个 String 中，然后每次在函数中使用时都会进行克隆：

```
fn get_length(input: String) {    #A
    println!("It's {} words long.",input.split_whitespace().count());    #B
}

fn main() {
    let mut my_string = String::new();
    for _ in 0..50 {
        my_string.push_str("Here are some more words ");
        get_length(my_string.clone());
    }
}
```

#A 这个函数接管了一个 String。
#B 这里我们以空格拆分句子统计单词数量。

打印结果：

```
It's 5 words long.
It's 10 words long.
...
It's 250 words long.
```

这里产生了 50 个克隆。而使用引用的方式明显更节省内存：

```
fn get_length(input: &String) {
    println!("It's {} words long.", input.split_whitespace().count());
}

fn main() {
```

```
    let mut my_string = String::new();
    for _ in 0..50 {
        my_string.push_str("Here are some more words ");
        get_length(&my_string);
    }
}
```

关于引用和函数可以遵循以下原则：如果函数不需要修改参数数据，则优先选择使用不可变引用给函数传参，这样不用担心函数会获取某些数据的所有权。本章中最后一个与内存相关的主题相当简短，即只有名称但没有值的变量。

2.9 变量没有值

一个没有值的变量称为“未初始化”变量。未初始化意味着“尚未开始”。它们很简单：只需写上 let，然后是变量名称和变量类型：

```
fn main(){
    let my_variable: i32;
}
```

但你暂时无法使用它，如果尝试使用未初始化的值，Rust 将无法编译。

但有时它们也是有用的。一些例子包括：

- 当你的变量值位于代码块内部时。
- 变量需要存在于代码块之外时。
- 你希望读代码的人在代码块之前注意到变量名称时。

下面是一个简单的例子：

```
fn main(){
    let my_number;
    {   // Pretend we need to have this code block.
        // We are writing some complex logic...
         let calculation_result = {
             // Pretend there is code here too.
             // Lots of code, and finally the result:
             57
         };
         // And, finally give my_number a value
         my_number = calculation_result;
         println!("{my_number}");
    }
}
```

这会打印出 57。

可以看到 my_number 是在 main() 函数中声明的，所以它的生命周期延续到函数的结尾。它的值来自于另一个代码块内部，但该值的生命周期与 my_number 一样长，因为 my_number 持有该值。

还要注意，my_number 不是 mut，也不必是。直到我们给它赋值 57 之前，它都没有改变其值。最终，my_number 只是一个被赋予值 57 的数字。

2.10 关于打印的更多内容

在上一章中，我们学习了打印的基础知识，但实际上还有很多其他知识需要了解。在 Rust 中，可以以许多方式进行打印：复杂的格式化、按字节打印、显示指针地址（指针在内存中的位置）等。现在让我们来看看所有这些内容。通过添加 \n 可以换行，通过添加 \t 可以插入制表符：

```
fn main(){
    // Note:this is print!, not println!
    print!("\t Start with a tab\n and move to a new line");
}
```

打印结果：

```
        Start with a tab
and move to a new line
```

一对双引号内，可以跨越多行书写，但要注意空格：

```
fn main(){
    // Note:After the first line you have to start on the far left.
    // If you write directly under println!, it will add the spaces
    println!("Inside quotes
you can write over
many lines
and it will print just fine.");

    println!("If you forget to write
    on the left side, the spaces
    will be added when you print.");
}
```

打印结果：

```
Inside quotes
you can write over
many lines
and it will print just fine.
If you forget to write
    on the left side, the spaces
    will be added when you print.
```

如果想打印像\n 这样的字符（称为“转义字符”），可以额外添加一个\ ：

```
fn main(){
    println!("Here are two escape characters: \\n and \\t");
}
```

打印结果：

```
Here are two escape characters: \n and \t
```

有时候你会使用太多的转义字符，只是想让 Rust 按照你看到的样子打印一个字符串。要做到这一点，可以在开头添加 r#，在结尾添加#。这里的 r 代表' raw '（原始）。

```
fn main() {
    println!("He said, \"You can find the file at c:\\files\\my_documents\\file.txt.\" Then
      I found the file.");     #A
    println!(r#"He said, "You can find the file at c:\files\my_documents\file.txt." Then I
      found the file."#);     #B
}
```

#A 在这里不得不使用 5 次 \，有点烦人。

#B 好多了！

输出完全相同：

```
He said, "You can find the file at c:\files\my_documents\file.txt." Then I found the file.
He said, "You can find the file at c:\files\my_documents\file.txt." Then I found the file.
```

但第二个 println! 的代码更容易阅读。

如果 # 标记字符串的结束，那么当需要打印带有 #" 的文本时应该怎么办？在这种情况下，可以从 r## 开始，以 ## 结束。如果你的文本中有更多 # 符号，可以在开始和结尾处继续添加 #。这最好通过几个例子来理解：

```
fn main() {

    let my_string = "'Ice to see you,' he said.";
    let quote_string = r#""Ice to see you," he said."#;
    let hashtag_string = r##"The hashtag "#IceToSeeYou" had become very popular."##;
    let many_hashtags = r####""You don't have to type "###" to use a hashtag. You can just
      use #."####;

    println!("{}\n{}\n{}\n{}\n", my_string, quote_string,hashtag_string, many_hashtags);
}
```

这 4 个示例的输出分别是：

```
'Ice to see you,' he said.
"Ice to see you," he said.
The hashtag "#IceToSeeYou" had become very popular.
"You don't have to type "###" to use a hashtag. You can just use #.
```

如果想打印 &str 或 char 的字节，可以在字符串前面加上 b。这对所有 ASCII 字符都有效。以下是所有的 ASCII 字符：

```
☺☻♥♦♣♠♫☼►◄↕‼¶§▬↨↑↓→∟↔▲▼ 123456789:;<=>?@ABCDEFGHIJKLMNOPQRSTUWWXYZ[\]^_`abcdefghijklmnopqrs
      tuwwxyz{|}~
```

因此，当在打印时加上一个 b 后：

```
fn main() {
    println!("{:?}", b"This will look like numbers");
}
```

将得到一个显示所有字节的输出。

```
[84, 104, 105, 115, 32, 119, 105, 108, 108, 32, 108, 111, 111, 107, 32, 108,105, 107, 101,
    32, 110, 117, 109, 98, 101, 114, 115]
```

如果需要的话，也可以将 b 和 r 结合在一起：

```
fn main(){
    println!("{:?}", br##"I like to write "#"."##);
}
```

这会打印出 [73, 32, 108, 105, 107, 101, 32, 116, 111, 32, 119, 114, 105, 116,101, 32, 34, 35, 34, 46]。

这里还有一个 Unicode 转义，允许你在字符串中打印任何 Unicode 字符：\u{}。一个十六进制数放在 {} 中以便打印它。下面的示例演示如何将 Unicode 数字作为 u32 获得，然后可以再次使用 \u 打印它。

```
fn main(){
    println!("{:X}", '행' as u32); // Cast char as u32 to get the hexadecimal value
    println!("{:X}", 'H' as u32);
    println!("{:X}", '居' as u32);
    println!("{:X}", 'い' as u32);

    println!("\u{D589}, \u{48}, \u{5C45}, \u{3044}"); //  Try printing them with unicode
      escape \u
}
```

我们知道 println! 可以使用 {} 打印 Display，{:?} 打印 Debug，以及 {:#?} 打印美化输出。但还有许多其他打印方式。例如，如果你有一个引用，那么可以使用 {:p} 打印指针地址。指针地址表示计算机内存中的位置。

```
fn main(){
    let number = 9;
    let number_ref = &number;
    println!("{:p}", number_ref);
}
```

这将打印一个地址，例如 0xe2bc0ffcfc。可能每次都不同，这取决于计算机如何以及在哪里存储它。或者可以打印二进制、十六进制和八进制：

```
fn main(){
    let number = 555;
    println!("Binary: {:b}, hexadecimal: {:x}, octal: {:o}", number, number, number);
}
```

这将打印二进制：1000101011，十六进制：22b，八进制：1053。

你还可以在 {} 中添加数字来改变打印的顺序。字符串后面的第一个变量将在索引 0，接下来的在索引 1，以此类推。

```
fn main(){
    let father_name = "Vlad";
    let son_name = "Adrian Fahrenheit";
    let family_name = "Țepeș";
    println!("This is {1} {2}, son of {0} {2}.",father_name, son_name, family_name);
}
```

在这里，father_name 处于位置 0，son_name 处于位置 1，family_name 处于位置 2。因此它打印出“This is Adrian Fahrenheit Țepeș, son of Vlad Țepeș”。

你还可以使用名称而不是索引值来执行相同的操作。在这种情况下，必须使用“=”符号来指示哪个名称适用于哪个值：

```
fn main(){
    println!(
        "{city1} is in {country} and {city2} is also in {country},
but {city3} is not in {country}.",
        city1 = "Seoul",
        city2 = "Busan",
        city3 = "Tokyo",
        country = "Korea"
    );
}
```

该示例打印出：

```
Seoul is in Korea and Busan is also in Korea,
but Tokyo is not in Korea.
```

Rust 中也可以进行非常复杂的打印操作。Rust 中的复杂打印是基于这种格式的：

```
{variable:padding alignment minimum.maximum}
```

让我们逐步解读这个格式。

- 你想要一个变量名吗？首先写上它，就像我们上面写的 {country} 一样。如果想做更多配置，在后面加上一个“:”。
- 想要一个填充字符吗？例如，55 填充三个“0”变成 00055。
- 填充的对齐方式是左对齐 / 居中 / 右对齐？
- 想要一个最小长度吗？（只需要写一个数字）。
- 想要一个最大长度吗？（在数字前面加一个）。
- 最后，如果想要 Debug 打印，可以加一个“?”。

实际上，我们每次打印都使用这种格式。如果输入“println!("{my_type:?}");”，选择了以下内容：

- 变量名是 my_type。
- 填充、对齐、最小长度和最大长度都没有设置。
- 最后，有一个“?”来指定 Debug 打印。

让我们看一些复杂的打印示例。如果想要在左侧写一个“a”，左边带有 5 个韩文ㅎ字符，右边也带有 5 个ㅎ字符，你应该这样写：

```
fn main(){
    let letter = "a";
    println!("{:ㅎ^11}", letter);
}
```

这会打印出ㅎㅎㅎㅎㅎaㅎㅎㅎㅎㅎ。让我们再次通过下面 5 种条件来理解编译器如何读取它。

- 需要一个变量名吗？{:ㅎ^11} 不。没有变量名。冒号前面什么都没有。
- 需要一个填充字符吗？{:ㅎ^11} 是的。ㅎ在冒号后面，所以这是填充字符。
- 需要对齐吗？{:ㅎ^11} 是的。^ 表示在中间对齐，<表示左对齐，>表示右对齐。
- 需要一个最小长度吗？{:ㅎ^11} 是的：后面有一个 11。

- 你想要一个最大长度吗？{:ㅎ^11} 不：最小长度后没有点。

这是许多类型格式的示例。

```
fn main(){
    let title = "TODAY'S NEWS";
    println!("{:-^30}", title);     #A
    let bar = "|";
    println!("{: <15}{: >15}", bar, bar);     #B
    let a = "SEOUL";
    let b = "TOKYO";
    println!("{city1:-<15}{city2:->15}", city1 = a, city2 = b);     #C
}
```

#A 没有变量名，使用 - 进行填充，^ 表示居中，总长度为 30 个字符。

#B 没有变量名，使用空格进行填充，最小长度为 15 个字符（一个在左边，一个在右边）。

#C 变量名分别为 city1 和 city2，使用 - 进行填充，最小长度为 15 个字符（一个在左边，一个在右边）。

打印结果为：

```
---------TODAY'S NEWS---------
|                            |
SEOUL--------------------TOKYO
```

这一章涉及很多 Rust 中关于内存和所有权的独特概念。在结束这一章之前，再用一个比喻来确保我们的理解。所有权有点像你拥有自己的计算机。你有：

- 不可变引用：可以随时向你的同事展示屏幕上的内容，没有问题。
- 可变引用：如果你的同事想要坐下来用一下你的计算机，那么必须有充分的理由。而且不能让两个同事同时坐在你的计算机前打字——他们只会把事情搞得一团糟。
- 所有权转移：如果你的同事想要拥有你的计算机，那就得有充分的理由。因为你不能要回来，他们可以把它“声明”为可变的，并且可以为所欲为。

最后还有可复制类型：它们非常容易复制。把它们想象成廉价的办公用品，像是办公室的笔、回形针和便利贴。如果你的同事需要一个回形针，你会在意所有权吗？不会，你只是把它递给他，然后忘记它，因为它只是一个琐碎的物品。

现在你已经理解了所有权，接下来继续了解 Rust 更多有趣的类型。到目前为止，我们只看了最原始的类型和 String，但实际上还有很多其他类型。在下一章中，我们将开始学习 Rust 的集合类型。

2.11 总结

- const 和 static 可以在程序的任何地方使用，并且在整个程序的生命周期内都有效。
- 在 Rust 中，默认情况下你会获取数据的所有权；如果你想借用，就使用引用。
- 在 Rust 中，甚至字符串也有所有权的概念：String 代表拥有的类型，&str 代表借用的字符串。
- 可复制类型非常轻量，你不需要担心所有权。它们使用“复制语义”而不是“移动语义”。
- 未初始化的变量很少见，但只要稍后在其他地方对变量进行初始化，就可以使用它们。
- println! 宏有自己的语法，功能非常丰富。

第 3 章　更复杂的类型

本章涵盖了以下内容：

- 数组：同类型的简单、快速、不可变的集合。
- 向量：类似于数组，但可变且具有更多功能。
- 元组：包含各种类型的分组。
- 控制流：根据情况使您的代码以不同方式运行。

现在将跳过 Rust 最简单的类型，转向集合类型。Rust 有很多集合类型，在本章中我们将仅仅学习其中 3 种：数组、向量和元组。更多集合类型放在后面学习。在集合类型之后，我们将学习控制流，这意味着告诉 Rust 根据情况如何运行你的代码。而 Rust 中控制流最有特色的部分之一是关键字 match。

3.1 集合类型

Rust 拥有许多用于创建集合的类型。当你拥有多个值并希望将它们放在单个位置且以某种顺序排列时，就会使用集合。例如，你可以将国家所有城市的信息放在一个集合中。

我们现在要看的集合类型是数组、向量和元组。这些是 Rust 中最容易学习的集合类型。Rust 中还有其他更复杂的集合类型，但这些直到第 6 章才会出现。我们将从数组开始。数组比向量更简单，因此它们可以用于像微型嵌入式设备这样无法分配内存的地方。但与此同时，它们对用户的功能最少。在这方面，有点像 &str。

3.1.1 数组

要创建一个数组，只需将一些数据放在方括号内，用逗号分隔。但是数组有一些相当严格的规则。数组的所有成员必须是同一类型。且数组大小不能改变，因为数组的元素在内存中的地址是连续且不可变动的。

数组有着有趣的类型表示：[类型；数量]。例如，["One"，"Two"] 的类型是 [&str；2]，而 ["One"] 的类型是 [&str；1]。这意味着即使这两个数组内容相同，它们的类型也不同：

```
fn main(){
    // This one is type [&str; 2]
    let array1 = ["One", "Two"];
```

```
    // But this one is type [&str; 3]. Different type!
    let array2 = ["One", "Two", "Five"];
}
```

这里有一个关于数组以及其他类型的好提示：要找出变量的类型，可以通过给予编译器一些错误的指示来“询问”它，比如尝试调用一个不存在的方法。举个例子，看下面的代码：

```
fn main() {
    let seasons = ["Spring", "Summer", "Autumn", "Winter"];
    let seasons2 = ["Spring", "Summer", "Fall", "Autumn", "Winter"];
    seasons.ddd(); // Compiler: !
    seasons2.thd(); // Compiler again: !!
}
```

编译器会报错，提示“缺少.ddd()方法，也缺少.thd()方法！”这就是错误输出显示的信息：

```
error[E0599]: no method named `ddd` found for array `[&str; 4]` in the current scope
 --> src\main.rs:4:13
  |
4 |     seasons.ddd(); // Compiler: !
  |             ^^^ method not found in `[&str; 4]`

error[E0599]: no method named `thd` found for array `[&str; 5]` in the current scope
 --> src\main.rs:5:14
  |
5 |     seasons2.thd(); // Compiler again: !!
  |              ^^^ method not found in `[&str; 5]`
```

当编译器告诉你在［&str; 4］中找不到方法时，那就是它的类型。

如果想要一个所有值都相同的数组，可以通过输入该值，然后加上一个分号，再加上需要重复的次数来声明它：

```
fn main() {
    let my_array = ["a"; 5];
    println!("{:?}", my_array);
}
```

这会打印出["a", "a", "a", "a", "a"]。

这种方法经常用于创建字节缓冲区，计算机在进行诸如下载数据等操作时会用到它们。例如，let mut buffer = ［0u8; 640］创建了一个包含640个u8零的数组，这意味着640字节的空数据。它的类型将会是［u8; 640］。当数据到来时，可以将每个零更改为不同的u8数字来表示数据。在缓冲区被“填满”之前，可以更改这640个零中的任意数量。我们在本章中不会尝试进行这些Rust操作，但知道数组可以用来做什么是很有用的。

因此，可以随意更改数组中的数据（如果是可变的）。你只是不能添加或移除项目，或更改其中项目的类型。

我们实际上可以使用之前学过的b前缀来查看字节数组。这个例子现在无法编译，但错误消息很有趣：

```
fn main() {
    println!("{}", b"Hello there");
}
```

它说：

```
error[E0277]: `[u8; 11]` doesn't implement `std::fmt::Display`
 --> src/main.rs:2:20
  |
2 |    println!("{}", b"Hello there");
  |                   ^^^^^^^^^^^^^^ `[u8; 11]` cannot be formatted with the default
     formatter
  |
```

解决方法是使用 {:?} 而不是 {}，但我们不关心这个：有趣的是类型。它是 [u8; 11]。所以当你使用 b 时，它实际上将一个 &str 转换为一个字节数组，即一个包含 u8 的数组。

可以使用 [ ] 索引（获取）数组中的条目。第一个条目是 [0]，第二个是 [1]，以此类推。

```
fn main(){
    let my_numbers = [0, 10, -20];
    println!("{}", my_numbers[1]); //Prints 10
}
```

你也可以获取数组的一个切片（一部分）。首先需要一个 &，因为编译器不知道大小（一个切片可以是任意长度，所以它没有大小）。然后可以使用“..”来表示范围。例如，索引为 2 到 5 之间的范围是 2..5。

但要记住，2..5 表示第三个项目（因为索引从 0 开始），而 5 表示“直到索引 5”，但不包括它。

这个例子更容易理解。让我们使用数组 [0, 1, 2, 3, 4, 5, 6, 7, 8, 9] 并以不同的方式对其进行切片。

```
fn main(){
    let array_of_ten = [0, 1, 2, 3, 4, 5, 6, 7, 8, 9];

    let two_to_five = &array_of_ten[2..5];     #A
    let start_at_one = &array_of_ten[1..];     #B
    let end_at_five = &array_of_ten[..5];     #C
    let everything = &array_of_ten[..];     #D

    println!("Two to five: {two_to_five:?},
Start at one: {start_at_one:?},
End at five: {end_at_five:?},
Everything: {everything:?}");
}
```

#A 2..5 表示从索引 2 到索引 5，但不包括索引 5。

#B 1..表示从索引 1 到最后。

#C ..5 表示从开头到索引 5，但不包括索引 5。

#D 使用 .. 表示切片整个数组：从开头到结尾。

这将打印出：

```
Two to five: [2, 3, 4],
Start at one: [1, 2, 3, 4, 5, 6, 7, 8, 9],
End at five: [0, 1, 2, 3, 4],
Everything: [0, 1, 2, 3, 4, 5, 6, 7, 8, 9]
```

因为像 2..5 这样的范围不包括索引 5，所以称为排除的范围。但是你也可以有一个包含的范围，这意味着它也包括最后一个数字。需要添加等号“..=”而不是普通的“..”两个点。所以如果你想要第 1、2、3 个项目，可以将 [0..2] 写成 [0..=2]。

3.1.2 Vec（向量）

除了数组，我们还有向量。两者之间的区别类似于 &str 和 String 之间的区别：数组更简单，功能和灵活性较少，可能更快，而向量更易于处理，因为你可以改变它们的大小（需要注意的是，数组不像 &str 那样具有动态大小，因此编译器始终知道它们的大小。这就是为什么在上面的例子中我们不需要引用的原因）。

向量类型写作 Vec。声明 Vec 的两种主要方法之一类似于使用 new 创建字符串：

```
fn main() {
    let name1 = String::from("Windy"); // Cat's name
    let name2 = String::from("Gomesy"); // Another cat's name

    let mut my_vec = Vec::new();
    // If we run the program now,
    // the compiler will give an error.
    // It doesn't know the type of Vec.

    my_vec.push(name1);  // Now it knows: it's a Vec<String>
    my_vec.push(name2);
}
```

Vec 内部元素类型用<>（尖括号）声明。Vec<String>表示一个包含字符串类型的向量。你可以定义任意类型的 Vec。例如：

- Vec<(i32，i32)>是一个 Vec，其中每个项目都是一个元组：(i32，i32)。我们将在学习完 Vec 之后学习元组。
- Vec<Vec<String>>是一个包含字符串向量的 Vec。比如，想把你最喜欢的书中的单词保存为一个 Vec<String>，然后又想用另一本书重复相同的操作，得到另一个 Vec<String>。为了保存这两本书，可以把它们放入另一个 Vec 中，这样就得到了一个 Vec<Vec<String>>。

可以通过声明类型来代替使用 .push()让 Rust 推断类型：

```
fn main() {
    //The compiler knows that it is a Vec<String>
    //so it won't generate an error
    let mut my_vec: Vec<String> = Vec::new();
}
```

Vec 中的所有项必须具有相同的类型，因此不能将 i32 或其他任何类型的项目放入 Vec<String>。

另一种创建 Vec 的简便方法是使用 vec! 宏。它看起来像数组声明，但在前面有 vec!。大多数人都用这种方式创建 Vec，因为这样非常简单。

```
fn main() {
    let mut my_vec = vec![8, 10, 10];
}
```

你也可以像对待数组一样对待向量进行切片。下面的代码与上面数组的示例相同，只是使用了向量而不是数组。

```
fn main() {
    let vec_of_ten = vec![1, 2, 3, 4, 5, 6, 7, 8, 9, 10];
    let three_to_five = &vec_of_ten[2..5];
    let start_at_two = &vec_of_ten[1..];
    let end_at_five = &vec_of_ten[..5];
    let everything = &vec_of_ten[..];

    println!("Three to five: {:?},
start at two: {:?}
end at five: {:?}
everything: {:?}", three_to_five, start_at_two, end_at_five, everything);
}
```

向量会分配内存，因此它们具有一些方法来减少内存使用量并提高速度。一个向量有一个容量，这意味着向量可用的内存量。当你向向量中添加新项目时，它会越来越接近容量。如果你超过了容量，它不会报错，所以不用担心。但是，如果超过了容量，它会将容量加倍，并将项目复制到这个新的内存空间中。

例如，假设你有一个容量为 4 的 Vec，并且其中有 4 个项目。如果再添加一个项目，它将需要一个新的内存空间来容纳所有 5 个项目。因此，它会将其容量加倍为 8，并将这 5 个项目复制到新的内存空间中。这称为重新分配。你可以想象如果一直在不断添加大量项目，这将会使用额外的内存。我们将使用一个名为.capacity()的方法在向向量中添加项目时来查看向量的容量。

例如：

```
fn main() {
    let mut num_vec = Vec::new();
    println!("{}", num_vec.capacity()); // 0 elements: prints 0
    num_vec.push('a'); // add a character
    println!("{}", num_vec.capacity()); // 1 element: prints 4
    // Vecs with 1 item always start with capacity 4
    num_vec.push('a'); // add one more
    num_vec.push('a'); // add one more
    num_vec.push('a'); // add one more
    println!("{}", num_vec.capacity()); // 4 elements: still prints 4
    num_vec.push('a'); // add one more
    println!("{}", num_vec.capacity()); // prints 8
    // We have 5 elements, but it doubled 4 to 8 to make space
}
```

这会打印出：

```
0
4
4
8
```

这个向量进行了两次重新分配：从 0 到 4，然后从 4 到 8。我们可以通过一开始就给它一个容量为 8 来使其更有效率：

```
fn main() {
    let mut num_vec = Vec::with_capacity(8); // Give it capacity 8
```

```
    num_vec.push('a'); // add one character
    println!("{}", num_vec.capacity()); // prints 8
    num_vec.push('a'); // add one more
    println!("{}", num_vec.capacity()); // prints 8
    num_vec.push('a'); // add one more
    println!("{}", num_vec.capacity()); // prints 8
    num_vec.push('a'); // add one more
    num_vec.push('a'); // add one more // Now we have 5 elements
    println!("{}", num_vec.capacity()); // Still 8
}
```

所以这个向量只有一次初始分配，这样更好。如果你知道需要多少元素，可以使用 Vec::with_capacity()来减少内存使用，使你的程序更有效率。

我们之前看到可以使用.into()将 &str 转换为 String。也可以使用相同的方法将数组转换为 Vec。有趣的是，必须声明你想使用.into()来创建一个 Vec，但不必说明你想要哪一种类型！你只需写 Vec<_>即可，因为通过类型推断，Rust 会将数组转换为 Vec。

```
fn main(){
    let my_vec: Vec<u8> = [1, 2, 3].into();
    // This makes a Vec<i32>
    let my_vec2: Vec<_> = [9, 0, 10].into();
}
```

这节的最后一个集合类型称为元组，它非常不同，因为它允许你将不同类型的数据放在一起。内部实现上元组也是有很大不同的。让我们来看看。

3.1.3 元组

元组在 Rust 中使用 ()表示。我们已经见过许多空元组，因为函数中的空就表示一个空元组。这个签名：

```
fn do_something(){}
```

实际上等同于：

```
fn do_something() -> (){}
```

那个函数接收到的是空值（一个空元组），并且返回的也是空值（一个空元组）。所以我们已经经常使用元组了。当你在一个函数中不返回任何东西时，实际上是返回了一个空元组。在 Rust 中，这个空元组被称为单元类型。看看下面的例子，思考一下在上面的函数和主函数中分别返回了什么：

```
fn just_makes_an_i32(){
    let unused_number = 10;
}

fn main(){
    just_makes_an_i32()
}
```

在函数 just_makes_an_i32()中，我们创建了一个从未使用过的 i32。它在函数内部声明，并且后面跟着一个分号。当你用分号结束一行时，就不会返回任何东西，只会返回一个空元组。所以这个函数的返回值也是 ( )。然后 main( ) 开始执行，main( ) 也是一个返回空值（空元组）的函数。有趣的是，just_makes_an_i32( ) 后面没有跟分号，但代码仍然可以正常工作！这是因为 just_makes_an_i32( ) 返回一个 ( )，并且因为它是最后一行，所以它成为 main 函数的返回值。当然，写成"just_makes_an_i32( );"，因为加上分号会更好看。但这是一个很好的教训，可以看到 Rust 编译器并不关心你是否使用分号，它是一个编译器，不是一个格式化工具。它只关心期望的输入和输出是否匹配。

现在让我们跳过空元组，看看实际包含值的元组。元组内的项也是通过数字 0、1、2 等进行访问的。但是为了访问它们，你使用的是"."而不是"[ ]"。这样做有一个很好的理由：元组更像是对象而不是索引集合。在下一章中，我们将学习如何创建结构体对象，它们使用相同的"."（点）符号。

好的，让我们把大量类型放入一个元组中。

```
fn main(){
    let random_tuple = ("Here is a name", 8, vec!['a'], 'b', [8, 9, 10], 7.7);
    println!(
        "Inside the tuple is: First item: {:?}
Second item: {:?}
Third item: {:?}
Fourth item: {:?}
Fifth item: {:?}
Sixth item: {:?}",
          random_tuple.0,
          random_tuple.1,
          random_tuple.2,
          random_tuple.3,
          random_tuple.4,
          random_tuple.5,
    )
}
```

这将会打印：

```
Inside the tuple is: First item: "Here is a name"
Second item: 8
Third item: ['a']
Fourth item: 'b'
Fifth item: [8, 9, 10]
Sixth item: 7.7
```

元组的类型取决于其中项的类型。因此，这个元组的类型是（&str，i32，Vec<char>，char，[i32; 3]，f64）。

可以使用元组同时创建多个变量。看看这段代码：

```
fn main(){
    let strings = ("one".to_string(),"two".to_string(), "three".to_string());
}
```

这个字符串元组中有 3 个项目。如果我们想把它们拿出来并单独使用，可以使用另一个元组。

```
fn main(){
    let strings = ("one".to_string(),"two".to_string(), "three".to_string());
```

```
    let (a, b, c) = strings;
    println! ("{b}");
    // println! ("{strings:?}"); This wouldn't compile
}
```

打印出了“two”，这是变量 b 包含的值，被称为解构。这是因为变量首先被放在一个结构体中，然后我们单独创建了变量 a、b 和 c，将这个结构拆分开来。String 不是 Copy 类型，所以值被移动到了 a、b 和 c 中，字符串就不能再被访问了。

解构要求等号两边的数量能匹配。这个例子有效，因为等号两边都有 3 个项目——即模式匹配。

```
fn main() {
    let tuple_of_three = ("one", "two", "three");
    let (a, b, c) = tuple_of_three;
}
```

如果模式不匹配，就不能进行解构。下一个代码示例试图使用包含两个项目的元组来解构 3 个项目，但模式不匹配，Rust 无法确定你尝试进行何种解构：

```
fn main() {
    let tuple_of_three = ("one", "two", "three");
    // Should _b_ be "two" or "three"? Rust can't tell
    let (a, b) = tuple_of_three;
}
```

如果你写成 let (a, b, c) 而不是 let (a, b)，那么它们将匹配，你将有变量 a、b 和 c 可以使用。但如果你只想使用两个项目呢？没问题，只需确保模式匹配，但要在变量名的位置使用“_”：

```
fn main() {
    let tuple_of_three = ("one", "two", "three");
    let (_, b, c) = tuple_of_three;
}
```

现在 Rust 可以知道你希望 b 和 c 分别具有值 "two" 和 "three"，而 "one" 不会被分配给任何变量。

在第 6 章中我们将看到更多的集合类型，现在先转向控制流的学习。

3.2 控制流

控制流涉及在特定情况下告诉代码做某事，而在另一种情况下做其他事情。如果某个条件为真，或者一个数字是偶数还是奇数，或者其他情况，代码应该怎么做？Rust 有很多方法来管理控制流，我们将从最简单的形式开始：关键字 if。

3.2.1 基本控制流

控制流的最简单形式是 if 后跟 {}。如果条件为真，Rust 将执行 {} 内的代码，否则将不执行任何操作：

```
fn main() {
    let my_number = 5;
```

```
    if my_number == 7 {
        println!("It's seven");
    }
}
```

这段代码不会打印任何内容，因为 my_number 不等于 7。

还请注意使用==而不是=。使用==是用来比较的，而=是用来赋值的。另外请注意我们写的是 if my_number == 7 而不是 if (my_number == 7)。

在 Rust 中，使用 if 时不需要括号。虽然使用括号编译器也不会报错，但它会提醒你不需要使用括号。

可以使用 else if 和 else 来提供更多的控制：

```
fn main(){
    let my_number = 5;
    if my_number == 7 {
        println!("It's seven");
    } else if my_number == 6 {
        println!("It's six")
    } else {
        println!("It's a different number")
    }
}
```

这将会打印出“It's a different number”，因为 my_number 既不等于 7，也不等于 6。

可以使用 && （与）和 || （或）添加更多条件。

```
fn main(){
    let my_number = 5;
    if my_number % 2 == 1 && my_number > 0 {     #A
        println!("It's a positive odd number");
    } else if my_number == 6 {
        println!("It's six")
    } else {
        println!("It's a different number")
    }
}
```

#A 这个%被称为取模运算符，它给出了除法后的余数。9 % 3 会得到 0，而 5 % 2 会得到 1。

这段代码会打印出“这是一个正奇数”，因为当你将其除以 2 时，余数是 1，且大于 0。

3.2.2 匹配语句

你已经可以看到太多的 if、else 和 else if，这会让阅读变得困难。在这种情况下，可以使用 match 代替，看起来更清晰。但是 Rust 会要求你对每种可能的情况进行匹配，否则代码无法编译。例如，以下代码将无法工作：

```
fn main(){
    let my_number: u8 = 5;
    match my_number {
        0 => println!("it's zero"),
        1 => println!("it's one"),
```

```
        2 => println!("it's two"),
    }
}
```

编译器提示：

```
error[E0004]: non-exhaustive patterns: `3u8..=std::u8::MAX` not covered
 --> src\main.rs:3:11
  |
3 |     match my_number {
  |           ^^^^^^^^^ pattern `3u8..=std::u8::MAX` not covered
```

编译器在说：“你告诉我关于 0 到 2 的情况，但是 u8 可以达到 255。那么 3 怎么办？4 呢？5 呢？”在这种情况下，可以添加“_”，表示“其他任何情况”。这有时被称为通配符。

```
fn main() {
    let my_number: u8 = 5;
    match my_number {
        0 => println!("it's zero"),
        1 => println!("it's one"),
        2 => println!("it's two"),
        _ => println!("It's some other number"),
    }
}
```

这会打印出“It's some other number”。

记住这些关于 match 的规则：

- 先写 match，然后是要匹配的项的名称，然后是一个 {} 代码块。
- 在左边写模式，使用 =>箭头指明当模式匹配时要执行的操作。
- 每一行被称为一个“分支”。
- 在分支之间用逗号而不是分号。

可以使用 match 声明一个值：

```
fn main() {
    let my_number = 5;
    let second_number = match my_number {
        0 => 0,
        5 => 10,
        _ => 2,
    };
}
```

变量 second_number 将会是 10。你看到末尾有分号了吗？那是因为在 match 结束后，我们实际上告诉编译器：let second_number = 10。

你也可以匹配更复杂的模式，可以使用元组来实现：

```
fn main() {
    let sky = "cloudy";
    let temperature = "warm";

    match (sky, temperature) {
        ("cloudy", "cold") => println!("It's dark and unpleasant today"),
```

```
            ("clear", "warm") => println! ("It's a nice day"),
            ("cloudy", "warm") => println! ("It's dark but not bad"),
            _ => println! ("Not sure what the weather is."),
        }
    }
```

这将会打印出“It's dark but not bad”，因为它匹配了“cloudy”和“warm”作为天空和温度。

甚至可以在 match 语句内部使用 if，这被称为“匹配保护”：

```
fn main(){
    let children = 5;
    let married = true;

    match (children, married) {
        (children, married) if married == false => println! ("Not married with {children}
      kids"),
        (children, married) if children == 0 && married == true => {
            println! ("Married but no children")
        }
        _ => println! ("Married? {married}. Number of children: {children}."),
    }
}
```

这将会打印出 Married? true. Number of children：5。

此外，在判断布尔值时，也不需要写 == true 或 == false。相反，可以只写变量名本身（检查是否为 true），或在变量名前加一个感叹号（检查是否为 false）。下面是使用这种简化方法的相同代码：

```
fn main(){
    let children = 5;
    let married = true;

    match (children, married) {
        (children, married) if !married =>println! ("Not married with {children} kids"),
        (children, married) if children == 0 && married =>println! ("Married but no
       children")
        _ => println! ("Married? {married}. Number of children: {children}."),
    }
}
```

在 match 语句中，可以随意使用“_”。在下面这个针对颜色的匹配中，有 3 个要匹配的值，但一次只检查一个。

```
fn match_colors(rgb: (i32, i32, i32)) {
    match rgb {
        (r, _, _) if r < 10 => println! ("Not much red"),
        (_, g, _) if g < 10 => println! ("Not much green"),
        (_, _, b) if b < 10 => println! ("Not much blue"),
        _ => println! ("Each color has at least 10"),
    }
}
```

```
fn main() {
    let first = (200, 0, 0);
    let second = (50, 50, 50);
    let third = (200, 50, 0);

    match_colors(first);
    match_colors(second);
    match_colors(third);
}
```

这将会打印出：

```
Not much green
Each color has at least 10
Not much blue
```

这个例子还展示了 match 语句的工作原理，因为在第一个例子中只打印了 Not much blue。但是 first 同时也 Not much green。match 语句在找到第一个匹配项后停止，不再检查其余的内容。这个例子说明虽然代码可以编译通过，但可能并不是你想要的代码。

你可以创建一个非常庞大的匹配语句来解决这个问题，但使用 for 循环可能更好。我们将很快学习如何使用它们。

每个 match 的分支必须返回相同的类型。所以不能这样做：

```
fn main() {
    let my_number = 10;
    let some_variable = match my_number {
        10 => 8,
        _ => "Not ten",
    };
}
```

编译器会告诉你：

```
error[E0308]: `match` arms have incompatible types
  --> src\main.rs:17:14
   |
15 |       let some_variable = match my_number {
   |  _________________________
16 | |         10 => 8,
   | |               - this is found to be of type `{integer}`
17 | |         _ => "Not ten",
   | |              ^^^^^^^^^ expected integer, found `&str`
18 | |     };
   | |_____- `match` arms have incompatible types
```

以下也不会起作用，原因相同：

```
fn main() {
    let some_variable = if my_number == 10 { 8 } else { "something else "};
}
```

但下面的例子使用了 if 和 else，因为它们后面跟着 {}，形成了一个单独的作用域。名为 some_variable 的变量存在于不同的作用域内，因此彼此之间没有关系。

```
fn main(){
    let my_number = 10;

    if my_number == 10 {
        let some_variable = 8;
    } else {
        let some_variable = "Something else";
    }
}
```

但是，如果你尝试使用 if 和 let 来创建一个可能是一种类型，也可能是另一种类型的单个变量，那是不允许的。

```
fn main(){
    let my_number = 10;
    let my _variable = if my_number == 10 { 8 }else{ "Something else" };
}
```

你还可以使用 @ 来为匹配表达式的值指定一个名称，然后使用它。在这个例子中，我们匹配一个函数中的 i32 输入。如果是 4 或 13，我们想在 println! 语句中使用那个数字，需要声明，否则不需要使用它。

```
fn match_number(input: i32) {
    match input {
        number @  4 => println! ("{number} is unlucky in China (sounds close to 死)! "),
        number @  13 => println! ("{number} is lucky in Italy! In bocca al lupo! "),
        number @  14..=19 => println! ("Some other number that ends with -teen: {number}"),
        _ => println! ("Some other number, I guess"),
    }
}

fn main(){
    match_number(50);
    match_number(13);
    match_number(16);
    match_number(4);
}
```

这将会打印：

```
Some other number, I guess
13 is lucky in Italy! In bocca al lupo!
Some other number that ends with -teen: 16
4 is unlucky in China (sounds close to 死)!
```

现在让我们继续进行本章控制流的最后一部分：循环。

3.2.3 循环

使用循环，可以告诉 Rust 重复执行某些操作，直到您告诉它停止。关键字 loop 允许启动一个不会停止的循环，直到告诉代码何时退出。

因此，这个程序永远不会停止：

```
fn main(){
    loop {}
}
```

空循环并没有实际意义，所以让我们告诉编译器何时可以跳出循环结束程序：

```
fn main(){
    let mut counter = 0;// set a counter to 0
    loop {
        counter +=1; //  Increases the counter by 1
        println! ("The counter is now: {counter}");
        if counter == 5 {//stop when counter == 5
            break;
        }
    }
}
```

这将会打印：

```
The counter is now: 1
The counter is now: 2
The counter is now: 3
The counter is now: 4
The counter is now: 5
```

Rust 允许为循环命名，在另一个循环内部时这非常有帮助。可以使用 '（称为“撇号”）后跟一个冒号来命名它：

```
fn main(){
    let mut counter = 0;
    let mut counter2 = 0;
    println! ("Now entering the first loop.");

    'first_loop: loop {     #A
        counter += 1;
        println! ("The counter is now: {}", counter);
        if counter > 5 {
            println! ("Now entering the second loop.");

            'second_loop: loop {     #B
                // now we are inside'second_loop.
                println! ("The second counter is now: {}", counter2);
                counter2 += 1;
                if counter2 == 3 {
                    break'first_loop;     #C
                }
            }
        }
    }
}
```

#A 给第一个循环命名。

#B 在第一个循环内启动第二个循环。

#C 退出' first_ loop 循环，这样我们就可以退出程序。

如果我们在这段代码中写入 break; 或 break second_loop;，程序将永远不会结束。循环将不断进入 'second_loop，然后退出但仍停留在 'first_loop 中，再次进入 'second_loop，并且持续进行下去。

相反，则程序会完成并打印：

```
Now entering the first loop.
The counter is now: 1
The counter is now: 2
The counter is now: 3
The counter is now: 4
The counter is now: 5
The counter is now: 6
Now entering the second loop.
The second counter is now: 0
The second counter is now: 1
The second counter is now: 2
```

另一种循环称为 while 循环。while 循环会在某个条件仍然为真的情况下继续执行。每次循环时，Rust 都会检查条件是否仍然为真。如果条件变为假，Rust 将停止循环。

```
fn main(){
    let mut counter = 0;

    while counter < 5 {// Counter < 5` is either true or false
        counter +=1;
        println! ("The counter is now: {counter}");
    }
}
```

这将打印与上面某个代码示例相同的结果，该示例使用计数器跟踪循环的次数，但这次编写起来简单得多：

```
The counter is now: 1
The counter is now: 2
The counter is now: 3
The counter is now: 4
The counter is now: 5
```

另一种是 for 循环。for 循环可以告诉 Rust 每次做什么。但是在 for 循环中，循环会在一定次数之后停止，而不是检查条件是否为真。for 循环经常配合范围操作符使用。我们之前学过：

- “..” 创建一个排除的范围：0..3 会得到 0、1、2。
- “..=” 创建一个包含的范围：0..=3 会得到 0、1、2、3。

那么让我们在循环中使用它们！

```
fn main(){
    for number in 0..3 {
        println! ("The number is: {}", number);
    }

    for number in 0..=3 {
        println! ("The next number is: {}", number);
    }
}
```

这将会打印出：

```
The number is: 0
The number is: 1
The number is: 2
The next number is: 0
The next number is: 1
The next number is: 2
The next number is: 3
```

还要注意，number 变成了从 0 到 3 的数字的变量名。我们也可以称它为 n，或者 ntod_het___hno_f，或者其他任何名字。然后可以使用该名称将数字打印出来，或者执行其他操作。

如果不需要变量名，可以使用 _（下画线）：

```
fn main() {
    for _ in 0..3 {
        println!("Printing the same thing three times");
    }
}
```

这只是打印了 3 次相同的内容，因为每次循环都没有要打印的数字了：

```
Printing the same thing three times
Printing the same thing three times
Printing the same thing three times
```

实际上，如果你给了一个变量名却没有使用它，Rust 会告诉你：

```
fn main() {
    for number in 0..3 {
        println!("Printing the same thing three times");
    }
}
```

这次打印的与之前一样。程序可以正常编译，但是 Rust 会提醒你没有使用 number：

```
warning: unused variable: `number`
 --> src\main.rs:2:9
  |
? |     for number in 0..3 {
  |         ^^^^^^ help: if this is intentional, prefix it with an underscore: `_number`
```

Rust 建议写 _number 而不是 "_"。在变量名前面加上 "_" 的意思是 "也许我以后会用到它"。但是只使用 "_" 的意思是 "我根本不在乎这个变量"。因此，如果你将来会使用这些变量，但不希望编译器对其发出警告，可以在变量名前加上 "_"。

也可以使用 break 来返回一个值。在 break 后面直接写上值，并用分号隔开。下面是一个使用循环和 break 给 my_number 赋值的示例。

```
fn main() {
    let mut counter = 5;
    let my_number = loop {
        counter +=1;
        if counter % 53 == 3 {
            break counter;
        }
```

```
    };
    println!("{my_number}");
}
```

以上代码打印出了 56。结尾的“break counter;”代码的含义是“中断并返回 counter 的值”。由于整个块以 let 开头，因此 my_number 得到了这个值。

现在我们知道如何使用循环了，下面是之前颜色匹配问题的更好解决方案。新解决方案更好是因为我们想要比较所有的情况，而不是在条件匹配时提前退出。for 循环不同，它会按照我们指定的方式查看每个项目。

```
fn match_colors(rbg: (i32, i32, i32)) {
    let (red, blue, green) = (rbg.0, rbg.1, rbg.2);    #A
    println!("Comparing a color with {red} red, {blue} blue, and {green} green:");
    let color_vec = vec![(red, "red"), (blue, "blue"), (green, "green")];    #B
    let mut all_have_at_least_10 = true;    #C
    for (amount, color) in color_vec {    #D
        if amount < 10 {
            all_have_at_least_10 = false;
            println!("Not much {color}.");
        }
    }
    if all_have_at_least_10 {
        println!("Each color has at least 10.")
    }
    println!(); // Add one more line
}

fn main() {
    let first = (200, 0, 0);
    let second = (50, 50, 50);
    let third = (200, 50, 0);

    match_colors(first);
    match_colors(second);
    match_colors(third);
}
```

#A 这是解构的一个很好的例子。我们有一个名为 rbg 的元组，而不是使用 rbg.0、rbg.1 和 rbg.2，可以给每个项目一个可读的名称。

#B 将颜色放入一个向量中，里面是包含颜色名称的元组。

#C 使用这个变量来跟踪是否所有颜色至少为 10。它起初为 true，如果一个颜色小于 10，则将其设置为 false。

#D 这里再次使用了解构，让我们给数量和颜色名称分配一个变量名。

这将会打印出：

```
Comparing a color with 200 red, 0 blue, and 0 green:
Not much blue.
Not much green.

Comparing a color with 50 red, 50 blue, and 50 green:
```

```
Each color has at least 10.

Comparing a color with 200 red, 50 blue, and 0 green:
Not much green.
```

在前一章中，我们学习了一些基础概念，如计算机内存的工作原理、数据的所有权等。但 Rust 也专注于程序员的体验，这就是为什么语法在某些地方也非常“高级”，正如我们在本章所见到的。匹配语句、范围和解构是其中的 3 个例子：它们非常易读且输入速度快，但编译器同样会严格对其检查。

在下一章中，我们将开始创建自己的类型。在本章学到的元组将对你有所帮助。

3.3 总结

- 数组速度极快，但有固定的大小和唯一类型。
- 向量有点像字符串：它们是拥有所有权的类型，非常灵活。
- 元组保存了可以用数字访问的项，但它们更像是自己的新类型，而不是索引集合。
- 使用 match 语句可以使代码非常易读。
- Rust 需要在 match 中覆盖到所有分支可能。
- 解构很强大：它允许你以几乎任何方式拆分类型。
- 范围操作符用一种友好可读的方式来表示某个项目的开始和结束。
- 如果你在循环内再套一个循环，可以给它们命名，以明确代码跳出具体哪一层循环。

第 4 章　构建你自己的类型

本章涵盖了以下内容：

- 结构体：将值分组在一起，以构建自己的类型。
- 枚举：与结构体类似的语法，但用于选择而不是分组。
- 实现类型：为结构体和枚举提供方法。
- 更多的解构：拆分类型。
- 引用和点运算符。

现在是时候看看在 Rust 中构建自己的类型的主要方法了：结构体和枚举。还将学习如何为这些类型附加并实现专有的函数，也被称为方法。这些方法经常使用关键字 self。

4.1 结构体和枚举概述

结构体和枚举具有相似的语法，最好一起学习。它们还可以一起使用，因为结构体可以包含枚举，枚举也可以包含结构体。因为它们看起来相似，有时 Rust 的新用户会把它们搞混。但是这里有一个经验法则：如果你有很多东西要组合在一起，那就用结构体。但如果你有很多选择，并且需要选择其中一个，那就用枚举。

如果本书是一个结构体，它也会有自己的属性。它会有一个标题（是一个字符串），一个作者名（也是一个字符串）和一个出版年份（可能是一个 i32）。但是你也有多种购买方式：可以选择以纸质书的形式购买，也可以选择电子书。那就是一个枚举！这是一个简单的类比，帮我们理解结构体和枚举的区别。

4.1.1 结构体

使用结构体可以创建自己的类型。在 Rust 中会经常使用结构体，因为它们非常方便。结构体使用关键字 struct 创建，后面跟着它的名称。结构体的名称应该采用 UpperCamelCase（首字母大写且无空格，也称为驼峰命名）。如果以全小写形式编写结构体，代码仍然可以工作，但编译器会发出警告，建议将其名称更改为 UpperCamelCase。

有 3 种类型的结构体。其中之一是“单元结构体”。单元意味着“没有任何东西”（就像单元类型一样）。对于单元结构体，只需写上名称和一个分号：

```
struct FileDirectory;
```

接下来是元组结构体，或称为未命名结构体。它被称为“未命名”是因为你只需要在元组内写上类型，而不是字段名称。当需要一个简单的结构体，不需要记住名称时，元组结构体是很好的选择。可以像其他元组一样访问它们的项：.0、.1 等。

```
struct ColorRgb(u8, u8, u8);

fn main(){
    let my_color = ColorRgb(50, 0, 50);// Makes a color out of red, green, blue
    println!("The second part of the color is: {}", my_color.1);
}
```

这将会打印出：“颜色的第二部分是：0”。

第三种类型是命名结构体，这是最常见的结构体类型。在这种结构体中，可以在一个 {} 代码块内声明字段名称和类型。注意，在命名结构体之后不需要写分号，因为后面是一个完整的代码块。

```
struct ColorRgb(u8, u8, u8);// Declares the same Color tuple struct

struct SizeAndColor {
    size: u32,
    color: ColorRgb,// Puts it in our new named struct
}

fn main(){
    let my_color = ColorRgb(50, 0, 50);

    let size_and_color = SizeAndColor {
        size: 150,
        color: my_color
    };
}
```

在命名结构体中，也需要用逗号分隔字段。对于最后一个字段，可以加逗号，也可以不加。例子中的 SizeAndColor 结构体中的 color 后面有一个逗号：

```
struct ColorRgb(u8, u8, u8);

struct SizeAndColor {
    size: u32,
    color: ColorRgb,// <- comma here
}
```

你不需要它来编译程序。但是加上逗号可能是个好主意，因为有时你会改变字段的顺序：

```
struct ColorRgb(u8,u8,u8);

struct SizeAndColor {
    size: u32,
    color: ColorRgb //<- No comma here
}
```

然后我们剪切和粘贴来改变参数的顺序。

```
struct SizeAndColor {
    colour: ColorRgb //Whoops! Now this doesn't have a comma.
    size: u32,
}
```

但无论哪种方式都不是很重要。

现在让我们以第一个具体示例创建一个 Country 结构体。Country 结构体有人口、首都和领导人名称等字段。要声明一个 Country，只需要给它需要的所有值。除非我们为其 3 个参数中的每一个提供值，否则 Rust 不会为我们实例化一个 Country。

```
struct Country {
    population: u32,
    capital: String,
    leader_name: String
}

fn main() {
    let population = 500_000;
    let capital = String::from("Elista");
    let leader_name = String::from("Batu Khasikov");

    let kalmykia = Country {
        population: population,
        capital: capital,
        leader_name: leader_name,
    };
}
```

你有没有注意到重复写了相同的内容？我们写了 population: population、capital: capital 和 leader_name: leader_name。事实上，不需要这样做。在 Rust 中有一个语法糖，当字段名和变量名相同时，不必重复写一遍。让我们试试看：

```
struct Country {
    population: u32,
    capital: String,
    leader_name: String
}

fn main() {
    let population = 500_000;
    let capital = String::from("Elista");
    let leader_name = String::from("Batu Khasikov");

    let kalmykia = Country {
        population,
        capital,
        leader_name,
    };
}
```

当然也可以直接实例化一个结构体，而不必事先创建变量。

```
struct Country {
    population: u32,
    capital: String,
    leader_name: String
}

fn main() {
    let kalmykia = Country {
        population: 500_000,
        capital: String::from("Elista"),
        leader_name: String::from("Batu Khasikov")
    };
}
```

现在假设想要给 Country 添加一个气候（天气）属性。你会使用它来为每个国家选择一个气候类型：热带、干旱、温带、大陆性和极地（这些是主要的气候类型）。你会编写 let kalmkia = Country 并最终到达气候类型，然后编写一些内容并选择其中之一。

4.1.2 枚举

枚举是 enumerations 的缩写（我们很快就会知道它们为什么被称为枚举）。它们看起来与结构非常相似，但又有所不同。以下是区别：

- 当你想要 A and B 时，请使用结构。
- 当你想从 A or B 中做选择时，请使用枚举。

因此，结构用于许多事物在一起，而枚举用于许多可能的选择。

要声明枚举，写下 enum 并使用一个由逗号分隔的选项代码块。与结构一样，最后一部分可以有逗号也可以没有。在使用枚举时进行选择，使用枚举名称，后跟两个冒号“::”，然后是变体的名称（选择）。这意味着可以通过输入“Climate::Tropical”“Climate::Dry”等来进行选择。

我们定义一个 Climate 枚举，并让 Country 结构体持有它：

```
enum Climate {
    Tropical,
    Dry,
    Temperate,
    Continental,
    Polar,
}

struct Country {
    population: u32,
    capital: String,
    leader_name: String,
    climate: Climate,     #A
}

fn main() {
    let kalmykia = Country {
        population: 500_000,
        capital: String::from("Elista"),
```

```
        leader_name: String::from("Batu Khasikov"),
        climate: Climate::Continental,    #B
    };
}
```

#A 正如前面提到的，一个结构体可以持有一个枚举，而一个枚举也可以持有一个结构体。
#B 这里是重要的部分：在枚举中进行选择时，使用 :: 。

现在让我们换个例子，创建一个简单的枚举，名为 ThingsInTheSky：

```
enum ThingsInTheSky {
    Sun,
    Stars,
}
```

这也是一个枚举，因为你只能看到太阳或星星：你必须选择其中一个。
现在让我们创建一些与枚举相关的函数，这样就可以稍微处理一下它。

```
enum ThingsInTheSky {
    Sun,
    Stars,
}

fn create_skystate(time: i32) -> ThingsInTheSky {    #A
    match time {
        6..=18 => ThingsInTheSky::Sun,
        _ => ThingsInTheSky::Stars,
    }
}

fn check_skystate(state: &ThingsInTheSky) {    #B
    match state {
        ThingsInTheSky::Sun => println!("I can see the sun!"),
        ThingsInTheSky::Stars => println!("I can see the stars!")
    }
}

fn main() {
    let time = 8; //  It's 8 o'clock
    let skystate = create_skystate(time); // Returns a ThingsInTheSky
    check_skystate(&skystate);
}
```

#A 这个函数非常简单：它接受一个代表一天中小时的数字，并根据这个数字返回一个 ThingsInTheSky。在 6 点到 18 点之间可以看到太阳，否则可以看到星星。
#B 第二个函数接受一个 ThingsInTheSky 的引用，并根据 ThingsInTheSky 的变体打印一条消息。

这将会打印出"I can see the sun!"。

但是，Rust 的枚举之所以特别，不仅仅是因为它们用于选择场景，还因为它们可以携带数据。一个结构体可以包含一个枚举，一个枚举可以包含一个结构体，一个枚举还可以包含其他类型的数据。让我们给 ThingsInTheSky 添加一些数据：

```
enum ThingsInTheSky {
    Sun(String),
    Stars(String),
}

fn create_skystate(time: i32) -> ThingsInTheSky {
    match time {      #A
        6..=18 => ThingsInTheSky::Sun(String::from("I can see the sun!")),
        _ => ThingsInTheSky::Stars(String::from("I can see the stars!")),
    }
}

fn check_skystate(state: &ThingsInTheSky) {
    match state {
        ThingsInTheSky::Sun(description) => println!("{description}"),    #B
        ThingsInTheSky::Stars(n) => println!("{n}"),
    }
}

fn main() {
    let time = 8;
    let skystate = create_skystate(time);
    check_skystate(&skystate);
}
```

#A 现在枚举变量包含一个字符串，因此在创建 ThingsInTheSky 时也必须提供一个字符串。

#B 现在当我们匹配对 ThingsInTheSky 的引用时，可以访问内部的数据——在这个例子中是一个字符串。注意，可以给内部的字符串取任何名字：description、n 或其他。

这段代码打印相同的内容：I can see the sun!

使用 use 关键字，还可以“导入”一个枚举，这样就不需要每次都输入那么多了。下面是一个使用 Mood 枚举的例子，其中每次在匹配时都必须输入“Mood::”：

```
enum Mood {
    Happy,
    Sleepy,
    NotBad,
    Angry,
}

fn match_mood(mood: &Mood) -> i32 {
    let happiness_level = match mood {
        Mood::Happy => 10, // Here we typeMood:: every time
        Mood::Sleepy => 6,
        Mood::NotBad => 7,
        Mood::Angry => 2,
    };
    happiness_level
}

fn main() {
```

```
    let my_mood = Mood::NotBad;
    let happiness_level = match_mood(&my_mood);
    println!("Out of 1 to 10, my happiness is {happiness_level});
}
```

它打印出“Out of 1 to 10, my happiness is 7”。让我们尝试使用 use 关键字来导入这个枚举的变体，这样就可以少打一些字。要导入所有内容，写“*”。

```
enum Mood {
    Happy,
    Sleepy,
    NotBad,
    Angry,
}

fn match_mood(mood: &Mood) -> i32 {
    use Mood::*;     #A
    let happiness_level = match mood {
        Happy => 10,
        Sleepy => 6,
        NotBad => 7,
        Angry => 2,
    };
    happiness_level
}

fn main(){
    let my_mood = Mood::Happy;
    let happiness_level = match_mood(&my_mood);
    println!("Out of 1 to 10, my happiness is {happiness_level}");
}
```

#A 这将导入 Mood 枚举中的所有变体。使用 * 等同于写 use Mood::Happy;，use Mood::Sleepy;，等。后续引用变体就省略::了。

这个 use 关键字不仅仅适用于枚举，顺便说一句：每当你使用“::”太多而希望减少输入时，都可以使用它。还记得第 2 章中的这个例子吗？我们使用了一个叫作 std::mem::size_of_val() 的函数来检查两个名称的大小，那需要输入很多字符：

```
fn main(){
    let size_of_jaurim = std::mem::size_of_val("자우림");
    let size_of_adrian = std::mem::size_of_val("Adrian Fahrenheit Țepeș");
    println!("{size_of_jaurim}, {size_of_adrian}");
}
```

这会输出它们的大小，以字节为单位：9 字节和 25 字节。但也可以使用 use 来导入这个函数，这样每次使用时只需写 size_of_val 即可：

```
use std::mem::size_of_val;     #A

fn main(){
    let size_of_jaurim = size_of_val("자우림");
    let size_of_adrian = size_of_val("Adrian Fahrenheit Țepeș");
```

```
    println!("{size_of_jaurim}, {size_of_adrian}");
}
```

#A use 关键字可以在 main 函数内部、另一个函数内部或外部使用。如果在一个较小的范围内使用它，比如一个单独的函数内部，那么它只会在该范围内生效。

4.1.3 将枚举类型转换为整数

如果枚举不包含任何数据，那么它的变体可以被转换为整数。这是因为 Rust 给这些简单枚举的每个变体分配了一个从 0 开始的数字，用于某种用途（其实，枚举的名字就是由此而来：enum 中的 num 和 number 中的 num 是一样的）。

这里有一个快速的例子：

```
enum Season {
    Spring, // If this was Spring(String) or something it wouldn't work
    Summer,
    Autumn,
    Winter,
}

fn main() {
    use Season::*;
    let four_seasons = vec![Spring, Summer, Autumn, Winter];
    for season in four_seasons {
        println!("{}", season as u32);
    }
}
```

这会打印出：

```
0
1
2
3
```

然而，你也可以自定义不同的数字，只要确保两个变体不使用相同的数字，做到这点只需在想要为其指定数字的变体后面添加一个等号和你的数字即可。而且不需要为它们全部指定数字。如果不指定，Rust 将会在前一个变体的数字基础上自增 1。

```
enum Star {
    BrownDwarf = 10,
    RedDwarf = 50,
    YellowStar = 100,
    RedGiant = 1000,
    DeadStar, // Think about this one. What number will it have?
}

fn main() {
    use Star::*;
    let starvec = vec![BrownDwarf, RedDwarf, YellowStar, RedGiant, DeadStar];
    for star in starvec {
        match star as u32 {
```

```
            size if size <= 80 => println! ("Not the biggest star."),
            size if size >= 80 && size <= 200 => println! ("This is a good-sized star."),
            other_size => println! ("That star is pretty big! It's {other_size}"),    #A
        }
    }
}
```

#A 我们需要在匹配语句中添加这个最终的分支，这样 Rust 就可以决定在得到的 u32 值没有小于 80 或在 80~200 的其他值时该怎么做。我们在这里将变量命名为 other_size，但也可以将其命名为 size 或其他任何名称。

这会打印出：

```
Not the biggest star.
Not the biggest star.
This is a good-sized star.
That star is pretty big! It's 1000
That star is pretty big! It's 1001
```

如果没有选择自己的数字，那么 Rust 就会简单地为每个变体从 0 开始。因此，BrownDwarf 将是 0 而不是 10，DeadStar 将是 4 而不是 1001，以此类推。

4.1.4 枚举使用多种类型

在上一章中学到，Vec、array 等中的项都需要确定唯一类型，只有元组是不同的。然而，枚举在这里给了我们一些可灵活应对的空间，因为枚举可以携带数据，这意味着可以使用枚举在集合中容纳不同的类型。

假设我们想要一个 Vec，其中包含 u32 或 i32。Rust 允许我们创建 Vec<u32>或 Vec<i32>，但不允许创建 Vec<u32 or i32>。然而，我们可以创建一个枚举（称其为 Number），然后将其放入 Vec 中。这将给我们一个类型为 Vec<Number>的容器。而 Number 枚举可以有两个变体，一个变体包含一个 u32，另一个变体包含一个 i32。下面是它的样子：

```
enum Number {
    U32(u32),
    I32(i32),
}
```

因此有两种变体：U32 变体内含一个 u32，I32 变体内含一个 i32。U32 和 I32 只是我们起的名字，它们也可以是 UThirtyTwo 或 IThirtyTwo 或其他任何名字。

编译器不关心 Vec<Number>可以承载 u32 还是 i32，因为它们都在一个叫作 Number 的单一类型内。而且因为它是一个枚举，必须选择其中一个，这正是我们想要的。我们将使用 .is_positive()方法来选择。如果它为 true，那么将选择 U32，如果为 false，那么将选择 I32。

```
Now the code looks like this:
enum Number {
    U32(u32),
    I32(i32),
}

fn get_number(input: i32) -> Number {
```

```
    let number = match input.is_positive(){
        true => Number::U32(input as u32),     #A
        false => Number::I32(input),     #B
    };
    number
}

fn main(){
    let my_vec = vec![get_number(-800), get_number(8)];

    for item in my_vec {
        match item {
            Number::U32(number) => println!("A u32 with the value {number}"),
            Number::I32(number) => println!("An i32 with the value {number}"),
        }
    }
}
```

#A 如果数字为正，则将其改为 u32。

#B 否则保持数字为 i32，因为不能从负数得到一个 u32。

这会打印出我们想要看到的内容：

```
An i32 with the value -800
A u32 with the value 8
```

在上面的示例中，我们使用了一些函数来匹配枚举，并根据函数收到的变体不同而打印出不同的内容。但如果能够创建属于结构体和枚举自身的函数，岂不是更好？确实可以：这就是所谓的“实现”。

4.1.5 实现结构体和枚举

如果想赋予结构体和枚举一些真正功能，可以为结构体或枚举编写函数，使用 impl 关键字，然后用 {} 包围的作用域来编写函数（这称为 impl 块）。这些函数被称为方法。在 impl 块中有两种方法。

- 方法：这些方法以某种形式接收 self（&self、&mut self 或 self）。常规方法使用“.”（一个点），“.clone()”是一个常规方法的例子。
- 关联函数（在某些语言中称为“静态”方法）：这些函数不接收 self。关联意味着“相关的”。调用时在类型名和函数名之间使用“::”。String::from()和 Vec::new()都是关联函数。关联函数常用于创建新变量。

这个简单的例子说明了为什么关联函数不使用点号：

```
fn main(){
    let mut my_string = String::from("I feel excited");     #A
    my_string.push('!');     #B
    // my_string now holds the value "I feel excited!"
}
```

#A 变量 my_string 还不存在，因此不能调用 my_string.some_method_name()。相反，我们使用 String::from 来创建一个字符串。

#B 但是现在变量 my_string 已经存在，所以可以使用 . 来调用其方法。我们已经知道的一种方法是 .push( )。

实际上，只要你愿意，可以使用“::”来调用所有方法，但是对于使用 self 的方法，通常使用“.”更为方便。有时，对于接受 self 的方法使用“::”也有很好的理由，但我们稍后再看这个问题。现在知道这点并不是很重要。

在我们开始创建 impl 块之前，还有一件事需要知道：如果想要使用 {:?} 打印一个结构体或枚举，那么它需要拥有 Debug。Rust 提供了一个方便的方法来做到这一点，即如果在结构体或枚举上方写上 #[derive(Debug)]，那么就可以使用 {:?} 打印它。带有 #[ ] 的这些消息称为属性。有时候，可以使用它们来告诉编译器给你的结构体赋予像 Debug 这样的能力。这里有许多属性，我们稍后会学习它们。但是 derive 可能是最常见的，你会经常在结构体和枚举上方看到它。

好的，现在让我们创建一个枚举块。在下一个示例中，将创建动物并将它们打印出来。

```
#[derive(Debug)]
enum AnimalType {
    Cat,
    Dog,
}

#[derive(Debug)]
struct Animal {
    age: u8,
    animal_type: AnimalType,
}

impl Animal {
    fn new_cat() -> Self {     #A
        Self {     #B
            age: 10,
            animal_type: AnimalType::Cat,
        }
    }

    fn check_type(&self) {
        match self.animal_type {
            AnimalType::Dog => println!("The animal is a dog"),
            AnimalType::Cat => println!("The animal is a cat"),
        }
    }

    fn change_to_dog(&mut self) {     #C
        self.animal_type = AnimalType::Dog;
        println!("Changed animal to dog! Now it's {self:?}");
    }

    fn change_to_cat(&mut self) {
        self.animal_type = AnimalType::Cat;
        println!("Changed animal to cat! Now it's {self:?}");
    }
}
```

```
fn main() {
    let mut new_animal = Animal::new_cat();    #D
    new_animal.check_type();
    new_animal.change_to_dog();
    new_animal.check_type();
    new_animal.change_to_cat();
    new_animal.check_type();
}
```

#A 这里，**Self** 表示 **Animal**。也可以写 **Animal** 而不是 **Self**。对于编译器来说是一样的。

#B 当我们写 **Animal::new()** 时，总是得到一只 **10** 岁的猫。

#C 因为在 **impl Animal** 中，**&mut self** 表示 **&mut Animal**。使用 **.change_to_dog()** 将猫改为狗。使用 **&mut self** 可以让我们对其进行更改。

#D 这个关联函数将为我们创建一个新的 **Animal**：一只 **10** 岁的猫。

这会打印出：

```
The animal is a cat
Changed animal to dog! Now it's Animal { age: 10, animal_type: Dog }
The animal is a dog
Changed animal to cat! Now it's Animal { age: 10, animal_type: Cat }
The animal is a cat
```

记住，Self 表示类型 Self，而 self 表示指向对象本身的名为 self 的变量。因此，在我们的代码中，Self 意味着类型 Animal。所以 fn change_to_dog（&mut self）意味着 fn change_to_dog（&mut Animal）。

这里是另一个小例子。这次将在一个枚举上使用 impl：

```
enum Mood {
    Good,
    Bad,
    Sleepy,
}

impl Mood {
    fn check(&self) {
        match self {
            Mood::Good => println!("Feeling good!"),
            Mood::Bad => println!("Eh, not feeling so good"),
            Mood::Sleepy => println!("Need sleep NOW"),
        }
    }
}

fn main() {
    let my_mood = Mood::Sleepy;
    my_mood.check();
}
```

这会打印出 Need sleep NOW。

可以根据自己的喜好对这两个例子进行一些扩展。例如，编写函数来创建一个 AnimalType::

Dog 类型的新 Animal，或者让函数接受用户输入年龄，而非总是生成一只 10 岁的猫，再或者如何给 Animal 结构体也添加一个 Mood 枚举等。

使用结构体、枚举和 impl 块是你在 Rust 中最常做的事情之一，因此会很快养成将它们组合在一起的习惯。在下一节中，将学习完全相反的操作。因为如果你有一个完全构建的结构体或其他类型，也可以像我们学习解构元组那样解构它。

4.2 解构

让我们再来看一些解构的例子。可以通过反向使用 let 从结构体或枚举中获取值。我们在上一章中了解到这就是解构，因为它创建了不属于结构体的变量。我们将从一个简单的例子开始。如果你看过电影《8 英里》，会认出下面这个角色。

```
struct Person { // Just a simple Person struct
    name: String,
    real_name: String,
    height: u8,
    happiness: bool
}

fn main(){
    let papa_doc = Person { // creates variable papa_doc
        name: "Papa Doc".to_string(),
        real_name: "Clarence".to_string(),
        height: 170,
        happiness: false
    };

    let Person {// destructures papa_doc
        name,
        real_name,
        height,
        happiness,
    } = papa_doc;

    println!("They call him {name} but his real name is {real_name}. He is {height} cm tall
        and is he happy? {happiness}");
}
```

这会打印出：They call him Papa Doc but his real name is Clarence. He is 170 cm tall and is he happy? False。

可以看到解构是反向工作的：

- let papa_doc = Person { fields }；会让你创建一个结构体。
- let Person { fields } = papa_doc；可以解构它。

你在解构时也可以重命名变量。下面的代码与上面的完全相同，只是将 name 参数重命名为 fake_name，将 height 参数重命名为 cm。

```
struct Person {
    name: String,
```

```
    real_name: String,
    height: u8,
    happiness: bool
}

fn main(){
    let papa_doc = Person {
        name: "Papa Doc".to_string(),
        real_name: "Clarence".to_string(),
        height: 170,
        happiness: false
    };

    let Person {
        name: fake_name,    #A
        real_name,
        height: cm,    #B
        happiness
    } = papa_doc;

    println!("They call him {fake_name} but his real name is {real_name}. He is {cm} cm
        tall and is he happy? {happiness}");
}
```

#A 这里我们选择将变量命名为 fake_name。

#B 这里我们选择将变量命名为 cm。

现在是一个更大的例子。在这个例子中，我们有一个 City 结构体。给它一个新函数并创建它。然后用一个 process_city_values 函数来处理这些值。在函数中，只是创建一个 Vec，但在解构之后可以做更多的事情。

```
struct City {
    name: String,
    name_before: String,
    population: u32,
    date_founded: u32,
}

impl City {
    fn new(name: &str, name_before: &str, population: u32, date_founded: u32) -> Self {
        Self {
            name: String::from(name),
            name_before: String::from(name_before),
            population,
            date_founded,
        }
    }
    fn print_names(&self) {
        let City {
            name,
            name_before,
            population,
```

```
            date_founded,
        } = self;
        // now we have the values to use separately
        println!("The city {name} used to be called {name_before}.");
    }
}

fn main() {
    let tallinn = City::new("Tallinn", "Reval", 426_538, 1219);
    tallinn.print_names();
}
```

这会打印出：The city Tallinn used to be called Reval。

你会注意到编译器告诉我们，没有使用 population 和 date_founded 变量。我们可以修复这个问题！如果不想使用结构体的所有属性，只需在使用完你想要的属性后输入“..”。下面代码中的 print_names( )方法现在只会使用 name 和 name_before 参数进行解构。

```
struct City {
    name: String,
    name_before: String,
    population: u32,
    date_founded: u32,
}

impl City {
    fn new(name: &str, name_before: &str, population: u32, date_founded: u32) -> Self {
        Self {
            name: String::from(name),
            name_before: String::from(name_before),
            population,
            date_founded,
        }
    }
    fn print_names(&self) {
        let City {
            name,
            name_before,
            ..     #A
        } = self;
        println!("The city {name} used to be called {name_before}.");
    }
}

fn main() {
    let tallinn = City::new("Tallinn", "Reval", 426_538, 1219);
    tallinn.print_names();
}
```

#A 这两个点告诉 Rust 不要关心 City 中的其他参数。

有趣的是，你甚至可以在函数的签名中解构。让我们尝试一下，使用与上面相同的示例，有 Papa Doc 的情况。

```
struct Person {     #A
    name: String,
    real_name: String,
    height: u8,
    happiness: bool,
}

fn check_if_happy(person: &Person) {     #B
    println!("Is {} happy? {}", person.name, person.happiness);
}

fn destructure_and_check_if_happy(Person { name, happiness, .. }: &Person) {     #C
    println!("Is {name} happy? {happiness}");
}

fn main(){
    let papa_doc = Person {
        name: "Papa Doc".to_string(),
        real_name: "Clarence".to_string(),
        height: 170,
        happiness: false,
    };

    check_if_happy(&papa_doc);
    destructured_and_check_if_happy(&papa_doc);
}
```

#A 这个结构体与上面的示例完全相同，没有任何变化。

#B 接下来是一个函数，它接受一个 &Person 并检查这个人是否快乐。

#C 这是一个做同样事情的函数，不过它解构了 Person 结构体。这直接访问了 name 和 happiness 参数，并使用 .. 忽略了结构体的其余参数。

以下是输出：

```
Is Papa Doc happy? false
Is Papa Doc happy? false
```

这就完成了关于结构体和枚举的基础知识。在本章的最后一节中，我们将学习关于点运算符的一个有趣事实：它具有一定的魔力，可以在使用方法处理类型时保持语法的清晰。

4.3 引用和点运算符

我们在第 2 章学到，当你有一个引用时，需要使用“ * ”来获取其值。引用是一种不同的类型，所以下面的方法行不通：

```
fn main(){
    let my_number = 9;
    let reference = &my_number;

    println!("{}", my_number == reference);
}
```

编译器打印：

```
error[E0277]: can't compare `{integer}` with `&{integer}`
 --> src\main.rs:5:30
  |
5 |    println!("{}", my_number == reference);
  |                             ^^ no implementation for `{integer} == &{integer}`
```

我们将第 5 行改为 println!("{}", my_number == *reference)；现在它会打印 true，因为现在是 i32 == i32，而不是 i32 == &i32。这就是所谓的解引用。

现在让我们来看一些有趣的东西。首先创建一个简单的字符串。看看它是否为空：

```
fn main() {
    let my_name = "Billy".to_string();
    println!("{}", my_name.is_empty());
}
```

简单吧？它只是说 false。

就像之前一样，你不能比较一个引用和一个不是引用的东西。所以如果尝试比较一个字符串和一个 &String，会得到一个错误：

```
fn main() {
    let my_name = "Billy".to_string();
    let other_name = "Billy".to_string();
    println!("{}", my_name == &other_name);
    // println!("{}", &my_name == &&other_name);     #A
}
```

#A 不能比较一个 &String 和一个 &&String。取消注释这行也会产生错误。

但是看看这个例子。你觉得它会编译吗？

```
fn main() {
    let my_name = "Billy".to_string();
    let double_ref = &&my_name;
    println!("{}", double_ref.is_empty());
}
```

编译通过了！方法 .is_empty()是针对 String 类型的，但我们在 &&String 上调用了它。这是因为当使用一个方法时，Rust 会为你解引用，直到达到原始类型。方法中的“.”称为点操作符，它会自动进行解引用。如果没有它，必须写成这样：

```
fn main() {
    let my_name = "Billy".to_string();
    let double_ref = &&my_name;
    println!("{}", (&**double_ref).is_empty());
}
```

这也编译通过了！这是用一个“*”来获取到类型本身，然后用一个“&”来获取它的引用（因为 .is_empty()接受一个 &self）。但是点操作符会解引用所需的内容，所以不必到处写“*”和“&”来使用类型的方法。这样也完全可以运行：

```
fn main() {
    let my_name = "Billy".to_string();
```

```
    let my_ref = &my_name;
    println!("{}", &&&&&my_ref.is_empty());
}
```

原本这里需要加几个“ * ”，但当使用点操作符时，不需要再担心“ * ”。

作为一名 Rust 程序员，你将在各个地方使用结构体和枚举，并很快就会养成这样的习惯：创建一个结构体或枚举，开始一个 impl 块，然后添加方法。另外，你可能已经注意到，之前学过的一些类型实际上都是结构体和枚举。String 实际上是一个名为 String 的结构体，Vec 是一个名为 Vec 的结构体，它们都有对应的 impl String 和 implVec 块，并没有什么神奇之处，我们已经了解它们的工作原理了。

目前为止还没有学习任何标准库中的枚举类型，我们将在下一章学到 Rust 中最著名的两种枚举：Option 和 Result。

4.4 总结

- 结构体有点像带有名称的元组。它们可以包含各种不同类型的数据。
- 结构体可以包含枚举，而枚举也可以包含结构体。
- 通常，在创建结构体或枚举之后，会定义一个 impl 块，并为其添加方法。大多数情况下，它们会接受 &self，如果需要修改它，则接受 &mut self。
- 在 impl 块中并非所有方法都需要 self：比如定义一个工厂方法来实例化一个结构体或枚举，此时不需要传入 &self，只要返回一个 Self 即可。
- 要从枚举内部获取数据，通常会使用 match 或类似的方法。枚举只有一种选择，所以你必须检查选择了哪一个。
- 枚举是绕过 Rust 严格规则的一种好方法。创建一个枚举，并将需要的类型放入其中。
- 结构体解构非常有用，配合 let 语句可以快速复制一个结构体对象。

第 5 章 泛型、Option和Result

本章涵盖了以下内容：

- 泛型：当你想使用多于一个类型时。
- Option：当一个操作可能产生一个值，但也可能没有。
- Result：当一个操作可能成功，但也可能失败。

Rust 是一种强类型语言，检查非常严格。在本章之后，你将拥有 3 个重要的工具来处理它。泛型让你向 Rust 描述“某种类型”，它会将其转换为具体类型，而无须自己进行转换。之后我们将学习两个有趣的枚举：Option 和 Result。Option 告诉 Rust 在可能没有值时该怎么做，而 Result 则告诉 Rust 在可能出现问题时该怎么做。

5.1 泛型

学习完第 1 章后，我们就知道 Rust 需要知道函数输入和输出的具体类型。下面显示的 return_item( )函数对其输入和输出都使用了 i32，其他类型都不行：只能是 i32。

```
fn return_item(item: i32) -> i32 {
    println! ("Here is your item.");
    item
}

fn main() {
    let item = return_item(5);
}
```

但是如果你希望函数接受的不仅仅是 i32 呢？当你不得不编写所有这些函数时，会很麻烦：

```
fn return_i32(number: i32) -> i32 {   }
fn return_i16(number: i16) -> i16 {   }
fn return_u8(number: u8) -> u8 {   }
//And so on, and so on...
```

可以使用泛型来实现这个。泛型基本上意味着“可能是一种类型，也可能是另一种类型”。

对于泛型，可以使用尖括号并在其中放置类型，像这样：<T>，这意味着“你在函数中放入的任何类型”。Rust 程序员通常选择使用一个大写字母表示泛型（T、U、V 等），但名字并不重要，而且不必只使用一个字母。唯一重要的部分是尖括号：<>。

这就是如何将函数改为泛型的方法：

```
fn return_item<T>(item: T) -> T {
    println! ("Here is your item.");
    item
}

fn main() {
    let item = return_item(5);
}
```

重要的部分是在函数名后面的<T>。如果没有这个，Rust 就会认为 T 是一个具体类型（具体 = 非泛型），比如 String 或 i8。在谈论泛型时，人们会说某些东西是“泛型的（类型名称）”。因此，也可以称 return_item 是泛型函数（类型 T）。

如果在泛型中选择一个名称而不仅仅是 T，类型名称会更容易理解。看看将 T 更改为 MyType 会发生什么：

```
fn return_item(item: MyType) -> MyType {
    println! ("Here is your item.");
    item
}
```

编译器会报出“无法找到类型 MyType”的错误。MyType 是具体类型，而不是泛型：编译器正在寻找名为 MyType 的东西，但找不到它。因此，为了告诉编译器 MyType 是泛型的，我们需要将其写在尖括号内：

```
fn return_item<MyType>(item: MyType) -> MyType {
    println! ("Here is your item.");
    item
}

fn main() {
    let item = return_item(5);
}
```

由于是尖括号，现在编译器看到的是一个称为 MyType 的泛型类型。如果没有尖括号，它就不是泛型的。

让我们再次看一下函数签名的第一部分，以确保我们理解它。这是函数签名：

```
fn return_item<MyType>(item: MyType)
```

编译器读取这个内容为：

- fn：这是一个函数。
- <MyType>：说明函数是泛型的，泛型命名为 MyType。
- item:MyType：这个函数接受一个名为 item 的变量，它是尖括号内声明的类型 MyType。

只要将其放在尖括号中，编译器就会知道这个类型是泛型的，可以随意命名它。现在我们将回到使用类型 T，因为 Rust 代码通常使用单个字母。在自己的泛型代码中，可以选择自己的名称，但是也希望大家对单字母的泛型命名方式逐渐习惯，这样更简洁。

你会记得在 Rust 中有些类型是 Copy 的，有些是 Clone 的，有些是 Display 的，有些是 Debug 的等。换句话说，它们实现了 Copy、Clone 等 trait。有了 Debug，就可以使用 {:?} 进行打印。

下面的代码示例尝试打印一个名为 T 的泛型项，但不会成功。你能猜到为什么吗？

```
fn print_item<T>(item: T) {
    println!("Here is your item: {item:?}");
}

fn main(){
    print_item(5);
}
```

函数 print_item()需要 T 具有 Debug 特性才能打印 item，但 T 是否具有 Debug 类型？也许没有。也许它没有 #[derive(Debug)]，编译器也不知道，所以它会给出一个错误：

```
error[E0277]: `T` doesn't implement `Debug`
 --> src/main.rs:2:34
  |
2 |    println!("Here is your item: {item:?}");
  |                                  ^^^^^^^^ `T` cannot be formatted using `{:?}` because
     it doesn't implement `Debug`
```

没有保证 T 实现了 Debug。使用该函数的人可能会传入一个实现了 Debug 的类型，但也可能不会！那么是否应该为 T 实现 Debug 呢？不，因为我们不知道 T 是什么类型。现在，任何人都可以使用该函数并传入任何类型。其中一些类型将具有 Debug 特性，而另一些则没有。

然而，我们可以告诉函数："不用担心，我们传递给这个函数的任何类型 T 都将实现 Debug"。这在某种程度上是对编译器的承诺。

```
use std::fmt::Debug;// The Debug trait is located at std::fmt::Debug.

fn print_item<T: Debug>(item: T) { //<T: Debug> is the important part
    println!("Here is your item: {item:?}");
}

fn main(){
    print_item(5);
}
```

所以现在编译器知道了："好的，这个类型 T 将会有 Debug"。现在代码可以正常工作了，因为 i32 有 Debug。可以给它许多类型：String、&str 等，因为它们都有 Debug。代码将编译通过，除非具有 Debug，否则编译器不会让任何类型成为此函数中的变量 item。

现在可以创建一个结构体并使用 #[derive(Debug)] 来为其添加 Debug，这样也可以打印它。我们的函数可以接受 i32、结构体 Animal，以及更多类型：

```
use std::fmt::Debug;

#[derive(Debug)]
struct Animal {
    name: String,
    age: u8,
}

fn print_item<T: Debug>(item: T) {
```

```
    println! ("Here is your item: {item:?}");
}

fn main() {
    let charlie = Animal {
        name: "Charlie".to_string(),
        age: 1,
    };

    let number = 55;

    print_item(charlie);
    print_item(number);
}
```

这将打印：

```
Here is your item: Animal { name: "Charlie", age: 1 }
Here is your item: 55
```

有时我们在泛型函数中需要多个泛型类型。为了做到这一点，必须逐个写出每个泛型类型的名称，并考虑每种类型应该能够实现哪些特性？

在下面的示例中，我们想要两种类型。首先，想要一个名为 T 的类型，并想要打印它。而使用 {} 打印更好看，所以要求 T 实现 Display 特性。

接下来是一个称为 U 的泛型类型，还有两个变量 num_1 和 num_2，它们将是 U 类型的。我们想要比较它们，所以需要实现 PartialOrd 特性。PartialOrd 特性能让我们使用比较运算符，比如 <、>、== 等。但我们也想要打印它们，所以还需要它们实现 Display 特性。

Display 也适用于 U。如果想表示不止一个特性，可以使用 +。所以，<U: Display + PartialOrd>意味着称为 U 的泛型类型需要具备这两个特性。

```
use std::fmt::Display;
use std::cmp::PartialOrd;

fn compare_and_display<T: Display, U: Display + PartialOrd>(statement: T, input_1: U,
        input_2: U) {
    println! ("{statement}! Is {input_1} greater than {input_2}? {}", input_1 > input_2);
}

fn main() {
    compare_and_display("Listen up!", 9, 8);
}
```

这段文字打印的结果是：Listen up!! Is 9 greater than 8? true。

fn compare_and_display<T: Display, U: Display +PartialOrd> (statement: T, num_1: U, num_2: U) 的意思是：

- 这个函数名是 compare_and_display()。
- 第一个类型是 T，它是泛型。它必须是一个可以使用 {} 打印的类型。
- 第二个类型是 U，它是泛型。它必须是一个可以使用 {} 打印的类型。此外，它必须是一个可以进行比较的类型（因此它可以使用>、<和 ==）。

现在如果我们愿意，可以给 compare_and_display( )不同的类型。变量 statement 可以是 String、&str 或任何实现了 Display 的类型。

为了使泛型函数更易读，还可以在代码块之前使用关键字 where：

```
use std::cmp::PartialOrd;
use std::fmt::Display;

fn compare_and_display<T, U>(statement: T, num_1: U, num_2: U)    #A
where    #B
    T: Display,
    U: Display + PartialOrd,
{
    println!("{statement}! Is {num_1} greater than {num_2}? {}",num_1 > num_2);
}

fn main(){
    compare_and_display("Listen up!", 9, 8);
}
```

#A 现在在 compare_and_display 后面只有<T，U>，这使得代码更易读。

#B 然后我们使用 where 关键字，并在下面的行中指明所需的特性。

当有许多泛型类型时，推荐使用 where，让代码更清晰。另外还要注意：

- 如果有一个类型为 T 的变量和另一个类型为 T 的变量，它们必须是相同的类型。
- 如果有一个类型为 T 的变量和另一个类型为 U 的变量，它们可以是不同的类型，也可以是相同的类型。

例如：

```
use std::fmt::Display;

fn say_two<T: Display, U: Display>(statement_1: T,statement_2: U) {    #A
    println!("I have two things to say: {statement_1} and {statement_2}");
}

fn main(){
    say_two("Hello there!", String::from("I hate sand."));    #B
    say_two(String::from("Where is Padme?"),String::from("Is she all right?"));    #C
}
```

#A 类型 T 和 U 都需要实现 Display，但它们可以是不同的类型。

#B 类型 T 是一个 &str，但类型 U 是一个 String。没有问题，因为这两种类型都实现了 Display。

#C 这里两种类型都是 String。没有问题：T 和 U 不必是不同的类型。

这将会打印出：

```
I have two things to say: Hello there! and I hate sand.
I have two things to say: Where is Padme? and Is she all right?
```

现在我们了解了枚举和泛型，就能理解 Option 和 Result 了。这两个枚举类型是 Rust 用来帮助我们编写不会崩溃的代码的。

5.2 Option 和 Result

本章开头提过，Option 和 Result 都是特殊类型。Option 用于“可能会得到一个值，但也可能不会”，而 Result 则用于“一个操作可能成功，但也可能不成功”。记得这一点，就能知道何时使用哪一个。

比如，现实生活中的一个人可能有一个 Option<Spouse>。你可能有也可能没有配偶。没有配偶只意味着你没有配偶，但这并不是一个错误，只是可能存在也可能不存在的一件事。

但是，函数 go_to_work()会返回一个 Result，因为它可能会失败。大多数时候 go_to_work()是成功的，但有一天可能会下大雪，你不得不待在家里。

与此同时，像 print_string()或 add_i32()这样的简单函数总是会产生输出，并且不会失败，因此它们不需要处理 Option 或 Result。

因此，有了这个理解，让我们从 Option 开始。

5.2.1 Option

当一个值存在时，它是 Some (value)，当它不存在时，就是 None。下面用 Option 改进一段糟糕的代码。

```
fn take_fifth_item(value: Vec<i32>) -> i32 {
    value[4]
}

fn main() {
    let new_vec = vec![1, 2];
    let index = take_fifth_item(new_vec);
}
```

当我们运行这段代码时，会出现错误。以下是错误信息：

```
thread 'main' panicked at 'index out of bounds: the len is 2 but the index is 4',
        src\main.rs:34:5
```

Panic 意味着程序在问题发生之前停止。Rust 发现函数要求的是不可能的事情，于是停止执行。程序会从栈中取出值，然后告诉你：“抱歉，目前做不到。”

为了解决这个问题，我们将返回类型从 i32 改为 Option<i32>。这意味着“如果存在，则给我一个 Some(i32)，如果不存在，则给我 None”。我们说 i32 被包装在一个 Option 中，这意味着它在 Option 的内部。如果是 Some，你必须做一些事情才能获取值。

```
fn try_take_fifth(value: Vec<i32>) -> Option<i32> {
    if value.len() < 5 {     #A
        None
    } else {
        Some(value[4])
    }
}

fn main() {
```

```
    let small = vec![1, 2];
    let big = vec![1, 2, 3, 4, 5];
    println!("{:?}, {:?}", try_take_fifth(small), try_take_fifth(big));
}
```

#A .len()给出了 Vec 的长度。这里我们正在检查长度是否至少为 5。

这将打印出 None 和 Some(5)。我们的程序不再出现 panic，所以这比以前好。但是在第二种情况下，值 5 仍然包含在 Option 中。我们如何将这个 5 取出来呢？

可以使用一个名为 .unwrap()的方法来获取 Option 中的值，但是要小心使用 .unwrap()。这就像打开一个潘多拉魔盒一样：也许里面有好东西，也许里面是魔鬼。只有在确定时才应该使用 .unwrap()。如果你尝试解包一个空值，程序会发生 panic：

```
fn try_take_fifth(value: Vec<i32>) -> Option<i32> {
    if value.len() < 5 {
        None
    } else {
        Some(value[4])
    }
}

fn main() {
    let small = vec![1, 2];
    let big = vec![1, 2, 3, 4, 5];
    println!("{:?}, {:?}",
        try_take_fifth(small).unwrap(),     #A
        try_take_fifth(big).unwrap()
    );
}
```

#A 这个返回 None。.unwrap()会导致 panic!

信息是：

```
thread 'main' panicked at 'called `Option::unwrap()` on a `None` value', src\main.rs:14:9
```

但我们不一定要使用 .unwrap()。可以使用 match 代替。使用 match 可以打印出 Some 中的值，如果是 None，就不处理它。例如：

```
fn try_take_fifth(value: Vec<i32>) -> Option<i32> {
    if value.len() < 5 {
        None
    } else {
        Some(value[4])
    }
}

fn handle_options(my_option: &Vec<Option<i32>>) {
    for item in my_option {
        match item {
            Some(number) => println!("Found a {number}!"),
            None => println!("Found a None!"),
        }
    }
```

```
}

fn main(){
    let small = vec![1, 2];
    let big = vec![1, 2, 3, 4, 5];
    let mut option_vec = Vec::new();    #A

    option_vec.push(try_take_fifth(small));    #B
    option_vec.push(try_take_fifth(big));    #C

    handle_options(&option_vec);    #D
}
```

#A 创建一个新的向量来放入我们的结果。这个向量的类型是 Vec<Option<i32>>。

#B 将 "None"放入向量中。

#C 将 "Some(5)"放入向量中。

#D handle_option()检查向量中的每个值。如果是 Some，则打印出值。如果是 None，则不处理。

这将会打印出：

```
Found a None!
Found a 5!
```

这是一个很好的模式匹配示例。Some(number) 是一种模式，None 是另一种模式，我们使用 match 来决定当每个模式发生时该做什么。Option 类型有两种可能的模式，因此我们必须决定当看到一个模式时该做什么，当看到另一个模式时又该做什么。

那么实际的 Option 类型是什么样子的呢？

在了解泛型的基础上可以轻松阅读 Option 的源码，本质上它就是一个枚举：

```
enum Option<T> {
    None,
    Some(T),
}
```

重要的一点要记住：使用 Some 时，你拥有一个类型为 T（任何类型）的值。还要注意，枚举名后的尖括号中的 T 告诉编译器它是泛型的。它没有像 Display 之类的特性来限制，所以它可以是任何类型。但是使用 None 时，你没有任何值。

在 Option 的 match 语句中，你不能这样写：

```
// 🚧
Some(value) => println!("The value is {}", value),
None(value) => println!("The value is {}", value),
```

因为 None 里面没有包含 T 的值。只有 Some 变体才会真正包含一个值。

使用 Option 有更简单的方法。下一个代码示例中，我们将使用一个叫作.is_some()的方法来告诉我们它是否是 Some（是的，还有一个叫作.is_none()的方法）。使用这个方法意味着我们不再需要 handle_option()。

```
fn try_take_fifth(value: Vec<i32>) -> Option<i32> {
    if value.len() < 5 {
        None
```

```
    } else {
        Some(value[4])
    }
}

fn main() {
    let small = vec![1, 2];
    let big = vec![1, 2, 3, 4, 5];
    for vec in vec![small, big] {
        let inside_number = try_take_fifth(vec);
        if inside_number.is_some() {    #A
            println!("We got: {}", inside_number.unwrap());    #B
        } else {
            println!("We got nothing.");
        }
    }
}
```

#A .is_some( )方法在我们得到 Some 时返回 true，在得到 None 时返回 false。

#B 我们已经检查了 inside_number 是否为 Some，所以使用.unwrap( )是安全的。实际上，有一种更简单的方法叫作"if let"，我们很快就会学到。

这将打印：

```
We got nothing.
We got: 5
```

现在想象一下，我们希望这个 take_fifth( )函数或其他某个函数给出一个失败的原因。我们不仅仅想得到 None，还想知道它为什么失败了。当它失败时，我们希望有一些关于失败原因的信息，这样就可以采取一些措施。比如"Error: Vec wasn't long enough to get the fifth item"，这就是 Result 的作用了，现在让我们学习一下。

5.2.2 Result

Result 看起来与 Option 类似，但这里有一个不同之处：

- Option 包含 Some 或 None（有值或无值）。
- Result 包含 Ok 或 Err（正常结果或错误结果）。

你经常同时看到 Option 和 Result 一起使用。例如，你想定义从服务器获取的数据类型。远程连接不一定成功，此时应用 Result 表示，即使连接成功，也可能没有返回任何数据，此时用 Option 表示。所以组合后的类型是 Result<Option<SomeType>>。

```
enum Option<T> {
    None,
    Some(T),
}

enum Result<T, E> {
    Ok(T),
    Err(E),
}
```

请注意，Result 在 Ok 和 Err 内都有一个值。这是因为错误应该包含描述出现问题的信息。还要注意，Ok 持有一个泛型类型 T，而 Err 持有一个泛型类型 E。正如我们在本章中学到的，这意味着它们可以是不同的类型，但也可能是相同的。

Result<T, E>意味着你需要考虑对于 Ok 和 Err 分别返回什么。事实上，可以返回任何你喜欢的东西。即使在每种情况下返回一个()空元组也可以。

```
fn check_error() -> Result<(), ()> {
    Ok(())
}

fn main() {
    check_error();
}
```

check_error()函数表示"如果得到 Ok，则返回()，如果得到 Err，则返回()"。然后返回一个包含()的 Ok。程序可以正常工作，没有问题！

不过编译器给了我们一个有趣的警告：

```
warning: unused `std::result::Result` that must be used
 --> src\main.rs:6:5
  |
6 |     check_error();
  |     ^^^^^^^^^^^^^^
  |
  = note: `#[warn(unused_must_use)]` on by default
  = note: this `Result` may be an `Err` variant, which should be handled
```

这是事实：我们只返回了 Result，但它可能是一个 Err。因此，让我们稍微处理一下错误（即使实际上还没有做任何事情）。

```
fn see_if_number_is_even(input: i32) -> Result<(), ()> {
    if input % 2 == 0 {
        return Ok(())
    } else {
        return Err(())
    }
}

fn main() {
    if see_if_number_is_even(5).is_ok() {
        println!("It's okay, guys")
    } else {
        println!("It's an error, guys")
    }
}
```

这会打印"It's an error, guys"。我们处理了第一个错误并告诉 Rust 在出现错误时该怎么做，程序没有崩溃。这就是 Result 的作用。

这四种方法可以轻松检查 Option 或 Result 的状态：

- Option：.is_some()，.is_none()。

- Result：.is_ok( )，.is_err( )。

Result 可以用 String 返回更详细的 Err 信息。以下是一个简单的示例，展示了一个期望数字 5 的函数或者产生错误。现在使用 String 让我们可以显示一些额外的信息。

```
fn check_if_five(number: i32) -> Result<i32, String> {
    match number {
        5 => Ok(number),
        _ => Err(format!("Sorry, bad number. Expected: 5 Got: {number}")),
    }
}

fn main() {
    for number in 4..=7 {
        println!("{:?}", check_if_five(number));
    }
}
```

输出如下：

```
Err("Sorry, bad number. Expected: 5 Got: 4")
Ok(5)
Err("Sorry, bad number. Expected: 5 Got: 6")
Err("Sorry, bad number. Expected: 5 Got: 7")
```

就像在 Option 上解包 None 一样，对 Err 使用 .unwrap( )会导致 panic：

```
fn main() {
    let error_value: Result<i32, &str> = Err("There was an error");    #A
    error_value.unwrap(); // Unwraps it. Boom!
}
```

#A 由于 Option 和 Result 及其变体已经在 use 范围内，因此可以直接写 Err 而不是 Result::Err。

程序发生 panic，并打印出：

```
thread 'main' panicked at 'called `Result::unwrap()` on an `Err` value: "There was an
        error"', src/main.rs:3:17
```

“src\main.rs:3:17”这样的提示有助于我们调试错误。意味着“转到 src 文件夹，接着是 main.rs 文件，然后到达发生错误的第 3 行第 17 列”。你可以跳转到出错位置查看代码并解决问题。也可以创建自己的错误类型。标准库中的 Result 函数和其他人的代码通常会这样做。例如，看一下标准库中的这个函数：

```
// 🚧
pub fn from_utf8(vec: Vec<u8>) -> Result<String, FromUtf8Error>
```

这个函数接受一个字节向量（u8）并尝试生成一个字符串。因此，Result 的成功情况是一个字符串，而错误情况是 FromUtf8Error。可以给你的错误类型起任何你想要的名字。在 Rust 中，要将一个类型变成真正的错误类型，它需要实现一个叫作 Error 的 trait，就像在本章中看到的泛型代码期望一个类型实现 Debug、Display 或 PartialOrd 一样。

在第 7 章我们将开始详细学习 trait，但在那之前，还有一些其他的东西要学习。其中之一是更多的模式匹配，因为 Rust 除了 match 关键字之外，还有很多其他的模式匹配方式。让我们看看 match 之外的其他一些模式匹配方式。

5.2.3 其他一些模式匹配的方法

1. IF LET

使用 match 来处理 Option 和 Result 有时需要大量的代码。例如，对 Vec 使用 get( )方法查看给定索引处是否存在值，会返回一个 Option：

```
fn main(){
    let my_vec = vec![2, 3, 4];
    let get_one = my_vec.get(0); //Checks the 0th index: Some
    let get_two = my_vec.get(10); // Checks the 10th index: None
    println!("{:?}", get_one);
    println!("{:?}", get_two);
}
```

这将会打印出：

```
Some(2)
None
```

我们学到了匹配是安全处理 Option 的方式。让我们使用从索引 0 到 10 的范围来查看是否有任何值：

```
fn main(){
    let my_vec = vec![2, 3, 4];

    for index in 0..10 {
      match my_vec.get(index) {
        Some(number) => println!("The number is: {number}"),
        None => {}
      }
    }
}
```

代码正常工作，并打印出我们预期的结果：

```
The number is: 2
The number is: 3
The number is: 4
```

在遇到 None 时什么也没做，因为我们只关心得到 Some 时会发生什么，但是仍然需要告诉 Rust 在遇到 None 时该怎么做。在这里，可以通过使用 if let 来缩短代码。使用 if let 意味着“如果匹配，就执行某些操作，否则不执行任何操作”。if let 适用于你不关心所有匹配情况的情况。

```
fn main(){
    let my_vec = vec![2, 3, 4];

    for index in 0..10 {
      if let Some(number) = my_vec.get(index) {
        println!("The number is: {number}");
      }
    }
}
```

两个要点需要记住：

- if let Some（number）= my_vec.get(index）意味着“从 my_vec.get（index）中解构出结果赋予 Some（number），如果解构匹配成功，则执行后续{}中的内容，并可以成功访问 number”。
- 它使用了一个 = 而不是 ==，因为这是一种模式匹配，而不是布尔判断。

2. LET ELSE

Rust 1.65 在 2022 年 11 月发布，其中添加了一种有趣的新语法，叫作 let else。让我们看看同样的 if let 示例，但也添加一个 let else 后，看看它与 if let 有何不同。首先试着自己阅读这个示例，思考 if let 和 let else 之间的区别：

```
fn main(){
    let my_vec = vec![2, 3, 4];

    for index in 0..10 {
        if let Some(number) = my_vec.get(index) {     #A
            println!("The number is: {number}");
        }
        let Some(number) = my_vec.get(index) else {     #B
        continue;
      };
        println!("The number is: {number}");
    }
}
```

#A 这与上面示例中的 if let 相同。它只关心 Some 模式。

#B 这是 let else 语法。它也只对 Some 模式感兴趣，不关心 None。

两者之间的区别在于：

- if let 检查 my_vec.get()是否返回 Some 模式。如果返回 Some，它将调用其中的变量 number，并在{}大括号内打开一个新的作用域。在这个作用域内，可以确保有一个名为 number 的变量。如果 .get()没有返回 Some 模式，它将不执行任何操作，直接跳到下一行。
- let else 尝试从 Some 模式中创建一个变量 number。如果你暂时去掉 else 部分，会看到它正在尝试这样做：let Some（number）= my_vec.get()；换句话说，它试图创建这个名为 number 的变量。
- 但在下一行它要打印出变量 number，所以在这一点上变量必须存在。那么这是怎么实现的呢？这是通过所谓的“分歧代码”实现的。分歧代码基本上是指任何能让你在进入下一行之前提前跳出的代码。关键字 continue 会做到这一点，同样的关键字 break、早期返回等也会。

在 else 后的代码块内可以写任意多的代码，只要最后以分歧代码结束即可。例如：

```
fn main(){
    let my_vec = vec![2, 3, 4];

    for index in 0..10 {
        let Some(number) = my_vec.get(index) else {     #A
            println!("Looks like we got a None!");
            println!("We can still do whatever we want inside this block");
```

```
                println!("We just have to end with 'diverging code'");
                println!("Because after this block, the variable 'number' has to exist");
                println!("Time to break the loop now, bye");
                break;
            //return ();     #B
            };
            println!("The number is: {number}");
        }
    }
```

#A else 后有一个完整的代码块可以随心所欲地写代码。我们以 break；结束，这意味着代码永远不会执行到下面需要变量 number 的那一行。

#B 这是另一个分歧代码的示例。break 用于跳出循环，而 return 会提前从函数中返回。正如我们在第 3 章学到的函数 main()返回一个空元组，因此使用 return()；将返回一个 ()，函数就结束了，我们永远不会执行到下面的那一行。

可以看到，我们在最终得到 None 后，打印了相当多的内容。在所有这些打印结束后，最终使用关键字 break 来分歧代码，程序永远不会执行到下一行。以下是输出结果：

```
The number is: 2
The number is: 3
The number is: 4
Looks like we got a None!
We can still do whatever we want inside this block
We just have to end with 'diverging code'
Because after this block, the variable 'number' has to exist
Time to break the loop now, bye
```

3. WHILE LET

while let 就像 if let 的 while 循环。假设我们有这样的天气站数据，想将某些字符串解析成数字：

```
["Berlin", "cloudy", "5", "-7", "78"]
["Athens", "sunny", "not humid", "20", "10", "50"]
```

为了解析这些数字，可以使用一个叫作 parse::<i32>()的方法。首先是 .parse()，这是方法名称，然后是 ::<i32>，这是要解析的类型。它会尝试将 &str 转换为 i32，并将其返回给我们（如果可能的话）。它返回一个 Result，因为可能会出错，比如“Berlin”就无法转换成数字。我们还将使用 .pop()，这会从向量中取出最后一个项。

```
fn main() {
    let weather_vec = vec![
        vec!["Berlin", "cloudy", "5", "-7", "78"],
        vec!["Athens", "sunny", "not humid", "20", "10", "50"],
    ];
    for mut city in weather_vec {
        println!("For the city of {}:", city[0]);     #A
        while let Some(information) = city.pop() {     #B
            if let Ok(number) = information.parse::<i32>() {     #C
                println!("The number is: {number}");
```

```
                }    #D
            }
        }
    }
```

#A 在我们的数据中，第一个项都是城市名称。

#B while let Some(information) = city.pop()表示一直执行，直到 city 最终耗尽了项并且 .pop()返回 None 而不是 Some。

#C 在这里，尝试将我们称为 information 的变量解析为 i32。这会返回一个 Result。如果是 Ok（number），那么现在就有一个名为 number 的变量可以打印出来。

#D 这里什么也没有发生，因为我们只关心得到 Ok。我们从未看到返回 Err 的情况。

这将会打印出：

```
For the city of Berlin:
The number is: 78
The number is: -7
The number is: 5
For the city of Athens:
The number is: 50
The number is: 10
The number is: 20
```

这一章是迄今为止最“Rust”的一章。你学到了 3 个概念泛型、Option 和 Result，老一代编程语言没有这些概念。这些都是新时代语言中存在的概念，Rust 做了借鉴和改良。

这些概念虽然新鲜，但是却非常合理和实用。它们可以帮助你提升编码效率：不需要为每种类型编写新函数（泛型），检查值是否存在（Option）也很方便。还可以检查是否发生错误，并在出现错误时决定如何处理（Result）。正如你在本章中所见，Rust 的创造者从一些奇特的语言中汲取了这些想法，但是将它们以实用的方式应用了起来。

下一章与本章相比并不太难。你将学习更多关于 Result 和错误处理的知识，并且我们将看到比第 3 章中更复杂的集合类型。

5.3 总结

- 泛型允许您在类型或函数中使用多个类型。如果没有泛型，每次想要不同类型时都需要重复编写代码。
- 对于泛型类型，可以编写任何内容，但大多数时候人们会写成 T。
- 在 T 之后，你写下了类型将具有的特性。更多的特性意味着 T 能够执行更多的操作。但这也意味着函数可以接受更少的类型，因为任何类型都需要你写下的所有特性。
- Rust 仍然是强类型的：它在编译时将泛型函数转换为具体函数。在运行时不会发生任何额外的事情。
- 如果你有一个可能会 panic 的函数，请尝试将其输出并转换为 Option 或 Result。这样你可以编写不会崩溃的代码。
- Result 的 Err 值允许自定义，返回一个自定义 String 作为 Err 值是个好方式。

第 6 章　更多的集合，更多的错误处理

本章涵盖了以下内容：

- 其他集合：这次是更复杂和有趣的集合。
- 问号运算符：只需输入 '?' 来处理错误。
- 何时使用 panic 和 unwrap。

Rust 拥有比我们在第 3 章学到的那些更多的集合类型。你可能不会立即需要全部，但一定要仔细阅读每种集合类型，这样就会记得何时可能需要它们中的某一种。本章还介绍了 Rust 中最受欢迎的运算符之一 ？（是的，就是一个问号）。

6.1 其他集合

除了我们在第 3 章学到的那些集合类型外，Rust 还有许多其他类型的集合。它们都包含在同一个地方：标准库中的 std::collections 模块中。最好的方法是使用 use 语句将它们引入作用域，就像我们在上一章中使用枚举一样。标准库中的 collections 模块页面有一个非常好的摘要，说明了何时使用哪种集合类型以及出于什么原因。

我们将从最常见的 HashMap 开始学习。

6.1.1 HashMap 和 BTreeMap

HashMap 是一种由键和值组成的集合。可以使用键来查找与之匹配的值。键和值的一个例子是 email 和 my_email@address.com（email 是键，地址是值）。

创建一个 HashMap 很容易：只需使用 HashMap::new()。之后，可以使用 .insert（key，value）方法来插入项目。

HashMap 的键是无序的，所以如果你把 HashMap 中的所有键一起打印出来，顺序可能会不一样。可以在一个例子中看到这一点：

```
use std::collections::HashMap;    #A

struct City {
    name: String,
    population: HashMap<i32, i32>,     #B
```

```
}

fn main(){

    let mut tallinn = City {
        name: "Tallinn".to_string(),
        population: HashMap::new(),     #C
    };

    tallinn.population.insert(2020, 437_619);     #D
    tallinn.population.insert(1372, 3_250);
    tallinn.population.insert(1851, 24_000);     #E

    for (year, population) in tallinn.population {     #F
        println!("In {year}, Tallinn had a population of {population}.");
    }
}
```

#A 这样我们每次就可以直接写 HashMap 而不是 std::collections::HashMap。

#B 这样将包含年份和该年的人口。

#C 目前 HashMap 是空的。

#D 插入三个日期。

#E 只是为了提醒我们，24_000 和 24000 没有区别。_ 只是为了提高可读性。

#F HashMap 是 HashMap<i32，i32>，所以每次返回两个项。

这里的三个键是 2020、1372 和 1851。如果 HashMap 是有序的，我们会按顺序看到它们是 1372、1851 和 2020。但是因为 HashMap 不对键进行排序，所以会以任意顺序看到它们。

代码可能会打印：

```
In 1372, Tallinn had a population of 3250.
In 2020, Tallinn had a population of 437619.
In 1851, Tallinn had a population of 24000.
```

或者它可能打印：

```
In 1851, Tallinn had a population of 24000.
In 2020, Tallinn had a population of 437619.
In 1372, Tallinn had a population of 3250.
```

可以看到键的顺序没有任何特定的规律。

如果想要一个键有序的 HashMap，可以使用 BTreeMap。它们内部的实现不同，但方法名称和签名非常相似。这意味着可以快速将 HashMap 改为 BTreeMap，而几乎不需要改动任何代码。对于我们的简单示例，除了名称改为 BTreeMap 外，代码完全没有变化：

```
use std::collections::BTreeMap; // Just changes HashMap to BTreeMap

struct City {
    name: String,
    population: BTreeMap<i32, i32>,// Here, too
}

fn main(){
```

```
    let mut tallinn = City {
        name: "Tallinn".to_string(),
        population: BTreeMap::new(), // Here, too
    };

    tallinn.population.insert(2020, 437_619);
    tallinn.population.insert(1372, 3_250);
    tallinn.population.insert(1851, 24_000);

    for (year, population) in tallinn.population {
        println!("In the year {year} the city of Tallinn had a population of
      {population}.");
    }
}
```

现在它将始终按以下顺序打印：

```
In the year 1372 the city of Tallinn had a population of 3250.
In the year 1851 the city of Tallinn had a population of 24000.
In the year 2020 the city of Tallinn had a population of 437619.
```

现在回到 HashMap。

获取 HashMap 中值的最简单但最不严谨的方法是直接将键放在方括号［］中，类似于对 Vec 进行索引时输入［0］或［1］。在下一个例子中，将使用这种方法来查找键 Bielefeld 对应的值 Germany。但要小心，因为如果没有这个键，程序会崩溃——就像对 Vec 进行索引时一样。如果你写 println!("{:?}", city_hashmap["Bielefeldd"]);，程序会出错，因为 Bielefeldd 并不存在。

如果你不确定是否会有一个键存在，可以使用 .get() 方法，它会返回一个 Option。如果键存在，则返回 Some(value)，如果不存在，则返回 None，而不会导致程序崩溃。因此，.get() 是从 HashMap 获取值的更安全的方法。

```
use std::collections::HashMap;

fn main() {
    let canadian_cities = vec!["Calgary", "Vancouver", "Gimli"];
    let german_cities = vec!["Karlsruhe", "Bad Doberan", "Bielefeld"];

    let mut city_hashmap = HashMap::new();

    for city in canadian_cities {
        city_hashmap.insert(city, "Canada");
    }
    for city in german_cities {
        city_hashmap.insert(city, "Germany");
    }

    println!("{:?}", city_hashmap["Bielefeld"]);
    println!("{:?}", city_hashmap.get("Bielefeld"));
    println!("{:?}", city_hashmap.get("Bielefeldd"));
}
```

这将会打印：

```
"Germany"
Some("Germany")
None
```

这是因为 Bielefeld 存在，但 Bielefeldd 不存在。

如果一个 HashMap 已经有一个键，当尝试插入它时，使用 .insert()将会覆盖它的值：

```
use std::collections::HashMap;

fn main() {
    let mut book_hashmap = HashMap::new();

    book_hashmap.insert(1, "L'Allemagne Moderne");
    book_hashmap.insert(1, "Le Petit Prince");
    book_hashmap.insert(1, "섀도우 오브 유어 스마일");
    book_hashmap.insert(1, "Eye of the World");

    println!("{:?}", book_hashmap.get(&1));    #A
}
```

#A 顺便提一下，.get()方法需要一个引用，这就是为什么我们在这里使用了 &1。

这会打印出 Some（"Eye of the World"），这是我们最后一次使用 .insert()添加的。

.get()返回一个 Option 有利于检查该键对应的值是否存在：

```
use std::collections::HashMap;

fn main() {
    let mut book_hashmap = HashMap::new();
    book_hashmap.insert(1, "L'Allemagne Moderne");

    let key = 1;
    match book_hashmap.get(&key) {
        Some(val) => println!("Key {key} has a value already: {val}"),
        None => {
            book_hashmap.insert(key, "Le Petit Prince");
        }
    }
    println!("{:?}", book_hashmap.get(&1));
}
```

这会打印出 Some("L\'Allemagne Moderne")，因为已经有一个键为 1，所以没有插入 Le Petit Prince。

你可能会想：为什么把 book_hashmap.insert()放在 {} 中，但对于打印语句却没有这样做？这是因为 .insert()会返回一个值：当插入成功后，会返回一个包含旧值的 Option。由于 match 语句的每个分支必须返回相同的类型，可以让带有 .insert()的部分通过将其放在 {} 中并以分号结束来返回一个 ()。

让我们尝试从 .insert()方法中获取旧值，并将其存储在其他地方，以防丢失。在下一个示例中，我们将使用一个 Vec 来保存 .insert()插入成功后返回的旧值。

```
use std::collections::HashMap;

fn main(){
    let mut book_hashmap = HashMap::new();
    let mut old_hashmap_values = Vec::new();

    let hashmap_entries = [
        (1, "L'Allemagne Moderne"),
        (1, "Le Petit Prince"),
        (1, "섀도우 오브 유어 스마일"),
        (1, "Eye of the World"),
    ];

    for (key, value) in hashmap_entries {     #A
        if let Some(old_value) = book_hashmap.insert(key, value) {
            println!("Overwriting {old_value} with {value}!");
            old_hashmap_values.push(old_value);
        }
    }
    println!("All old values: {old_hashmap_values:?}");
}
```

#A 将其解构为（key，value）比 entry.0 和 entry.1 这样操作更简洁。

此时输出如下：

```
Overwriting L'Allemagne Moderne with Le Petit Prince!
Overwriting Le Petit Prince with 섀도우 오브 유어 스마일!
Overwriting 섀도우 오브 유어 스마일 with Eye of the World!
All old values: ["L'Allemagne Moderne", "Le Petit Prince", "섀도우 오브 유어 스마일"]
```

.entry( ) 方法

HashMap 有一个非常有趣的方法叫作 .entry( )，它有点复杂，让我们一步步来看。

使用 .entry( ) 创建一个条目，然后使用 .or_insert( ) 插入默认值，如果没有键的话，会返回一个可变引用，可以根据需要进行更改。

这是一个示例，我们每次将书名插入 HashMap 时都插入 true。假设有一个图书馆，想要跟踪我们的书籍。

```
use std::collections::HashMap;

fn main() {
    let book_collection = vec! ["L'Allemagne Moderne", "Le Petit Prince", "Eye of the
        World", "Eye of the World"];     #A

    let mut book_hashmap = HashMap::new();

    for book in book_collection {
        book_hashmap.entry(book).or_insert(true);
    }
    for (book, true_or_false) in book_hashmap {
        println!("Do we have {book}? {true_or_false}");
    }
}
```

#A 注意 Eye of the World 出现了两次。

这将会打印出：

```
Do we have Eye of the World? true
Do we have Le Petit Prince? true
Do we have L'Allemagne Moderne? true
```

到目前为止，我们只是像 .insert( ) 一样使用 .entry( ).or_insert( )。其实有更好的方法计算书的数量，这样就可以知道 Eye of the World 具体的书的数量。

首先看看 .entry( ) 是如何工作的，然后看看 .or_insert( ) 是如何工作的。

首先是 .entry( )，它只接受一个键。然后它返回一个叫作 Entry 的枚举：

```
pub fn entry(&mut self, key: K) -> Entry<K, V>
```

这是入口页面的内容。以下是代码的一个简单版本。其中“means”代表含义，而“means value”代表含义值：

```
enum Entry<K, V> {
    Occupied(OccupiedEntry<K, V>),
    Vacant(VacantEntry<K, V>),
}
```

因此，当使用 .entry( ) 时，HashMap 将检查它获得的键，并返回一个 Entry，以让你知道是否有值。

接下来 .or_insert( ) 实际上是 Entry 枚举的一个方法。这个方法查看枚举并决定要做什么：

```
fn or_insert(self, default: V) -> &mut V { // 🚧
    match self {
        Occupied(entry) => entry.into_mut(),
        Vacant(entry) => entry.insert(default),
    }
}
```

有趣的是，它返回一个可变引用：&mut V。它要么返回对现有值的可变引用，要么插入默认值，然后返回对其的可变引用。但无论哪种情况，它都返回一个可变引用。

这意味着可以使用 let 将可变引用附加到变量名，并更改变量，以更改 HashMap 中的值。那么让我们试试看。对于每一本书，如果没有条目，将插入默认值 0，之后获得对该值的可变引用。然后将其增加一。这意味着插入第一本书将返回 0，将其递增为 1：一本书。如果再次插入相同的书，那么它将返回 1，将其递增为 2：两本书。以此类推。

现在代码如下：

```
use std::collections::HashMap;

fn main() {
    let book_collection = vec!["L'Allemagne Moderne", "Le Petit Prince", "Eye of the
      World", "Eye of the World"];

    let mut book_hashmap = HashMap::new();

    for book in book_collection {
        let return_value = book_hashmap.entry(book).or_insert(0);     #A
        *return_value +=1;     #B
```

```
    }

    for (book, number) in book_hashmap {
        println!("{book}, {number}");
    }
}
```

#A 变量 return_value 是一个可变引用。如果没有条目，它将为 0。

#B 现在 return_value 至少为 1。如果有另一本书，它返回的数字现在将增加 1。

重点是 let return_value = book_hashmap.entry(book).or_insert(0);。let 让 return_value 绑定 Entry 现有值（0）的可变引用。当 HashMap 中的每本书初始化 0 之后，*return_value += 1 直接将 Entry 的值从 0 变为 1。当 .entry() 再次查看 Eye of the World 时，它虽然插入任何内容，但它仍然给了我们一个可变的 1。然后将其增加到 2。这样打印结果如下所示：

```
L'Allemagne Moderne, 1
Le Petit Prince, 1
Eye of the World, 2
```

也可以使用 .or_insert() 进行其他操作，比如插入一个 Vec，然后在其上推入一个值。假设我们在街上询问男性和女性对一位名人的看法。他们给出从 0 到 10 的评分。然后我们想把这些数字汇总起来，看看这位名人在男性或女性中的受欢迎程度。代码可以是这样的：

```
use std::collections::HashMap;

fn main() {
    let data = vec![// This is the raw data.
        ("male", 9),
        ("female", 5),
        ("male", 0),
        ("female", 6),
        ("female", 5),
        ("male", 10),
    ];

    let mut survey_hash = HashMap::new();

    for item in data {     #A
        survey_hash.entry(item.0).or_insert(Vec::new()).push(item.1);     #B
    }

    for (male_or_female, numbers) in survey_hash {
        println!("{male_or_female}: {numbers:?}");
    }
}
```

#A 这会给出一个元组（&str, i32）。

#B 这里将数字推入内部的 Vec 中。这是可能的，因为在 . or_ insert() 之后，我们有一个对数据的可变引用，即 Vec<i32>。

这将会打印出：

```
"female", [5, 6, 5]
"male", [9, 0, 10]
```

或者它可能首先打印“male”，记住，HashMap 是无序的。同样，如果想要键有序，也可以使用相同的代码与 BTreeMap。

重要的一行是：

```
survey_hash.entry(item.0).or_insert(Vec::new()).push(item.1);
```

因此，如果 HashMap 看到键“female”，它会检查这个键是否已经存在于 HashMap 中。如果不存在，它将插入一个 Vec::new()，返回对它的可变引用，然后可以使用 .push()将第一个数字推入其中。如果它在 HashMap 中已经看到了“female”，不会插入一个新的 Vec，而是会返回对该 Vec 的可变引用，然后可以将新的数字推入其中。

下一个集合类型与 HashMap 非常相似（甚至名称都相似），但更简单！

6.1.2 HashSet 和 BTreeSet

一个 HashSet 其实就是一个只有键没有值的 HashMap。官方文档对 HashSet 有一个简单的定义：“其实现是一个值为 () 的 HashMap”。这意味着 HashSet 的值作为 HashMap 的键，因为键不能重复，HashSet 中作为一个集合，同样项目只能存在一个。

想象一下，有 50 个随机数，每个数都在 1~50。如果你这样做，一些数字会出现多次，而另一些则根本不会出现。如果将它们放入一个 HashSet 中，那么将得到一个出现过的所有数字的列表。

```
use std::collections::HashSet;

fn main(){
    let many_numbers = vec![
        37, 3, 25, 11, 27, 3, 37, 21, 36, 19, 37, 30, 48, 28, 16, 33, 2, 10, 1, 12, 38, 35,
      30, 21,
        20, 38, 16, 48, 39, 31, 41, 32, 50, 7, 15, 1, 20, 3, 33, 12, 1, 11, 34, 38, 49, 1,
      27, 9,
        46, 33,
    ];

    println!("How many numbers in the Vec? {}", many_numbers.len());

    let mut number_hashset = HashSet::new();

    for number in many_numbers {
        number_hashset.insert(number);
    }

    let hashset_length = number_hashset.len();    #A
    println!(
        "There are {hashset_length} unique numbers, so we are missing {}.",
        50 - hashset_length
    );

    //Let's see what numbers we are missing.
    println!("It does not contain: ");
    for number in 0..=50 {
        if number_hashset.get(&number).is_none(){
```

```
            print!("{number} ");
        }
    }
}
```

#A 就像 Vec 一样，其他的集合类型也有一个 .len( ) 方法，用来告诉你它包含了多少个项目。

这将会打印：

```
How many numbers in the Vec? 50
There are 31 unique numbers, so we are missing 19.
It does not contain:
0 4 5 6 8 13 14 17 18 22 23 24 26 29 40 42 43 44 45 47
```

BTreeSet 与 HashSet 的关系，类似于 BTreeMap 与 HashMap 的关系。如果打印 HashSet 中的每个项，则无法确定顺序将是什么：

```
for entry in number_hashset { //
    print!("{} ", entry);
}
```

也许会打印出：48、27、36、16、32、37、41、20、7、25、15、35、3、33、21、39、12、2、46、19、31、30、10、49、28、34、50、11、1、38、9。但几乎不可能再次以同样的方式打印这些数字。

同样，如果你决定需要排序，将 HashSet 更改为 BTreeSet。在我们的代码中，只需进行两处更改，即可从 HashSet 切换到 BTreeSet。

可以测试一下 BTreeSet 中的数字是不是有序的，在下面的代码示例中，我们遍历 BTreeSet 并跟踪最新的数字，然后将其与 BTreeSet 包含的下一个数字进行比较。你认为下面的代码会打印出什么结果呢？

```
use std::collections::BTreeSet;

fn main() {
    let many_numbers = vec![37, 3, 25, 11, 27, 3, 37, 21, 36, 19, 37, 30, 48,
        28, 16, 33, 2, 10, 1, 12, 38, 35, 30, 21, 20, 38, 16, 48, 39, 31, 41,
        32, 50, 7, 15, 1, 20, 3, 33, 12, 1, 11, 34, 38, 49, 1, 27, 9, 46, 33];

    let mut current_number = i32::MIN;    #A
    let mut number_set = BTreeSet::new();
    for number in many_numbers {
        number_set.insert(number);
    }
    for number in number_set {
        if number < current_number {    #B
            println!("This will never happen");
        }
        current_number = number;    #C
    }
}
```

#A 我们将要比较越来越大的数字，所以最好的开始是选择一个低于 BTreeSet 中任何数字的数字。可以选择 -1，也可以选择 i32 最小值。

#B 对于每个数字，我们将检查它是否小于上一个数字。但事实上，这永远不会发生，因为每个数字都会比上一个大。

#C 不要忘记将 current_number 设置为我们看到的最新数字。

这段代码应该什么也不会打印，因为每个数字都比前一个大。

还剩下两种集合类型。下一个比起迄今为止的其他集合类型都更少使用，但用途非常明确。

6.1.3 二叉堆

二叉堆是一种有趣的集合类型，因为它大部分是无序的，但有一点顺序。它将最大值的项放在前面，但其他项是任意顺序的。一些语言称之为“优先队列”。

我们将使用另一组较小的项来举例说明。

```
use std::collections::BinaryHeap;

fn main(){
    let many_numbers = vec![0, 5, 10, 15, 20, 25, 30];     #A
    let mut my_heap = BinaryHeap::new();
    for number in many_numbers {
        my_heap.push(number);
    }
    println!("Not in order anymore, but the first item is the largest: {my_heap:?}");
    while let Some(number) = my_heap.pop() {     #B
        println!("Popped off {number}. Remaining numbers are: {my_heap:?}",);
    }
}
```

#A 注意这些数字是有顺序的。但是将它们放入二叉堆中时，它们的顺序会改变。

#B .pop()方法在有数字时返回 Some(number)，如果没有数字，则返回 None。它从前面弹出，即值最大的项所在的位置。

这段代码打印如下：

```
Not in order anymore,but the first item is the largest [30, 15, 25, 0, 10, 5, 20]
Popped off 30. Remaining numbers are: [25, 15, 20, 0, 10, 5]
Popped off 25. Remaining numbers are: [20, 15, 5, 0, 10]
Popped off 20. Remaining numbers are: [15, 10, 5, 0]
Popped off 15. Remaining numbers are: [10, 0, 5]
Popped off 10. Remaining numbers are: [5, 0]
Popped off 5. Remaining numbers are: [0]
Popped off 0. Remaining numbers are: []
```

可以看到，索引为 0 的数字总是最大的：30、25、20、15、10、5，然后是 0。但其他项目都是随机排序的。

使用 BinaryHeap 的一个好方法是管理待办事项集合。这里创建一个 BinaryHeap<（u8，&str）>，其中 u8 表示任务的重要性，&str 是任务描述。

```
use std::collections::BinaryHeap;

fn main(){
    let mut jobs = BinaryHeap::new();
```

```
    //Add jobs to do throughout the day
    jobs.push((100, "Reply to email from the CEO"));
    jobs.push((80, "Finish the report today"));
    jobs.push((5, "Watch some YouTube"));
    jobs.push((70, "Tell your team members thanks for always working hard"));
    jobs.push((30, "Plan who to hire next for the team"));

    for (_, job) in jobs {    #A
        println! ("You need to: {job}");
    }
}
```

#A 这是一个很好的解构例子。不需要打印出数字，只需要描述。使用元组解构让我们可以写 job 而不是类似 job. 1 的东西。

因为最大的项目总是最先显示，这将始终打印：

```
You need to: Reply to email from the CEO
You need to: Finish the report today
You need to: Tell your team members thanks for always working hard
You need to: Plan who to hire next for the team
You need to: Watch some YouTube
```

最后，我们介绍 VecDeque，这是一种特殊的 Vec，具有非常明确的用途。

6.1.4 VecDeque

VecDeque 是一种优化了从前端和后端弹出元素的 Vec。Rust 之所以有 VecDeque，是因为 Vec 擅长从后端（最后一个元素）弹出元素，但在从前端弹出元素时表现不佳。当在 Vec 上使用 .pop( )时，它只会移除最右边的最后一个元素，其余元素不动。如果从 Vec 中的其他位置移除一个元素，那么它右边的所有元素都会向左移动一个位置。可以在 .remove( ) 的描述中看到这一点：

```
Removes and returns the element at position index within the vector,shifting all elements
    after it to the left.
Take this example:
fn main(){
    let mut my_vec = vec![9, 8, 7, 6, 5];
    my_vec.remove(0);
}
```

当我们从索引 0 移除数字 9 时，会发生什么呢？所有其他元素必须向左移动一步。索引 1 中的 8 将移动到索引 0，索引 2 中的 7 将移动到索引 1，以此类推。这有点像交通堵塞。如果从前方移除一辆车，那么其他车辆必须向前移动一点。

如果是一个大的 Vec，这对计算机来说是一项烦琐的工作。像下面的代码，如果在 Playground 上运行它，可能会因为工作量太大而放弃。如果在自己的计算机上运行这段代码，它应该需要大约一分钟才能完成。

```
fn main(){
    let mut my_vec = vec![0; 600_000];
    for _ in 0..600000 {
```

```
        my_vec.remove(0);
    }
}
```

这很容易理解。我们从一个包含 600,000 个零的 Vec 开始。每次使用 remove (0) 方法时，它都会将剩余的每个零向左移动一格。然后这样做 600,000 次。因此，总共移动了 599,999 个项目，然后是 599,998 个项目，然后是 599,997 个项目……共计移动了 600,000 次。

对于 VecDeque，你不必担心这个问题（它使用一种称为环形缓冲区的东西来实现）。总体而言，它比 Vec 稍慢一些，如果需要在两端进行操作，那么由于缓冲区的存在，它会快得多。只需使用 VecDeque::from( )和一个 Vec 就可以创建一个 VecDeque。我们上面的代码现在看起来是这样的：

```
use std::collections::VecDeque;

fn main(){
    let mut my_vec = VecDeque::from(vec![0; 600000]);
    for i in 0..600000 {
        my_vec.pop_front();// pop_front is like .pop but for the front
    }
}
```

现在速度快多了，在 Playground 上的代码应该在一秒钟内完成运行。

这是我们在本书中需要学习的最后一个集合类型。在本章剩余部分，会学习一些有关错误处理的技巧。

6.2 问号运算符

有一种处理 Result 更简单的方式，比 match 和 if let 都要短。它被称为“问号运算符”，只需要输入 ? 就可以使用它。在任何返回 Result 的地方，都可以添加 ?。比如：

- 如果是 Ok，就返回 Result 中的内容。
- 如果是 Err，则将错误传递回去（这被称为早期返回）。

换句话说，它几乎为你完成了所有工作。

可以再次尝试使用 .parse( )。我们将编写一个名为 parse_and_log_str 的函数，尝试将一个 &str 转换为 i32，打印一条消息，并返回该数字。它的样子是这样的：

```
use std::num::ParseIntError;    #A

fn parse_and_log_str(input: &str) -> Result<i32, ParseIntError> {
    let parsed_number = input.parse::<i32>()?;    #B
    println!("Number parsed successfully into {parsed_number}");
    Ok(parsed_number)
}
```

#A 引入错误类型，后面我们学习如何找到各种错误类型的定义。

#B 这是函数中的关键行。如果 &str 成功解析，将得到一个名为 parsed_number 的变量，它是一个 i32 类型。如果解析失败，函数在这里结束并返回一个错误。

这个函数接受一个 &str 参数。如果成功，它会返回一个包装在 Ok 中的 i32。如果是 Err，它会返回一个 ParseIntError，然后函数结束。因此，当尝试解析数字时，我们添加了 ?。这意味着

“检查它是不是一个错误，并在结果是 Ok 时返回其中的内容”。如果不是 Ok，它将返回错误并结束函数。但如果是 Ok，它将继续执行下一行，函数就不需要提前返回。这就是为什么我们可以在接下来的一行中编写 println!("Number parsed successfully into {parsed_number}")；因为如果它返回了一个 Err，函数早就已经返回了，我们永远不会到达这一行。

最后一行是包裹在 Ok 中的数字。我们需要将其包装在 Ok 中，因为返回值是 Result<i32, ParseIntError>，而不是 i32。

顺便说一句，? 运算符只是 match 的简写。你实际上可以写出不使用 ? 的 parse_str() 函数，但那样需要打很多字。以下是 ? 实际上的操作：

```
use std::num::ParseIntError;

fn parse_and_log_str(input: &str) -> Result<i32, ParseIntError> {
    let parsed_number = match input.parse::<i32>() {
        Ok(number) => number,
        Err(e) => return Err(e),
    };
    println!("Number parsed successfully into {parsed_number}");
    Ok(parsed_number)
}
```

现在，可以尝试一下我们的函数。看看它对一组 &str 的处理结果。

```
use std::num::ParseIntError;

fn parse_and_log_str(input: &str) -> Result<i32, ParseIntError> {
    let parsed_number = input.parse::<i32>()?;
    println!("Number parsed successfully into {parsed_number}");
    Ok(parsed_number)
}

fn main() {
    let str_vec = vec!["Seven", "8", "9.0", "nice", "6060"];
    for item in str_vec {
        let parsed = parse_and_log_str(item);
        println!("Result: {parsed:?}");
    }
}
```

这将会打印出：

```
Result: Err(ParseIntError { kind: InvalidDigit })
Number parsed successfully into 8
Result: Ok(8)
Result: Err(ParseIntError { kind: InvalidDigit })
Result: Err(ParseIntError { kind: InvalidDigit })
Number parsed successfully into 6060
Result: Ok(6060)
```

或许你会好奇，我们是如何知道要使用 std::num::ParseIntError 的呢？一个简单的方法是再次“询问”编译器。

```
fn main() {
    let failure = "Not a number".parse::<i32>();
```

```
    failure.rbrbrb();//  Compiler:“What is rbrbrb()???”
}
```

编译器不理解我们为什么要在一个 Result 枚举上调用名为 .rbrbrb( ) 的方法，并告诉我们试图在哪种类型上使用这个方法：

```
error[E0599]: no method named `rbrbrb` found for enum `std::result::Result<i32,
        std::num::ParseIntError>` in the current scope
 --> src\main.rs:3:13
  |
3 |    failure.rbrbrb();
  |             ^^^^^^ method not found in `std::result::Result<i32,
      std::num::ParseIntError>`
```

所以 std :: result :: Result<i32, std :: num :: ParseIntError>是我们需要的签名。

不需要写 std :: result :: Result，因为 Result 总是在“作用域”内（作用域 = 可以直接使用）。Rust 对我们经常使用的所有类型都这样做，所以不必写 std :: result :: Result，std :: collections :: Vec 等。这个完整的路径被称为“完全限定路径”。

在例子中，我们使用 parse_int( ) 函数处理了 main( ) 内部的函数结果。但是在 main( ) 内部是否可能使用问号运算符？毕竟，main 函数期望的返回类型是 ( )，但是问号运算符在这里返回的是 Result，而不是 ( )。答案是肯定的：main 函数可以返回除了 ( )之外的几种其他类型之一，其中之一就是 Result。让我们尝试在 main( ) 中解析一些数字，看看会发生什么：

```
use std::num::ParseIntError;

fn main()-> Result<(), ParseIntError> {
    for item in vec!["89", "8", "9.0", "eleven", "6060"] {
        let parsed = item.parse::<u32>()?;     #A
        println!("{parsed}");
    }
    Ok(())     #B
}
```

#A 在这里我们使用了问号运算符。你认为当获取一个无法解析的数字时会发生什么呢？

#B main( ) 期望一个 Result。如果所有的数字都能解析，我们将会到达这一行，返回 Ok 中包裹一个 ( )。

这是输出：

```
89
8
Error: ParseIntError { kind: InvalidDigit }
```

正如你所看到的，第三个项目解析失败，main( ) 提前返回而不是尝试解析剩余的项目。请注意，这并不是 panic：main( ) 函数，只是提前返回了一个 Err 值。

在 main 中使用问号操作符应该在你不介意在出现错误后，提前结束整个程序时使用。一个很好的例子是，如果你正在启动一个有很多组件的应用程序，所有这些组件都需要正常工作：某个文件需要被找到，与数据库的连接需要被建立，等等。在这种情况下，如果其中任何一个出现问题，你肯定希望程序提前结束，这样就可以找到问题并修复它。

问号操作符在我们知道如何处理多个错误类型时变得更加有用，因为可以在单行中连续使用多个问号。在书中的这一部分，我们还不知道如何同时处理多个错误类型，但是可以组合一个毫无意义但快速的例子，至少可以让你尝尝鲜。我们不再只是用 .parse( ) 创建一个 i32，而是要做更多的事情。我们会先创建一个 u16，然后将其转换为一个 String，接着是一个 u32，然后转换为一个 String，最后才是一个 i32。

```
use std::num::ParseIntError;
fn parse_str(input: &str) -> Result<i32, ParseIntError> {
    let parsed_number = input
        .parse::<u16>()?
        .to_string()
        .parse::<u32>()?
        .to_string()
        .parse::<i32>()?;
    println!("Number parsed successfully into {parsed_number}");
    Ok(parsed_number)
}

fn main() {
    let str_vec = vec!["Seven", "8", "9.0", "nice", "6060"];
    for item in str_vec {
        let parsed = parse_str(item);
        println!("{parsed:?}");
    }
}
```

输出与之前的例子相同：

```
Err(ParseIntError { kind: InvalidDigit })
Number parsed successfully into 8
Ok(8)
Err(ParseIntError { kind: InvalidDigit })
Err(ParseIntError { kind: InvalidDigit })
Number parsed successfully into 6060
Ok(6060)
```

目前我们只知道如何在返回单个错误类型时使用?。想象一下，你想要获取一些字节，将它们转换成字符串，然后将其解析为一个数字。首先，需要成功地从这些字节中创建一个字符串，使用的方法叫作 String::from_utf8( )。然后它必须成功地解析成一个数字。我们可以这样写：

```
fn turn_into_string_and_parse(bytes: Vec<u8>) -> i32 {
    let as_string = String::from_utf8(bytes).unwrap();
    let as_num = as_string.parse::<i32>().unwrap();
    as_num
}

fn main() {
    let num = turn_into_string_and_parse(vec![49, 53, 53]);
    println!("{num}");
}
```

幸运的是，我们提供了一个有效的输入：字节 49、53 和 53 可以转换成字符串"155"，并成功地解析为 155。但如果输入了一些无效内容，整个程序都会发生 panic。此时适合改造成问号操作符。但当我们开始改造时，会遇到一个问题。

```
use std::num::ParseIntError;
use std::string::FromUtf8Error;

fn turn_into_string_and_parse(bytes: Vec<u8>) -> Result<i32, ???? > {     #A
    let num = String::from_utf8(bytes)?.parse::<i32>()?;     #B
    Ok(num)
}
```

#A 错误类型会是什么呢？可能会返回两种不同的错误，但我们只知道如何返回其中一种。

#B 用问号操作符改造后，用一行就可以实现想要的逻辑。

问题在于返回类型。如果 String::from_utf8( ) 失败，它会返回 Err<FromUtf8Error>。如果 .parse( ) 失败，它会返回 Err<ParseIntError>。但我们不能返回一个 Result<i32, ParseIntError or FromUtf8Error>，这些错误是完全不同的类型。要解决这个问题，需要更多地了解特性。我们将在下一章开始学习有关特性的知识，到第 13 章时，我们最终将了解足够的知识来解决这个问题。与此同时，让我们再深入思考一下 panic！ 和 .unwrap( )。

6.3 当 panic 和 unwrap 是合适的

Rust 有一个 panic! 宏，你可以用它来触发 panic。使用起来很简单：

```
fn main() {
    panic!();
}
```

程序会触发 panic，并给出以下输出：

```
thread 'main' panicked at 'explicit panic', src/main.rs:2:5
```

或者可以通过带有消息的 panic：

```
fn main() {
    panic!("Time to panic!");
}
```

这次运行程序时会显示消息“Time to panic！”：

```
thread 'main' panicked at 'Time to panic!', src/main.rs:2:5
```

src\main.rs 是目录和文件名，2:5 是行和列的编号。有了这些信息，你可以找到代码并修复它。

panic! 是一个很好的宏，可以确保你知道代码发生了什么变化。print_all_three_things 的函数总是打印向量中索引为 [0]、[1] 和 [2] 的项目。目前它运行良好，因为我们总是给它一个有三个项目的向量：

```
fn print_all_three_things(vector: Vec<i32>) {
    println!("{}, {}, {}", vector[0], vector[1], vector[2]);
}

fn main() {
```

```
    let my_vec = vec![8, 9, 10];
    print_all_three_things(my_vec);
}
```

它打印了 8、9、10，一切都很好。

但是想象一下，以后我们写的代码越来越多，忘记了 my_vec 只能有 3 个元素。现在，在这一部分中，my_vec 有 6 个元素：

```
fn main(){
  let my_vec = vec![8, 9, 10, 10, 55, 99];// Now my_vec has six things.
  print_all_three_things(my_vec);
}

fn print_all_three_things(vector: Vec<i32>) {
  println!("{}, {}, {}", vector[0], vector[1], vector[2]);
}
```

没有发生错误，因为 [0]、[1] 和 [2] 都在这个更长的向量中。但是，如果只有三个项目在 Vec 中且非常重要怎么办？我们不会知道有问题，因为程序不会崩溃。这被称为逻辑错误：代码运行良好，但逻辑是错误的。在某些情况下告诉代码崩溃是一种防止逻辑错误的好方法。

```
fn print_all_three_things(vector: Vec<i32>) {
    if vector.len() != 3 {
        panic!("my_vec must always have three items");
    }
    println!("{}, {}, {}", vector[0], vector[1], vector[2]);
}

fn main(){
    let my_vec = vec![8, 9, 10, 10, 55, 99];
    print_all_three_things(my_vec);
}
```

现在这段代码会像我们说的那样崩溃：

```
thread 'main' panicked at 'my_vec must always have three items', src/main.rs:3:9
```

多亏了 panic! 我们现在记得 my_vec 应该只有三个项目。因此，panic! 是在代码中创建提醒的好方法。

Rust 有其他三个与 panic! 类似的宏经常在代码测试阶段被使用。它们是：assert!、assert_eq! 和 assert_ne!。

以下是它们的含义：

- assert!：如果括号内的部分不为真，程序将会发生 panic。
- assert_eq!：括号内的两个项必须相等。
- assert_ne!：括号内的两个项必须不相等（ne 表示“不相等”）。

例子如下：

```
fn main(){
    let my_name = "Loki Laufeyson";

    assert!(my_name == "Loki Laufeyson");
```

```
    assert_eq!(my_name, "Loki Laufeyson");
    assert_ne!(my_name, "Mithridates");
}
```

这不会做任何操作，因为所有三个 assert 宏都是正常的。

如果需要的话，也可以给这些方法添加一条消息。

```
fn main(){
    let my_name = "Loki Laufeyson";

    assert!(
        my_name == "Loki Laufeyson",
        "Name {my_name} is wrong: should be Loki Laufeyson"
    );
    assert_eq!(
        my_name, "Loki Laufeyson",
        "{my_name} and Loki Laufeyson should be equal"
    );
    assert_ne!(
        my_name, "Mithridates",
        "You entered {my_name}. Input must not equal Mithridates"
    );
}
```

这些消息只有在程序发生 panic 时才会显示。因此，如果运行这个代码：

```
fn main(){
    let my_name = "Mithridates";

    assert_ne!(
        my_name, "Mithridates",
        "You entered {my_name}. Input must not equal Mithridates"
    );
}
```

它将显示：

```
thread 'main' panicked at 'assertion failed: `(left != right)`
  left: `"Mithridates"`,
 right: `"Mithridates"`: You entered Mithridates. Input must not equal Mithridates',
        src\main.rs:4:5
```

输出告诉我们："你说左边不等于右边，但左边等于右边。"它还显示了我们自定义的消息："You entered Mithridates. Intput must not equal Mithridates."

在你刚开始编写程序时，unwrap()也是一个很好的工具，可以让程序在出现问题时崩溃。稍后，当你的代码完成时，最好将 unwrap()更改为不会导致崩溃的其他方法。我们不希望程序在客户使用时发生 panic。

你也可以使用 expect，它类似于 unwrap，但稍好一些，因为可以为它提供自己的消息。教科书通常会给出这样的建议："如果你经常使用 unwrap，至少使用 expect 以获得更好的错误消息。"

这段代码将会崩溃：

```
fn get_fourth(input: &Vec<i32>) -> i32 {
    let fourth = input.get(3).unwrap();
```

```
    *fourth
}

fn main() {
    let my_vec = vec![9, 0, 10];
    let fourth = get_fourth(&my_vec);
}
```

错误消息是：thread 'main' panicked at 'called Option::unwrap() on a None value', src\main.rs:7:18。

现在用 expect 写自己的消息：

```
fn get_fourth(input: &Vec<i32>) -> i32 {
    let fourth = input.get(3).expect("Input vector needs at least 4 items");
    *fourth
}

fn main() {
    let my_vec = vec![9, 0, 10];
    let fourth = get_fourth(&my_vec);
}
```

它再次崩溃了，但错误信息是：thread 'main' panicked at 'Input vector needs at least 4 items', src\main.rs:7:18。因此，expect 比 unwrap 更好一些，因为它提供了更好的错误信息，但它仍然会在遇到 None 时崩溃。expect() 方法还对文档有好处，因为它能让阅读代码的人知道可能出错的地方和原因。

现在这里有一个不好的例子，这是一个尝试解包两次的函数。它接受 Vec<Option<i32>>，因此每个部分可能是 Some<i32>，也可能是 None。

```
fn try_two_unwraps(input: Vec<Option<i32>>) {
    println!("Index 0 is: {}", input[0].unwrap());
    println!("Index 1 is: {}", input[1].unwrap());
}

fn main() {
    let vector = vec![None, Some(1000)]; //This vector has a None, so it will panic
    try_two_unwraps(vector);
}
```

错误信息是：thread 'main' panicked at 'called Option::unwrap() on a None value', src\main.rs:2:32。我们不确定是第一次 unwrap 还是第二次 unwrap 导致的，直到检查了代码行。在一个大的代码库中，找到发生 panic 的确切文件和行可能需要一些时间。最好检查长度并且不要使用 unwrap。但使用 expect 至少会好一些。下面是使用 expect 的例子：

```
fn try_two_unwraps(input: Vec<Option<i32>>) {
    println!("Index 0 is: {}", input[0].expect("The first unwrap had a None!"));
    println!("Index 1 is: {}", input[1].expect("The second unwrap had a None!"));
}

fn main() {
    let vector = vec![None, Some(1000)];
    try_two_unwraps(vector);
}
```

这要好一些：thread 'main' panicked at 'The first unwrap had a None!', src\main.rs:2:32。我们还有行号，这样可以找到它。

还有另一种叫作 .unwrap_or()的方法，如果想要总是有一个你选择的值，这是很有用的。如果你这样做，它永远不会 panic。即：

- 好处是你的程序不会崩溃，但是……
- 如果你希望程序在遇到问题时崩溃，那这可能就不是个好方法。

但通常我们不希望程序崩溃，所以使用 .unwrap_or()是一个不错的方法。

```
fn main(){
    let my_vec = vec![8, 9, 10];

    let fourth = my_vec.get(3).unwrap_or(&0);    #A
    println!("{fourth}");
}
```

#A 如果 .get()方法不起作用，我们会把值设为 &0。.get()返回一个引用，所以需要 &0 而不是 0 来匹配它。如果你想让 fourth 是 0 而不是 &0，也可以写成 "let *fourth"，加上 *。

这会打印出 0，因为 .unwrap_or（&0）即使是 None，也会给出一个 0。它永远不会发生 panic。

这一章扩展了你已经掌握的知识，所以可能不太难。你学到了一些额外的集合类型，除了已经了解的那些，还学到了更多关于错误处理的知识。问号运算符是新的，但它仍然基于你已经了解的内容：匹配 Result。但在下一章中，我们将学习一些新的内容：了解一下 trait 特性是如何工作的，以及如何定义自己的特性。

6.4 总结

- 对于键和值，通常使用 HashMap。如果需要按字母顺序排序，请将 Hash 更改为 BTree。
- 如果只想知道某物是否存在，请使用 HashSet。如果需要有序集合，请将 Hash 更改为 BTree。
- VecDeque 比 Vec 慢，除非需要同时从前后两端操作。在这种情况下，VecDeque 速度要快得多。
- BinaryHeap 总是将最大值放在前面。其他值则是无序的。
- 使用 ? 很方便，因为它会自动从 Result 中提取 Ok 值。如果值是 Err，则会提前退出函数并返回 Err。
- 使用 Result 和 Option 可以避免程序崩溃，但有时候崩溃是有用的。

第 7 章 特性：使不同类型执行相同的操作

本章涵盖了以下内容：

- 基础知识：如何编写自己的特性。
- 特性中的方法签名。
- 更复杂的特性示例。
- From 特性。
- 孤儿规则：可以在哪些地方实现特性。
- 在函数中接受 String 或 &str。

到目前为止，我们在书中已经零零散散地提到了一些特性，现在是时候重点学习了。理解特性及其工作原理将使我们能够为自己的类型添加特性，甚至创建自己的特性。

7.1 特性：基础知识

我们之前已经见过特性：Debug、Copy、Clone 都是特性。将特性想象成能力或资格是最简单的方式。如果一个类型拥有某个特性，它就可以做一些之前做不到的事情。此外，如果一个类型拥有某个特性，那么你可以向编译器保证，它无论是什么类型，都能够执行某些操作。

要给一个类型赋予特性，必须为该类型实现该特性。"类型 X 实现了特性 Y"意味着类型 X 肯定具有特性 Y 的方法。类型 X 也可以有自己独立的方法，并且类型 X 可能还实现了其他特性。一个类比是，某人 X 可能决定参加律师资格考试成为一名律师。但 X 可能还有其他资质，可能还有其他的个人技能，比如打字速度很快。

Rust 使用一种特殊的语法称为属性（attributes）来自动实现诸如 Debug 之类的特性，只需要写#［derive（Debug）］，就会自动实现 Debug 特性：

```
#[derive(Debug)]
struct MyStruct {
    number: usize,
}
```

如果你愿意，也可以手动实现 Debug，但大多数情况下使用 derive 更简单。

对于其他一些特性来说，编译器更难猜测，所以不能仅仅使用 derive 来实现它们。这些特性需要使用 impl 关键字手动实现。一个很好的例子是 Add 特性（位于 std :: ops :: Add），它用于将两个东西相加。任何实现 Add 特性的类型都可以使用+运算符来进行相加。但 Rust 无法猜测你想要如何相加，因此必须告诉它。以这个结构体为例：

```
struct ThingsToAdd {
    first_thing: u32,
    second_thing: f32,
}
```

它内部包含了一个 u32 和一个 f32。如果想将一个 ThingsToAdd 与另一个 ThingsToAdd 相加，应该如何做呢？可能希望：

- 将第一属性与对方的第一属性相加，第二属性与第二属性相加，以返回一个新的 ThingsToAdd。
- 将两个属性相加，返回一个 u32。
- 将两个属性相加，返回一个 f32。
- 将两个属性转换为字符串，然后将它们拼接在一起。
- 其他操作。

Rust 无法猜测你想要的内容，这就是为什么没有办法简单地使用 #[derive(Add)] 给类型添加 Add 特性。

在我们派生其他特性之前，先看看如何创建一个特性。关于特性，重要的一点是它们关乎行为。要创建一个特性，先写出 trait，然后为它创建一些方法。

```
struct Dog {
    // A simple struct - an Animal only has a name
    name: String,
}

struct Parrot {
    // Another simple struct
    name: String,
}

trait DogLike {
    // The dog trait gives some functionality
    fn bark(&self) {
        // It can bark.
        println!("Woof woof!");
    }
    fn run(&self) {
        // and it can run.
        println!("The dog is running!");
    }
}

impl DogLike for Dog {} // Now, Animal has the trait DogLike.
impl DogLike for Parrot {} // Anything else can implement DogLike, too.

fn main() {
    let rover = Dog {
        name: "Rover".to_string(),
    };
```

```
    let brian = Parrot {
        name: "Brian".to_string(),
    };

    rover.bark(); // Now Dog can use bark()
    rover.run();// and it can use run(),
    brian.bark();// Brian the parrotlearned to bark, too
}
```

这将会打印：

```
Woof woof!
The dog is running!
Woof woof!
```

如果我们在上面的代码中调用 brian.run( );，它将打印出"The dog is running! "（即使我们在 Parrot 对象上调用该方法）。是否可以不打印"The dog is running!"？

答案是肯定的，但你必须保持相同的签名。这意味着方法需要接收相同的参数，并返回相同的结果。例如可以改变方法 .run( )，但是必须遵循签名。签名是指：

```
fn run(&self) {
    println!("The dog is running!");
}
```

fn run（&self）意味着"fn run( )接收 &self 参数，并且不返回任何东西"。所以不能像这样返回不同的东西：

```
fn run(&self) -> i32 {
    5
}
```

Rust 会告诉你签名是错误的。该方法必须始终不返回任何东西，但是现在它返回了一个 i32：

```
= note: expected fn pointer `fn(&Animal)`
           found fn pointer `fn(&Animal) -> i32`
```

但可以这样做：

```
struct Parrot {
    name: String,
}

trait DogLike {
    fn bark(&self) { // It can bark
        println!("Woof woof!");
    }
    fn run(&self) { // and it can run
        println!("The dog is running!");
    }
}

impl DogLike for Parrot{     #A
```

```
    fn run(&self) {
        println!("{} the parrot is running!", self.name);     #B
    }
}

fn main(){
    let brian = Parrot {
        name: "Brian".to_string(),
    };

    brian.bark();
    brian.run();
}
```

#A 我们实现了这个 trait，并按照想要的方式编写了 run 方法。

#B 这里是有趣的部分。trait 本身不能调用 self.name，因为它不知道将会有哪些类型实现它，以及它们是否有 name 属性。但我们知道 Parrot 有 name 属性，所以可以在这里使用它。

现在它打印的是 Brian is running! 。这是可以的，因为我们返回的是 ( )，也就是没有返回任何内容，这符合方法签名的要求。

7.1.1 你所需要的只是方法签名

你需要为一个特性编写自己的方法，因为你永远不知道哪种类型会使用它。实际上，在创建特性时，可以只编写函数签名。事实上，许多特性的绝大多数方法都是这样编写的。

现在这样做的话，用户将不得不自己编写函数。让我们试试吧。现在将 .bark( ) 和 .run( ) 改为只是写 fn bark(&self); 和 fn run(&self);。这些方法现在是不完整的，这意味着任何实现这些方法的类型都必须自己写出这些方法。

```
struct Animal {
    name: String,
}

trait DogLike {
    fn bark(&self);     #A
    fn run(&self);
}

impl DogLike for Animal {
    fn bark(&self) {
        println!("{}, stop barking!!", self.name);
    }
    fn run(&self) {
        println!("{} is running!", self.name);
    }
}

fn main(){
    let rover = Animal {
```

```
        name: "Rover".to_string(),
    };

    rover.bark();
    rover.run();
}
```

#A 方法 .bark( ) 表示它需要一个 &self 并且不返回任何内容。而 . run( ) 也表示它需要一个 &self 并且不返回任何内容。所以现在必须自己编写这些方法。

当你创建一个 trait 时，必须思考："哪些方法应该由我来编写？哪些方法应该由用户来编写？"如果你认为大多数用户每次都会以相同的方式使用这些方法，那么在 trait 内编写一个默认方法是有意义的。但如果你认为用户每次都会以不同的方式使用这些方法，那么就只定义方法签名即可。

现在已经知道如何实现一个 trait，让我们尝试为自己的类型实现另一个 trait：Display trait。首先将创建一个简单的结构体：

```
struct Cat {
    name: String,
    age: u8,
}

fn main() {
    let mr_mantle = Cat {
        name: "Reggie Mantle".to_string(),
        age: 4,
    };
}
#[derive(Debug)]
struct Cat {
    name: String,
    age: u8,
}

fn main() {
    let mr_mantle = Cat {
        name: "Reggie Mantle".to_string(),
        age: 4,
    };
    println!("Mr. Mantle is a {mr_mantle:?}");
}
```

但是 Debug 打印并不是最漂亮的打印方式。以下是 Cat 结构体的输出示例：

```
Mr. Mantle is a Cat { name: "Reggie Mantle", age: 4 }
```

如果我们希望以自己想要的方式显示 Cat，应该为 Cat 实现 Display。在 Display 特性的文档中可以看到 Display 的一般信息以及一个示例。以下是它提供的示例：

```
use std::fmt;

struct Position {
```

```
    longitude: f32,
    latitude: f32,
}

impl fmt::Display for Position {
    fn fmt(&self, f: &mut fmt::Formatter<'_>) -> fmt::Result {
        write!(f, "({}, {})", self.longitude, self.latitude)
    }
}
```

以上的一些部分我们还不理解，比如'<_>'是什么，以及变量 f 是做什么的。但是 Position 结构很容易理解：它只是两个 f32。我们也明白 self.longitude 和 self.latitude 是结构中的字段。

所以也许可以直接拿这段代码来用于我们的结构体，并将代码修改为 self.name 和 self.age。此外，write! 宏看起来很像 println!，所以它很熟悉。让我们只是借用这段代码并稍作修改。只需要改变这段代码：

```
write!(f, "({}, {})", self.longitude, self.latitude)
```

改成这样：

```
write!(f, "{} is a cat who is {} years old.", self.name, self.age)
```

现在我们的 Cat 结构体实现 Display trait 的代码如下所示：

```
use std::fmt;

struct Cat {
    name: String,
    age: u8,
}

impl fmt::Display for Cat {
    fn fmt(&self, f: &mut fmt::Formatter<'_>) -> fmt::Result {
        write!(f, "{} is a cat who is {} years old", self.name, self.age)
    }
}
```

现在添加一个 fn main() 函数并打印出我们的 Cat。

```
use std::fmt;

struct Cat {
    name: String,
    age: u8,
}

impl fmt::Display for Cat {
  fn fmt(&self, f: &mut fmt::Formatter<'_>) -> fmt::Result {
      write!(f, "{} is a cat who is {} years old", self.name, self.age)
  }
}

fn main() {
    let mr_mantle = Cat {
```

```
            name: "Reggie Mantle".to_string(),
            age: 4,
        };
        println!("{mr_mantle}");
    }
```

成功了！现在可以使用 {} 来打印我们的猫，这样输出就是 "Reggie Mantle is a cat who is 4 years old."，看起来好多了。

有时实现一个 trait 会给你带来一些额外的收益。如果你为一个类型实现了 Display trait，那么就会免费得到 ToString trait，这就可以使用.to_string( )方法了。如果想把你的类型转换成字符串，只需要实现 Display 就可以了。原因是 ToString 使用了“全覆盖实现”，这意味着它能在任何具有 Display 的类型上工作。我们稍后会学习如何进行全覆盖实现。

下面看一个例子，实现 Display 后调用 to_string( )的效果。

```
use std::fmt;
struct Cat {
    name: String,
    age: u8,
}

impl fmt::Display for Cat {
    fn fmt(&self, f: &mut fmt::Formatter<'_>) -> fmt::Result {
        write!(f, "{} is a cat who is {} years old", self.name, self.age)
    }
}

fn print_excitedly(input: String) {
    println!("{input}!!!!!");
}

fn main(){
    let mr_mantle = Cat {
        name: "Reggie Mantle".to_string(),
        age: 4,
    };

    print_excitedly(mr_mantle.to_string());     #A
    println!(
        "Mr. Mantle's String is {} letters long.",     #B
        mr_mantle.to_string().chars().count()
    );
}
```

#A 现在可以把它转换成一个字符串，并将其传递给这个函数。

#B 把它转换成字符并计数。确保使用 .chars( ).count( ) 而不是 .len( )，除非你知道每个字符只有一个字节的长度！

这会打印出：

```
Reggie Mantle is a cat who is 4 years old!!!!!
Mr. Mantle's String is 41 letters long.
```

关于特性，我们需要理解它用于提供一些公共的行为模式，你的结构体或枚举通过实现特性来做出符合模式的行动，这就是特性的本质。设想我们到目前为止见过的一些特性，它们都关乎行为：Copy 是某种类型可以做的事情。Display 也是某种类型可以做的事情。ToString 是另一个特性，它同样是某种类型可以做的事情：它可以变成一个字符串。通过这些特性，我们可以证明任何实现了它们的类型都具有这些能力。

到目前为止，特性的示例都相当简单。

7.1.2 更复杂的例子

让我们看另一个与行为相关的例子。设想一个带有一些简单角色的奇幻游戏。一个是怪物，另外两个是巫师和游侠。有一个只有生命值的怪物，我们可以攻击它，对另外两个，我们创建了两个特性。一个称为 FightClose，让你可以近距离战斗。另一个是 FightFromDistance，让你可以远距离战斗。只有游侠可以使用 FightFromDistance。

```
struct Monster {
    health: i32,
}

struct Wizard;
struct Ranger;

trait FightClose {
    fn attack_with_sword(&self, opponent: &mut Monster) {
        opponent.health -= 10;
        println! ("Sword attack! Your opponent has {} health left.", opponent.health);
    }
    fn attack_with_hand(&self, opponent: &mut Monster) {
        opponent.health -= 2;
        println! ("Hand attack! Your opponent has {} health left.", opponent.health);
    }
}
impl FightClose for Wizard {}
impl FightClose for Ranger {}

trait FightFromDistance {
    fn attack_with_bow(&self, opponent: &mut Monster, distance: u32) {
        if distance < 10 {
            opponent.health -= 10;
            println! ("Bow attack! Your opponent has {} health left.",opponent.health);
        }
    }
    fn attack_with_rock(&self, opponent: &mut Monster, distance: u32) {
        if distance < 3 {
            opponent.health -= 4;
        }
        println! ("Rock attack! Your opponent has {} health left.", opponent.health);
    }
}
impl FightFromDistance for Ranger {}
```

```
fn main(){
    let radagast = Wizard {};
    let aragorn = Ranger {};

    let mut uruk_hai = Monster { health: 40 };

    radagast.attack_with_sword(&mut uruk_hai);
    aragorn.attack_with_bow(&mut uruk_hai, 8);
}
```

这将会打印出：

```
Sword attack! Your opponent has 30 health left.
Bow attack! Your opponent has 20 health left.
```

我们经常在 trait 中传递 &self，但现在无法对其进行太多操作。这是因为 Rust 不知道将使用它的类型是什么。它可能是一个 Wizard，也可能是一个 Ranger，或者是其他类型。

如果 trait 定义中可以是任何类型，我们怎样才能使 &self 更有用呢？最好是能知道这些类型具备的一些其他特性。为了给这些类型一些特性，可以在签名中添加 trait 约束。如果想使用 {:?} 来打印，则需要 Debug。可以通过在冒号后面写出它，来将其添加到 trait 中。现在我们的代码如下所示：

```
use std::fmt::Debug;

struct Monster {
    health: i32,
}

#[derive(Debug)]     #A
struct Wizard {
    health: i32,
}
#[derive(Debug)]
struct Ranger {
    health: i32,
}

trait DisplayHealth {
    fn health(&self) -> i32;
}

trait FightClose: Debug {     #B
    fn attack_with_sword(&self, opponent: &mut Monster) {
        opponent.health -= 10;
        println!("Sword attack! Your opponent has {} health left. You are now at: {:?}",
       opponent.health, &self);     #C
    }
    fn attack_with_hand(&self, opponent: &mut Monster) {
        opponent.health -= 2;
        println!("Hand attack! Your opponent has {} health left. You are now at: {:?}",
```

```
            opponent.health, &self);
        }
    }
    impl FightClose for Wizard {}
    impl FightClose for Ranger {}

    trait FightFromDistance: Debug {
        fn attack_with_bow(&self, opponent: &mut Monster, distance: u32) {
            if distance < 10 {
                opponent.health -= 10;
                println!("Bow attack! Your opponent has {} health left. You are now at: {:?}",
              opponent.health, self);
              }
        }
        fn attack_with_rock(&self, opponent: &mut Monster, distance: u32) {
            if distance < 3 {
                opponent.health -= 4;
            }
            println!("Rock attack! Your opponent has {} health left. You are now at: {:?}",
            opponent.health, self);
        }
    }
    impl FightFromDistance for Ranger {}

    fn main() {
        let radagast = Wizard { health: 60 };
        let aragorn = Ranger { health: 80 };

        let mut uruk_hai = Monster { health: 40 };

        radagast.attack_with_sword(&mut uruk_hai);
        aragorn.attack_with_bow(&mut uruk_hai, 8);
    }
```

#A 现在 Wizard 和 Ranger 都实现了 Debug。它们现在也有一个名为 health 的属性。

#B 通过这个约束，任何类型在实现 FightClose 之前都需要先具有 Debug。它们现在保证具有 Debug trait。

#C 有了这个保证，现在可以使用{:?}来打印 &self。

现在这样打印：

```
Sword attack! Your opponent has 30 health left. You are now at: Wizard { health: 60 }
Bow attack! Your opponent has 20 health left. You are now at: Ranger { health: 80 }
```

在实际游戏中，重新为每种类型进行编写可能更好，因为"You are now at: Wizard { health: 60 }"看起来有点奇怪。或者可以要求使用 Display 而不仅仅是 Debug。但是这里的例子主要是告诉我们可以在编写的 trait 中使用其他 trait。

你可能已经注意到，trait 方法需要一个 Monster，这是一个具体的类型。这可能有点限制，我们不能保证未来整个游戏只有一个 Monster 结构。你可以重写方法，使其不再依赖具体 Monster，而是接受任何实现了一个叫作 TakeDamage 的 trait 的类型。

让我们用泛型来实现这一点。创建一个名为 MonsterBehavior 的 trait。我们给它定义一个叫作 .take_damage( ) 的方法，另一个叫作 .display_self( )：

```
trait MonsterBehavior: Debug {
    fn take_damage(&mut self, damage: i32);
    fn display_self(&self) {
        println!("The monster is now: {self:?}");
    }
}
```

这里主要工作有三件：

- 由于 display_self 里要进行 Debug 打印，因此需要给 MonsterBehavior 增加 Debug 特性。
- .take_damage( ) 方法没有实现，因为我们不知道如何实现它。一个结构体会有一个 .health 参数或其他方法来处理吗？我们不清楚。但它接受一个 &mut self 以便进行更改，并接受一个 damage：i32 参数，表示受到的伤害。有了这些信息，Monster 可以实现具体内容，其他类型也可以为它们的类型实现这个方法。
- 我们详细写出了 .display_self( ) 方法，因为我们知道每个类型肯定都是 Debug 的。当然也可以为一个 Display 类型实现不同的方法。

现在代码看起来像这样：

```
use std::fmt::Debug;

trait MonsterBehavior: Debug {
    fn take_damage(&mut self, damage: i32);
    fn display_self(&self) {
        println!("The monster is now: {self:?}");
    }
}

#[derive(Debug)]
struct Monster {
    health: i32,
}

// Then we'll implement the trait for Monster
impl MonsterBehavior for Monster {
    fn take_damage(&mut self, damage: i32) {
        self.health -= damage;
    }
}

#[derive(Debug)]
struct Wizard {
    health: i32,
}
#[derive(Debug)]
struct Ranger {
    health: i32,
}
```

```
trait FightClose {
    // And now the opponents are all &mut T, and T is guaranteed to implement
      MonsterBehavior.
    fn attack_with_sword<T: MonsterBehavior>(&self, opponent: &mut T) {
        println! ("You attack with your sword! ");
        // So we can call this method.
        opponent.take_damage(10);
        // And we can call this one, too.
        opponent.display_self();
    }

    // And so on, for the rest of the code...

    fn attack_with_hand<T: MonsterBehavior>(&self, opponent: &mut T) {
        println! ("You attack with your hand! ");
        opponent.take_damage(2);
        opponent.display_self();
    }
}
impl FightClose for Wizard {}
impl FightClose for Ranger {}

trait FightFromDistance: Debug {
    fn attack_with_bow<T: MonsterBehavior>(&self, opponent: &mut T,distance: u32) {
        println! ("You attack with your bow! ");
        if distance < 10 {
            opponent.take_damage(10);
        } else {
            println! ("Too far away! ");
        }
        opponent.display_self();
    }
    fn attack_with_rock<T: MonsterBehavior>(&self, opponent: &mut T,distance: u32) {
        println! ("You attack with a rock! ");
        if distance < 3 {
            opponent.take_damage(4);
        } else {
            println! ("Too far away! ");
        }
        opponent.display_self();
    }
}
impl FightFromDistance for Ranger {}

fn main() {
    let radagast = Wizard { health: 60 };
    let aragorn = Ranger { health: 80 };

    let mut uruk_hai = Monster { health: 40 };

    radagast.attack_with_sword(&mut uruk_hai);
```

```
    aragorn.attack_with_bow(&mut uruk_hai, 8);
}
```

这段代码打印如下：

```
You attack with your sword!
The monster is now: Monster { health: 30 }
You attack with your bow!
The monster is now: Monster { health: 20 }
```

7.1.3 特性约束

特性可以没有任何方法，就是所谓的“特性约束”。即使特性不添加任何新功能，它也必须被实现。

想象一下，你要上法庭，需要一个优秀的律师为你执行 fn argue_in_court()。这个函数的约束可能是 Lawyer 和 Experienced。任何人只要具备这两个特性都可以执行这个函数：他们被“绑定”必须具备这些特性。这意味着，任何想传递给 argue_in_court()的类型，都需要先实现 Lawyer 和 Experienced。这基本上就像现实生活中的律师资格考试：法院有“特性约束”，只有通过律师资格考试的人才能充当律师。而任何想要成为律师的“类型”（任何人）必须能在法庭上辩护之前先“实现”这个特性。

所以特性约束实际上可以非常简单，因为一个特性可以不需要任何方法，甚至不需要任何内容。让我们以稍微不同的方式重写上面的代码。

还是使用之前的 Monster 结构体，这次我们的特性没有任何方法，但是有一些函数的参数类型是泛型，并且具备特性约束。

```
use std::fmt::Debug;

struct Monster {
    health: i32,
}

#[derive(Debug)]
struct Wizard {
    health: i32,
}
#[derive(Debug)]
struct Ranger {
    health: i32,
}

trait Magic {} // No methods for any of these traits! They are just trait bounds
trait FightClose {}
trait FightFromDistance {}

impl FightClose for Ranger {} // Each type gets FightClose,
impl FightClose for Wizard {}
impl FightFromDistance for Ranger {} // but only Ranger gets FightFromDistance
impl Magic for Wizard {} // and only Wizard gets Magic
```

```
fn attack_with_bow<T>(character: &T, opponent: &mut Monster, distance: u32)
where
    T: FightFromDistance + Debug,
{
    if distance < 10 {
        opponent.health -= 10;
        println!("Bow attack! Your opponent now has {} health left. You are now at:
      {character:?}", opponent.health);
    }
}

fn attack_with_sword<T>(character: &T, opponent: &mut Monster)
where
    T: FightClose + Debug,
{
    opponent.health -= 10;
    println!("Sword attack! Your opponent now has {} health left. You are now at:
        {character:?}", opponent.health);
}

fn fireball<T>(character: &T, opponent: &mut Monster, distance: u32)
where
    T: Magic + Debug,
{
    if distance < 15 {
        opponent.health -= 20;
        println!("A massive fireball! Your opponent now has {} health left. You are now at:
      {character:?}", opponent.health);
    }
}

fn main() {
    let radagast = Wizard { health: 60 };
    let aragorn = Ranger { health: 80 };

    let mut uruk_hai = Monster { health: 40 };

    attack_with_sword(&radagast, &mut uruk_hai);
    attack_with_bow(&aragorn, &mut uruk_hai, 8);
    fireball(&radagast, &mut uruk_hai, 8);
}
```

打印出相同的内容：

```
Sword attack! Your opponent now has 30 health left. You are now at: Wizard { health: 60 }
Bow attack! Your opponent now has 20 health left. You are now at: Ranger { health: 80 }
A massive fireball! Your opponent now has 0 health left. You are now at: Wizard { health: 60 }
```

前面的例子也告诉我们，当使用 Traits 时，可以有多种方式实现同样的效果，可以选择最合理的方式去实现。

7.1.4 Traits 类似于资格认证

你看的 Traits 示例越多，就越理解它们的工作原理。让我们通过想象一系列虚构的 Traits 来结束本章的介绍，思考它们的名称和可以实现它们的类型。

首先，有时候来自其他语言背景的人看待 Traits 时，会觉得它们就像抽象类或接口一样（如果你不知道抽象类和接口是什么，不用担心 Rust 没有它们）。但最简单的方法是将 Traits 视为资格证书：

现在让我们想象一些结构体。它们中的哪三个特性应该实现？

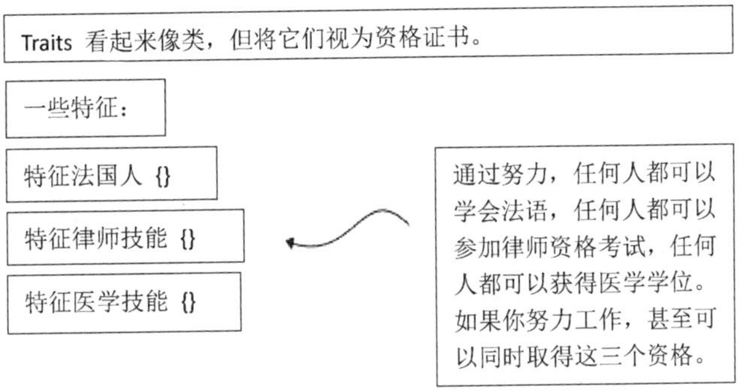

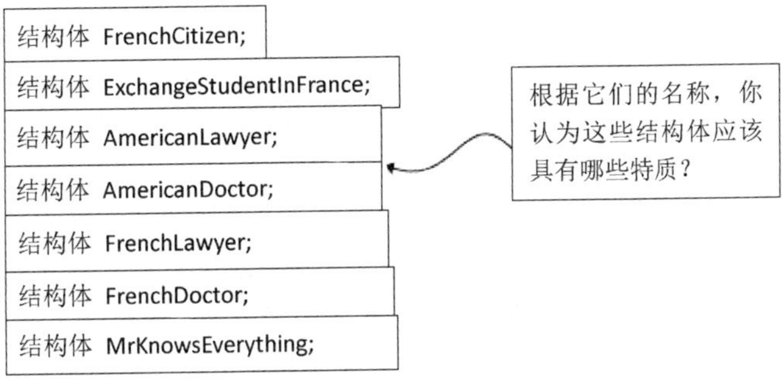

让我们开始为以下类型实现 French 特性：

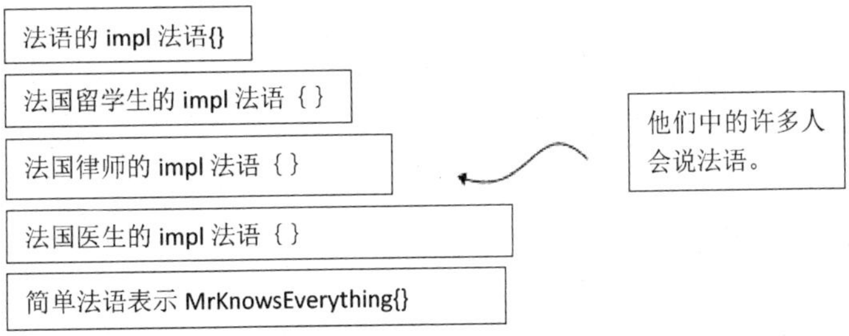

哪些类型应该实现名为 LawyerSkill 的特性呢？

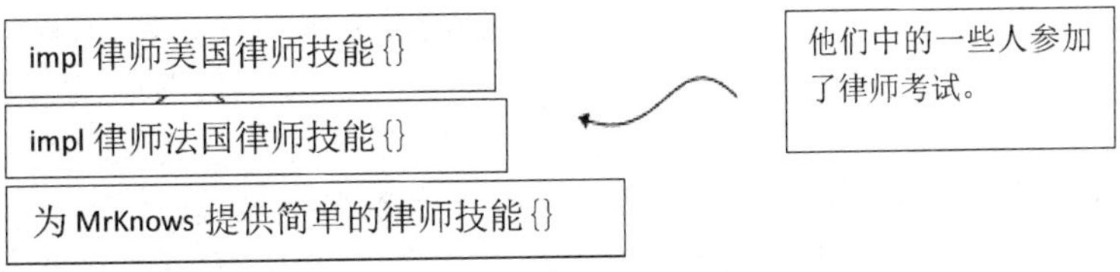

让我们给那些类型赋予 MedicalSkill 特性。

美国医生的 impl 医疗技能{}

法国医生的 impl 医疗技能{}

为 MrKnows 提供简单的医疗技能{}

而其中一些人获得了医学学位。（MrKnowsEverything 真的什么都懂！）

现在让我们编写一些函数，并将这些特性用作边界。函数参数的具体类型无所谓，通过泛型表示即可，主要是这些参数是否实现了合理的特性。

现在是时候写一些通用函数了。它们可以接受任何类型，只要它们有资格进入。

```
fn speak_french<T: French>(speaker: T) {}
fn enter_court<T: LawyerSkill>(lawyer: T) {}
fn cure_patient<T: MedicalSkill>(doctor: T) {}
fn enter_french_court<T: LawyerSkill + French>(lawyer: T) {}
fn cure_french_patient<T: MedicalSkill + French>(doctor: T) {}
fn present_medical_case_in_french_court<T: MedicalSkill + French + LawyerSkill>(lawyer: T) {}
```

现在一切都匹配了，编译器不会报错。

现在我们开始 main() 并调用其中的一些函数。

```
fn main(){
    speak_french(FrenchCitizen);
    speak_french(ExchangeStudentInFrance);
    speak_french(FrenchLawyer);
    speak_french(FrenchDoctor);
    speak_french(MrKnowsEverything);

    enter_court(AmericanLawyer);
    enter_court(FrenchLawyer);
    enter_court(MrKnowsEverything);

    cure_patient(AmericanDoctor);
    cure_patient(FrenchDoctor);
    cure_patient(MrKnowsEverything);

    enter_french_court(FrenchLawyer);
    enter_french_court(MrKnowsEverything);

    cure_french_patient(FrenchDoctor);
    cure_french_patient(MrKnowsEverything);

    present_medical_case_in_french_court(MrKnowsEverything);

    present_medical_case_in_french_court(FrenchDoctor);
}
```

许多说法语的人！

一些律师……

一些医生……

一些也懂法语的律师……

一些也懂法语的医生……

但只有一个既是律师又是医生还懂法语。

这个不行！FrenchDoctor 有法语和医疗技能，但没有律师技能。

Traits 可能需要很长时间才能习惯，所以比较和例子越多越好。现在你已经对 Traits 如何工作有了一定的了解，下一步就是开始看看那些 Rust 中经常被使用到的主要的 Traits。首先，让我们学习如何实现一个 Trait。

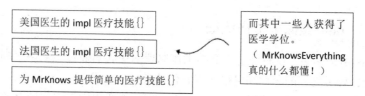

7.2 From 特性

From 是一个非常方便的 trait，你已经见过它很多次了。使用 From，可以从一个 &str 创建一个 String，但也可以从许多其他类型创建许多类型。例如 Vec 使用 From 可以转换成 18 种类型。以下是一些已知的：

```
From<&'_ [T]>
From<&'_ mut [T]>
From<&'_ str>
From<&'a Vec<T>>
From<[T; N]>
From<BinaryHeap<T>>
From<String>>
From<Vec<T>>
From<VecDeque<T>>
```

可以在 Vec 的官方文档中看到这些实现。有很多 Vec::from() 方法。我们将尝试从 [T; N]（这些是数组的泛型名称（14）。T 代表类型，N 代表数量），加上 String 和 &str，来创建一个 Vec。

```
fn main() {
    let array_vec = Vec::from([8, 9, 10]);
    println!("Vec from array: {array_vec:?}");

    let str_vec = Vec::from("What kind of Vec am I?");
    println!("Vec from str: {str_vec:?}");

    let string_vec = Vec::from("What will a String be?".to_string());
    println!("Vec from String: {string_vec:?}");
}
```

它打印出以下内容：

```
Vec from array: [8, 9, 10]
Vec from str: [87, 104, 97, 116, 32, 107, 105, 110, 100, 32, 111, 102, 32, 86, 101, 99, 32,
    97, 109, 32, 73, 63]
Vec from String: [87, 104, 97, 116, 32, 119, 105, 108, 108, 32, 97, 32, 83, 116, 114, 105,
    110, 103, 32, 98, 101, 63]
```

第一个结果并不意外：从包含三个数字的数组创建的 Vec 只显示这三个数字。但是，从 &str 和 String 创建的 Vec 都是字节！如果你查看 &str 和 String 创建 Vec 的签名，会看到它们返回的是 Vec<u8>。以下是完整的代码，实际上非常简单：

```
fn from(string: String) -> Vec<u8> {
    string.into_bytes()
}
```

可以看到，From 非常简单：只需选择两种类型并决定要将其中一种转换为另一种。之后如何实现完全取决于你。让我们尝试用自己的类型实现 From。

我们将创建两个结构体，然后为其中一个实现 From。一个结构体是 City，另一个是 Country。

希望能够编写这样的代码：let country_name = Country :: from （vector_of_cities）。

下面看看代码全貌：

```
#[derive(Debug)]
struct City {
    name: String,
    population: u32,
}

impl City {
    fn new(name: &str, population: u32) -> Self {     #A
        Self {
            name: name.to_string(),
            population,
        }
    }
}
#[derive(Debug)]
struct Country {
    cities: Vec<City>, //Our cities go in here.
}

impl From<Vec<City>> for Country {
    fn from(cities: Vec<City>) -> Self {
        Self { cities }
    }
}

impl Country {
    fn print_cities(&self) { // just Prints the cities in a Country
        for city in &self.cities {     #B
            println! ("{:?} has a population of {:?}.", city.name, city.population);
        }
    }
}

fn main() {
    let helsinki = City::new("Helsinki", 631_695);
    let turku = City::new("Turku", 186_756);

    let finland_cities = vec![helsinki, turku];  // This is the Vec<City>
    let finland = Country::from(finland_cities); // So now we can use From

    finland.print_cities();
}
```

#A 创建一个 City 实例，顺便做一个 .to_string( ) 操作。

#B 这里使用 &，因为 City 不是一个 Copy 类型。

这段代码输出：

```
"Helsinki" has a population of 631695.
"Turku" has a population of 186756.
```

在阅读本节内容时，可能已经想到了在标准库中的一些其他类型上实现 From 的一些点子。但不能这么做！让我们来看看为什么。

7.3 孤儿规则

对于像 Vec、i32 等 Rust 自带的类型，实现 From 应该是很容易的。但需要注意 Rust 对此有一个规则，称为孤儿规则。规则是这样的：

- 可以在别人的 Traits 上实现自己的特性。
- 可以在你的类型上实现别人的特性。
- 但你不能在别人的类型上实现别人的特性。

这是因为如果任何人都可以在任何类型上实现任何人的特性，你就永远无法保持单一类型的一致性。也许你创建了一个供他人使用的类型，计划以后再实现 Display，但是其他人已经用自己的方式实现了！其他人会以你不希望的方式使用你的代码。如果有人从你的代码导入，它将以一种方式显示，但如果从其他地方导入，它将以另一种方式显示。或者可能是一个更严重的问题，如果你的类型用于加密安全，并且希望对它的使用有严格的控制。一家公司可能会使用你的类型，以为它是你创建的那种类型，但实际上它是你的类型加上其他人未经你同意的一些更改。孤儿规则防止了这种情况的发生。

那么绕过孤儿规则的最佳方法是什么？最简单的方法是在元组结构中包装其他人的类型，从而创建一个全新的类型。这是一种基于新类型的惯用方法，现在就来学习它。

7.4 绕过孤儿规则的方法之一是使用新类型

让我们看看所谓的新类型习语。实际上，这非常简单：将其他人的类型包装在一个元组结构中。假设我们想要一个名为 File 的类型，暂时只包含一个 String。

```
struct File(String); // File is a wrapper around String

fn main(){
    let my_file = File(String::from("I am file contents"));
    let my_string = String::from("I am file contents");
}
```

由于现在这是一个新类型，它不具有 String 的任何特性。因此，即使 File 内部有一个 String，编译器也会拒绝将 File 与 String 进行比较：

```
struct File(String);

fn main(){
    let my_file = File(String::from("I am file contents"));
    let my_string = String::from("I am file contents");
    println!("{}", my_file == my_string); // Cannot compare File with String.
}
```

如果想比较其中的 String，可以使用 my_file.0：

```
struct File(String);

fn main() {
    let my_file = File(String::from("I am file contents"));
    let my_string = String::from("I am file contents");
    println!("{}", my_file.0 == my_string); #A
}
```

#A 这次我们比较的是一个 String 和另一个 String，所以代码编译并打印出 true。

现在这种类型没有任何特性，所以可以自己实现它们。可以用#［derive］或者手动使用 impl 块，以相同的方式为你的任何类型实现它们。

```
#[derive(Clone, Debug)]
struct File(String);

impl std::fmt::Display for File {
    fn fmt(&self, f: &mut std::fmt::Formatter<'_>) -> std::fmt::Result {
        let as_bytes = format!("{:?}", self.0.as_bytes());     #A
        write!(f, "{as_bytes}")
    }
}

fn main(){
    let file = File(String::from("I am file contents"));
    println!("{file:?}");
    println!("{file}");
}
```

#A 也许我们希望默认情况下，文件通过显示其中的字节来打印。使用 format! 宏将 File 的内容以字符的形式输出。

现在我们的新类型有了自己的特性，有点像在 String 上实现自己的特性，因为 File 只是对 String 的包装。以下是输出结果：

```
File("I am file contents")
[73, 32, 97, 109, 32, 102, 105, 108, 101, 32, 99, 111, 110, 116, 101, 110, 116, 115]
```

在这里使用 File 类型时，可以克隆它并以 Debug 格式打印，但它没有关于 String 的方法，除非你使用 .0 来访问它内部的 String。可以在这里使用 .0 来访问内部的 String，但 File 是自己创作的类型。在其他人的代码中，只有在标记为 pub 的情况下才能访问 .0，而大多数时候人们并不会将所有内容都标记为 pub。我们将在第 14 章中了解更多关于代码结构和使用 pub 关键字的内容。

还有一个叫作 Deref 的 trait，它允许你自动使用其中的所有方法，这是一种便捷的方式，让人们可以使用 String 内部的方法，而不需要使用 pub 来访问 String 本身。我们将在第 15 章中学习这个内容。

最后，让我们学习另一个有用的 trait 来结束本章：AsRef。

7.5 在函数中接受 String 和 &str

有时你需要一个函数接受 String 和 &str。可以使用 AsRef 特性来实现这一点，它用于从一种类型到另一种类型的引用转换。可以将其视为 From 的廉价版本：不是从一种类型转换为另一种类型，而是从一种引用转换为另一种引用。这是标准库对它的描述：

```
Used to do a cheap reference-to-reference conversion. [...] If you need to do a costly
    conversion it is better to implement From with type &T or write a custom function.
```

我们现在不需要深入思考这个特性（不会为任何东西实现它），只需要知道String和str都实现了AsRef<str>。这是它们的实现方式：

```
impl AsRef<str> for str {
    fn as_ref(&self) -> &str {
        self
    }
}

impl AsRef<str> for String {
    fn as_ref(&self) ->&str {
        self
    }
}
```

可以看到它接受&self并返回到另一个类型的引用，在这种情况下它们都返回了一个&str。这意味着如果在你的函数中有一个泛型类型T，可以说它需要AsRef<str>，然后在函数内部将其视为&str。

让我们开始考虑如何将它用于一个泛型函数。先从一个尝试打印输入的函数开始，但现在还不能工作：

```
fn print_it<T>(input: T) {
    println!("{}", input);
}

fn main() {
    print_it("Please print me");
}
```

Rust给出了一个错误：error [E0277]: T doesn't implement std::fmt::Display。因此，我们将要求T实现Display。

```
use std::fmt::Display;

fn print_it<T: Display>(input: T) {
    println!("{}", input);
}

fn main() {
    print_it("Please print me");
}
```

现在函数可以正常工作并打印“Please print me”。这个功能已经足够好了，但T仍然可以是太多东西。它可以是i8、f32，以及任何其他只实现了Display的类型。我们更愿意只接受String或&str，而不仅仅是实现了Display的任何类型。因此，将T: Display改为T: AsRef<str>。现在函数不会接受像i8这样的类型了：

```
fn print_it<T: AsRef<str>>(input: T) {
    println!("{}", input)
}

fn main(){
    print_it("Please print me");
    print_it("Also, please print me".to_string());
    // print_it(7); <-This will not print.
}
```

以下是错误信息：error[E0277]：T doesn't implement std::fmt::Display。

我们得到了这个错误，因为 T 是一个实现了 AsRef<str>的类型，但 T 本身并不是一个实现了 Display 的类型。可以通过 AsRef trait 将其转换为对 str 的引用。要做到这一点，只需调用该 trait 的方法：.as_ref()。现在它被给予了一个 &str，而 &str 实现了 Display，所以编译器现在对我们的代码满意了。

```
fn print_it<T: AsRef<str>>(input: T) {
    println!("{}", input.as_ref())
}

fn main(){
    print_it("Please print me");
    print_it("Also, please print me".to_string());
}
```

这会打印出我们想看到的内容：

```
Please print me
Also, please print me
```

可以看到，traits 在 Rust 中是一个很大的主题——我们花了一整章来讨论它们！它们总是需要一些思考。如果 Rust 是你的第一门编程语言，就需要学习它们是如何工作的，以及何时使用它们。如果 Rust 不是你的第一门编程语言，可能也需要付出几乎同样多的努力，因为可能涉及一些旧习惯的改变。许多来自其他语言的人看待 traits 时会认为“哦，这和类一样”或“哦，这和接口一样”。但 traits 是不同的，需要你坐下来花一些时间思考它们。

下一章还有很多新概念要学习。你将会学习迭代器，它们可以对集合中的每个项目进行操作。你还会学习闭包，它们是无须命名的轻量级函数。

7.6 总结

- 如果你有很多类型并希望它们都具有相同的方法，请编写一个 trait。
- 实现了某个 trait 的类型都是不同的，但它们都保证具有该 trait 的方法。
- 同样，每个会说某种语言的人都是不同的，但他们都保证会这门语言。
- 可以在别人的类型上实现自己的 trait，也可以在自己的类型上实现别人的 trait，但不能在别人的类型上实现别人的 trait。
- From trait 非常简单，你到处都能看到它。如果对某个特定类型的实现感到好奇，可以查看代码源。
- 在函数中使用 AsRef<str>是同时接受 String 和 &str 的便捷方式。

第 8 章 迭代器和闭包

本章涵盖了以下内容：

- 方法链：一个接一个地调用方法。
- 迭代器：处理集合最方便的方式。
- 闭包：不需要名称并且可以捕获其作用域内变量的函数。

在本章中，我们将看到很多 Rust 的函数式风格，它基于表达式。这种风格让你可以使用一个方法产生输出，该输出成为下一个方法的输入，如此重复，直到得到你想要的最终输出。这种方式就像是方法链，因此人们称之为“方法链”。一旦习惯了方法链，它会非常有趣，并且可以用很少的代码完成大量工作。迭代器和闭包在这里起到了很大的作用，所以它们是本章的重点。

8.1 方法链

Rust 是一种系统编程语言，类似于 C 和 C++，它的代码可以写成单独的命令，单独的行，但它也具有函数式风格。这两种风格都可以，但通常函数式风格更简洁。

以下是非函数式风格（称为“命令式风格”）的示例，用于创建一个从 1 到 10 的 Vec：

```
fn main() {
    let mut new_vec = Vec::new();
    let mut counter = 1;
    loop {
        new_vec.push(counter);
        counter += 1;
        if counter == 10 {
            break;
        }
    }
    println!("{new_vec:?}");
}
```

这将打印出 [1, 2, 3, 4, 5, 6, 7, 8, 9, 10]。

命令式的英文是 Imperative（事实上，“imperative（命令式）”和“emperor（皇帝）”一词是相关的：皇帝就是给其他人下命令的人。）上面就是一个命令式代码的例子，代码被指示去做一些事情：开始一个循环，向一个 Vec 推送数据，增加一个名为 counter 的变量的值，检查 counter 的值，并在某个特定点退出循环。

但是函数式风格更多地涉及表达式：将表达式的输出作为输入，将其放入新函数中，再次获取输出，将其放入另一个函数中，直到得到想要的结果。

下面是 Rust 的函数式风格示例，实现了与上面代码相同的功能：

```
fn main(){
    let new_vec = (1..).take(10).collect::<Vec<i32>>();
    // Or you can write it like this:
    // let new_vec: Vec<i32> = (1..).take(10).collect();
    println!("{new_vec:?}");
}
```

这段代码从 1 开始生成一个范围（一个迭代器）。它使用了一个名为 and 的方法，使用 .take( ) 可以获取前 10 个项。之后，可以调用另一个名为 .collect( ) 的方法将其转换为 Vec。顺便说一句，.collect( ) 可以创建多种类型的集合，所以必须在这里告诉 .collect( ) 类型。

使用函数式风格可以链接任意数量的方法。以下是许多方法链在一起的示例：

```
fn main(){
    let my_vec = vec![0, 1, 2, 3, 4, 5, 6, 7, 8, 9, 10];
    let new_vec = my_vec.into_iter().skip(3).take(4).collect::<Vec<i32>>();
    println!("{new_vec:?}");
}
```

这创建了一个包含［3，4，5，6］的 Vec。这是一行中包含的大量信息，所以将每个方法放在新的一行可能会有所帮助。这样做可以使代码更易读，并更好地展示了函数式风格。逐行阅读代码，并尝试猜测代码的输出。

```
fn main(){
    let my_vec = vec![0, 1, 2, 3, 4, 5, 6, 7, 8, 9, 10];
    let new_vec = my_vec
        .into_iter()     #A
        .skip(3)     #B
        .take(4)     #C
        .collect::<Vec<i32>>(     #D
    println!("{new_vec:?}");
}
```

#A 迭代"遍历项目（迭代=处理其中的每个项目）。into_iter( ) 提供的是拥有的值，而不是引用。

#B 跳过三个项目：0、1 和 2。

#C 获取接下来的四个项目：3、4、5 和 6。

#D 将它们放入一个新的 Vec<i32>中。

这里输出一个包含值［3，4，5，6］的 Vec。只有当我们完全理解迭代器和闭包时，才能最好地运用这种函数式风格。接下来开始详细讲解迭代器。

8.2 迭代器

迭代器有点像一种集合类型，可以逐个提供其项目。这有点像有人在洗牌。可以一次拿一张牌，直到牌堆用完。或者可以抽取第五张牌。或者可以跳过十张牌并拿出接下来的十张。或者可以要求发第六十张牌，然后被告知牌堆里没有第六十张牌。

实际上我们前面已经接触过迭代器了，因为 for 循环会给一个迭代器。当你想要在其他时候使用迭代器时，必须选择是哪种类型的迭代器：

- .iter( )得到一个引用的迭代器。
- .iter_mut( )得到一个可变引用的迭代器。
- .into_iter( )得到一个值（而非引用）的迭代器。

一个 for 循环实际上就是一个值的迭代器，所以写成 for item in iterator 和 for item in iterator.into_iter( )是一样的。让我们来看一下这三种类型迭代器的简单示例。

```
fn main() {
    let vector1 = vec![1, 2, 3];
    let mut vector2 = vec![10, 20, 30];

    for num in vector1.iter() {    #A
        println!("Printing a &i32: {num}");
    }
    for num in vector1 {    #B
        println!("Printing an i32: {num}");
    }
    for num in vector2.iter_mut() {    #C
        *num *= 10;
        println!("num is now {num}");
    }
    println!("{vector2:?}");
    // println!("{vector1:?}");    #D
}
```

#A 首先使用 .iter( )，这样 vector1 就不会被销毁。

#B 这与写成 "for num in vector1.into_iter( )" 是一样的。它拥有值，并且在这个 for 循环结束后，vector1 不再存在。

#C 这个 for 循环使用可变引用，所以 vector2 在它结束后仍然存在。

#D 我们仍然可以打印 vector2，但 vector1 已经不存在了。如果取消对最后一行的注释，编译器将会报错。

这是输出：

```
Printing a &i32: 1
Printing a &i32: 2
Printing a &i32: 3
Printing an i32: 1
Printing an i32: 2
Printing an i32: 3
num is now 100
num is now 200
num is now 300
[100, 200, 300]
```

你不一定需要使用 for 循环来使用迭代器。以下是另一种使用方法：

```
fn main() {
    let vector1 = vec![1, 2, 3];
```

```
    let vector1_a = vector1.iter().map(|x| x + 1).collect::<Vec<i32>>();     #A
    let vector1_b = vector1.into_iter().map(|x| x * 10).collect::<Vec<i32>>();

    let mut vector2 = vec![10, 20, 30];
    vector2.iter_mut().for_each(|x| *x +=100);

    println!("{:?}", vector1_a);
    println!("{:?}", vector1_b);
    println!("{:?}", vector2);
}
```

#A 这里也是一样，首先使用 .iter()，以确保 vector1 不被销毁。

这将打印出：

```
[2, 3, 4]
[10, 20, 30]
[110, 120, 130]
```

在前两个示例中，使用了一个叫作 .map()的方法。这个方法允许你对每个项目执行某些操作（包括将其转换为不同的类型），然后将其传递给新的迭代器。而最后一个示例中，使用了一个叫作 .for_each()的方法。这个方法只是让你对每个项目执行某些操作，不创建新的迭代器。而 .iter_mut()加上 .for_each()基本上就是一个 for 循环。在每个方法内部，可以为每个项目指定一个名称（我们只是称之为 x），然后使用它来进行更改。这些被称为闭包，我们将在下一节学习它们。

就目前而言，只需记住闭包使用||，而普通函数使用()，所以 |x| 的意思是"x 被传递给闭包"(函数)。

让我们再次逐个进行复习。

首先，对 vector1 使用了 .iter()来获取引用。我们对每个元素都加了 1，并用 .map()将其传递下去。然后将其收集到一个新的 Vec 中：

```
let vector1_a = vector1.iter().map(|x| x + 1).collect::<Vec<i32>>();
```

原始的 vector1 仍然存在，因为我们只使用了引用：没有按值获取。现在有了 vector1，以及一个名为 vector1_a 的新 Vec。因为 .map()只是将其传递下去，所以需要使用 .collect()将其转换为 Vec。

然后使用 .into_iter()从 vector1 获取一个按值的迭代器：

```
let vector1_b = vector1.into_iter().map(|x| x * 10).collect::<Vec<i32>>();
```

这会销毁 vector1，因为这就是 .into_iter()的作用。因此，在创建 vector1_b 之后，就不能再使用 vector1 了。

最后对 vector2 使用了 .iter_mut()：

```
let mut vector2 = vec![10, 20, 30];
vector2.iter_mut().for_each(|x| *x +=100);
```

它是可变的，因此不需要使用 .collect()来创建一个新的 Vec。相反，使用可变引用直接在同一个 Vec 中更改值。因此，迭代器结束后，vector2 仍然存在。我们只是想修改每个项目，并不需要创建一个新的 Vec，因此只使用 .for_each()方法。

每个迭代器的核心是一个叫作 .next()的方法，它返回一个 Option。当你使用迭代器时，它

会反复调用 .next( ) 来查看是否还有剩余的项目。如果 .next( ) 返回 Some，则说明还有剩余项目，迭代器会继续运行。如果返回 None，则迭代完成（实际上，可以创建永远不会返回 None 的迭代器或者只返回 None 的迭代器，后面会看到一些这样的例子。但一般来说，迭代器会发出一系列 Some，直到耗尽后返回 None）。这就是上面例子中 for 循环知道何时停止循环的原理。如果你愿意，也可以手动调用迭代器的 .next( ) 方法来获得更多的控制，正如下一个例子所示。

还记得 assert_eq! 宏吗？你经常会在文档中看到它。这里它展示了迭代器是如何工作的。

```
fn main() {
    let my_vec = vec!['a', 'b', '거', '柳']; // Just a regular Vec<char>.

    let mut my_vec_iter = my_vec.iter();    #A

    assert_eq!(my_vec_iter.next(), Some(&'a'));    #B
    assert_eq!(my_vec_iter.next(), Some(&'b'));
    assert_eq!(my_vec_iter.next(), Some(&'거'));
    assert_eq!(my_vec_iter.next(), Some(&'柳'));
    assert_eq!(my_vec_iter.next(), None);    #C
    assert_eq!(my_vec_iter.next(), None);    #D
}
```

#A 现在 Vec 是一个迭代器类型，但我们还没有在它上面调用 .next( )。它是一个等待被调用的迭代器。

#B 使用 .next( ) 调用第一个元素，然后一次又一次地调用。每次迭代器都会返回包含值的 Some。

#C 现在迭代器已经没有元素了，所以它返回 None。

#D 可以继续在迭代器上调用 .next( )，它每次都会简单地返回 None。

上面的代码将不会输出任何内容！这是因为迭代器的输出符合我们的断言，所以没有发生任何事情（代码没有 panic）。这是展示代码中发生了什么的一种有趣的间接方式，而无须打印输出。

为自定义类型实现迭代器实际上也并不难。首先创建一个图书馆的结构体，并思考一下如何在其中使用迭代器。代码非常简单：

```
#[derive(Debug)]
struct Library {
    name: String,
    books: Vec<String>,
}

impl Library {
    fn add_book(&mut self, book: &str) {
        self.books.push(book.to_string());
    }

    fn new(name: &str) -> Self {
        Self {
            name: name.to_string(),
            books: Vec::new(),
        }
```

```
        }
    }

    fn main() {
        let my_library = Library::new("Calgary");
        println!("{my_library:?}");
    }
```

上面代码只是打印出 Library { name: "Calgary", books: [] }。这是一个新的图书馆，空的，可以随时添加一些书籍。当向图书馆添加书籍时，它们将存储在一个 Vec<String>中。正如我们上面所看到的，可以随时将 Vec 转换为迭代器。但是如果想稍微改变一下行为呢？可以为自己的类型实现 Iterator。Iterator 作为一个特性，需要实现以下内容：

- 必需的关联类型：Item。
- 必需的方法：next。

"关联类型"意味着"与特性相关的类型"（它与特性相配套）。对于我们的迭代器，返回一个字符串听起来是个不错的主意，所以将选择字符串作为关联类型。上一章学到的孤儿规则，希望在自己的类型上实现它。我们不能为 Vec<String>实现 Iterator，因为没有创建 Vec 类型，也没有创建 String 类型。但是可以将 Vec<String>放在自己的类型中，现在可以在其上实现特性。

首先，稍微修改一下我们的图书馆。图书现在是一个名为 BookCollection 的结构体，其中包含一个 Vec<String>。我们将添加一个克隆它的方法，这样就可以对其进行操作，而不会影响原始的图书馆。现在它看起来是这样的：

```
#[derive(Debug)]
struct Library {
    name: String,
    books: BookCollection,
}

#[derive(Debug, Clone)]
struct BookCollection(Vec<String>);     #A

impl Library {
    fn add_book(&mut self, book: &str) {
        self.books.0.push(book.to_string());
    }

    fn new(name: &str) -> Self {
        Self {
            name: name.to_string(),
            books: BookCollection(Vec::new()),
        }
    }
    fn get_books(&self) -> BookCollection {
        self.books.clone()
    }
}
```

#A BookCollection 内部只是一个 Vec<String>，但它是自己的类型，可以在其上实现特性。

那么如何在这个 BookCollection 类型上实现 Iterator 呢？Rust 官方文档中关于 Iterator 有一个简

单的迭代器示例，如下所示：

```
// an iterator which alternates between Some and None
struct Alternate {
    state: i32,
}

impl Iterator for Alternate {
    type Item = i32;

    fn next(&mut self) -> Option<i32> {
        let val = self.state;
        self.state = self.state + 1;

        // if it's even, Some(i32), else None
        if val % 2 == 0 {
            Some(val)
        } else {
            None
        }
    }
}
```

可以看到在 impl Iterator for Alternate 下面，它说 type Item = i32。这就是关联类型。我们的迭代器将用于书籍列表，即 BookCollection。当调用.next( )时，它会给我们一个 String。因此，可以参考此官方文档的代码，只需要改为 type Item = String;。这是我们的关联项。

要实现迭代器，还需要编写.next( )方法。这是决定迭代器应该做什么的地方。对于图书馆中的 BookCollection，将做一些简单的事情：假设我们想要在找到项目时每次打印输出，以便可以在某处记录它，因此将在.next( )方法内部插入 println! 以记录此信息（也许图书馆理事会想要跟踪每个图书馆正在做什么。）因此，现在代码变成下面这样：

```
#[derive(Debug)]
struct Library {
    name: String,
    books: BookCollection,
}

#[derive(Clone, Debug)]
struct BookCollection(Vec<String>);

impl Library {
    fn add_book(&mut self, book: &str) {
        self.books.0.push(book.to_string());
    }

    fn new(name: &str) -> Self {
        Self {
            name: name.to_string(),
            books: BookCollection(Vec::new()),
        }
```

```
    }
    fn get_books(&self) -> BookCollection {
        self.books.clone()
    }
}

impl Iterator for BookCollection {
    type Item = String;

    fn next(&mut self) -> Option<String> {
        match self.0.pop() {
            Some(book) => {
                println!("Accessing book: {book}");
                Some(book)
            }
            None => {
                println!("Out of books at the library!");
                None
            }
        }
    }
}

fn main() {
    let mut my_library = Library::new("Calgary");
    my_library.add_book("The Doom of the Darksword");
    my_library.add_book("Demian - die Geschichte einer Jugend");
    my_library.add_book("구운몽");
    my_library.add_book("吾輩は猫である");

    for item in my_library.get_books() {
         println!("{item}");
    }
}
```

这将打印出：

```
Accessing book:吾輩は猫である
吾輩は猫である
Accessing book:구운몽
구운몽
Accessing book: Demian - die Geschichte einer Jugend
Demian - die Geschichte einer Jugend
Accessing book: The Doom of the Darksword
The Doom of the Darksword
Out of books at the library!
```

可以看到，.next()确实再一次返回了 None，因为我们告诉代码在函数返回 None 时打印出“图书馆已经没有书了!”。

在这个例子中，我们只是弹出了每一项并在将其传递为 Some 之前打印出它，但也可以以不同的方式实现迭代器。实际上如果想要一个永远不会结束的迭代器，甚至不需要返回 None。下面是一个永远只返回数字 1 的迭代器：

```
struct GivesOne;

impl Iterator for GivesOne {
    type Item = i32;
    fn next(&mut self) -> Option<i32> {
        Some(1)
    }
}
```

如果在这个迭代器上使用一个 while 循环，只要迭代器返回 Some，程序就会一直运行下去。可以使用我们之前学过的 .take( ) 方法只调用它五次，然后将其收集到一个 Vec 中：

```
struct GivesOne;

impl Iterator for GivesOne {
    type Item = i32;
    fn next(&mut self) -> Option<i32> {
        Some(1)
    }
}

fn main() {
    let five_ones: Vec<i32> = GivesOne.into_iter().take(5).collect();
    println!("{five_ones:?}");
}
```

这会打印出 [1, 1, 1, 1, 1]。

GivesOne 结构体只是一个空结构体，实现了 Iterator trait，没有保存任何项目。

迭代器还有很多需要了解的地方，但现在我们已经理解了基础知识。在使用 Rust 标准库中的迭代器时，经常会遇到闭包，所以让我们现在学习一下它们。

8.3 闭包和迭代器中的闭包

闭包就像不需要名称的快速函数。换句话说，它们是匿名函数。在其他语言中有时它们被称为 Lambda 表达式。很容易注意到闭包，因为它们使用||而不是 ( )。在 Rust 中它们非常常见，一旦学会使用它们，日常开发中几乎就离不开它们了。

可以将闭包绑定到一个变量，当使用它时，它看起来就像一个函数：

```
fn main() {
    let my_closure = || println!("This is a closure");
    my_closure();
}
```

所以这个闭包不接受任何参数：||，并打印一条消息：This is a closure。

在||之间，可以添加输入变量和类型，就像我们在常规函数中将它们放在 ( ) 里面一样。下面这个闭包接受一个 i32 并将其打印出来：

```
fn main() {
    let my_closure = |x: i32| println!("{x}");
```

```
    my_closure(5);
    my_closure(5+5);
}
```

这会打印：

```
5
10
```

对于较长的闭包，需要添加一个代码块，然后它可以任意长：

```
fn main(){
    let my_closure = ||{
        let number = 7;
        let other_number = 10;
        println!("The two numbers are {number} and {other_number}.");
          // This closure can be as long as we want, just like a function.
    };
    my_closure();
}
```

闭包的一个特殊之处在于，它们可以从闭包外的环境中获取变量，即使只写了||没有传入任何参数。可以将闭包视为一种独立的类型，它可以像结构体一样持有引用。

可以这样做：

```
fn main(){
    let number_one = 6;
    let number_two = 10;
    let my_closure = ||println!("{}", number_one + number_two);
    my_closure();
}
```

调用闭包 my_closure 会打印出 16。你不需要在||中放入任何内容，因为它可以直接使用 number_one 和 number_two 并将它们相加。

顺便说一下，这也是闭包这个名字的来源，因为它们可以获取变量并将其“封闭”在内部。可以这样准确地表达：

- 一个||不从外部封闭变量的情况称为“匿名函数”。它的工作方式更像常规函数，并且可以在签名相同的情况下传递到需要函数的地方。
- 一个||从外部封闭变量的情况也是匿名的，但称为“闭包”。它“封闭”周围的变量以使用它们。

但人们通常会将所有使用||的函数称为闭包，所以不必过于担心这个名称。我们会称任何带有||的函数为“闭包”，但请记住它也可以意味着“匿名函数”。

让我们来看看闭包还能做些什么。也可以这样做：

```
fn main(){
    let number_one = 6;
    let number_two = 10;

    let my_closure = |x: i32|println!("{}", number_one + number_two + x);
    my_closure(5);
}
```

这个闭包接受 number_one 和 number_two。我们还给了它一个新的变量 x，并声明 x 等于 5。然后将所有三个值相加，打印出 21。

通常在 Rust 中，会在方法内部看到闭包，因为在内部使用闭包非常方便。这种便利性来自于用户可以根据情况每次以不同的方式编写闭包体。我们在上一节中使用了 .map( ) 和 .for_each( ) 中的闭包。例如，在 .for_each( ) 内部的闭包只是简单地获取项目的可变引用，并不返回任何东西，有了这种自由，.for_each( ) 方法的用户可以在其中执行任何操作，只要签名匹配即可。下面是一个快速示例：

```
fn main(){
    (1..=3).for_each(|num|println!("{num}"));
    (1..=3).for_each(|num|{
        println!("Got a {num}!");
        if num % 2 == 0 {
            println!("It's even")
        } else {
            println!("It's odd")
        };
    });
}
```

输出结果是：

```
1
2
3
Got a 1!
It's odd
Got a 2!
It's even
Got a 3!
It's odd
```

这里是另一个例子：还记得我们学过的 .unwrap_or( ) 方法吗？可以使用它在 Option 是 None 或者 Result 是 Err 时返回一个默认值。下面的代码将会打印 0 而不是发生 panic，因为我们给它提供了默认值 0。

```
fn main(){
    let nothing: Option<i32> = None;
    println!("{}", nothing.unwrap_or(0));
}
```

还有另一种类似的方法叫作 .unwrap_or_else( )。这个方法也允许我们提供一个默认值，不过它传递了一个闭包，可以在其中编写更复杂的逻辑。看看你能否猜到这段代码示例的输出是什么。

```
fn main(){
    let my_vec = vec![8, 9, 10];

    let fourth = my_vec.get(3).unwrap_or_else(||{     #A
        if let Some(val) = my_vec.get(2) {     #B
            val
        } else {     #C
```

```
            &0
        }
    });

    println!("{fourth}");
}
```

#A 首先尝试获取索引为 3 的项。如果失败了…

#B 在闭包中，可以再次尝试使用 .get()！如果在索引 2 处找到了值，就返回它。

#C 最后，如果在这两个索引处都找不到任何项，将返回一个指向 0 的引用。

输出结果为 8，因为在索引为 3 的位置没有找到任何项，但是在索引为 0 的位置找到了一项，它是 8。

闭包当然可以非常简单。例如可以只写 let fourth = my_vec.get(3).unwrap_or_else(|| &0);。不必总是使用 {} 和编写复杂的代码，只因为有一个闭包。

迭代器上有很多方法可以以某种方式增强迭代器。假设有一个包含字符 'z'、'y' 和 'x' 的迭代器。迭代器将先返回 Some('z')，然后是 Some('y')，最后是 Some('x')，然后开始返回 None。如果想要在每个项本身之外还看到每个项的索引呢？

只需向迭代器添加 .enumerate()就可以实现这一点（在其他语言中，可能会看到 zip with index）。

```
fn main() {
    let char_vec = vec!['z', 'y', 'x'];

    char_vec
        .iter()        // Make char_vec into an iterator
        .enumerate() // Now, each item is (usize, char) instead of just char
        .for_each(|(index, c)| println!("Index {index} is: {c}"));
}
```

这将打印出：

```
Index 0 is: 'z'
Index 1 is: 'y'
Index 2 is: 'x'
```

在这种情况下，使用 .for_each()而不是 .map()，因为我们不需要将 char_vec 收集到一个新的迭代器中。

与此同时，.map()用于对每个项目执行操作并将其传递，就像之前看到的那样。关于 .map()，除非使用像 .collect()这样的方法，否则它不会执行任何操作。

让我们再来看一下 .map()，首先是使用 .collect()。下面是一个经典示例，使用 .map()从现有的 Vec 创建一个新的 Vec：

```
fn main() {
    let num_vec = vec![2, 4, 6];

    let double_vec: Vec<i32> = num_vec   // take num_vec
        .iter()                          // make into an iterator
        .map(|num| num * 2)              // multiply each item by two and pass it on
        .collect();                      // then collect into a new Vec
    println!("{:?}", double_vec);
}
```

这相当简单，只打印出 [4, 8, 12]。但现在让我们看看当不收集到一个 Vec 中时，会发生什么。代码不会导致崩溃，但编译器会告诉你没有做任何事情：

```
fn main(){
    let num_vec = vec![2, 4, 6];

    num_vec
        .iter()
        .enumerate()
        .map(|(index, num)|format!("Index {index} is {num}"));
}
```

它说：

```
warning: unused `Map` that must be used
 --> src/main.rs:4:5
  |
4 |/     num_vec
5 ||         .iter()
6 ||         .enumerate()
7 ||         .map(|(index, num)|format!("Index {index} is {num}"));
  ||__________________________________________________________^
  |
  = note: iterators are lazy and do nothing unless consumed
```

这是一个警告，所以不是错误：程序可以正常运行。但为什么 num_ vec 没有产生任何效果呢？可以查看类型来了解原因。

- let num_ vec = vec! [10, 9, 8]; 是一个 Vec<i32>。
- .iter()是一个具有 i32 类型项的迭代器。
- .enumerate()是一个 Enumerate<Iter<i32>>。
- .map()的类型现在是 Map<Enumerate<Iter<i32>>>。

我们构建了一个越来越复杂的结构 Map<Enumerate<Iter<i32>>>，但只有在我们告诉它该做什么时才会运行。这是 Rust 让那些看起来很高级的函数式代码也能和其他任何类型的代码性能一样好的方式之一。Rust 不会执行下面的操作：

- 遍历 Vec 中的所有 i32。
- 然后枚举迭代器中的所有 i32。
- 然后映射所有枚举的 i32。

相反，具有多个方法的迭代器只是创建一个单一结构，并等待被处理。当我们添加 .collect :: <Vec<i32>>()时，它就知道该做什么了。迭代器是懒惰的，在未被消费时不做任何事情。

顺便提一下，这是 Rust 中称为“零成本抽象”理念的一个例子。零成本抽象的理念是，复杂的代码在编译时可能会花费更长时间，但在运行时，即使使用复杂的迭代器，也不会比一般的代码慢。

甚至可以使用.collect()创建像 HashMap 这样复杂的东西，因此它非常强大。下面是一个如何将两个 vecs 放入 HashMap 的例子。首先，创建两个 Vec，一个用于 key，另一个用于 value。然后在每个 Vec 上使用.into_iter()，以获取值的迭代器。接着使用.zip()方法。该方法将两个迭代器连接在一起，就像拉链一样。最后使用.collect()来创建 HashMap。

代码如下：

```
use std::collections::HashMap;

fn main(){
    let some_keys = vec![0, 1, 2, 3, 4, 5];
    let some_values = vec!["zero", "one", "two", "three", "four", "five"];

    let number_word_hashmap = some_keys
        .into_iter()  // Now it is an iter.
        .zip(some_values.into_iter())    #A
        .collect::<HashMap<_, _>>();

    println!(
        "The value at key 2 is: {}",
        number_word_hashmap.get(&2).unwrap()
    );
}
```

#A 这行代码中，.zip( )将我们的迭代器与第二个迭代器结合在一起。

这段代码输出：For key 2 we get two。

可以看到我们写的是<HashMap<_, _>>，Rust 可以自己判断类型为 HashMap<i32, &str>。如果你愿意，也可以写成 .collect::<HashMap<i32, &str>>( );，或者可以像这样预先声明类型：

```
use std::collections::HashMap;

fn main(){
    let some_numbers = vec![0, 1, 2, 3, 4, 5];
    let some_words = vec!["zero", "one", "two", "three", "four", "five"];
    let number_word_hashmap: HashMap<_, _> = some_numbers    #A
        .into_iter()
        .zip(some_words.into_iter())
        .collect();    #B
}
```

#A 在这里我们指定了类型。

#B 在 .collect( )之后不需要再写任何东西：Rust 已经知道要收集成什么类型。

也可以直接将 Vec 转换为迭代器，这段代码与前面两个示例的作用完全相同：

```
use std::collections::HashMap;

fn main(){
    let keys = vec![0, 1, 2, 3, 4, 5].into_iter();
    let values = vec!["zero", "one", "two", "three", "four", "five"].into_iter();    #A

    let number_word_hashmap: HashMap<i32, &str> = keys.zip(values).collect();

    println!(
        "The value at key 2 is: {}",
        number_word_hashmap.get(&2).unwrap()
    );
}
```

#A keys 和 values 都是迭代器。虽然代码变得有点长了，但可以更方便地使用 .zip( )方法了。

有另一个方法与 .enumerate()类似，适用于字符：.char_indices()（Indices 意为“索引”）。可以以相同的方式使用它。让我们拿一个由数字组成的大字符串，每次以三个字符为单位打印它们，字符之间用制表符空格分隔：

```
fn main(){
    let numbers_together = "140399923481800622623218009598281";

    for (index, num) in numbers_together.char_indices(){
        match (index % 3, num) {    #A
            (0 |1, num) => print! ("{num}"),      #B
            _ => print! ("{num}\t"),     #C
        }
    }
}
```

#A 获取 index 除以 3 的余数。

#B 在 match 语句中使用 |，表示“或”。这里处理 0 或 1 的情况。

#C 对于 3 取余，这里只有 2 还需要处理，所以直接使用 _ 通配符。

这将打印出：

```
140    399    923    481    800    622    623    218    009    598    281
```

有时会在闭包中看到 |_|。它并不是特殊的语法，它表示闭包需要接受一个参数，但不打算使用它，所以不给它命名，用_表示有一个我不关心的参数。

以下是一个示例，如果不这样做会出现错误：

```
fn main(){
    let my_vec = vec![8, 9, 10];
    my_vec
        .iter()
        .for_each(||println! ("We didn't use the variables at all"));
}
```

Rust 会显示：

```
error[E0593]: closure is expected to take 1 argument, but it takes 0 arguments
 --> src/main.rs:5:10
  |
5 |         .for_each(||println! ("We didn't use the variables at all"));
  |         ^^^^^^^^ -- takes 0 arguments
  |         |
  |         expected closure that takes 1 argument
```

然后它继续给出了一些相当不错的建议：

```
help: consider changing the closure to take and ignore the expected argument
  |
5 |         .for_each(|_|println! ("We didn't use the variables at all"));
  |                   ~~~
```

如果将||改为| _ | 就好了，因为它要求必须传入一个参数，即使你不使用。

迭代器和闭包的初步介绍先到这里。希望你已经了解它们是什么以及它们是如何工作的，因为它们在 Rust 中随处可见且非常方便。在本章中我们只是快速浏览了一下，还有很多东西要学习。如果觉得自己还没有完全理解迭代器和闭包，不用担心，我们还没有换主题。在第 9 章中，会继续深入了解一些最常见的迭代器和闭包方法。

8.4 总结

- 方法链在一开始可能会比较难理解，随着对 Rust 的熟悉，它会变得非常方便。
- 迭代器中的核心方法是.next( )，它返回一个 Option。几乎所有的迭代器都会返回 Some，直到处理完项目，返回 None。
- 迭代器是惰性的。要使用迭代器，请调用.next( )或使用类似.collect( )的方法将其转换为另一种类型（通常是 Vec）。
- 如果您想要在以后调用闭包时为其指定一个名称，可以为闭包指定一个名称。但大多数情况下不会给闭包命名。
- 闭包可以捕获其范围内的变量。你不需要将变量作为参数传递，闭包可以直接获取它们。
- 关联类型是与特性相关的类型。虽然不是所有特性都需要这个，但是实现一个特性时，可以根据需要指定关联类型是什么。

第 9 章 再谈迭代器和闭包!

本章涵盖了以下内容:

- 过滤:在迭代器中保留想要的内容。
- 反转、压缩和循环迭代器。
- 仅获取在迭代器中想要的值。
- Any 和 all:查看迭代器中是否有任何或所有项目符合条件。
- 还有许多其他方法,在此不一一列举,但需要了解。
- dbg! 宏:查看代码在任何时候都在做什么。

在 Rust 中,迭代器和闭包有很多方法,我们需要另一个完整的章节来介绍它们。有很多这些方法需要学习,但值得付出努力去了解它们,因为它们可以为你做很多工作。在第一次阅读时可能不会记住所有,但如果记住它们的名称和功能,在需要时可以随时查找到它们。

9.1 闭包和迭代器的有用方法

一旦熟悉闭包,Rust 就会变得更加有趣。就像我们在上一章中看到的那样,使用闭包,可以将方法"链式"地连接在一起,并用非常少的代码完成许多事情。而且掌握的闭包越多,就可以越多地将它们"链式"地连接在一起。本章主要将向你展示一些常见的配合闭包使用的迭代器方法。

9.1.1 映射和过滤

除了映射之外,过滤是使用迭代器的另一个常见操作。映射允许你对迭代器中的每个项目执行某些操作并将其传递,过滤允许对指定项目保留。甚至经常会见到同时执行这两种操作。

让我们从.filter()方法开始。.filter()方法根据返回布尔值的表达式保留迭代器中的项目。让我们通过过滤一年中的月份来尝试一下。

```
fn main(){
    let months = vec!["January", "February", "March", "April", "May", "June", "July",
        "August", "September", "October", "November", "December"];

    let filtered_months = months
        .into_iter()
        .filter(|month|month.len()< 5)     #A
```

```
        .filter(|month|month.contains("u"))  #B
        .collect::<Vec<&str>>();

    println!("{:?}", filtered_months);
}
```

#A 我们不希望月份的长度超过 5 个字节。每个字母占一个字节，所以使用 .len()。

#B 我们只喜欢含有字母 u 的月份。可以使用 .filter() 和 .filter() 再次进行过滤，次数没有限制。

这将打印出 ["June","July"]。

当然，也可以在一行上输入 .filter(|month| month.len()< 5 && month.contains("u")) 进行过滤。但是，这个例子表示可以随意多次进行过滤。

它的名字很可能是 .filter_map()，因为它既有 .filter() 又有 .map()。闭包不是返回布尔值，而是必须返回一个 Option<T>，然后 .filter_map() 如果是 Some，就会取出每个 Option 的值。如果在一个包含 Some（2），None，Some（3）的 Vec 上使用 .filter_map()，它将返回 [2，3]。这就是为什么它使用 Option：它过滤掉了所有为 None 的内容。但它也进行了映射，因为它传递了值。

我们再以一个公司结构体为例进行说明。每家公司都有一个 String 类型的名称，但 CEO 可能最近已经辞职，使得公司没有领导人。为了表示这一点，可以将 ceo 字段设为 Option<String>。我们将对一些公司进行 .filter_map() 操作，只保留 CEO 的姓名。

```
struct Company {
    name: String,
    ceo: Option<String>,
}

impl Company {
    fn new(name: &str, ceo: &str) -> Self {
        let ceo = match ceo {
            "" => None,
            ceo => Some(ceo.to_string()),
        }; // ceo is decided, so now we return Self.
        Self {
            name: name.to_string(),
            ceo,
        }
    }

    fn get_ceo(&self) -> Option<String> {
        self.ceo.clone()// Just returns a clone of the CEO (struct is not Copy)
    }
}

fn main() {
    let company_vec = vec![
        Company::new("Umbrella Corporation", "Unknown"),
        Company::new("Ovintiv", "Brendan McCracken"),
        Company::new("The Red-Headed League", ""),
        Company::new("Stark Enterprises", ""),
```

```
    ];

    let all_the_ceos = company_vec
        .iter()
        .filter_map(|company| company.get_ceo()) // filter_map needs Option<T>.
        .collect::<Vec<String>>();

    println!("{:?}", all_the_ceos);
}
```

这将打印出 ["Unknown", "Brendan McCracken"]。

由于 .filter_map() 内部的闭包需要返回一个 Option，那么如果有一个返回 Result 的函数怎么办？没问题：有一个名为 .ok() 的方法可以将 Result 转换为 Option。这个方法可能被称为 .ok() 是因为从 Result 传递到 Option 的所有信息都来自 Ok 结果，而 None 不包含任何信息（因此任何 Err 信息都丢失了）。可以在 .ok() 方法的文档中看到这一点：

```
Converts from Result<T, E> to Option<T>.
```

因此当你从 Result<T, E>开始时，.ok() 会丢弃 E，将其转换为 Option<T>，并且任何 Err 信息都会消失。如果你有一个 Ok（some_variable）并调用 .ok()，它会变成 Some（some_variable）；如果你有一个 Err（some_err_variable），它会变成 None。

使用 .parse() 是一个简单的例子，在这个例子中我们尝试将一些用户输入解析成一个数字。在下一个例子中，.parse() 接受一个 &str 并尝试将其转换为 f32。它返回一个 Result，但我们想使用 .filter_map() 来过滤掉所有解析失败的结果。任何返回 Err 的内容在 .ok() 方法后会变成 None，然后被 .filter_map() 过滤掉。

```
fn main() {
    let user_input = vec!["8.9","Nine point nine five","8.0","7.6","eleventy-twelve"];

    let successful_numbers = user_input
        .iter()
        .filter_map(|input| input.parse::<f32>().ok())
        .collect::<Vec<f32>>();

    println!("{:?}", successful_numbers);
}
```

这将打印出 [8.9, 8.0, 7.6]。

与 .ok() 相对的是 .ok_or() 和 .ok_or_else()。这两个方法将 Option 转换为 Result。这个方法被称为 .ok_or() 是因为 Result 给出一个 Ok 或一个 Err，所以如果不返回 Ok，必须告知它 Err 的值是什么。毕竟 Option 中的 None 没有任何信息可以传递，因此必须提供这个信息。

在上一章中，我们看到了 .unwrap_or() 和 .unwrap_or_else() 方法，其中 _or_else 方法接受一个闭包。可以在这里看到相同的情况：.ok_or_else() 也接受一个闭包。这是标准库中很多方法的命名方式。

可以通过这种方式将公司结构体中的 Option 转换为 Result。对于长期的错误处理，最好创建自己的错误类型。但现在我们将只使用一个简单的错误消息，这意味着该方法将返回一个 Result<String, &str>。

```
struct Company {      #A
    name: String,
    ceo: Option<String>,
}

impl Company {
    fn new(name: &str, ceo: &str) -> Self {
        let ceo = match ceo {
            "" => None,
            ceo => Some(ceo.to_string()),
        };
        Self {
            name: name.to_string(),
            ceo,
        }
    }

    fn get_ceo(&self) -> Option<String> {
        self.ceo.clone()
    }
}

fn main() {
    let company_vec = vec![
        Company::new("Umbrella Corporation", "Unknown"),
        Company::new("Ovintiv", "Brendan McCracken"),
        Company::new("The Red-Headed League", ""),
        Company::new("Stark Enterprises", ""),
    ];

    let results: Vec<Result<String, &str>> = company_vec
        .iter()
        .map(|company| company.get_ceo().ok_or("No CEO found"))
        .collect();

    for item in results {
        println!("{:?}", item);
    }
}
```

#A 这个例子中 main()之前的所有内容都与上一个完全相同。

接下来的一行是最大的变化：

```
.map(|company| company.get_ceo().ok_or("No CEO found"))
```

这行代码的意思是："对于每个公司，使用 .get_ceo() 并将其转换为一个 Result。如果 .get_ceo() 返回 Some，则将其中的值传递给 Ok。如果 .get_ceo() 返回 None，则将"未找到 CEO"传递给 Err。

因此，当我们打印 Vec 的结果时，会得到以下内容：

```
Ok("Unknown")
Ok("Brendan McCracken")
```

```
Err("No CEO found")
Err("No CEO found")
```

现在我们有了所有 4 个条目。可以使用 .ok_or_else( )，这样就可以使用一个闭包并获得更好的错误消息，因为使用闭包给了我们可以做任何想做的事情的空间。可以使用 format! 创建一个字符串，并将公司名称放入其中。然后返回这个字符串（而且也可以做其他任何事情，因为我们有一个完整的闭包可以使用）。现在这看起来有点像真正的生产代码了。

```
struct Company {
    name: String,
    ceo: Option<String>,
}

fn get_current_datetime()-> String {     #A
    "2023-07-27T23:11:23".to_string()
}

impl Company {
    fn new(name: &str, ceo: &str) -> Self {
        let ceo = match ceo {
            "" => None,
            name => Some(name.to_string()),
        };
        Self {
            name: name.to_string(),
            ceo,
        }
    }

    fn get_ceo(&self) -> Option<String> {
        self.ceo.clone()
    }
}

fn main(){
    let company_vec = vec![
        Company::new("Umbrella Corporation", "Unknown"),
        Company::new("Ovintiv", "Brendan McCracken"),
        Company::new("The Red-Headed League", ""),
        Company::new("Stark Enterprises", ""),
    ];

    let results: Vec<Result<String, String>> = company_vec
        .iter()
        .map(|company| {
            company.get_ceo().ok_or_else(|| {     #B
                let err_message = format!("No CEO found for {}", company.name);     #C
                println!("{err_message} at {}",get_current_datetime());     #D
                err_message                  #E
            })
        })
```

```
        .collect();

    results    #F
        .iter()
        .filter(|res |res.is_ok())
        .for_each(|res |println!("{res:?}"));
}
```

#A 我们还没有学习如何处理日期，所以将使用一个虚拟函数来提供一个日期。

#B 这次使用了 ok_or_else，这给了我们更多的空间。

#C 首先将构建一个错误消息。

#D 然后将记录错误消息以及发生错误的日期和时间。

#E 并在出现错误时传递 err_message。

#F 我们已经记录了错误，所以这次只打印出 Ok 的结果。一个快速的 .filter( ) 和 .for_each( ) 就可以解决问题。

这给了我们以下输入：

```
No CEO found for The Red-Headed League at 2023-07-27T23:11:23
No CEO found for Stark Enterprises at 2023-07-27T23:11:23
Ok("Unknown")
Ok("Brendan McCracken")
```

9.1.2 更多的迭代器和相关方法

有一些在迭代器中常用的方法，它们适用于 Option 和 Result。我们会经常在像 .map( ) 这样的方法中看到它们。

其中一个称为 .and_then( )。这个方法很有帮助，它接受一个 Option，然后让我们对其中的值进行操作，如果是 Some，则传递它。同时，None 不包含任何值，所以它只会被传递。因此，这个方法的输入是一个 Option，输出也是一个 Option。它有点像一个安全的“如果是 Some，则展开，然后对值进行操作，再次包装”过程。

下面的代码显示了一个包含一些 &str 值的数组。我们将首先使用 .get( ) 检查数组中的前五个索引，看看在该索引处是否有一个项目，然后尝试将 &str 解析为 u32，尝试将 u32 转换为 char。因为 .and_then( ) 期望是一个 Option 而不是一个 Result，可以沿途使用 .ok( ) 将每个 Result 转换为一个 Option。

```
fn main(){
    let num_array = ["8", "9", "Hi", "9898989898", "Ninetyniney"];
    let mut char_vec = vec![]; //Results go in here

    for index in 0..5 {
        char_vec.push(
            num_array
                .get(index)     #A
                .and_then(|number|number.parse::<u32>().ok())     #B
                .and_then(|number|char::try_from(number).ok()),     #C
        );
    }
```

```
    println!("{:?}", char_vec);
}
```

#A .get( ) 返回一个 Option。

#B 首先尝试将数字解析为一个 u32，然后使用 .ok( ) 将其转换为一个 Option。

#C 尝试将 u32 转换为 char。

上面的代码打印如下内容：

```
[Some('\u{8}'), Some('\t'), None, None, None]
```

None 没有被过滤掉，而是被传递了下去。而且所有的 Err 信息都被移除了，因此：

- "Hi"值无法转换为 u32。
- "9898989898"值转换为了 u32，但是因为太大，无法转换为 char。
- 在索引 4 处没有值。

每个部分之所以失败是由于不同的原因，但最后我们看到的都是 None。

.and( )，它有点像 Option 的布尔值。ni 可以将许多 Option 与彼此匹配，如果它们都是 Some，则会给出最后一个。如果其中一个是 None，则会返回 None。

首先，这里用一个布尔值的例子来帮助想象。可以看到，如果使用 && （与），即使有一个为 false，结果也会为 false。

```
fn main(){
    let one = true;
    let two = false;
    let three = true;
    let four = true;

    // true and true: prints true
    println!("{}", one && three);
      // true and false and trueand true: prints false
    println!("{}", one && two && three && four);
}
```

这里有一个类似的例子，使用 .and( ) 方法。想象我们进行了五次操作，将结果放入一个包含 Option<&str>值的数组中。如果得到一个值，将 Some（"Okay!"）推入数组中。我们再做两次。之后使用 .and( ) 方法只显示每次都得到 Some 的索引。

```
fn main(){
    let try_1 = [Some("Okay!"), None, Some("Okay!"), Some("Okay!"), None];
    let try_2 = [None, Some("Okay!"), Some("Okay!"), Some("Okay!"), Some("Okay!")];
    let try_3 = [Some("Okay!"), Some("Okay!"), Some("Okay!"), Some("Okay!"), None];

    for i in 0..try_1.len(){
        println!("{:?}", try_1[i].and(try_2[i]).and(try_3[i]));
    }
}
```

这将打印出：

```
None
None
Some("Okay!")
```

```
Some("Okay!")
None
```

第一次尝试（索引 0）是 None，因为在 try_2 中索引 0 对应的值是 None。第二个是 None，因为在 first_try 中有一个 None。接下来是 Some（"Okay!"），因为在 try_1、try_2 或 try_3 中都没有 None。

.flatten()是一种方便的方法，可以忽略迭代器中的所有 None 或 Err 值，并只返回成功的值。让我们再次尝试将一些字符串解析为数字：

```
fn main(){
    for num in ["9", "nine", "ninety-nine", "9.9"]
        .into_iter()
        .map(|num|num.parse::<f32>())
    {
        println!("{num:?}");
    }
}
```

输出显示了 Ok 值和 Err 值：

```
Ok(9.0)
Err(ParseFloatError { kind: Invalid })
Err(ParseFloatError { kind: Invalid })
Ok(9.9)
```

但如果我们不关心 Err 值，那么可以直接添加 .flatten()来访问 Ok 内部的值并忽略其他值：

```
fn main(){
    for num in ["9", "nine", "ninety-nine", "9.9"]
        .into_iter()
        .map(|num|num.parse::<f32>())
        .flatten()
    {
        println!("{num}");
    }
}
```

现在输出更简单了，只有两个成功的 f32 值：

```
9
9.9
```

再来看一些常见的方法，可以告诉我们迭代器是否包含某个项目，或者所有项目是否满足某个条件，或者可能想知道某个特定项目在哪里，以便稍后访问它。

9.1.3 在迭代器中检查和查找项目

接下来要学习的两个迭代器方法是 .any()和 .all()，根据条件对任意项目或所有项目是否为真返回一个布尔值。

在接下来的例子中，我们创建一个包含所有字符（大约 20,000 个项目）从 'a' 到 '働' 的大型 Vec。

然后创建一个较小的 Vec，并询问它是否全为字母（使用 .is_alphabetic()方法）。接着我们

问它是否所有字符都小于韩文字符 행。

需要传一个引用给 Lambda，因为 .iter( ) 给的是一个引用，需要一个 & 来与另一个 & 进行比较。

```
fn in_char_vec(char_vec: &Vec<char>, check: char) {
    println!("Is {check} inside? {}",char_vec.iter().any(|&char| char == check));
}

fn main() {
    let char_vec = ('a'..'働').collect::<Vec<char>>();
    in_char_vec(&char_vec, 'i');
    in_char_vec(&char_vec, '뷁');
    in_char_vec(&char_vec, '鑿');

    let smaller_vec = ('A'..'z').collect::<Vec<char>>();
    println!("All alphabetic? {}",smaller_vec.iter().all(|&x| x.is_alphabetic()));
    println!("All less than the character 행? {}",smaller_vec.iter().all(|&x| x < '행'));
}
```

这将打印出：

```
Is i inside? true
Is 뷁 inside? false
Is 鑿 inside? false
All alphabetic? false
All less than the character 행? true
```

你可能已经猜到了，.any( ) 会检查直到找到一个匹配的项目，然后停止。此时没有必要再检查剩余的项目了。这种提前停止有时被称为“短路”。这意味着，如果要在一个 Vec 上使用 .any( )，最好将可能返回 true 的项目推到前面。如果你认为返回 true 的项目可能更接近末尾的话，也可以在 .iter( ) 后使用 .rev( ) 来反转迭代器。下面是一个这样的 Vec：

```
fn main() {
    let mut big_vec = vec![6; 1000];
    big_vec.push(5);
}
```

这个 Vec 有一千个 6，然后是一个 5。假设我们想使用 .any( ) 来查看它是否包含 5。首先确保 .rev( ) 正常工作。记住，迭代器总是有 .next( )，它可以让你每次检查它的操作。

```
fn main() {
    let mut big_vec = vec![6; 1000];
    big_vec.push(5);

    let mut iterator = big_vec.iter().rev();
    assert_eq!(iterator.next(), Some(&5));
    assert_eq!(iterator.next(), Some(&6));
}
```

代码没有发生 panic，所以我们的猜测是正确的，首先返回了一个 5，然后是一个 6。可以这样写：

```
fn main() {
    let mut big_vec = vec![6; 1000];
```

```
    big_vec.push(5);

    println!("{:?}", big_vec.iter().rev().any(|&number| number == 5));
}
```

因为使用了 .rev()，它只调用了一次 .next()就停止了。如果我们不使用 .rev()，那么它会在停止之前调用 1001 次 .next()。这段代码展示了这一点：

```
fn main() {
    let mut big_vec = vec![6; 1000];
    big_vec.push(5);

    let mut num_loops = 0;// Starts counting
    let mut big_iter = big_vec.into_iter();// Makes it an iterator

    loop {
        num_loops +=1;
        if big_iter.next() == Some(5) { // Keeps calling .next() until we get Some(5)
            break;
        }
    }
    println!("Number of loops: {num_loops}");
}
```

这将打印出循环次数：1001，所以我们知道在找到 5 之前，它必须调用了 1001 次 .next()。

接下来看一下两个迭代器方法，它们分别被称为 .find()和 .position()。.find()方法如果找到了一个项则返回它，而 .position()则简单地告诉你它在哪里。.find()与 .any()不同，因为它返回一个带有值的 Option（或者是 None）。与此同时，.position()也是一个带有位置号码的 Option，或者是 None。换句话说：

- .find()："我会尝试为你获取它"。
- .position()："我会尝试为你找到它的位置"。

这里有一个简单的例子，试图找到可以被 3 整除的数字，然后是被 11 整除的数字。

```
fn main() {
    let num_vec = vec![10, 20, 30, 40, 50, 60, 70, 80, 90, 100];

    println!("{:?}", num_vec.iter().find(|number| *number % 3 == 0));
    println!("{:?}", num_vec.iter().position(|number| *number % 3 == 0));
    println!("{:?}", num_vec.iter().find(|number| *number % 11 == 0));
    println!("{:?}", num_vec.iter().position(|number| *number % 11 == 0));
}
```

这将打印出：

```
Some(30)
Some(2)
None
None
```

因此，第一个 Some（30）和 Some（2）分别表示以下内容：

- Some（30）："我找到了一个匹配的项目，它是数字 30"。

- Some（2）："我找到了一个匹配的项目，它在索引 2 处"。

最后看一下一大堆其他迭代器方法。可以创建永远运行的迭代器，将两个迭代器压缩在一起，将它们切成片段，并将项目相加，等等。

9.1.4 循环、压缩、折叠等

使用 .cycle( ) 方法，可以创建一个永远循环的迭代器。这种类型的迭代器与 .zip( ) 结合使用可以创建出新的东西，比如下面的例子，它创建了一个 Vec<(i32, &str)>：

```
fn main() {
    let even_odd_iter = ["even", "odd"].into_iter().cycle();     #A

    let even_odd_vec: Vec<(i32, &str)> = (0..=5)
        .zip(even_odd_iter)
        .collect();
    println!("{:?}", even_odd_vec);
}
```

#A 这个迭代器首先会返回 Some（"even"），然后返回 Some（"odd"）。它永远不会返回 None。

即使 even_odd_iter 永远不会结束，另一个迭代器只运行了六次，因此最终的 Vec 也只有六个项。输出是：

```
[(0, "even"), (1, "odd"), (2, "even"), (3, "odd"), (4, "even"), (5, "odd")]
```

类似的操作也可以用于没有结束点的范围。如果写 0..，那么就创建了一个永远不会停止的范围（也是一个迭代器）。这很容易使用：

```
fn main() {
    let ten_chars: Vec<char> = ('a'..).take(10).collect();
    let skip_then_ten_chars: Vec<char> = ('a'..).skip(1300).take(10).collect();

    println!("{ten_chars:?}");
    println!("{skip_then_ten_chars:?}");
}
```

两者都打印了十个字符，但第二个跳过了 1300 个位置，打印了 10 个亚美尼亚字母。

```
['a', 'b', 'c', 'd', 'e', 'f', 'g', 'h', 'i', 'j']
['յ', 'ն', 'շ', 'ո', 'չ', 'պ', 'ջ', 'ռ', 'ս', 'վ']
```

另一个常用的方法叫作 .fold( )。这个方法经常用来将迭代器中的项目相加，但也可以做很多其他事情。.fold( ) 方法在某种程度上类似。

与 .for_each( ) 类似，但它在最后返回最终值。使用 .fold( ) 时，首先添加一个初始值，然后是一个逗号，然后是闭包。闭包给出了两个项目：到当前为止，之前各项目累加的总和，以及下一个项目。首先是一个简单的例子，展示了使用 .fold( ) 将项目相加。

```
fn main() {
    let some_numbers = vec![9, 6, 9, 10, 11];

    println!("{}", some_numbers
        .iter()
```

```
        .fold(0, |total_so_far, next_number| total_so_far + next_number)
    );
}
```

因此：

- 第 1 步，从 0 开始，并加上下一个数字：9。
- 然后拿这个 9 加上 6：15。
- 然后拿这个 15，加上 9：24。
- 然后拿这个 24，加上 10：34。
- 最后拿这个 34，加上 11：45。所以它打印出了 45。

但是 .fold( )不仅仅用于加法。下面是另一个例子，在这里使用 .fold( )将一些事件聚合（合并）到一个单独的结构体中：

```
#[derive(Debug)]
struct CombinedEvents {
    num_of_events: u32,
    data: Vec<String>,
}

fn main() {
    let events = [
        "Went to grocery store",
        "Came home",
        "Fed cat",
        "Fed cat again",
    ];

    let empty_events = CombinedEvents {     #A
        num_of_events: 0,
        data: vec![]
    };

    let combined_events =
        events
            .iter()
            .fold(empty_events, |mut total_events, next_event| {     #B
                total_events.num_of_events += 1;     #C
                total_events.data.push(next_event.to_string());
                total_events
            });
    println!("{combined_events:#?}");
}
```

#A 从一个空的 **CombinedEvents** 结构体开始。也可以在顶部使用 **#[derive(Default)]**，然后编写 **CombinedEvents::default()**来实现同样的功能。

#B .fold()需要一个默认值，这就是空结构体。对于 **events** 数组中的每个项目，可以访问 **CombinedEvents** 结构体和下一个事件（一个 **&str**）。

#C 只需要每次增加一个事件的数量，将下一个事件推送到数据字段，并传递结构体，以便在下一次迭代中可用。

这将打印出:

```
CombinedEvents {
    num_of_events: 4,
    data: [
        "Went to grocery store",
        "Came home",
        "Fed cat",
        "Fed cat again",
    ],
}
```

还有很多方便的迭代器方法。让我们快速看一下:

- .take_while( ):只要条件为真,就从迭代器中获取元素。例如.take_while(|x| x <&5)。
- .cloned( ):在迭代器内部进行克隆。这将引用转换为值。
- 许多其他的 _while 方法:.skip_while( )、.map_while( )等。
- .sum( ):将所有元素相加。
- .by_ref( ):使迭代器获取一个引用。如果想要使用迭代器的一部分,但又不想改变其余部分,这个方法很有用。例如.take( )方法接受一个 self,因此如果使用它,它会获取整个迭代器。但是,如果只想取两个项目并保留迭代器不变,那么可以使用 .into_iter( ).by_ref( ).take (2)。这里是一个快速的编译失败示例:

```
fn main(){
    let mut number_iter = [7, 8, 9, 10].into_iter();
    let first_two = number_iter.take(2).collect::<Vec<_>>();
    let second_two = number_iter.take(2).collect::<Vec<_>>();
}
```

Oops!. take( )获取了数据的所有权:

```
error[E0382]: use of moved value: `number_iter`
    --> src\main.rs:4:22
     |
2    |     let mut number_iter = [7, 8, 9, 10].into_iter();
     |         --------------- move occurs because `number_iter` has type
       `std::array::IntoIter<i32, 4>`, which does not implement the `Copy` trait
3    |     let first_two = number_iter.take(2).collect::<Vec<_>>();
     |                                 ------- `number_iter` moved due to this method call
4    |     let second_two = number_iter.take(2).collect::<Vec<_>>();
     |                      ^^^^^^^^^^^ value used here after move
```

因此,我们将使用 .by_ref( )来修复它。现在 .take( )不会再获取所有权了。

```
fn main(){
    let mut number_iter = [7, 8, 9, 10].into_iter();

    let first_two = number_iter.by_ref().take(2).collect::<Vec<_>>();
    let second_two = number_iter.take(2).collect::<Vec<_>>();
}
```

还可以创建由 Vec 或数组的切片组成的迭代器。.chunks( )和 .windows( )方法可以帮助你实现这一点。要使用它们，需要在括号内写入每个片段中要包含的项目数。假设有一个包含 10 个项目的 Vec，并且想要每个片段包含 3 个项目。以下是两种方法之间的区别：

- .chunks()会给 4 个切片：[0，1，2]，然后是 [3，4，5]，接着是 [6，7，8]，最后是 [9]。注意，在最后一次尝试创建包含三个项目的切片时，如果剩下的项目不足三个，它不会引发 panic，而是返回一个切片。
- .windows()首先会给你一个包含 [0，1，2] 的切片。然后它会向后移动一个位置，给你 [1，2，3]。它会一直这样做，直到最后一次给出包含三个项目的切片为止。

那么让我们在一个简单的数字 Vec 上使用它们。它看起来像这样：

```
fn main(){
    let num_vec = vec![1, 2, 3, 4, 5, 6, 7];

    for chunk in num_vec.chunks(3) {
        println!("{:?}", chunk);
    }
    println!();
    for window in num_vec.windows(3) {
        println!("{:?}", window);
    }
}
```

这将打印出：

```
[1, 2, 3]
[4, 5, 6]
[7]

[1, 2, 3]
[2, 3, 4]
[3, 4, 5]
[4, 5, 6]
[5, 6, 7]
```

顺便说一下，如果你给出零作为参数，.chunks()方法会报错。可以写成 .chunks（1000）来处理只有一个项目的 Vec，但是不能用长度为 0 的 .chunks（0）。如果查看其源代码，可以在函数中直接看到这一点（单击 [src] 可以看到）。

```
pub fn chunks(&self, chunk_size: usize) -> Chunks<'_, T> {
    assert!(chunk_size != 0, "chunk size must be non-zero");    #A
    Chunks::new(self, chunk_size)
}
```

#A 如果给出 0，它将会引发 panic。

.match_indices()方法有点像是 .find()和 .position()的组合，不过它不涉及返回 Option。相反，它返回匹配的索引和项目的元组。

该方法允许你从字符串或者 &str 中提取与你的输入匹配的所有内容，并且给出索引。它类似于 .enumerate()，因为它返回一个包含两个元素的元组。这个方法比较有趣，因为它允许你插入任何与称为 Pattern 的特性匹配的内容。不需要在这里考虑这个特性，只需要记住 &str、char，甚至闭包都可以传递给这个方法。以下是一个快速示例：

```
fn main(){
    let some_str = "Er ist noch nicht erklärt. Aber es gibt Krieg. Verlaß dich drauf.";
    for (index, item) in some_str.match_indices(|character| character > 'z') {
        println!("{item} at {index}");
    }
    for (index, item) in some_str.match_indices(". ") {
        println!("'{item}' at index {index}");
    }
}
```

这将打印出:

```
ä at 22
ß at 53
'. ' at index 26
'. ' at index 46
```

.peekable()方法允许创建一个迭代器，可以查看下一个项目。这类似于调用 .next()（它返回一个 Option），只是迭代器不会移动，因此可以随意使用它。实际上可以将 peekable 视为“可停止的”，因为可以停止任意长时间。下面的示例很简单，只是演示我们可以无限期地使用 .peek()，直到调用 .next()转移到下一个项目。

```
fn main(){
    let just_numbers = vec![1, 5, 100];
    let mut number_iter = just_numbers.iter().peekable();    #A

    for _ in 0..3 {
        println!("I love the number {}", number_iter.peek().unwrap());
        println!("I really love the number {}", number_iter.peek().unwrap());
        println!("{} is such a nice number", number_iter.peek().unwrap());
        number_iter.next();
    }
}
```

#A 创建了一种称为 Peekable 的迭代器类型，该类型具有 .peek()方法。普通迭代器无法使用 .peek()。

这将打印出:

```
I love the number 1
I really love the number 1
1 is such a nice number
I love the number 5
I really love the number 5
5 is such a nice number
I love the number 100
I really love the number 100
100 is such a nice number
```

本章介绍了足够多的迭代器方法，涵盖了日常使用的大部分方法。但是如果想找一个本章没提到的迭代器方法，可以查看标准库，看看是否有符合需求的方法。如果没有找到想要的，可以看看 itertools crate，它包含了大量其他可能符合需求的方法（我们将在第 16 章学习如何使用外部 crate）。

迭代器方法介绍完毕，我们将以一些简单的内容结束本章：一个宏和一个方法，它们将帮助我们轻松快捷地调试代码。

9.2 调试宏 dbg! 和 .inspect

调试宏 dbg! 是一个非常有用的宏，用于快速打印信息。与 println! 相比，它更快捷且提供更多信息：

```
fn main(){
    let my_number = 8;
    dbg!(my_number);
}
```

这会打印 [src\main.rs:4] my_number = 8。

但事实上，可以在许多其他地方使用 dbg!，甚至可以将代码包裹在其中。例如看看这段代码：

```
fn main(){
    let mut my_number = 9;
    my_number += 10;
    let new_vec = vec![8, 9, 10];
    let double_vec = new_vec.iter().map(|x|x * 2).collect::<Vec<i32>>();
}
```

这段代码创建了一个新的可变数字并对其进行更改。然后它创建了一个 Vec，并使用 .iter()、.map() 和 .collect() 来创建一个新 Vec。我们几乎可以在这段代码的任何地方使用 dbg!。dbg! 实际上询问了编译器："此刻你在做什么，正在返回什么表达式？"下面的代码示例与上面的代码相同，只是在各处添加了 dbg!：

```
fn main(){
    let mut my_number = dbg!(9);
    dbg!(my_number += 10);
    let new_vec = dbg!(vec![8, 9, 10]);
    let double_vec = dbg!(new_vec.iter().map(|x|x * 2).collect::<Vec<i32>>());
    dbg!(double_vec);
}
```

下面是代码中的每一行及 dbg! 宏的输出：

```
let mut my_number = dbg!(9);
[src\main.rs:3] 9 = 9
```

再比如：

```
dbg!(my_number += 10);
[src\main.rs:4] my_number += 10 = ()
```

再比如：

```
let new_vec = dbg!(vec![8, 9, 10]);
[src\main.rs:6] vec![8, 9, 10] = [
    8,
```

```
    9,
    10,
]
```

再比如这个，它甚至显示了表达式的值：

```
let double_vec = dbg!(new_vec.iter().map(|x| x * 2).collect::<Vec<i32>>());
[src\main.rs:8] new_vec.iter().map(|x| x * 2).collect::<Vec<i32>>() = [
    16,
    18,
    20,
]
```

以及：

```
dbg!(double_vec);
[src\main.rs:10] double_vec = [
    16,
    18,
    20,
]
```

另一种叫作 .inspect()的方法有点类似于 dbg!，但它在迭代器中使用的方式与 .map()类似。这个方法只是让我们查看项目，从而让我们打印它或做任何想做的事情。例如再次看看我们的 double_vec。

```
fn main() {
    let new_vec = vec![8, 9, 10];

    let double_vec = new_vec
        .iter()
        .map(|x| x * 2)
        .collect::<Vec<i32>>();
}
```

我们想知道更多关于代码在做什么的信息。所以在两个地方添加了 .inspect()：

```
fn main() {
    let new_vec = vec![8, 9, 10];

    let double_vec = new_vec
        .iter()
        .inspect(|first_item| println!("The item is: {first_item}"))
        .map(|x| x * 2)
        .inspect(|next_item| println!("Then it is: {next_item}"))
        .collect::<Vec<i32>>();
}
```

这将打印出：

```
The item is: 8
Then it is: 16
The item is: 9
Then it is: 18
The item is: 10
Then it is: 20
```

因为 .inspect( ) 方法接受一个闭包，可以根据需要有足够的空间来处理这个项：

```
fn main() {
    let new_vec = vec![8, 9, 10];

    let double_vec = new_vec
        .iter()
        .inspect(|first_item| {
            println!("The item is: {first_item}");
            match **first_item % 2 { // first item is a &&i32 so we use **
                0 => println!("It is even."),
                _ => println!("It is odd."),
            }
            println!("In binary it is {:b}.", first_item);
        })
        .map(|x| x * 2)
        .collect::<Vec<i32>>();
}
```

这将打印出：

```
The item is: 8
It is even.
In binary it is 1000.
The item is: 9
It is odd.
In binary it is 1001.
The item is: 10
It is even.
In binary it is 1010.
```

这一章可能让你体会到为什么 Rust 代码有时看起来如此函数化。对迭代器和闭包了解得越多，就越想使用它们。因此，有经验的 Rust 用户编写的代码往往会包含很多这样的用法。当使用 Rust 时，会开始像用英语或母语思考一样，想到一连串的方法操作。

基于迭代器，可以做类似这样的操作："创建一个迭代器，保留所有大于五的项，每个项乘以二，反转迭代器，取出前十个项，并将它们收集到一个 Vec 中。"可以用不同的迭代器方法来实现每一步。这非常接近我们作为人类的思考方式，这也是迭代器方法在 Rust 中如此流行的原因。

下一章有两个重要的概念。第一个是生命周期，它用于向 Rust 承诺引用的生存时间。接下来是内部可变性，它允许你安全地在不需要使用 mut 关键字的情况下修改变量。

9.3 总结

- 映射、过滤和收集可能是迭代器最常见的用法。随着你对它们的熟悉程度增加，可以开始尝试相关的方法，比如 .filter_map( ) 和 .and_then( )。
- 迭代器提供了一些 xx_while 方法，例如 .take_while( )、.map_while( ) 等非常方便，我们不需要再手动写 wihle 循环了。
- 查找项目的最常见方法包括 .any( )、.all( )、.find( ) 和 .position( )。像 .any( ) 这样的方

法会进行短路处理，因此如果认为某个项目可能更接近迭代器的末尾，一定要使用 .rev()方法来反转迭代器。

- 虽然迭代器通常会在返回 None 之前返回 Some，但并没有规定必须这样做。它们可以只返回 Some、None，或者你能想象到的任何其他东西。
- .fold()方法通常用于对数字求和，但也没有规定必须如此。可以为它找到许多其他用途。
- 有一些方法，比如 .zip()和 .enumerate()，可以组合或扩展迭代器中现有的项目。
- 使用 dbg! 宏和 .inspect()方法可以快速调试代码，尤其是在使用迭代器时。

第 10 章　生命周期和内部可变性

本章涵盖了以下内容：

- 不同类型的 &str（不只是一种）。
- 生命周期注解：帮助编译器了解引用的生命周期。
- 内部可变性：在不使用 &mut 的情况下进行安全的可变性。

现在是时候学习 Rust 最主要的生命周期了，编译器用它来知道何时可以丢弃变量，以及引用的持续时间。通常情况下，不需要在代码中指定生命周期，但有时编译器需要一些帮助，会要求你告诉它某样东西应该持续多久。我们还将学习如何安全地在不需要可变引用的情况下对值进行编译！

10.1 &str 的类型

到目前为止，我们在本书中大部分时间都在使用 &str。但是这里有一个有趣的事实：实际上，&str 有多种类型。你会看到 &str 的两种类型：

- 字符串字面量（String literals）：当写 let my_str = "I am a &str"；时，就创建了这种类型的字符串。它们在整个程序运行期间都存在，因为其类型是 &'static str。其中的 ' 表示它的生命周期，字符串字面量具有一个称为 static 的生命周期。
- 借用的 str：这是常规的 &str 形式，没有 'static 生命周期。如果有一个 String 并传递一个对它的引用（&String），Rust 会将它转换为 &str。这要归功于一个叫作 Deref 的 trait。我们将在第 15 章学习如何使用 Deref，但现在只需记住可以将 &String 传递给一个接受 &str 的函数。

这是一个借用的 str 示例：

```
fn prints_str(my_str: &str) {
    println!("{my_str}");
}

fn main() {
    let my_string = String::from("I am a string");
    prints_str(&my_string);
}
```

我们已经知道不能将函数内部的变量作为引用返回，因为它们会在函数结束时被销毁。当变量被销毁时，你不希望有一个引用指向数据的位置。这是不安全的，所以 Rust 不允许这样做。但是，当使用具有 'static 生命周期的 str 时，数据永远不会消失。因此，可以返回对它的引用！因此，下面的第一个函数将起作用，但第二个函数将不起作用：

```
fn works()->&'static str {
    "I live forever!"
}

// fn does_not_work()->&'static str {
//     &String::from("Sorry, I only live inside the fn. Not 'static")
// }
```

你可能已经感觉到生命周期在 Rust 中是一个相当重要的主题。的确如此。所以让我们开始学习它们是如何工作的。

10.2 生命周期注解

我们已经学过生命周期表示“变量或引用存在的时间有多长”。大多数情况下，Rust 会处理生命周期，但有时它需要额外的帮助。这种额外的帮助称为生命周期注解，意思是“额外的生命周期信息”。只需要在引用中考虑生命周期即可。这是因为引用的存活时长不允许超过引用对象的存活时长，因为引用指向相同的内存，当对象消失时，这些内存就会被释放。如果引用的生命周期更长，那将是一个大问题，因为它们可能会指向已经被清理并被其他东西使用的内存。我们会在许多地方看到生命周期注解。我们将从函数中的生命周期注解开始。

10.2.1 函数中的生命周期

在函数中处理生命周期并不太难，因为函数有一个清晰的起点和终点。下面是一个不起作用的函数示例：

```
fn returns_reference()->&str {
    let my_string = String::from("I am a string");
    &my_string
}
```

问题在于 my_string 只存在于 returns_reference 函数中。我们尝试返回 &my_string，但是 &my_string 没有 my_string 存在就无法存在。因此编译器会报错。

下面这种方式也无法解决问题：

```
fn returns_str()->&str {
    let my_string = String::from("I am a string");
    "I am a str"
}

fn main(){
    let my_str = returns_str();
    println!("{my_str}");
}
```

这两种情况下，每次编译器都会说：

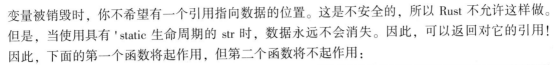

```
error[E0106]: missing lifetime specifier
 --> src\main.rs:6:21
  |
6 | fn returns_str()->&str {
  |                   ^ expected named lifetime parameter
  |
  = help: this function's return type contains a borrowed value, but there is no value for
        it to be borrowed from
help: consider using the `'static` lifetime
  |
6 | fn returns_str()->&'static str {
  |                   ^^^^^^^^
```

缺少生命周期说明符意味着我们需要添加一个带有生命周期的 '。错误消息的下一部分说它包含一个借用的值，但没有值可以借用。这个消息是因为函数的返回值是 &str，这是一个借用的 str，但 "I am a str" 并没有从一个变量借用。然而，编译器猜测我们尝试做什么，建议考虑通过写 &'static str 使用 'static 生命周期，这是一个字符串字面值。

如果尝试编译器的建议，现在代码将会编译通过：

```
fn returns_str()->&'static str {
    let my_string = String::from("I am a string");
    "I am a str"
}

fn main() {
    let my_str = returns_str();
    println!("{my_str}");
}
```

当然，代码之所以能工作，是因为我们现在完全忽略了 my_string，并让它在函数内部消亡。但可以看到编译器确实满意于我们返回了一个 'static 生命周期的 &str。与此同时，my_string 只能作为拥有所有权的 String 返回：不能返回它的引用，因为它将在下一行之后被销毁。

所以现在 fn returns_str()->&'static str 告诉 Rust："别担心，我们只会返回一个字符串字面量"。字符串字面量在整个程序生命周期内存在，因此编译器对此感到满意。

我们可能会注意到，生命周期注解的工作方式与泛型注解类似。当告诉编译器类似<T: Display>这样的内容时，我们承诺只会使用实现了 Display 特性的内容。编译器会理解这一点，并拒绝任何不实现 Display 的内容。我们告诉编译器函数返回的是 &'static str 时，它会理解并拒绝任何没有这个生命周期的内容。

'static 并不是唯一的生命周期。实际上，每个变量都有一个生命周期，但通常我们不需要明确指定。编译器非常智能，通常可以自行判断。只有在编译器无法自行决定时，才需要为引用指定生命周期。

10.2.2 类型中的生命周期注解

这里是另一个生命周期的例子。想象一下，想要创建一个 City 结构体，并尝试为其名称使用 &str 而不是 String。有趣的是，如果写成 &str 而不是 String，代码将无法编译：

```
#[derive(Debug)]
struct City {
```

```
    name: &str, // Here's the problem.
    date_founded: u32,
}

fn main() {
    let my_city = City {
        name: "Ichinomiya",
        date_founded: 1921,
    };
}
```

编译器提示如下：

```
error[E0106]: missing lifetime specifier
 --> src\main.rs:3:11
  |
3 |     name: &str,
  |           ^ expected named lifetime parameter
  |
help: consider introducing a named lifetime parameter
  |
2 | struct City<'a> {
3 |     name: &'a str,
  |
```

Rust 需要给 &str 指定一个生命周期，因为 &str 是一个引用。当 name 指向的值被丢弃时会发生什么？它的内存会被清理掉，而引用会指向空值，甚至是其他地方的数据。这是不安全的，所以 Rust 不允许这样做。

那么 'static 呢，会起作用吗？我们之前用过它。让我们试一下：

```
#[derive(Debug)]
struct City {
    name: &'static str, // Change &str to &'static str
    date_founded: u32,
}

fn main() {
    let my_city = City {
        name: "Ichinomiya",
        date_founded: 1921,
    };

    println!("{} was founded in {}", my_city.name, my_city.date_founded);
}
```

好的，可以。也许这就是我们想要的结构体。然而请注意，现在只能使用“字符串字面量”，而不能使用对其他内容的引用。这是因为我们告诉编译器，只会给它一些可以在整个程序生命周期内存在的东西。所以这个不会起作用：

```
#[derive(Debug)]
struct City {
    name: &'static str,     #A
```

```
    date_founded: u32,
}

fn main(){
    let city_names = vec!["Ichinomiya".to_string(),"Kurume".to_string()];    #B

    let my_city = City {
        name: &city_names[0],    #C
        date_founded: 1921,
    };

    println!("{} was founded in {}", my_city.name, my_city.date_founded);
}
```

#A 参数 name 是 'static，因此必须能够在整个程序的生命周期内存在。

#B 然而，city_names 并不在整个程序的生命周期内存在。

#C 这是一个 &str，但不是一个 &'static str。它是对 city_names 内部值的引用。

编译器提示：

```
error[E0597]: `city_names` does not live long enough
  --> src\main.rs:12:16
   |
12 |        name: &city_names[0],
   |              ^^^^^^^^^^^
   |              |
   |              borrowed value does not live long enough
   |              requires that `city_names` is borrowed for `'static`
...
18 | }
   | - `city_names` dropped here while still borrowed
```

理解这个很重要，因为我们提供的引用实际上的确足够长，以便打印结构体 City。但我们承诺只提供 &'static str，这就是编译器期望的。

现在尝试编译器之前建议的方法。它建议尝试编写结构体 City<'a>和 name：&'a str。这意味着只有当 name 的生命周期与 City 一样长时，它才会接受一个引用。

可以在代码中读到<'a>和 name：&'a str 的部分：“City 结构体具有一个称为'a 的生命周期，并且其 name 属性也必须至少与'a 一样长。其他较短的生命周期将不被接受。”

```
#[derive(Debug)]
struct City<'a> {// City has lifetime 'a
    name: &'a str, // and name also has lifetime 'a
    date_founded: u32,
}

fn main(){
    let city_names = vec!["Ichinomiya".to_string(), "Kurume".to_string()];

    let my_city = City {
        name: &city_names[0],
        date_founded: 1921,
```

```
    };

    println!("{} was founded in {}", my_city.name, my_city.date_founded);
}
```

这个 a 可以是任何自定义名字，就像其他泛型的命名一样。

```
#[derive(Debug)]
struct City<'city> { // The lifetime is now called 'city
    name: &'city str,// and name has the 'city lifetime
    date_founded: u32,
}
```

但通常会写 'a、'b、'c 等，因为这样做很快捷且是一种通常的写法。如果需要可以随时更改它。一个好的提示是，将生命周期更改为“可读性强”的名称可以帮助阅读代码，特别是当代码非常复杂时。

让我们再来看一下与泛型 trait 的比较。例如：

```
use std::fmt::Display;

fn prints<T: Display>(input: T) {
    println!("T is {input}");
}
```

当写 T: Display 时，它的意思是 "请只接受具有 Display 特性的 T"。

这并不意味着:"我正在将 Display 特性赋予 T"。

对于生命周期也是一样的。仔细看看这里的 'a:

```
#[derive(Debug)]
struct City<'a> {
    name: &'a str,
    date_founded: u32,
}
```

'a 的意思是 "请只接受至少与 City 一样长的 name 输入"。

这并不意味着:"这将使 name 的输入与 City 一样长"。

10.2.3 匿名生命周期

还记得我们在第 7 章为 Cat 结构体实现 Display 时看到的<'_>吗？这是当时写的代码：

```
impl fmt::Display for Cat {
    fn fmt(&self, f: &mut fmt::Formatter<'_>) -> fmt::Result {
        write!(f, "{} is a cat who is {} years old.", self.name, self.age)
    }
}
```

现在终于可以了解<'_>的含义了。这被称为“匿名生命周期”，表示正在使用引用。当实现结构体时，Rust 会建议使用它。以下是一个几乎能正常工作的结构体示例，但还需要一些调整：

```
struct Adventurer<'a> {
    name: &'a str,
    hit_points: u32,
```

```
}

impl Adventurer {
    fn take_damage(&mut self) {
        self.hit_points -= 20;
        println!("{} has {} hit points left!", self.name, self.hit_points);
    }
}
```

我们为结构体做了必要的处理：首先 name 来自一个 &str。这意味着需要指定一个生命周期，所以用了<'a>。但是接着 Rust 告诉我们在 impl 块中再次指定生命周期：

```
error[E0726]: implicit elided lifetime not allowed here
 --> src\main.rs:6:6
  |
6 | impl Adventurer {
  |      ^^^^^^^^^^- help: indicate the anonymous lifetime: `<'_>`
```

它希望我们添加匿名生命周期，以显示正在使用引用。因此，如果我们这样写，编译器就会满意：

```
struct Adventurer<'a> {
    name: &'a str,
    hit_points: u32,
}

impl Adventurer<'_> {
    fn take_damage(&mut self) {
        self.hit_points -= 20;
        println!("{} has {} hit points left!", self.name, self.hit_points);
    }
}
```

这个生命周期是为了让你不必总是写类似 impl<'a> Adventurer<'a>这样的代码，因为结构体已经显示了生命周期。

为什么 impl 块也需要涉及生命周期呢？假设有一个需要处理两个生命周期的特性。它可能是这样的：

```
trait HasSomeLifeTime<'a, 'b> {}
```

你可能有一个结构体，也有两个引用，每个引用出于某种原因都有自己的生命周期。

```
struct SomeStruct<'a, 'b> {
    name: &'a str,
    other: &'b str
}
```

然后想象一下，你想要为 SomeStruct 实现 HasSomeLifeTime。这个 trait 有自己要处理的生命周期，而结构体也有自己要处理的生命周期。结构体和 trait 都选择将它们称为 'a 和 'b，但是 SomeStruct 中的 'a 和 'b 与 HasSomeLifeTime 中的 'a 和 'b 没有任何关系。因此，当使用 impl 时，你声明了一些生命周期，并且在这时可以决定一个生命周期相对于另一个生命周期的持续时间。

可以这样实现 trait：

```
impl <'a, 'b> HasSomeLifeTime<'a, 'b> for SomeStruct<'a, 'b> {}
```

这意味着“我们在这里讨论两个不同的生命周期，'a 和 'b。”现在，trait 和结构体的 'a 和 'b 是相同的生命周期。

有时候你需要它们不同，也可能不想使用相同的名称。甚至可以这样写：

```
impl <'one, 'two, 'three, 'four> HasSomeLifeTime<'one, 'three> for SomeStruct<'two, 'four>
    {}
```

这意味着“这里涉及四个生命周期”，trait 有自己的两个，而结构体也有自己的两个。这四个生命周期现在可以互相独立。

但在 Rust 中到目前为止，几乎不需要担心生命周期，所以不用担心。即使在这个复杂的例子中，也可以省略生命周期，让 Rust 自己解决：

```
impl HasSomeLifeTime<'_, '_> for SomeStruct<'_, '_> {}
```

这意味着“每个都有自己的两个生命周期，你来解决它”。

不过在 Rust 中处理这么多生命周期是非常罕见的，这里只是举一个极端例子说明问题。

在 Rust 中，生命周期可能有点复杂，但以下是一些避免过度担心它们的建议：

- 如果你想暂时避免处理生命周期，可以继续使用拥有所有权的类型，如使用克隆等方法。如果你在函数中得到了一个 &'a str，可以简单地将它转换为 String，然后将其放到你的结构体中。
- 大多数情况下，当编译器需要一个生命周期时，只需在几个地方写上<'a>，然后它就能正常工作。这只是一种表达方式，表示“不用担心，我不会给你任何生存时间不够长的东西”。
- 可以一点点地探索生命周期。先写一些带有所有权的代码，然后将其中一个变为引用。编译器会开始抱怨，但也会给出一些建议。如果变得太复杂，可以撤销操作，下次再试试。

让我们用自己的代码来看看编译器会说些什么。首先，把生命周期去掉，然后实现 Display。Display 只会打印出 Adventurer 的名字。以下是无法编译的代码：

```
struct Adventurer {
    name: &str,
    hit_points: u32,
}

impl Adventurer {
    fn take_damage(&mut self) {
        self.hit_points -= 20;
        println!("{} has {} hit points left!", self.name, self.hit_points);
    }
}

impl std::fmt::Display for Adventurer {
        fn fmt(&self, f: &mut std::fmt::Formatter<'_>) -> std::fmt::Result {
            write!(f, "{} has {} hit points.", self.name, self.hit_points)
        }
}
```

第一个错误是这个：

```
error[E0106]: missing lifetime specifier
 --> src\main.rs:2:11
  |
2 |     name: &str,
  |           ^ expected named lifetime parameter
  |
help: consider introducing a named lifetime parameter
  |
1 | struct Adventurer<'a> {
2 |     name: &'a str,
  |
```

它建议如何操作：在 Adventurer 后面加上<'a>，在 &'a str 后面加上<'a>。我们这样做。代码更接近编译，但还不够：

```
struct Adventurer<'a> {
    name: &'a str,
    hit_points: u32,
}

impl Adventurer {
    fn take_damage(&mut self) {
        self.hit_points -= 20;
        println!("{} has {} hit points left!", self.name, self.hit_points);
    }
}

impl std::fmt::Display for Adventurer {
        fn fmt(&self, f: &mut std::fmt::Formatter<'_>) -> std::fmt::Result {
            write!(f, "{} has {} hit points.", self.name, self.hit_points)
        }
}
```

编译器现在对我们的更改感到满意，但是对 impl 块有疑问。它希望我们提到正在使用引用：

```
error[E0726]: implicit elided lifetime not allowed here
 --> src\main.rs:6:6
  |
6 | impl Adventurer {
  |      ^^^^^^^^^^- help: indicate the anonymous lifetime: `<'_>`

error[E0726]: implicit elided lifetime not allowed here
 --> src\main.rs:12:28
  |
12| impl std::fmt::Display for Adventurer {
  |                            ^^^^^^^^^^- help: indicate the anonymous lifetime: `<'_>`
```

好的，我们按照它的建议添加匿名生命周期... 现在可以创建一个 Adventurer 并对其进行一些操作。

```
struct Adventurer<'a> {
    name: &'a str,
```

```
    hit_points: u32,
}

impl Adventurer<'_> {
    fn take_damage(&mut self) {
        self.hit_points -= 20;
        println!("{} has {} hit points left!", self.name, self.hit_points);
    }
}

impl std::fmt::Display for Adventurer<'_> {

        fn fmt(&self, f: &mut std::fmt::Formatter<'_>) -> std::fmt::Result {
            write!(f, "{} has {} hit points.", self.name, self.hit_points)
        }
}

fn main() {
    let mut billy = Adventurer {
        name: "Billy",
        hit_points: 100_000,
    };
    println!("{}", billy);
    billy.take_damage();
}
```

这会打印出：

```
Billy has 100000 hit points.
Billy has 99980 hit points left!
```

可以看到，生命周期通常只是编译器想要确保的一种方式。通常它足够聪明，几乎可以猜出你想要的生命周期，只需要告诉它以确保确定性。

10.3 内部可变性

“内部可变性”意味着在内部（内部）具有一点可变性。记得在Rust中，你需要使用mut来改变一个变量吗？还有一些方法可以在不使用mut关键字的情况下进行更改。这是因为Rust有一些方法可以让你安全地改变一个结构体内部的值，即使结构体本身是不可变的。每种方法都遵循一些规则，以确保改变值仍然是安全的。

首先，让我们看一个简单的例子。想象一个名为PhoneModel的结构体，它有许多字段：

```
struct PhoneModel {
    company_name: String,
    model_name: String,
    screen_size: f32,
    memory: usize,
    date_issued: u32,
    on_sale: bool,
}
```

```
impl PhoneModel {     #A
    fn method_one(&self) {}
    fn method_two(&self) {}
}

fn main(){
    let super_phone_3000 = PhoneModel {
        company_name: "YY Electronics".to_string(),
        model_name: "Super Phone 3000".to_string(),
        screen_size: 7.5,
        memory: 4_000_000,
        date_issued: 2020,
        on_sale: true,
    };

}
```

#A 空方法尚未完成，但假设我们希望在 PhoneModel 内部修改一些数据。

也许我们希望 PhoneModel 中的字段是不可变的，因为我们不希望数据发生变化。例如 date_issued 和 screen_size 永远不会改变。而且我们为 PhoneModel 定义的方法使用的是 &self，而不是 &mut self，这对我们来说更方便。如果不需要，我们宁愿不使用 &mut self。

但是内部有一个名为 on_sale 的字段。一个手机型号最初会在售（true），但后来公司会停止销售它。可以只让这个字段是可变的吗？因为我们不想写 let mut super_phone_3000;。如果这样写，那么整个结构体都会变成可变的。或者可能我们需要使用一个以 &PhoneModel 作为输入的函数，而不是 &mut PhoneModel，但仍然希望可以修改其中的一些数据。

幸运的是，有一种方法可以做到这一点。Rust 有四种主要方式允许在不可变的对象内部进行一些安全的可变性：Cell、RefCell、Mutex 和 RwLock。让我们来看一下它们。

10.3.1 Cell

在 Rust 中使用内部可变性最简单的方法叫作 Cell，它的文档将其描述为一个“可变的内存位置”。Cell 的签名是 Cell<T>，其中 T 是想要存储的数据类型。让我们将 Cell 应用于上面的 PhoneModel。

首先，编写 use std::cell::Cell；以便每次都可以直接写 Cell，而不是 std::cell::Cell。

然后将 on_sale：bool 更改为 on_sale：Cell<bool>。现在它不是一个 bool，而是一个包含 bool 的 Cell。

Cell 有一个名为 .set() 的方法，可以用来更改值。我们使用 .set() 将 on_sale：true 改为 on_sale：Cell::new（false）。

```
use std::cell::Cell;

#[derive(Debug)]
struct PhoneModel {
    company_name: String,
    model_name: String,
    screen_size: f32,
    memory: usize,
```

```
    date_issued: u32,
    on_sale: Cell<bool>,
}

impl PhoneModel {
    fn make_not_on_sale(&self) {
        self.on_sale.set(false);
    }
}

fn main(){
    let super_phone_3000 = PhoneModel {
        company_name: "YY Electronics".to_string(),
        model_name: "Super Phone 3000".to_string(),
        screen_size: 7.5,
        memory: 4_000_000,
        date_issued: 2020,
        on_sale: Cell::new(true),
    };

    // 10 years later, super_phone_3000 is not on sale anymore
    super_phone_3000.make_not_on_sale();
    println!("{super_phone_3000:#?}");
}
```

输入显示 on_sale 的值已更改为 false，而无须使用任何可变引用：

```
PhoneModel {
    company_name: "YY Electronics",
    model_name: "Super Phone 3000",
    screen_size: 7.5,
    memory: 4000000,
    date_issued: 2020,
    on_sale: Cell {
        value: false,
    },
}
```

Cell 对所有类型都有效，但对简单的可复制类型最有效，因为它提供值，而不是引用。例如 Cell 有一个名为 .get()的方法，只有当内部类型实现了 Copy 时才有效。

可以使用的另一种类型是 RefCell。

10.3.2 RefCell

RefCell 是另一种无须声明 mut 就能修改值的方法。它表示“引用单元”，有点类似于 Cell，但也类似于常规引用。

让我们创建一个包含 RefCell 的 User 结构体。可以看到它与 Cell 类似，因为它包含一个值，并且使用名为 new()的方法来创建它：

```
use std::cell::RefCell;

#[derive(Debug)]
```

```
struct User {
    id: u32,
    year_registered: u32,
    username: String,
    active: RefCell<bool>,
    //Many other fields
}

fn main() {
    let user_1 = User {
        id: 1,
        year_registered: 2020,
        username: "User 1".to_string(),
        active: RefCell::new(true),
    };

    println!("{:?}", user_1.active);
}
```

这会打印出 RefCell { value: true }。

RefCell 有很多方法，其中两个是 .borrow() 和 .borrow_mut()。这些方法和写 & 和 &mut 是相同的，规则也是相同的：

- 允许有多个不可变借用。
- 允许有一个可变借用。
- 可变和不可变借用不能同时存在。

所以在 RefCell 中更改值的感觉与使用可变引用非常相似。可以创建一个变量用于改变该值，然后通过这种方式改变值：

```
let user_1 = User {
    id: 1,
    year_registered: 2020,
    username: "User 1".to_string(),
    active: RefCell::new(true),
};
let mut borrow = user_1.active.borrow_mut();
*borrow = false;
```

使用 RefCell 就与 user_1 本身被声明为 mut 很像：

```
let borrow = &mut user_1.active;
*borrow = false;
```

也可以不声明变量就直接改变这个值。

```
let user_1 = User {
    id: 1,
    year_registered: 2020,
    username: "User 1".to_string(),
    active: RefCell::new(true),
};
*user_1.active.borrow_mut() = false;
```

但是使用 RefCell 时需要小心，因为它是在运行时检查借用情况，而不是在编译时。因此，即使以下代码是错误的，它也能编译通过：

```
use std::cell::RefCell;

#[derive(Debug)]
struct User {
    id: u32,
    year_registered: u32,
    username: String,
    active: RefCell<bool>,
    // Many other fields
}

fn main() {
    let user_1 = User {
        id: 1,
        year_registered: 2020,
        username: "User 1".to_string(),
        active: RefCell::new(true),
    };

    let borrow_one = user_1.active.borrow_mut(); // first mutable borrow - okay
    let borrow_two = user_1.active.borrow_mut(); // second mutable borrow - not okay
}
```

但是如果运行它，它会立即崩溃。

```
thread 'main' panicked at 'already borrowed: BorrowMutError', src\main.rs:21:36
note: run with `RUST_BACKTRACE=1` environment variable to display a backtrace
```

在使用 RefCell 时，确保你的代码不会崩溃的方法有两种：

- 总是立即使用 .borrow_mut() 更改值，而不将其赋值给变量。如果没有变量持有 .borrow_mut() 的输出，那么代码就没有办法崩溃。
- 如果有双重借用的可能，则使用 .try_borrow_mut() 方法代替 borrow_mut()。如果 RefCell 已经被借用，这会返回一个错误。

这是对 Rust 中内部可变性的两种最简单类型 Cell 和 RefCell 的快速介绍。接下来的两种类型被称为 Mutex 和 RwLock，它们与 RefCell 有点类似。那么它们为什么存在呢？它们存在是因为多线程，多线程用于在你的代码中同时执行两个任务。Cell 和 RefCell 无法保证数据不会在同一时间被修改，所以 Rust 不允许你在多个线程中使用这些数据。下面是一个例子：

```
use std::cel::RefCell;

fn main() {
    let bool_in_refcell = RefCell::new(true);

    std::thread::spawn(|| {     #A
        *bool_in_refcell.borrow_mut() = false;
    });
}
```

#A 我们试图启动一个新线程，但是 Rust 不允许我们在新线程内部使用 RefCell。

下面是编译期报错的原因：

```
error[E0277]: `RefCell<bool>` cannot be shared between threads safely
```

我们将在下一章中学习如何使用多线程，但现在只需记住这就是存在接下来两种类型的原因。那么，让我们继续下一个话题吧！

10.3.3 Mutex

Mutex 是另一种在不声明 mut 的情况下改变值的方式。Mutex 的意思是“互斥”（mutual exclusion），即“一次只有一个”。这就是为什么 Mutex 是安全的，因为它只允许一个进程一次改变它。为了实现这一点，它使用了一个叫作.lock()的方法，该方法返回一个叫作 MutexGuard 的结构体。这个 MutexGuard 就像从内部锁住一扇门。你走进一个房间，锁上门，现在就可以在房间里改变事物了。没有人能进来阻止你，因为你锁上了门。

通过例子可以更好地理解 Mutex。在这个例子中，请注意 Mutex 位于 std::sync::Mutex。在标准库中，sync 是用于线程安全的类型，意味着它们可以在多个线程中使用。

```
use std::sync::Mutex;

fn main(){
    let my_mutex = Mutex::new(5);    #A
    let mut mutex_changer = my_mutex.lock().unwrap();    #B
    println!("{my_mutex:?}");    #C
    println!("{mutex_changer:?}");    #D
    *mutex_changer = 6;    #E
    println!("{mutex_changer:?}");    #F
}
```

#A 一个新的 Mutex<i32>。我们不需要将其声明为 mut。

#B mutex_changer 是一个 MutexGuard，它可以访问 Mutex。因为我们要更改它，所以它必须是 mut。

#C 这里看到 Mutex 已被锁定，因为它打印出 "Mutex { data: <locked> }"。访问和更改数据的唯一方法是通过 mutex_changer。

#D 这里打印出 5。我们将其更改为 6。

#E mutex_changer 是一个 MutexGuard<i32>，但我们想要更改的是 i32 本身。可以使用 * 来更改 i32（内部值）。

#F 现在它打印出 6。

输出如下：

```
Mutex { data: <locked>, poisoned: false, .. }
5
6
```

但是 mutex_changer 在更改值之后仍然持有锁。我们如何停止它并解锁 Mutex 呢？当 MutexGuard 超出作用域（即被销毁）时，Mutex 会自动解锁。一种实现方法是将 MutexGuard 放入其自身的作用域：

```
use std::sync::Mutex;

fn main(){
```

```
    let my_mutex = Mutex::new(5);
    {
        let mut mutex_changer = my_mutex.lock().unwrap();
        *mutex_changer = 6;
    }

    println!("{my_mutex:?}");
}
```

#A mutex_changer 超出了作用域，所以 my_mutex 也不再被锁定。

注意，现在的输出显示了内部的数据，因为我们在 my_mutex 不再被锁定时打印了它：

```
Mutex { data: 6, poisoned: false, .. }
```

有一种更简单的方法可以解锁 Mutex，因为有一个方便的函数叫作 drop( )，它可以自动使对象超出作用域。我们只需将 mutex_changer 放入 drop( )中，它就会消失：

```
use std::sync::Mutex;

fn main() {
    let my_mutex = Mutex::new(5);
    let mut mutex_changer = my_mutex.lock().unwrap();
    *mutex_changer = 6;
    drop(mutex_changer);    #A

    println!("{my_mutex:?}");// Output: Mutex { data: 6 }
}
```

#A 这会删除 mutex_changer，而 my_mutex 也被解锁了。

你必须小心使用 Mutex，因为如果另一个变量试图 .lock( )它，它会永远等待。即所谓的死锁（deadlock）：

```
use std::sync::Mutex;

fn main() {
    let my_mutex = Mutex::new(5);
    let mut mutex_changer = my_mutex.lock().unwrap();    #A
    let mut other_mutex_changer = my_mutex.lock().unwrap();    #B

    println!("This will never print...");
}
```

#A 这一行之后，mutex_changer 拥有锁。

#B 但 other_mutex_changer 也想要锁，导致程序将永远等待。

这种行为是合理的，因为 Mutex 设计用于在多个线程之间使用，如果两个线程同时做两件事情，那么对已经被锁定的 Mutex 调用 .lock( )应该等待另一个线程完成。但这也意味着你必须在编写代码时小心，以避免死锁。

解决方法与 RefCell 部分提到的解决方法类似。可以使用一个叫作 .try_lock( )的方法。这个方法会尝试一次，如果没有获取到锁，它就会放弃。可以使用 if let 或 match 来处理这种情况。

```
use std::sync::Mutex;

fn main() {
```

```
    let my_mutex = Mutex::new(5);
    let mut mutex_changer = my_mutex.lock().unwrap();
    let mut other_mutex_changer = my_mutex.try_lock();

    if let Ok(value) = other_mutex_changer {
        println!("The MutexGuard has: {value}")
    } else {
        println!("Didn't get the lock")
    }
}
```

这段代码会打印出 "Didn't get the lock"，而不会发生死锁，也不会阻塞程序。

与 RefCell 一样，不需要创建一个变量来改变 Mutex。可以直接使用 .lock()来立即改变值。

```
use std::sync::Mutex;

fn main() {
    let my_mutex = Mutex::new(5);
    *my_mutex.lock().unwrap() = 6;
}
```

当输入 *my_mutex.lock().unwrap()= 6；时，你从未创建持有锁的变量，因此不需要调用 drop()。可以这样做 100 次，也不会有影响，因为没有任何变量持有锁：

```
use std::sync::Mutex;

fn main() {
    let my_mutex = Mutex::new(5);
    for _ in 0..100 {
        *my_mutex.lock().unwrap() += 1;
    }
}
```

10.3.4 RwLock

RwLock 是"读-写锁"的缩写。它类似于 Mutex，因为它是线程安全的，但在使用方式上也类似于 RefCell：可以获取值的可变或不可变引用。可以使用.write().unwrap()来进行更改，而不是使用.lock().unwrap()。但是也可以使用.read().unwrap()来获取访问权限。RwLock 与 RefCell 类似，因为它遵循 Rust 用于引用的相同规则：

- 拥有.read()访问权限的多个变量是可以的。
- 拥有.write()访问权限的一个变量是可以的。
- 但你不能在从.write()返回的变量上保持其他任何内容。不能使用.write()甚至.read()创建额外的变量。

RwLock 也和 Mutex 类似，如果在无法获取访问权限时尝试使用 .write()，程序会发生死锁而不是崩溃：

```
use std::sync::RwLock;

fn main() {
```

```
    let my_rwlock = RwLock::new(5);
    let read1 = my_rwlock.read().unwrap();// one .read() is fine
    let read2 = my_rwlock.read().unwrap();// another .read():also fine
    println!("{read1:?}, {read2:?}");
    let write1 = my_rwlock.write().unwrap();//uh oh, now we're deadlocked.
}
```

这段代码会打印出"5、5"，然后永远死锁。

为了解决这个问题，可以像在 Mutex 中一样使用 drop()（或者一个新的作用域）。

```
use std::sync::RwLock;

fn main(){
    let my_rwlock = RwLock::new(5);
    let read1 = my_rwlock.read().unwrap();
    let read2 = my_rwlock.read().unwrap();
    println!("{read1:?}, {read2:?}");
    drop(read1);
    drop(read2); // we dropped both, so we can use .write() now

    let mut write1 = my_rwlock.write().unwrap();
    *write1 = 6;
    drop(write1);
    println!("{:?}", my_rwlock);
}
```

这次没有死锁，输出显示了更改后的值：

```
5, 5
RwLock { data: 6, poisoned: false, .. }
```

RwLock 也有相同的.try_方法，以确保永远不会发生死锁：.try_read()和.try_write()。

```
use std::sync::RwLock;

fn main(){
    let my_rwlock = RwLock::new(5);

    let read1 = my_rwlock.read().unwrap();
    let read2 = my_rwlock.read().unwrap();

    if let Ok(mut number) = my_rwlock.try_write(){
        *number += 10;
        println!("Now the number is {}", number);
    } else {
        println!("Couldn't get write access, sorry!")
    };
}
```

这段代码会放弃，并显示消息"Couldn't get write access, Sorry!"，而不是永远死锁。

在本章中，你学习到了有时编译器并不知道或无法决定引用的生命周期有多长。在那些罕见的情况下，必须告诉它使用哪个生命周期。但如果觉得生命周期太烦人，可以暂时使用拥有所有权的类型。可以逐渐习惯生命周期。

Rust 是严格的，但并不是无缘无故严格。只要有一种安全的方式可以改变值，Rust 就不会有问题。

下一章将集中介绍一些有趣的内容。你将学习如何使用 Cow（在 Rust 中有这种类型），引用计数器，并开始学习如何使用多线程来同时执行多项任务。

10.4 总结

- 如果暂时不想过多考虑生命周期标注，可以尽量避免使用它们，而是尽可能使用拥有所有权的数据。
- 生命周期标注是另一种泛型标注。它们告诉编译器预期的生命周期，但不会改变引用的生存期。
- 如果在某个类型中使用了 &str，但只会传递字符串字面量，可以通过将其定义为 &'static str 而不是 &'a str 来避免生命周期标注。
- 如果需要可变性但不能或不想使用 &mut，可以尝试使用四种内部可变性类型。对于 Copy 类型来说，Cell 最合适，RefCell 类似于常规引用，而 Mutex 和 RwLock 可以在线程之间传递。
- 在更改 RefCell、Mutex 和 RwLock 中的值时，最简单的方法是直接更改这些值，而不是创建一个持有借用或锁的变量。这样就不必考虑持有借用或锁的变量是否被丢弃。
- 如果需要使用持有借用或锁的变量，可以使用 .try_borrow() 和 .try_lock() 等方法来确保不会出现死锁。

第 11 章 多线程及更多内容

本章涵盖了以下内容：

- todo! 宏：让编译器暂时安静下来。
- 类型别名：不同的名称，但不是新类型。
- Cow 枚举：根据需要选择借用或拥有数据。
- Rc：允许共享所有权而不是唯一所有权。
- 多线程：同时运行多个任务。

相信现在你已经相当熟悉 Rust 了，所以是时候看一些更高级的类型了。本章没有一个单一的主题。我们将依次讨论一些高级主题：Cow，类型别名和新类型，Rc，最后是多线程。理解多线程的工作原理可能是本章最难的部分。著名的 Cow 类型（是的，这确实是它的名字）也有点棘手。而你可能会喜欢 Rc（引用计数器）类型，因为它在 Rust 的所有权规则给你提供了一些额外的灵活性。

11.1 在函数内部导入和重命名

通常会在程序的顶部编写 use 语句，如下所示：

```
use std::cell::{Cell, RefCell};
```

可以在任何地方执行此操作，尤其是在具有较长名称的枚举的函数中。以下是一个示例。

```
enum MapDirection {
    North,
    NorthEast,
    East,
    SouthEast,
    South,
    SouthWest,
    West,
    NorthWest,
}

fn give_direction(direction: &MapDirection) {
    match direction {
```

```
            MapDirection::North => println!("You are heading north."),
            MapDirection::NorthEast => println!("You are heading northeast."),
            // So much more left to type before the code will compile...
        }
    }
```

现在将在函数内导入 MapDirection。让我们在函数内部可以直接使用 North 等。

```
enum MapDirection {
    North,
    NorthEast,
    East,
    SouthEast,
    South,
    SouthWest,
    West,
    NorthWest,
}

fn give_direction(direction: &MapDirection) {
    use MapDirection::*; // import everything in MapDirection

    match direction {
        North =>//
        // And so on for each variant until the code compiles...
    }
}
```

我们已经看到，:: * 的意思是“导入 :: 后的所有内容”。在例子中代表 North、NorthEast 到 NorthWest 等所有。当导入其他人的代码时，如果代码非常庞大，可能会遇到问题。例如导入的内容与代码中的某些项目名称冲突。所以建议不要一直使用 ::。很多时候，会在其他人的代码中看到一个称为预设（prelude）的部分，其中包含可能需要的所有主要项目。因此，通常会这样使用：name :: prelude ::。在模块和包部分我们将更多地讨论这一点。

如果有重复的名称，或者有某种理由要更改类型名称，可以使用 as 来实现。这适用于任何类型：

```
fn main(){
    use String as S;
    let my_string = S::from("Hi!");
}
```

当使用其他人的代码并对命名不满意时，as 会非常有用。

这个枚举的命名有点别扭：

```
enum FileState {
    CannotAccessFile,
    FileOpenedAndReady,
    NoSuchFileExists,
    SimilarFileNameInNextDirectory,
}
```

让我们尝试导入此枚举的变体并为它们指定一个不同的名称。自 2021 年起，Rust 甚至允许指定使用非字母语言作为名称。

```
enum FileState {
    CannotAccessFile,
    FileOpenedAndReady,
    NoSuchFileExists,
    SimilarFileNameInNextDirectory,
}

fn give_filestate(input: &FileState) {
    use FileState::{
        CannotAccessFile as NoAccess,
        FileOpenedAndReady as 잘됨,, //Korean for "works great"
        NoSuchFileExists as NoFile,
        SimilarFileNameInNextDirectory as OtherDirectory
    };
    match input {
        NoAccess => println!("Can't access file."),
        잘됨 => println!("Here is your file"),
        NoFile => println!("Sorry, there is no file by that name."),
        OtherDirectory => println!("Please check the other directory."),
    }
}
```

这种方式使用导入可以输入 OtherDirectory 而不是 FileState::SimilarFileNameInNextDirectory。学习了导入和重命名后，让我们继续看看下一个 todo! 宏。

11.2 todo! 宏

Rust 用户喜欢这个宏，因为它会让你告诉编译器安静一会儿。有时你想先编写代码的一般结构，以帮助你想象项目的最终形式（顺便说一句，编写代码的一般结构称为原型设计）。例如想象一个简单的项目，用于处理书籍。代码中的注释显示了你在编写代码时的思考：

```
// Okay, first I need a book struct.
// Nothing in there yet - will add later
struct Book;

// A book can be hardcover or softcover, so add an enum...
enum BookType {
    HardCover,
    SoftCover,
}

// should take a &Book and return an Option<String>
fn get_book(book: &Book) -> Option<String> {}

// should take a ref Book and return a Result...
fn delete_book(book: &Book) -> Result<(), String> {}

// TODO: impl block and make these functions methods...
```

```
// TODO: make this a proper error
fn check_book_type(book_type: &BookType) {

// Let's make sure the match statement works
    match book_type {
        BookType::HardCover => println!("It's hardcover"),
        BookType::SoftCover => println!("It's softcover"),
    }
}

fn main(){
    let book_type = BookType::HardCover;
    // Okay, let's check this function!
    check_book_type(&book_type);
}
```

很遗憾，Rust 对 .get_book()和 .delete_book()不太满意，甚至拒绝编译这段代码。

```
error[E0308]: mismatched types
  --> src\main.rs:32:29
   |
32 | fn get_book(book: &Book) -> Option<String> {}
   |    --------^^^^^^^^^^^^^^ expected enum `std::option::Option`, found
      `()`
   |    |
   |    implicitly returns `()` as its body has no tail or `return` expression
   |
= note:   expected enum `std::option::Option<std::string::String>`
         found unit type `()`

error[E0308]: mismatched types
 --> src\main.rs:34:31
   |
34 | fn delete_book(book: Book) -> Result<(), String> {}
   |    -----------                  ^^^^^^^^^^^^^^^^^^ expected enum `std::result::Result`,
      found `()`
   |    |
   |    implicitly returns `()` as its body has no tail or `return` expression
   |
  = note: expected enum `std::result::Result<(), std::string::String>`
             found unit type `()`
```

也许你现在不想完成 .get_book()和 .delete_book()函数，只想先完成代码的一般结构。这时可以使用 todo!()。如果将它添加到函数中，Rust 就会停止抱怨并编译你的代码。

```
struct Book;

enum BookType {
    HardCover,
    SoftCover,
}
```

```
fn get_book(book: &Book) -> Option<String> {
    todo!();
}

fn delete_book(book: &Book) -> Result<(), String> {
    todo!();
}

fn check_book_type(book_type: &BookType) {
    match book_type {
        BookType::HardCover => println!("It's hardcover"),
        BookType::SoftCover => println!("It's softcover"),
    }
}

fn main() {
    let book_type = BookType::HardCover;
    check_book_type(&book_type);
}
```

现在代码已经编译完成，可以看到 .check_book_type( )的结果：

```
It's hardcover
```

确保不要调用那些内部有 todo! 的函数。Rust 会编译代码并让我们使用它，如果遇到 todo!，它会自动触发 panic。

另外，todo! 函数仍然需要 Rust 能够理解的签名。所以像下面这个例子中使用了未声明类型的代码，即使在代码中放置了 todo!，也不会工作：

```
struct Book;

fn get_book(book: &Book) -> WorldsBestType {
    todo!()
}
```

它会显示：

```
error[E0412]: cannot find type `WorldsBestType` in this scope
 --> src\main.rs:32:29
  |
32 | fn get_book(book: &Book) -> WorldsBestType {
  |                             ^^^^^^^^^^^^^^ not found in this scope
```

也可以在其他地方使用 todo!，比如结构体参数：

```
struct Book {
    name: String,
    year: u8
}

fn make_book()-> Book {
    Book {
        name: todo!(),
        year: todo!()
```

```
    }
}

fn main(){}
```

.make_book()函数也从未被调用，所以代码将编译并且在没有崩溃的情况下运行。

最后注意一点：todo!实际上与另一个名为 unimplemented!的宏相同。Rust 用户最初只能使用 unimplemented!，但这个名称有点太长了，因此创建了更短的宏 todo!。

11.3 类型别名

类型别名意味着“给另一种类型起一个新的名字”。类型别名非常简单，因为它们不会改变类型（只改变名称）。通常，当有一个长类型名称使代码难以阅读时，或者想以不同的方式描述现有类型时，会用到它们。以下是两个类型别名的示例。

当有一个类型不难阅读，但希望使代码更容易理解时：

```
type CharacterVec=Vec<char>;
When you have a type that makes your code difficult to read;
fn returns_some_chars(input: Vec<char>) ->
        std::iter::Take<std::iter::Skip<std::vec::IntoIter<char>>> {
    input.into_iter().skip(4).take(5)
}
```

可以将其改为这样：

```
type SkipFourTakeFive = std::iter::Take<std::iter::Skip<std::vec::IntoIter<char>>>;

fn returns_some_chars(input: Vec<char>) -> SkipFourTakeFive {
    input.into_iter().skip(4).take(5)
}
```

也可以导入项目，以使类型变得更短，而不是使用类型别名：

```
use std::iter::{Take, Skip};
use std::vec::IntoIter;

fn returns_some_chars(input: Vec<char>) -> Take<Skip<IntoIter<char>>> {
    input.into_iter().skip(4).take(5)
}
```

因此，可以根据自己的喜好来决定在代码中使用哪种方式更好。

但是需要注意的是，类型别名并不会创建一个真正的新类型。它只是一个用来代替现有类型的名称。如果写了 type File = String;，编译器只会看到一个 String。因此，这将打印 true：

```
type File = String;

fn main(){
    let my_file = File::from("I am file contents");
    let my_string = String::from("I am file contents");
    println!("{}", my_file == my_string);
}
```

因为类型别名不是新类型，所以它不违反孤儿规则。可以在任何人的类型上使用它，因为实际上并没有修改原始类型。

11.4 Cow

Cow 是一个非常方便的枚举。它表示“Clone on write”，如果不需要 String，它可以返回一个 &str；如果需要一个 String 也可以。任何可能想要借用但也可能想要拥有的其他类型，它也能提供帮助。

我们来看一下它的签名。这有点复杂，所以首先从一个非常简化的版本开始：

```
enum Cow {
    Borrowed,
    Owned
}
```

Cow 提供了两个选择。

接下来是泛型部分：Cow 对一个称为 B 的单一类型进行泛型化（它可以被称为任何名字，但选择了 B）。Borrowed 和 Owned 都包含它：

```
enum Cow<B> {
    Borrowed(B),
    Owned(B),
}
```

现在来看一下包含生命周期的实际签名：

```
enum Cow<'a, B>
where
    B:'a + ToOwned + ? Sized,
{
    Borrowed(&'a B),
    Owned(<B as ToOwned>::Owned),
}
```

我们已经知道，'a 表示 Cow 可以持有一个引用。ToOwned trait 意味着 B 必须是一个可以转换为拥有类型的类型。例如 str 通常是一个引用（&str），可以将其转换为可拥有的 String。

接下来是 ? Sized。这意味着“可能是 Sized，也可能不是”。还记得“动态大小”这个词吗？几乎所有的 Rust 类型都是 Sized，但像 str 这样的类型编译器不知道其大小。所以经常需要 &str。如果想要一个可以使用类似 str 这样的类型的 trait，需要添加 ? Sized，意思是“可能是动态大小”。

现在看看这个枚举的变体，Borrowed 和 Owned。

假设有一个返回 Cow<'static, str>的函数。如果告诉函数返回 "My message".into()，它会查看类型:"My message" 是一个 str。这是一个 Borrowed 类型，所以它选择 Borrowed（&'a B）。因此，它变成了 Cow::Borrowed（&'static str）。

如果给它一个 format!("{}","My message").into()，它会查看类型。这次是一个 String，因为 format!()生成一个 String。所以这次它会返回"Owned"。

让我们看一个快速示例，展示 Cow 如何有用，以及如何匹配 Cow。我们将有一个名为

generate_message( )的函数，用于生成通常只是 &'static str 的消息。但当发生错误时，可以使用一个名为 ErrorInfo 的结构体添加更多信息。

```
use std::borrow::Cow;

#[derive(Debug)]
struct ErrorInfo {    #A
    error: LocalError,
    message: String,
}

#[derive(Debug)]
enum LocalError {
    TooBig,
    TooSmall,
}

fn generate_message(message: &'static str, error_info: Option<ErrorInfo>) -> Cow<'static,
        str> {    #B
    match error_info {
        None => message.into(),
        Some(info) => format!("{message}: {info:?}").into(),
    }
}

fn main() {
    let message1 = generate_message("Everything is fine", None);    #C
    let message2 = generate_message(
            "Got an error",
            Some(ErrorInfo {
                error: LocalError::TooBig,
                message: "It was too big".to_string(),
            }),
        );

    for msg in [message1, message2] {    #D
        match message {
            Cow::Borrowed(message) => {
                println!("Borrowed message, didn't need an allocation:\n {message}")
            }
            Cow::Owned(message) => {
                println!("Owned message, because we needed an allocation:\n {message}")
            }
        }
    }
}
```

#A LocalError 是一个枚举，而 ExtraInfo 只是包含 LocalError 和 String 的结构体。

#B 如果只传入一个 &'static str 而没有额外信息，不需要分配内存，因此 Cow 会是 Cow::Borrowed。但如果需要额外的信息，就需要分配内存，这时它是一个拥有其数据的 Cow::Owned。

#C 现在创建两个 message，一个不需要分配内存，另一个需要。

#D 由于 Cow 只是一个简单的枚举，我们对其进行匹配，看它是 Cow :: Borrowed 还是 Cow :: Owned。

输出如下：

```
Borrowed message, didn't need an allocation:
  Everything is fine
Owned message because we needed an allocation:
  Got an error: ExtraInfo { error: TooBig, message: "It was too big" }
```

Cow 还有一些其他方法，比如 into_owned 或 into_borrowed，所以可以根据需要进行更改。

Cow 是一个方便的类型，也可以放在你的结构体和枚举上，它是获取 &str 和 String 的另一种方法。想象一下有一个 User 结构体，希望它可以接受 &str 或 String，如果不想克隆或使用 .to_string( )，在这里也可以使用 Cow。

```
use std::borrow::Cow;

struct User {
    name: Cow<'static, str>,
}

fn main() {
    let user_name = "User1";
    let other_user_name = "User10".to_string();

    let user1 = User {
        name: user_name.into(),
    };

    let user2 = User {
        name: other_user_name.into(),
    };

    for name in [user1.name, user2.name] {
        match name {
            Cow::Borrowed(n) => {
                println!("Borrowed name, didn't need an allocation:\n {n}")
            }
            Cow::Owned(n) => {
                println!("Owned name because we needed an allocation:\n {n}")
            }
        }
    }
}
```

再次强调，借用和拥有的值都能正常工作：

```
Borrowed name, didn't need an allocation:
 User1
Owned name because we needed an allocation:
 User10
```

"User1"和"User10".to_string()都能正常工作！当然，如果想接受一个非静态的 &str，那么会写成 User<'a>，然后是 name：Cow<'a, str>，而不是 'static，这样 Rust 会知道引用的生命周期足够长。所以这段代码也会正常工作：

```
use std::borrow::Cow;

struct User<'a> {     #A
    name: Cow<'a, str>,
}

fn main(){
    let user_name = "User1";
    let other_user_name = &"User10".to_string();     #B

    let user1 = User {
        name: user_name.into(),
    };

    let user2 = User {
        name: other_user_name.into(),
    };

    for name in [user1.name, user2.name] {
        match name {
            Cow::Borrowed(n) => {
                println!("Borrowed name, didn't need an allocation:\n {n}")
            }
            Cow::Owned(n) => {
                println!("Owned name because we needed an allocation:\n {n}")
            }
        }
    }
}
```

#A 这里使用了生命周期<'a>而不是 'static。

#B 可以使用对 String 的引用，它没有 'static 生命周期。

现在输出显示，两个名称都被用作了 Cow::Borrowed，因为它们都是借用值。

```
Borrowed name, didn't need an allocation:
 User1
Borrowed name, didn't need an allocation:
 User10
```

我们已经仔细研究了 Cow 类型；现在转向下一个高级 Rust 概念——Rc，这是一个在 Rust 这样严格的语言中提供了一些灵活性的有用类型。

11.5 Rc

Rc 代表着“引用计数”（或“引用计数的”，取决于问的是谁）。Rc 被广泛使用，作为一种绕过 Rust 对所有权的严格规定的方式，而不是打破它们，通过仔细监控数据共享的时间来实现共享所有权。让我们学习一下是什么让 Rc 如此有用。

11.5.1 Rc 的存在原因

我们知道在 Rust 中，每个变量只能有一个所有者。下面的代码展示了这点：

```
fn takes_a_string(_unused_string: String) {}

fn main() {
    let user_name = String::from("User MacUserson");
    takes_a_string(user_name);
    takes_a_string(user_name);
}
```

当 takes_a_string 获取了 user_name 之后，就不能再使用它了。对我们来说这没问题：可以简单地给它 user_name.clone()。但有时一个变量是结构体的一部分，也许你不能克隆结构体，或者字符串非常长，不想克隆它。Rc 通过允许拥有多个所有者来解决了这个问题。Rc 像一个优秀的办公室工作人员：它记录了谁拥有所有权，以及他们有多少个。一旦所有者的数量减少到 0，该值就可以被丢弃。

关于 Rc 的一个有趣的事情与垃圾回收有关。Rust 不使用垃圾回收，这就是为什么必须考虑引用和生命周期之类的事情。但是大多数其他语言在类似于 Rc 的方式中隐式地使用垃圾回收：语言跟踪内存的共享情况，当没有人使用时会清理它。这就是为什么很多初学 Rust 的新手经常使用 Rc，因为不用担心引用和生命周期。

11.5.2 实践中使用 Rc

那么如何使用 Rc 呢？首先想象两个结构体：一个叫作 City，另一个叫作 CityData。City 包含一个城市的信息，而 CityData 则将所有城市放在 Vecs 中。

```
#[derive(Debug)]
struct City {
    name: String,
    population: u32,
    city_history: String,
}

#[derive(Debug)]
struct CityData {
    names: Vec<String>,
    histories: Vec<String>,
}

fn main() {
    let calgary = City {
        name: "Calgary".to_string(),
        population: 1_200_000,
            // Pretend that this string is very very long
        city_history: "Calgary began as a fort called Fort Calgary that...".to_string(),
    };
    let canada_cities = CityData {
```

```
        names: vec![calgary.name], // This uses calgary.name, which is short
        histories: vec![calgary.city_history], //But this String is long
    };
    println!("Calgary's history is: {}", calgary.city_history);
}
```

当然它不起作用，因为现在 canada_cities 拥有数据而 calgary 没有。它会显示：

```
error[E0382]: borrow of moved value: `calgary.city_history`
 --> src\main.rs:27:42
   |
24 |         histories: vec![calgary.city_history], //But this String is very long
   |                         -------------------- value moved here
...
27 |   println!("Calgary's history is: {}", calgary.city_history);// ⚠
   |                                        ^^^^^^^^^^^^^^^^^^^^ value borrowed here
   after move
   |
  = note: move occurs because `calgary.city_history` has type `std::string::String`, which
   does not implement the `Copy` trait
```

可以轻松地克隆这些字符串，也可以将想要共享的所有内容都包裹在一个 Rc 内。以下是如何操作的步骤。

首先添加 use 声明：

```
use std::rc::Rc;
```

然后在想要共享的所有内容周围放置 Rc。

```
use std::rc::Rc;

#[derive(Debug)]
struct City {
    name: Rc<String>,
    population: u32,
    city_history: Rc<String>,
}

#[derive(Debug)]
struct CityData {
    names: Vec<Rc<String>>,
    histories: Vec<Rc<String>>,
}
```

要添加一个新的引用，必须克隆 Rc。

但我们不是想避免使用 .clone() 吗？并不完全是不想克隆整个 String。但 Rc 的克隆只是克隆指针，它基本上是免费的。这就像在一箱书上贴上名字标签，表示两个人都拥有它，而不是制作一个全新的箱子。

可以用 Rc::clone（&item）或 item.clone() 克隆一个名为 item 的 Rc。通常 Rc::clone（&item）更好，因为 Rc 持有的类型可能有它自己的方法（包括 .clone()!）。所以这可以表明你正在克隆 Rc，而不是其中的对象。

Rc 还有一个方法叫作 strong_count()，它显示了一段数据有多少个所有者。我们也将在下面的代码中使用这个方法。你认为 calgary_history 有多少个所有者？

```
use std::rc::Rc;

#[derive(Debug)]
struct City {
    name: Rc<String>,
    population: u32,
    city_history: Rc<String>, //String inside an Rc
}

#[derive(Debug)]
struct CityData {
    names: Vec<Rc<String>>,
    histories: Vec<Rc<String>>,//A Vec of Strings inside Rcs
}

fn main(){

    let calgary_name = Rc::new("Calgary".to_string());
    let calgary_history = Rc::new("Calgary began as a fort called Fort Calgary
        that...".to_string());

    let calgary = City {
        name: Rc::clone(&calgary_name),
        population: 1_200_000,
        city_history: Rc::clone(&calgary_history)
    };

    let canada_cities = CityData {
        names: vec![Rc::clone(&calgary_name)], //.clone()will increase the count
        histories: vec![Rc::clone(&calgary_history)],
    };

    println!("Calgary's history is: {}", calgary.city_history);
    println!("{}", Rc::strong_count(&calgary.city_history));
}
```

答案是 3，输出如下：

```
Calgary's history is: Calgary began as a fort called Fort Calgary that...
3
```

首先在 Rc 中创建了一个 String：一个所有者。然后我们克隆了 Rc，City 结构体正在使用它：两个所有者。最后再次克隆它，CityData 结构体正在使用它：三个所有者。

如果有强指针，是否也有弱指针呢？是的。弱指针是有用的，因为如果两个 Rc 指向彼此，它们就无法被释放（准确地说，无法丢弃它们的值）。这被称为“引用循环”。如果 item 1 拥有一个指向 item 2 的 Rc，而 item 2 拥有一个指向 item 1 的 Rc，它们就无法减到 0，并且永远无法丢弃它们的值。在这种情况下，需要使用弱引用。弱引用仍然维护着内存分配，但允许 Rc 丢弃其值。Rc 将计算强引用和弱引用的数量，但只有强引用会阻止 Rc 丢弃其值。可以使用 Rc::downgrade（&item）而非 Rc::clone（&item）来创建弱引用。此外，可以使用 Rc::weak_count

(&item) 来查看弱引用的数量。

还记得之前的例子吗，其中有两个函数，每个函数都接受一个 String 吗？现在你知道如何使用引用计数器来解决它了。只需将 String 包装在 Rc 中，然后用 Rc::clone() 克隆它。将函数签名从 String 更改为 Rc<String>就可以了。现在它看起来是这样的：

```
use std::rc::Rc;

fn takes_a_string(input: Rc<String>) {
    println!("It is: {input}")
}

fn main() {
    let user_name = Rc::new(String::from("User MacUserson"));

    takes_a_string(Rc::clone(&user_name));
    takes_a_string(Rc::clone(&user_name));
}
```

最后我们得到了想要的输出：

```
It is: User MacUserson
It is: User MacUserson
```

11.5.3 使用 Rc 避免生命周期注解

到目前为止，Rc 已经很有趣了，但这两个示例并没有给我们使用它们的充分理由，Rc 在 Rust 用户中非常流行的一个最重要原因就在于可以避免编写生命周期，同时又不需要使用 .clone()。让我们来看看上一章中的例子，其中包含一个 City 结构体，它包含一个 &'a str 作为名称。这次我们添加了两个更多的结构体：一个 Country 结构体（包含一个 Vec<City>），以及一个 World 结构体（包含一个 Vec<Country>）。但它还不能编译：

```
#[derive(Debug)]
struct City<'a> {
    name: &'a str,
    date_founded: u32,
}

#[derive(Debug)]
struct Country {
    cities: Vec<City>
}

#[derive(Debug)]
struct World {
    countries: Vec<Country>
}

fn main() {
    let city_names = vec!["Ichinomiya".to_string(), "Kurume".to_string()];
    let my_city = City {
        name: &city_names[0],
```

```
        date_founded: 1921,
    };
    println!("{} was founded in {}", my_city.name, my_city.date_founded);
}
```

这是错误：

```
error[E0106]: missing lifetime specifier
 --> src/main.rs:9:17
  |
9 |     cities: Vec<City>
  |                 ^^^^ expected named lifetime parameter
  |
help: consider introducing a named lifetime parameter
  |
8 ~ struct Country<'a> {
9 ~     cities: Vec<City<'a>>
  |
```

City 的生命周期是<'a>，现在编译器想知道 Country 在与 City 的生命周期的关系中将存活多长时间。它们是否会共享相同的生命周期？

我们将给它们相同的生命周期：

```
#[derive(Debug)]
struct Country<'a> {
    cities: Vec<City<'a>>
}
```

编译器再次给出相同的错误消息，因为 World 持有一个 Vec<Country>，而 Country 的生命周期为<'a>。因此，我们以相同的方式再次指定生命周期，现在代码编译通过了：

```
#[derive(Debug)]
struct World<'a> {
    countries: Vec<Country<'a>>
}
```

生命周期注解可解决问题但需要多打很多内容。而且我们不想在 city_names Vec 内克隆一个 String，因为在任何地方使用 City、Country 或 World 时，都需要再次指定生命周期。

让我们尝试使用 Rc 替代：将 city_names 设为 Vec<Rc<String>>而不是 Vec<String>，然后克隆 Rc。City 将为其名称取一个 Rc<String>而不是一个 &'a str，并且可以在其他地方摆脱所有的生命周期注解。现在代码看起来是这样的：

```
use std::rc::Rc;

#[derive(Debug)]
struct City {
    name: Rc<String>,
    date_founded: u32,
}

#[derive(Debug)]
struct Country {
```

```
    cities: Vec<City>,
}

#[derive(Debug)]
struct World {
    countries: Vec<Country>,
}

impl World {} //    #A

fn main() {
    let city_names = vec![
        Rc::new("Ichinomiya".to_string()),
        Rc::new("Kurume".to_string()),
    ];

    let my_city = City {
        name: Rc::clone(&city_names[0]),
        date_founded: 1921,
    };

    println!("{} was founded in {}", my_city.name, my_city.date_founded);
}
```

#A 如果仍在使用生命周期，需要在这里写 impl World<'_>

这个编译没有问题，并打印出 "Ichinomiya was founded in 1921."

让我们继续本章的最后一个主题：多线程。

11.6 多线程

使用多线程可以让我们同时做许多事情。现代计算机拥有多个核心和多个线程，因此它们可以同时进行多个任务，而 Rust 允许使用它们。Rust 使用的线程称为“操作系统线程”。

每个线程都有自己的状态堆栈和局部状态，使它们既高效又独立。

11.6.1 创建线程

可以使用 std::thread::spawn 来创建线程，然后使用闭包告诉它要做什么。线程很有趣，因为它们同时运行，可以测试它来查看发生了什么。你认为这个简单示例的输出会是什么？

```
fn main() {
    std::thread::spawn(|| {
        println!("I am printing something");
    });
}
```

事实上，输出每次都会不同。有时会打印，有时不会（这也取决于你的计算机，通常在 Playground 中不会打印）。这是因为有时 main()在线程完成之前就结束了。当 main()结束时，程序就结束了。这在一个 for 循环中更容易看到：

```
fn main() {
    for _ in 0..10 { // set up 10 threads
        std::thread::spawn(|| {
            println!("I am printing something");
        });
    }   //Now the threads start.
}       //How many can finish before main() ends here?
```

代码如下：

- 主线程：循环一次，启动一个独立的线程。这个线程将尝试打印一条消息。
- 主线程：再次循环九次。现在一共有十个线程独立尝试打印一条消息。但它们可能无法打印，因为主线程到达代码结尾并关闭程序。

通常在 main( )结束之前会有大约四个线程打印，但结果总是不同的。如果你的计算机速度更快，那么可能不会打印任何内容。此外，有时线程会发生 panic：

```
thread 'thread 'I am printing something
thread '<unnamed><unnamed>thread " panicked at '<unnamed>I am printing something
' panicked at 'thread '<unnamed>cannot access stdout during shutdown' panicked at
        '<unnamed>thread 'cannot access stdout during
shutdown
```

这是在程序即将关闭时，线程在尝试执行某些操作时出现的错误。

当然，可以在启动线程后，让计算机执行一些任务，这样程序就不会立即关闭：

```
fn main() {
    for _ in 0..10 {
        std::thread::spawn(|| {
            println!("I am printing something");
        });
    }
    let mut busy_work = vec![];
    for _ in 0..1_000_000 {     #A
        busy_work.push(9);
        busy_work.pop();
    }
}
```

#A 让程序将数字 9 添加到一个 Vec 中，然后一百万次地将其移除。它在完成这些操作退出程序时，线程也执行结束了。

这样可以确保所有十个线程都有时间打印它们的消息。但这是一个相当愚蠢的方法来给线程完成的时间。更好的方法是告诉代码在线程完成之前停止。spawn( )函数实际上返回了一个称为 JoinHandle 的东西。可以在 spawn( )的签名中看到这一点：

```
pub fn spawn<F, T>(f: F) -> JoinHandle<T>
where
    F: FnOnce() -> T,
    F: Send + 'static,
    T: Send + 'static,
```

关于这个签名有两点说明：

- f 是闭包：稍后会学习如何将闭包放入我们的函数中。

- 它们都需要 'static 生命周期了吗？'static 意味着闭包及其返回值必须具有整个程序的生命周期。这是因为线程可以超出它们被创建的生命周期。由于我们无法知道它何时返回，需要尽可能长时间地保留它们，直到程序的结束。"

注意： 在 2022 年 8 月的 Rust 1.63 版本中，Rust 引入了一种不需要 'static 生命周期的新型线程，我们将在下一章中看到这个。

11.6.2 使用 JoinHandle 等待线程完成

回到 spawn( ) 函数返回的 JoinHandle。让我们每次启动一个线程时都创建一个变量来保存 JoinHandle：

```
fn main() {
    for _ in 0..10 {
        let handle = std::thread::spawn(|| {
            println!("I am printing something");
        });
    }
}
```

现在变量 handle 是一个 JoinHandle，但还没有对其进行任何操作，主程序仍然在线程有时间打印消息之前就已经完成了。要使用 JoinHandle 告诉程序等待线程完成，调用一个名为 .join( ) 的方法。这个方法的意思是“等待所有线程完成”（它等待线程“加入”它）。所以现在只需写 handle.join( )，它将等待每个线程完成。

```
fn main() {
    for _ in 0..10 {
        let handle = std::thread::spawn(|| {
            println!("I am printing something");
        });
        handle.join();  // Wait for the threads to finish
    }
}
```

现在，直到所有十个线程完成，我们才会离开 main( )。但实际上，还没有完全按照我们想要的方式使用线程。启动一个线程，做一些事情，然后调用 .join( ) 来等待，之后才启动一个新线程。相反，我们想要的是让 main( ) 同时启动所有线程，让它们开始工作，然后才在线程上调用 .join( )。

为了解决这个问题，可以创建一个 Vec 来保存所有的 JoinHandles。然后在所有十个线程都启动并运行后，可以对它们调用 .join( )。

```
fn main() {
    let mut join_handles = vec![];     #A
    for _ in 0..10 {
        let handle = std::thread::spawn(|| {
            println!("I am printing something");
        });
        join_handles.push(handle);     #B
    }
    for handle in join_handles {     #C
```

```
        handle.join().unwrap();
    }
}
```

#A 这是将每个 JoinHandle 存储在其中的 Vec。它位于 for 循环之外。

#B 我们只是将每个 JoinHandle 推入 Vec 中，尚未调用它们的 .join( )。这样做可以让所有十个线程开始工作而无须等待。

#C 我们最终可以对每个线程调用 .join( )，以确保它们已完成。现在所有十个线程都在工作，main( ) 将在它们全部完成之前不会结束。

代码成功打印了“I am printing something”十次，表明 main( ) 确实在等待所有十个线程完成。成功了！

现在对代码进行一点小改动。每个线程都在独立工作，所以打印出线程号而不仅仅是每次都打印“I am printing something”。可以在 for 循环内部创建一个名为 num 的变量，并打印它。然而代码却不起作用！

```
fn main() {
    let mut join_handles = vec![];
    for num in 0..10 {     #A
        let handle = std::thread::spawn(|| {
            println!("Inside thread number: {num}");     #B
        });
        join_handles.push(handle);
    }
    for handle in join_handles {
        handle.join().unwrap();
    }
}
```

#A 我们将写成 for num 而不是 for _，这样就可以打印出线程号了...

#B 并在这里将其打印出来。

错误消息非常长！

```
error[E0373]: closure may outlive the current function, but it borrows `num`, which is
        owned by the current function
 --> src\main.rs:4:41
  |
4 |         let handle = std::thread::spawn(|| {
  |                                         ^^ may outlive borrowed value `num`
5 |             println!("Inside thread number: {num}");
  |                                              --- `num` is borrowed here
  |
note: function requires argument type to outlive `'static`
 --> src\main.rs:4:22
  |
4 |         let handle = std::thread::spawn(|| {
  |  ______________________^
5 | |             println!("Inside thread number: {num}");
6 | |         });
  | |__________^
help: to force the closure to take ownership of `num` (and any other referenced variables),
```

```
    use the `move` keyword
  |
4 |         let handle = std::thread::spawn(move || {
  |                                         ++++
```

错误消息很长，末尾给了我们一些建议：添加 move 关键字。事实上，添加了这个关键字后，问题得到了解决，可以看到线程号以随机顺序打印出来：

```
Inside thread number: 0
Inside thread number: 1
Inside thread number: 4
Inside thread number: 2
Inside thread number: 5
Inside thread number: 6
Inside thread number: 7
Inside thread number: 8
Inside thread number: 9
Inside thread number: 3
```

但是这个关键字到底做了什么，为什么需要它呢？要理解这一点，需要了解一下三种类型的闭包。理解这三种类型闭包的行为对于了解多线程的工作原理是非常有帮助的。

11.6.3 闭包的类型

我们将在下一章详细介绍闭包，但在这里简要介绍一下闭包。还记得 spawn()函数中的 F: FnOnce()-> T 部分吗？FnOnce 是闭包实现的三个特性之一的名称。以下是闭包实现的三个特性：

- FnOnce：按值获取。
- FnMut：获取可变引用。
- Fn：获取常规引用。

当闭包从其环境中捕获变量时，它会尝试实现 Fn。如果它需要修改值，则会使用 FnMut，如果它需要按值获取，则会使用 FnOnce。FnOnce 是一个很好的名称，因为它解释了它的作用：它只获取值一次，然后就不能再获取了。

这里是一个例子：

```
fn main(){
    let my_string = String::from("I will go into the closure");
    let my_closure = ||println!("{my_string}");
    my_closure();
    my_closure();
}
```

闭包 my_closure()不需要修改或按值获取，因此它实现了 Fn：它获取一个引用。所以代码可以编译通过。

如果修改 my_string，闭包将实现 FnMut。

```
fn main(){
    let mut my_string = String::from("I will be changed in the closure");
    let mut my_closure = ||{
```

```
        my_string.push_str(" now");
        println!("{my_string}");
    };
    my_closure();
    my_closure();
}
```

它会打印：

```
I will be changed in the closure now
I will be changed in the closure now now
```

如果按值获取，它就会实现 FnOnce。

```
fn main(){
    let my_vec: Vec<i32> = vec![8, 9, 10];
    let my_closure = ||{
        my_vec.into_iter().for_each(|item|println!("{item}"));    #A
    };
    my_closure();
    // my_closure();    #B
}
```

#A into_iter 获取所有权，my_vec 被传递到 my_closure 中。

#B 这不会起作用，因为闭包是 FnOnce 类型，已经获取了 my_vec 的所有权。my_vec 已经不在了。

我们是通过值传递的，所以不能多次运行 my_closure()。FnOnce 的名字由此而来。

在下一章中，将详细学习这三种闭包类型，但这些基本知识已经足够帮助我们理解使用 move 关键字解决的问题。

11.6.4 使用 move 关键字

现在回到线程，让我们尝试使用外部的值：

```
fn main(){
    let my_string = String::from("Can I go inside the thread?");
    let handle = std::thread::spawn(||{
        println!("{my_string}");
    });
    handle.join().unwrap();
}
```

和之前一样，编译器提示这行不通。

```
error[E0373]: closure may outlive the current function, but it borrows `my_string`, which
        is owned by the current function
  --> src\main.rs:28:37
   |
28|    let handle = std::thread::spawn(||{
   |                                    ^^ may outlive borrowed value `my_string`
29|        println!("{}", my_string);
   |                       --------- `my_string` is borrowed here
   |
```

```
note: function requires argument type to outlive `'static`
  --> src\main.rs:28:18
   |
28 |     let handle = std::thread::spawn(|| {
   |  __________________^
29 | |       println!("{}", my_string);
30 | |     });
   | |_____^
help: to force the closure to take ownership of `my_string` (and any other referenced
        variables), use the `move` keyword
   |
28 |     let handle = std::thread::spawn(move || {
   |                                     ^^^^^^^
```

这次可以理解错误信息以及为什么 move 能解决问题。此时闭包希望实现 Fn，因为它只想引用 my_string 正如我们在上一节看到的，如果可以闭包会实现 Fn，因为它更倾向于仅使用引用。然而，spawn( )方法需要使用 FnOnce，这意味着需要按值传递。move 关键字让我们强制闭包按值传递而不是引用，现在它拥有了这个字符串，因此不再有生命周期问题。

现在代码可以运行：

```
fn main() {
    let mut my_string = String::from("Can I go inside the thread?");
    let handle = std::thread::spawn(move || {
        println!("{my_string}");
    });
    handle.join().unwrap();
}
```

那就是先前代码的问题。让我们再来看一下：

```
fn main() {
    let mut join_handles = vec![];
    for num in 0..10 {
        let handle = std::thread::spawn(|| {
            println!("Inside thread number: {num}");
        });
        join_handles.push(handle);
    }
    for handle in join_handles {
        handle.join().unwrap();
    }
}
```

可以看到 num 是在线程外部声明的，然后 println! 语句尝试只是借用 num。但是 spawn( )方法使用了一个 FnOnce 闭包，它需要按值获取 num，而不是按引用。所以这就是为什么在这里也需要 move 关键字的原因。

可以看到编译器在使用多线程时会时刻监督着你，确保数据没有以错误的方式被借用。同时，现在有了一些额外灵活性的工具：Rc 用于多所有权，Cow 用于接受拥有或借用的数据，并创建新类型以绕过孤立规则。下一章将继续我们对线程、闭包和相关类型的学习。

11.7 总结

- 如果觉得经常使用 .clone( ) 太过烦琐，可以考虑使用 Rc（引用计数器）。
- 如果喜欢在开始编写代码之前先勾勒出代码的高层视图，只需在代码中使用 todo!，编译器会让你自由发挥。
- 一旦理解了 Cow 的签名，它就是一种相当方便的类型，可以接受拥有的和借用的值。
- 如果创建了一个新类型，可以在其上实现任何喜欢的 trait。这是规避孤立规则的最常见方法。
- 因为线程是独立的，当 main( ) 完成时，另一个线程可能尚未结束。如果想要等待线程完成，可以使用从 spawn( ) 函数获得的 JoinHandle。
- 当使用多个线程时，编译器似乎更加严格，因为一个线程可能比它借用的数据存在时间更长。通常使用 move 关键字来解决这个问题。

第12章 关于闭包、泛型和线程的更多内容

本章涵盖了以下内容：

- 函数中的闭包。
- 实现 trait：使用泛型的另一种方式。
- Arc：类似于 Rc，但是线程安全。
- 作用域线程：只在作用域内存在的线程。
- Channel：即使在线程之间也可以发送消息。

这一章有点像上一章：很多新概念一开始可能很难理解。函数中的闭包部分可能是最难的，但它延续了上一章关于三种闭包类型的内容。但本章的其余部分都与之前学到的内容相似。实现 trait 就像常规泛型，但更容易编写；Arc 就像 Rc，作用域线程就像线程，但使用起来更简单；Channel 示例可能会比较容易理解，因为你已经了解了多线程的工作原理。

12.1 闭包作为参数

闭包很棒。我们知道如何创建自己的闭包，但是闭包作为函数参数呢？参数需要有类型，但闭包的类型到底是什么呢？

到目前为止，我们已经看到了闭包有三种类型，并且知道它们可以捕获相同作用域中的变量。我们也知道当一个闭包访问一个变量时，它可以通过值、引用或可变引用来获取。正如在上一章中看到的，闭包在捕获变量时可以自行选择 Fn、FnMut 和 FnOnce 中的一种。然而，在函数参数或返回值中，必须选择这三种中的一种。这与常规的类型推断非常相似。当编写 let my_num = 9 或 let my_num = 9.0 时，编译器可以确定类型，但在函数签名中，必须选择它的确切类型：比如 i32、u8 等。

了解闭包的一种好方法是查看一些函数签名。这里是 .all() 方法的一个示例。我们之前看到 .all() 方法会检查迭代器，看看是否每个元素都满足条件（取决于如何决定返回 true 或 false）。其签名的一部分如下所示：

```
fn all<F>(&mut self, f: F) -> bool
where
    F: FnMut(Self::Item) -> bool,
```

让我们逐个分析这个签名。

- fn all<F>告诉我们这个函数涉及一个泛型，这里称为 F。

- &mut self 很简单：这是一个接受 &mut self（对 self，即迭代器的可变引用）的方法。
- f：F 通常是闭包的变量名和泛型。f 和 F 并没有什么特殊之处，它们可以是不同的名称。可以写成 my_closure：Closure 或 func：Function 或其他任何东西。但在签名中，经常会看到 f：F。实际上 f 不一定是一个闭包。它可以是任何其他类型的泛型。
- F：FnMut（Self::Item）-> bool 告诉我们该函数接受一个闭包，该闭包实现了 FnMut，因此它可以通过可变引用更改值。它接受一个 Self::Item（迭代器的关联类型），并且必须返回 true 或 false。

我们会经常在接受闭包的迭代器方法中看到这种签名。例如，这是 .map()的签名：

```
fn map<B, F>(self, f: F) -> Map<Self, F>
    where
        Self: Sized,
        F: FnMut(Self::Item) -> B,
    {
        Map::new(self, f)
    }
```

签名 fn map<B，F>(self，f：F）表示该函数接受两个泛型。F 是从实现 .map()的容器中获取一个项目的函数，而 B 是该函数的返回类型。在 where 之后，我们看到了特性约束。其中一个是 Sized，下一个是闭包签名。它必须是一个 FnMut，对 Self::Item 执行闭包操作，这是迭代器的下一个项目。然后它返回 B，这是你选择传递的任何内容。如果查看在第 9 章学到的迭代器方法，会发现到处都有 FnMut。

现在让我们放松一下，使用可能是最简单的接受闭包的函数：

```
fn do_something<F>(f: F)
where
    F: FnOnce(),
{
    f();
}
```

这里的函数签名只是说明它接受一个按值（FnOnce）传递的闭包，并且不返回任何内容。所以现在可以写一个不需要任何参数的闭包，然后在里面做任何想做的事情。我们将创建一个 Vec，然后对其进行迭代，以展示现在可以做些什么。

```
fn do_something<F>(f: F)
where
    F: FnOnce(),
{
    f();
}

fn main(){
    let some_vec = vec![9, 8, 10];
    do_something(||{
        some_vec
            .into_iter()
            .for_each(|x|println!("The number is: {x}"));
    });
}
```

输出结果如下：

```
The number is: 9
The number is: 8
The number is: 10
```

由于闭包是 FnOnce()类型的（而且 .into_iter()方法需要通过值获取），它已经被取走了，不能再次使用 some_vec 调用它。下面的代码无法编译，因为我们尝试两次调用 do_something：

```
fn do_something<F>(f: F)
where
    F: FnOnce(),
{
    f();
}

fn main(){
    let some_vec = vec![9, 8, 10];
    do_something(||{
        some_vec
            .into_iter()
            .for_each(|x|println!("The number is: {x}"));
    });
    do_something(||{
        some_vec
            .into_iter()
            .for_each(|x|println!("The number is: {x}"));
    });
}
```

错误消息与其他情况下值移动时完全相同：该值已经“移入”其他地方，因此无法再次使用。

```
9  |     let some_vec = vec![9, 8, 10];
   |         -------- move occurs because `some_vec` has type `Vec<i32>`, which does not
  implement the `Copy` trait
10 |   do_something(||{
   |                -- value moved into closure here
11 |     some_vec
   |     -------- variable moved due to use in closure
...
15 |   do_something(||{
   |                ^^ value used here after move
16 |     some_vec
   |     -------- use occurs due to use in closure
```

现在让我们尝试一个通过引用获取的闭包。可以说闭包是 Fn()类型的。这个闭包将可以随意调用 some_vec，并且变量仍然存活：

```
fn do_something<F>(f: F)
where
    F: Fn(),
{
```

```
    f();
}

fn main(){
    let some_vec = vec![9, 8, 10];
    do_something(||{
        some_vec.iter().for_each(|x|println!("The number is: {x}"));
    });

    do_something(||{
        some_vec.iter().for_each(|x|println!("The number is: {x}"));
    });
}
```

输出将与上一个示例相同，只是打印两次。

尝试将第 3 行的 F: Fn()更改为 F: FnOnce()。代码会编译通过，让我们找出原因。

12.1.1 一些简单的闭包

要理解三种闭包特性的工作原理，让我们看一下一些非常简单的函数，每个函数都接受一个闭包。首先是一个接受 Fn()闭包并调用它两次的函数：

```
fn takes_fn<F: Fn()>(f: F) {
    f();
    f();
}
```

可以看到，它不是 FnOnce，可以调用两次（或者三次，或更多……）。

接下来是一个接受 FnMut()闭包并调用它两次的函数。这个函数也可以被调用多次：

```
fn takes_fnmut<F: FnMut()>(mut f: F) {
    f();
    f();
}
```

最后，有一个接受 FnOnce()闭包的函数。如果第二次调用它，它将无法编译。

```
fn takes_fnonce<F: FnOnce()>(f: F) {
    f();
    // f(); // this won't work
}
```

你会注意到接受闭包的函数看起来非常简单。这是因为闭包可以捕获其环境中的变量，因此大多数情况下不需要传递任何参数。我们的每个闭包（Fn()、FnMut()和 FnOnce()）都不带任何参数，并且不返回任何东西，但它们可以捕获周围的变量。

现在让我们创建一些实际的闭包来传递给这些函数。在 main()中，会有一个可变的 String 和三种捕获它的闭包类型。然后会调用它们中的每一个。

```
fn takes_fnonce<F: FnOnce()>(f: F) {
    f();
}
fn takes_fnmut<F: FnMut()>(mut f: F) {
    f();
```

```
    f();
}
fn takes_fn<F: Fn()>(f: F) {
    f();
    f();
}

fn main() {
    let mut my_string = String::from("Hello there");

    let prints_string = || {      #A
        println!("{my_string}");
    };
    takes_fn(prints_string);      #B

    let adds_exclamation_and_prints = || {      #C
        my_string.push('!');
        println!("{my_string}");
    };
    takes_fnmut(adds_exclamation_and_prints);      #D

    let prints_then_drops = || {      #E
        println!("Now dropping {my_string}");
        drop(my_string);
    };
    takes_fnonce(prints_then_drops);
    // takes_fnonce(prints_then_drops);      #F
}
```

#A 这个闭包只需要通过引用捕获，因此它将是一个 Fn 闭包。

#B takes_fn 函数将闭包作为参数，然后调用它两次。

#C 接下来的闭包需要通过可变引用捕获，因此它将是一个 FnMut 闭包。

#D takes_fnmut 函数将闭包作为参数，然后调用它两次。

#E 最后我们有一个通过值捕获的闭包，因此它是一个 FnOnce 闭包。

#F takes_fnonce 函数使用 prints_then_drops，但不能再次使用。

这是输出结果：

```
Hello there
Hello there
Hello there!
Hello there!!
Now dropping Hello there!!
```

其实不必给闭包取名字，通常更常见的做法是直接在使用它作为参数的函数内部编写闭包。下面的代码与刚才看到的代码完全相同，只是我们直接在函数中编写了闭包，而不是先给它们命名。

```
fn takes_fnonce<F: FnOnce()>(f: F) {
    f();
}
```

```
fn takes_fnmut<F: FnMut()>(mut f: F) {
    f();
    f();
}
fn takes_fn<F: Fn()>(f: F) {
    f();
    f();
}

fn main(){
    let mut my_string = String::from("Hello there");
    takes_fn(||{
        println!("{my_string}");
    });
    takes_fnmut(||{
        my_string.push('!');
        println!("{my_string}");
    });
    takes_fnonce(||{
        println!("Now dropping {my_string}");
        drop(my_string);
    });
}
```

当编写一个闭包时，只是在编写另一种类型的函数，然后常规函数会调用闭包。所以当调用那些常规函数时，它们会调用闭包，然后执行闭包内部的代码。

现在我们已经掌握了这些基础知识，让我们看看每种闭包类型的签名。

12.1.2 FnOnce、FnMut 和 Fn 之间的关系

从它们的签名中可以看到这三个闭包特性之间的关系。首先来看一下 Fn 的签名。这里是重要的部分：

```
pub trait Fn: FnMut
```

就像在任何其他特性中一样，冒号后面的特性是必须首先实现的。这意味着闭包在实现 Fn 之前，必须先实现 FnMut。

好的，让我们看看 FnMut！

```
pub trait FnMut: FnOnce
```

所以一个闭包需要 FnMut 来实现 Fn，但在实现 FnMut 之前，它需要 FnOnce。

最后，让我们来看看 FnOnce。

```
pub trait FnOnce
```

可以看到 FnOnce 不需要实现任何其他 traits。总结一下：

- Fn 必须实现其他两个 traits（FnMut 和 FnOnce）。
- FnMut 必须实现 traits（FnOnce）。
- FnOnce 不需要实现任何其他 traits。

这意味着所有的闭包都实现了 FnOnce。

顺便说一句，在：之后的 trait 被称为 supertrait。FnOnce 是 FnMut 的 supertrait，而 FnMut 是 Fn 的 supertrait。"super"表示“祖先”的意思，可以这样理解：

- 首先从顶部开始实现 FnOnce。
- 有了 FnOnce 的实现，就可以实现 FnMut。
- 最后实现 Fn。

与此相反的是 subtrait，它的意思是“子孙”。如果想实现第一个需要的 trait（上一行，所以是 super），然后转到下一行实现下一个 trait（下一行，所以是 sub），那么 supertrait 和 subtrait 就很容易记住。

这意味着，如果一个函数将 FnOnce 作为参数，它也可以接受 Fn（因为 Fn 也实现了 FnOnce）或者 FnMut（因为 FnMut 也实现了 FnOnce）。如果一个函数接受 FnMut，那么它也可以接受 Fn（因为 Fn 实现了 FnMut）。

可以用之前的例子来证明这一点。我们将去掉函数 takes_fn()，只保留 takes_fnonce()和 takes_fnmut()。它仍然有效！

```
fn takes_fnonce<F: FnOnce()>(f: F) {
    f();
}
fn takes_fnmut<F: FnMut()>(mut f: F) {
    f();
    f();
}

fn main() {
    let mut my_string = String::from("Hello there");
    let prints_string = || {
        println!("{my_string}");
    };
    takes_fnonce(prints_string);    #A
    takes_fnmut(prints_string);    #B
    let adds_exclamation_and_prints = || {
        my_string.push('!');
        println!("{my_string}");
    };
    takes_fnonce(adds_exclamation_and_prints);    #C
    let prints_then_drops = || {
        println!("Now dropping {my_string}");
        drop(my_string);
    };
    takes_fnonce(prints_then_drops);    #D
}
```

#A takes_fnonce 接受一个 FnOnce，而 Fn 实现了 FnOnce。没问题。

#B takes_fnmut 接受一个 FnMut，而 Fn 实现了 FnMut。同样没问题。

#C takes_fnonce 接受一个 FnOnce，而 FnMut 实现了 FnOnce。

#D takes_fnonce 接受一个 FnOnce，而 FnOnce（当然）实现了 FnOnce。

这就是为什么有时候一些书会说 Fn 是三种闭包特性中“最强大”的，因为无论写了哪种闭包特性，都可以传入它。同时，拥有一个接受 Fn 的函数是最具限制性的，因为 Fn 闭包必须实现所有三个特性。在希望得到 Fn 的函数中，不能使用 FnMut 或 FnOnce 作为参数。

12.1.3 闭包都是独一无二的

一个有趣的事实是，闭包永远不会与另一个闭包是相同类型（即使签名相同）。这些类型总是不同的，因为 Fn、FnMut 和 FnOnce 是特性，而不是具体类型。

让我们通过一个示例来证明这一点。这是一个接受类型为 Fn()-> i32 的闭包的函数。我们将创建一个闭包并将其提供给函数。由于函数什么也不做，所以示例中没有输出，但编译器对此很满意：

```
fn takes_a_closure_and_does_nothing<F>(f: F)
where
    F: Fn()-> i32,
{}

fn main(){
    let my_closure = ||9; //Takes nothing, returns an i32
    takes_a_closure_and_does_nothing(my_closure);
}
```

现在尝试让它接受两个具有完全相同签名的闭包。这一次将创建两个具有相同签名的闭包，然后尝试将它们传递进去。

```
fn takes_two_closures_and_does_nothing<F>(first: F, second: F)
where
    F: Fn()-> i32,
{
}

fn main(){
    let first_closure = ||9;
    let second_closure = ||9;
    takes_two_closures_and_does_nothing(first_closure, second_closure);
}
```

可以看到它不起作用！编译器给了我们一个很棒的错误提示，告诉我们问题出在哪里：

```
error[E0308]: mismatched types
  --> src/main.rs:10:56
   |
8  |    let first_closure = ||9;
   |                        -- the expected closure
9  |    let second_closure = ||9;
   |                        -- the found closure
10 |     takes_two_closures_and_does_nothing(first_closure, second_closure);
   |     -----------------------------------                ^^^^^^^^^^^^^^ expected
     closure, found a different closure
   |     |
   |    arguments to this function are incorrect
   |
   = note: expected closure `[closure@ src/main.rs:8:25: 8:27]`
              found closure `[closure@ src/main.rs:9:26: 9:28]`
```

```
= note: no two closures, even if identical, have the same type
= help: consider boxing your closure and/or using it as a trait object
```

因为这些闭包是实现了 Fn 特性的唯一类型，而不是具体的 Fn 类型。从编译器的角度来看，这两个参数看起来像这样：

- 参数 1：某个实现了 Fn 特性的类型，不带参数，返回一个 i32。
- 参数 2：另一个实现了 Fn 特性的类型，不带参数，返回一个 i32。

因为 first_closure 只是实现了某个特性的某种类型，而 second_closure 也只是实现了另一个特性的另一种类型，所以它们不是相同的类型。

错误消息的最后一部分很有意思："考虑对闭包进行封箱"。我们将在下一章中了解这条消息的含义（如果对此感到好奇，可以尝试搜索"特性对象"这个术语）。

现在，如果我们只是想让这段代码编译通过，可以告诉编译器，这两个闭包是不同的类型，将它们称为 F 和 G 而不仅仅是 F。编译器会接受这样的写法。

```
fn takes_two_closures_and_does_nothing<F, G>(first: F, second: G)
where
    F: Fn()-> i32,
    G: Fn()-> i32,
{
}

fn main(){
    let first_closure = ||9;
    let second_closure = ||9;
    takes_two_closures_and_does_nothing(first_closure, second_closure);
}
```

最后让我们以一个非常有趣的例子来结束这一部分。

12.1.4 闭包示例

现在来编写一个有趣的闭包示例。在这个示例中，我们将再次创建一个 City 结构体。这次 City 结构体包含了更多关于年份和人口的数据。它有一个 Vec<u32>，用于存储所有的年份，还有另一个 Vec<u32>，用于存储所有的人口。

City 结构体有一个名为 .change_city_data( ) 的方法，它接受一个闭包。当我们使用 .change_city_data( ) 方法时，它会传递给我们年份和人口数据，以及一个闭包，这样就可以对数据进行任意操作。这个闭包类型是 FnMut，因此可以更改数据，但不会取得所有权。在以下示例中，将通过闭包对 City 数据进行一些随机更改，看起来像这样：

```
#[derive(Debug)]
struct City {
    name: String,
    years: Vec<u32>,
    populations: Vec<u32>,
}

impl City {
    fn change_city_data<F>(&mut self, mut f: F)     #A
```

```
    where
        F: FnMut(&mut Vec<u32>, &mut Vec<u32>),     #B
    {
        f(&mut self.years, &mut self.populations)     #C
    }
}

fn main(){
    let mut tallinn = City {
        name: "Tallinn".to_string(),
        years: vec![1372, 1834, 1897, 1925, 1959, 1989, 2000, 2010, 2020],
        populations: vec![
            3_250, 15_300, 58_800, 119_800, 283_071, 478_974, 400_378, 406_703, 437_619,
        ],
    };

    tallinn.change_city_data(|x, y|{     #D
        x.push(2030);
        y.push(500_000);
    });

    tallinn.change_city_data(|years, populations|{     #E
        let new_vec = years
            .iter_mut()
            .zip(populations.iter_mut())     #F
            .take(3)
            .collect::<Vec<(_, _)>>();     #G
        println!("{new_vec:?}");
    });

    tallinn.change_city_data(|x, y|{  #H
        let position_option = x.iter().position(|x| *x == 1834);
        if let Some(position) = position_option {
            println!(
                "Going to delete {} at position {:?} now.",
                x[position], position
            );
            x.remove(position);
            y.remove(position);
        }
    });

    println!(
        "Years left are {:?}\nPopulations left are {:?}",
        tallinn.years, tallinn.populations
    );
}
```

#A 我们引入 self，f 是一个泛型类型 F。可以把它写成 "mut closure: GenericClosure" 或任何其他的名字，但在 Rust 中 f 和 F 是最常见的。

#B 这个闭包接受 u32 类型的可变 Vec，它们是年份和人口数据。如何确保年份和人口数据被传入呢？
#C 通过调用闭包并传入这些参数，现在每次使用这个函数时，用户都可以访问这些参数，并可以对闭包做任何想做的事情，只要签名匹配即可。
#D 选择 x 和 y 作为两个变量，并且现在可以用它们为 2030 年添加一些数据。
#E 可以选择 'years' 和 'populations' 作为名称。让我们把 3 年的数据放在一起并打印出来。
#F 将两者组合起来，然后只取前三个。
#G 告诉 Rust 决定元组内的类型。
#H 为了对数据进行最终的随机更改，如果 .position() 方法找到 1834 年的数据，则删除它。

运行上述代码将打印我们每次调用 .change_city_data() 的结果。结果是：

```
[(1372, 3250), (1834, 15300), (1897, 58800)]
Going to delete 1834 at position 1 now.
Years left are [1372, 1897, 1925, 1959, 1989, 2000, 2010, 2020, 2030]
Populations left are [3250, 58800, 119800, 283071, 478974, 400378, 406703, 437619, 500000]
```

这可能是一个适合做实验的好例子。也可以尝试将 change_city_data() 中的闭包改为接受整个 City 结构的可变引用，而不是两个参数，那么此时会如何更改函数签名呢？需要做哪些变动才能通过编译呢，就留待你去思考吧！

关于闭包的学习已经够多了！随着越来越多地使用 Rust，你会经常看到闭包。现在来看看使用泛型的另一种方法。

12.2 impl Trait

事实证明，Rust 还有其他使用泛型的方法，现在学习下一个方法：impl Trait。让我们快速回顾一下已经了解的泛型，以便理解 impl Trait 泛型的不同之处。

12.2.1 常规泛型与 impl Trait 的比较

让我们从一个非常简单的函数开始，比较两个数字。

```
fn print_maximum(one: i32, two: i32) {
    let higher = if one > two { one } else { two };
    println!("{higher} is higher");
}

fn main() {
    print_maximum(8, 10);
}
```

这将打印出：10 is higher。

但这只接受一个 i32，现在将它泛型化，这样就可以接受不止 i32。我们想要比较并打印出 {}。为了做到这一点，类型 T 将需要具有 PartialOrd 和 Display。记住，这意味着“只接受已经具有 PartialOrd 和 Display”的类型。这是一个泛型函数：

```
use std::fmt::Display;

fn print_maximum<T: PartialOrd + Display>(one: T, two: T) {
```

```
    let higher = if one > two { one } else { two };
    println!("{higher} is higher.");
}

fn main() {
    print_maximum(8, 10);
}
```

现在来看一下 impl Trait，这与之类似。可以代入一个 impl Trait，而不是一个类型 T。然后该函数将接受一个实现了该 Trait 的类型。

```
use std::fmt::Display;

fn prints_it(input: impl Into<String> + Display) {     #A
    println!("You can print many things, including {input}");
}

fn main() {
    let name = "Tuon";
    let string_name = String::from("Tuon");
    prints_it(name);
    prints_it(string_name);
}
```

#A 接受任何能转换为 String 并且还实现了 Display 的东西。

对于使用 impl Trait 与普通泛型相比，存在一些差异和限制。一个区别是对于 impl Trait，不能决定类型——由函数来决定它。看一下这个例子：

```
use std::fmt::Display;

fn prints_it_impl_trait(input: impl Display) {
    println!("You can print many things, including {input}");
}

fn prints_it_regular_generic<T: Display>(input: T) {
    println!("You can print many things, including {input}");
}

fn main() {
    prints_it_regular_generic::<u8>(100);     #A
    prints_it_impl_trait(100);     #B
    prints_it_impl_trait(100u8);     #C
    // prints_it_impl_trait::<u8>(100);     #D
}
```

#A 这里可以指定 u8。

#B 默认情况下 Rust 会选择 i32。

#C 可以通过这种方式传入一个 u8。但没有告诉函数选择什么具体类型，只是给它一个会做出反应的具体类型。

#D 最后一个示例不会起作用：在调用函数时无法决定类型。

这两者之间的差异在我们看第一个示例的 impl Trait 版本时变得更加明显。这段代码不起作用：

```
use std::fmt::Display;

fn gives_higher(one: impl PartialOrd + Display, two: impl PartialOrd + Display) {
    let higher = if one > two { one } else { two };
    println!("{higher} is higher.");
}

fn main(){
    gives_higher(8, 10);
}
```

这是因为常规泛型指定了一个类型名称，比如 T。编写 T：PartialOrd + Display 意味着“有一个名为 T 的单一类型，并且它将实现 PartialOrd 和 Display”。但编写 implPartialOrd + Display 意味着“这个参数将是实现了 PartialOrd 和 Display 的某种类型”。但是没有任何方法表明它们将是相同的类型，而 PartialOrd 用于比较相同类型的两个变量！没有类型 T 来告诉编译器我们正在处理一个单一类型。

编译器给的错误有些令人困惑：

```
4 |    let higher = if one > two { one } else { two };
  |                       ---  ^^^ expected type parameter `impl PartialOrd + Display`,
     found a different type parameter `impl PartialOrd + Display`
  |                       |
  |                       expected because this is `impl PartialOrd + Display`
  |
= note: expected type parameter `impl PartialOrd + Display` (type parameter `impl
     PartialOrd + Display`)
            found type parameter `impl PartialOrd + Display` (type parameter `impl
     PartialOrd + Display`)
```

另一个限制可以在这里看到：impl Trait 只能作为常规函数的参数或返回类型。它不能出现在实现 trait 的情况下，也不能作为 let 绑定的类型，更不能出现在类型别名中。

到目前为止，我们只谈到了 impl Trait 的一些缺点！但它有一个很大的优点：可以从函数中返回 impl Trait，这使得我们可以返回闭包，因为它们的函数签名就是 trait。换句话说，可以编写返回函数的函数。让我们看看它是如何工作的。

12.2.2 使用 impl Trait 返回闭包

由于可以从函数返回 impl Trait，这意味着也可以用它来返回一个闭包。要返回一个闭包，先使用 impl，然后是闭包的签名。一旦返回了它，就可以像使用任何其他闭包一样使用它。

这里有一个小例子，根据你输入的文本给你一个闭包的函数。如果输入 "double" 或 "triple"，它会将数字乘以 2 或 3，否则它会给相同的数字。让我们打印一条消息。

```
fn returns_a_closure(input: &str) -> impl FnMut(i32) -> i32 {
    match input {
        "double" => |mut number| {
            number *= 2;
            println!("Doubling number. Now it is {number}");
            number
        },
        "triple" => |mut number| {
```

```
            number * = 3;
            println! ("Tripling number. Now it is {number}");
            number
        },
        _ => |number| {
            println! ("Sorry, it's the same: {number}.");
            number
        },
    }
}

fn main() {
    let my_number = 10;

    //Makes three closures
    let mut doubles = returns_a_closure("double");
    let mut triples = returns_a_closure("triple");
    let mut does_nothing = returns_a_closure("HI");

    let doubled = doubles(my_number);
    let tripled = triples(my_number);
    let same = does_nothing(my_number);
}
```

输出结果是：

```
Doubling number. Now it is 20
Tripling number. Now it is 30
Sorry, it's the same: 10.
```

可以看到 returns_a_closure( )就像任何其他函数一样：它有一个必须遵循的返回类型。只是它的返回类型不是数字或其他某种类型，而是一个闭包，类型是 FnMut (i32) -> i32。如果闭包返回这种类型，那么编译器将允许你的代码编译。

这里有一个稍微复杂的例子。让我们想象一个游戏，你的角色面对的怪物在晚上更加强大。可以创建一个名为 TimeOfDay 的枚举来跟踪白天和黑夜。你的角色名叫 Simon，有一个叫作 character_fear 的数字，是一个 f64 类型。它在晚上会增加，在白天会减少。我们将创建一个名为 make_fear_closure( )的函数来改变恐惧程度，但也会做其他事情，比如输出消息。函数可能是这样的：

```
enum TimeOfDay {
    Dawn,
    Day,
    Sunset,
    Night,
}

fn make_fear_closure(input: TimeOfDay) -> impl FnMut(&mut f64) {     #A
    match input {
        TimeOfDay::Dawn => |x: &mut f64| {
            *x * = 0.5;
            println!(
```

```
                "The morning sun has vanquished the horrible night.
You no longer feel afraid.\n Fear: {x}"
            );
        },
        TimeOfDay::Day => |x: &mut f64| {
            *x *= 0.2;
            println!("What a nice day! \n Fear: {x}");
        },
        TimeOfDay::Sunset => |x: &mut f64| {
            *x *= 1.4;
            println!("The sun is almost down! This is no good.\n Fear: {x}");
        },
        TimeOfDay::Night => |x: &mut f64| {
            *x *= 5.0;
            println!("What a horrible night to have a curse.\n Fear: {x}");
        },
    }
}

fn main() {
    use TimeOfDay::*;
    let mut fear = 10.0; // Starts Simon with 10

    let mut make_daytime = make_fear_closure(Day);     #B
    let mut make_sunset = make_fear_closure(Sunset);
    let mut make_night = make_fear_closure(Night);
    let mut make_morning = make_fear_closure(Dawn);

    make_daytime(&mut fear);     #C
    make_sunset(&mut fear);
    make_night(&mut fear);
    make_morning(&mut fear);
}
```

#A 函数接受一个 **TimeOfDay**，返回一个闭包。我们使用 **impl FnMut(&mut f64)** 幕式表示它需要改变值。

#B 在这里创建 **4** 个闭包，每次我们想改变 **Simon** 的恐惧程度时都会调用它们。

#C 在 **Simon** 的恐惧程度上调用这些闭包。它们会输出一条消息并改变恐惧程度数字。

这将打印出：

```
What a nice day!
  Fear: 2
The sun is almost down! This is no good.
  Fear: 2.8
What a horrible night to have a curse.
  Fear: 14
The morning sun has vanquished the horrible night.
You no longer feel afraid.
  Fear: 7
```

这可能不是编写游戏代码的最佳方式。但是熟练掌握返回闭包的做法是很好的练习，因为能够像这样返回函数可以非常强大。

12.3 Arc

在前一章中，可能记得我们使用了 Rc 来给一个变量增加多个所有者。如果我们在一个线程中做同样的事情，需要一个 Arc。Arc 代表“原子引用计数器”。原子意味着它使用原子操作。

原子操作之所以被称为原子，是因为它们是不可分割的（不能被分割）。对于计算机操作来说，这意味着原子操作不能在进行中被观察到，它们要么已完成，要么未完成。这就是为什么它们是线程安全的，因为在进行原子操作时，其他线程无法干扰。每个计算机处理器都以自己的方式执行原子操作。如果原子操作发生在处理器级别，那么是否有一些处理器没有它们？答案是肯定的，但不常见。可以在 Rust 的原子类型文档中看到其中一些。

```
The atomic types in this module might not be available on all platforms. The atomic types
    here are all widely available, however, and can generally be relied upon existing.
    Some notable exceptions are:

- PowerPC and MIPS platforms with 32-bit pointers do not have AtomicU64 or AtomicI64 types.

- ARM platforms like armv5te that aren't for Linux only provide load and store operations,
    and do not support Compare and Swap (CAS) operations... (and so on and so on).
```

因此，只要不是在非常老旧或罕见的计算机上构建你的 Rust 代码，将能够访问像 Arc 这样的线程安全类型。

原子操作很重要，因为如果两个线程同时写入数据，将会得到一个意外的结果。想象一下，如果在 Rust 中没有像 Arc 这样的线程安全类型，能做的事情是这样的：

```
let mut x = 10;

for i in 0..10 { //Inside thread 1
    x += 1;
}
for i in 0..10 { //Inside thread 2
    x += 1;
}
```

如果线程 1 和线程 2 同时启动，也许会发生这种情况：

- 线程 1 看到 10，加 1 后变成 11。然后线程 2 看到 11，加 1 后变成 12。到目前为止运行正常。
- 线程 1 看到 12。同时，线程 2 也看到 12。线程 1 加 1 后变成 13。但线程 2 仍认为是 12，并写入 13。现在我们有 13，但应该是 14。这是个大问题。

Arc 使用原子操作来确保这种情况不会发生（原子操作不允许同时进行多个访问），因此在使用多线程时必须使用它。然而，如果只有一个线程，你并不需要 Arc，因为 Rc 稍微快一些。因此，除非你有多个线程，否则请使用 Rc。

不过仅使用 Arc 不能改变数据——它只是一个引用计数器。所以需要把数据包装在一个 Mutex 中，再把 Mutex 包装在 Arc 中。这样，它既可以有多个所有者（因为它是一个引用计数器），又是线程安全的（因为它是原子的），而且是可变的（因为它在 Mutex 内部）。

因此，使用 Arc 中的 Mutex 来改变一个数值。首先，设置一个线程：

```
fn main(){

    let handle = std::thread::spawn(||{
//Just testing the thread
        println!("The thread is working!")
    });

    handle.join().unwrap();    #A
    println!("Exiting the program");
}
```

#A 使用 .join()方法，我们在此等待直到线程完成。

到目前为止，这只打印了：

```
The thread is working!
Exiting the program
```

现在把它放在一个 0..5 的 for 循环中：

```
fn main(){

    let handle = std::thread::spawn(||{
        for _in 0..5 {
            println!("The thread is working!")
        }
    });

    handle.join().unwrap();
    println!("Exiting the program");
}
```

这也能正常工作。我们得到了以下输出：

```
The thread is working!
The thread is working!
The thread is working!
The thread is working!
The thread is working!
Exiting the program
```

现在再创建一个线程。每个线程将做同样的事情。可以看到这些线程同时工作。有时会先输出“线程 1 正在工作!”，而其他时候会先输出“线程 2 正在工作!”。这被称为并发（concurrency）。

```
fn main(){
    let thread1 = std::thread::spawn(||{
        for _in 0..5 {
            println!("Thread 1 is working!")
        }
    });

    let thread2 = std::thread::spawn(||{
        for _in 0..5 {
            println!("Thread 2 is working!")
        }
```

```
    });

    thread1.join().unwrap();
    thread2.join().unwrap();
    println!("Exiting the program");
}
```

现在想要修改 my_number 的值。当前它是一个 i32。我们将其更改为 Arc<Mutex<i32>>：一个可以更改的 i32，包装在 Arc 中：

```
let my_number = Arc::new(Mutex::new(0));
```

现在已经有了这个，我们可以克隆它，并且每个克隆可以进入不同的线程。我们有两个线程，所以将制作两个克隆。一个将进入第一个线程，另一个将进入第二个线程：

```
let my_number = Arc::new(Mutex::new(0));

let cloned_1 = Arc::clone(&my_number);
let cloned_2 = Arc::clone(&my_number);
```

现在我们有了与 my_number 相关联的线程克隆，可以将它们安全移动到其他线程中。

```
use std::sync::{Arc, Mutex};

fn main(){
    let my_number = Arc::new(Mutex::new(0));

    let cloned_1 = Arc::clone(&my_number);
    let cloned_2 = Arc::clone(&my_number);

    let thread1 = std::thread::spawn(move ||{     #A
        for _ in 0..10 {
            *cloned_1.lock().unwrap()+= 1;     #B
        }
    });

    let thread2 = std::thread::spawn(move ||{
        //Only the clone goes into thread 2
        for _ in 0..10 {
            *cloned_2.lock().unwrap()+= 1;
        }
    });

    thread1.join().unwrap();
    thread2.join().unwrap();
    println!("Value is: {my_number:?}");
    println!("Exiting the program");
}
```

#A 线程使用 move 关键字获取了 Arc 的克隆所有权，但它仅获取了 Arc 的克隆所有权，因此 my_number 仍然存在。

#B 锁定 Mutex 并在此处更改值。

这个程序每次都会打印这个信息：

```
Value is: Mutex { data: 20, poisoned: false, .. }
Exiting the program
```

可以在一个单独的 for 循环中将这些线程合并在一起，这样就能够使用更多的线程，而无须编写大量额外的代码。

我们需要将这些句柄保存在某个地方，这样就可以在循环外部调用每个句柄的 .join( ) 方法，就像我们之前学过的那样。

```
use std::sync::{Arc, Mutex};

fn main(){
    let my_number = Arc::new(Mutex::new(0));
    let mut handle_vec = vec![];     #A

    for _ in 0..10 {     #B
        let my_number_clone = Arc::clone(&my_number);     #C
        let handle = std::thread::spawn(move || {     #D
            for _ in 0..10 {
                *my_number_clone.lock().unwrap() += 1;
            }
        });
        handle_vec.push(handle);     #E
    }

    handle_vec.into_iter().for_each(|handle| handle.join().unwrap());     #F
    println!("{my_number:?}");
}
```

#A 我们的 JoinHandles 将在这里使用。

#B 这次让我们使用 10 个线程。

#C 在启动线程之前进行克隆。

#D 使用 move 来使线程拥有克隆。

#E 保存 JoinHandle，这样可以在循环外调用 .join( )。

#F 最后，在所有的 handles 上调用 .join( )。

最后，这将打印出 Mutex { data: 100, poisoned: false, .. }。

这看起来很复杂，但在 Rust 中，Arc<Mutex<SomeType>>经常被使用，并且使用这种模式很快就会变得自然。与此同时，也可以重写你的代码，使其更易于阅读。以下是同样的代码，增加了一个 use 语句和两个函数。这些函数并没有做任何新的事情，只是将一些代码从 main( ) 函数中移出，可能会使代码的理解变得更加容易。

```
use std::sync::{Arc, Mutex};
use std::thread::spawn;     #A

fn make_arc(number: i32) -> Arc<Mutex<i32>> {     #B
    Arc::new(Mutex::new(number))
}

fn new_clone(input: &Arc<Mutex<i32>>) -> Arc<Mutex<i32>> {     #C
    Arc::clone(&input)
```

```
}

fn main(){
    let mut handle_vec = vec![];
    let my_number = make_arc(0);

    for _ in 0..10 {
        let my_number_clone = new_clone(&my_number);
        let handle = spawn(move || {
            for _ in 0..10 {
                let mut value_inside = my_number_clone.lock().unwrap();
                *value_inside += 1;
            }
        });
        handle_vec.push(handle);
    }
    handle_vec.into_iter().for_each(|handle| handle.join().unwrap());
    println!("{my_number:?}");
}
```

#A 现在可以直接编写 spawn 来启动一个新线程。

#B 定义一个函数便于阅读，用来创建一个包装在 Arc 中的 Mutex。

#C 定义函数同样是用来使这个线程示例更容易阅读。

在学习了所有关于线程的内容之后，还有另一种类型的线程要学习。这种线程实际上更容易使用！让我们来看一看。

12.4 作用域线程

作用域线程是 Rust 的一个较新的功能，它们在 Rust 1.63 发布于 2022 年 8 月时才稳定下来。还记得在上一个示例中，为了常规线程需要克隆 Arc 并使用 move 来获取所有权，因为常规线程需要静态保证吗？作用域线程不需要这样做，因为它们保证只存在于一个作用域内（即 {} 花括号内）。以下是文档中的描述：

```
"Unlike non-scoped threads, scoped threads can borrow non-'static data, as the scope
    guarantees all threads will be joined at the end of the scope."
```

这意味着也不需要使用 .join()，因为线程将在作用域结束时自动加入。

现在看看它们的区别。对于普通线程，使用 thread::spawn()来启动一个线程：

```
use std::thread;

fn main(){
    thread::spawn(|| {
        // Do thread stuff
    });
    thread::spawn(|| {
        //Do more thread stuff.
    });
        #A
}
```

#A 不要忘记在这里加入它们，否则 main( )可能会在线程结束之前结束。

使用作用域线程时，首先需要创建一个作用域，使用 thread :: scope( ) 函数。线程将只在该作用域内存在。然后可以使用作用域提供的闭包来启动线程。

```
use std::thread;

fn main(){
    thread::scope(|s|{     #A
        s.spawn(||{
            //Do thread stuff
        });
        s.spawn(||{
            //Do thread stuff
        });
    });    #B
}
```

#A 这里只是称它为 "s"。可以随意取任何名字。

#B 线程在这里自动加入，所以不需要考虑 JoinHandle。

现在让我们将之前的例子改为使用作用域线程。看看代码简化了多少。目前仍然需要一个 Mutex，因为有多个线程在改变 my_number，但不再需要 Arc。也不需要使用 move，因为线程不再强制要求获取所有权：它们可以简单地借用这些值，因为线程保证在作用域结束后不再存在。

```
use std::sync::Mutex;
use std::thread;

fn main(){
    let my_number = Mutex::new(0);
    thread::scope(|s|{
        s.spawn(||{
            for _ in 0..10 {
                *my_number.lock().unwrap()+= 1;
            }
        });
        s.spawn(||{
            for _ in 0..10 {
                *my_number.lock().unwrap()+= 1;
            }
        });
    });
}
```

事实上，如果只有一个线程在使用你的数据，根本不需要 Mutex。作用域线程遵循 Rust 的所有常规借用规则，所以如果只有一个线程有一个可变借用，那么就不会有问题。让我们在作用域线程中添加两个普通的数字（一个可变，一个不可变），并看一下效果。

```
use std::sync::Mutex;
use std::thread;

fn main(){
    let mutex_number = Mutex::new(0);    #A
```

```
    let mut regular_mut_number = 0;     #B
    let regular_unmut_number = 0;     #C

    thread::scope(|s|{
        s.spawn(||{
            for _ in 0..3 {
                *mutex_number.lock().unwrap()+= 1;
                regular_mut_number += 1;
                println!("Multiple immutable borrows is fine!{regular_unmut_number}");
            }
        });
        s.spawn(||{
            for _ in 0..3 {
                *mutex_number.lock().unwrap()+= 1;
                // regular_mut_number += 1;     #D
                println!("Borrowing {regular_unmut_number} here too, it's just fine!");
            }
        });
    });

    println!("mutex_number: {mutex_number:?}");
    println!("regular_mut_number: {regular_mut_number}");
}
```

#A 两个线程都使用这个，所以我们使用线程安全的 Mutex。

#B 只有一个线程会修改这个，所以不需要 Mutex。

#C 这个变量不是可变的，所以两个线程都可以借用它。

#D 这是两个同时存在的可变引用，这是 Rust 中绝对不允许的。

由于多个线程同时工作，每次的输出会有所不同，但大致类似于如下内容：

```
Borrowing 0 here too, it's just fine!
Multiple immutable borrows is fine!0
Multiple immutable borrows is fine!0
Borrowing 0 here too, it's just fine!
Multiple immutable borrows is fine!0
Borrowing 0 here too, it's just fine!
mutex_number: Mutex { data: 6, poisoned: false, .. }
regular_mut_number: 3
```

如果想看到一个更复杂（但更易读）的例子，可以尝试如下代码：

```
use std::thread;

fn main(){
    thread::scope(|s|{
        for thread_number in 0..1000 {
            s.spawn(move ||{
                println!("Thread number {thread_number}");
            });
        };
    });
}
```

如果运行这个代码，会看到确实有很多线程同时在运行。每次的输出都会不同。写这本书时的一个示例如下：

```
Thread number 2
Thread number 305
Thread number 176
Thread number 50
Thread number 175
Thread number 3
Thread number 4
Thread number 5
Thread number 6
Thread number 7
```

如果你可以接受线程只存在于单一作用域内，可以试试作用域线程。常规线程的优点是只要你的程序在运行，它们就会一直存在，如果有一个任务需要完成且任务完成后不再需要线程，那么作用域线程就很容易生成和使用。

12.5 通道（Channel）

在 Rust 标准库中使用通道是一种将信息发送给一个接收者的简便方法，即使是在线程之间。通道很流行，因为它们是线程安全的，但组合起来非常简单。通道的灵活性是其受欢迎的另一个原因。一个通道可以有一个或多个发送者和一个接收者，可以将它们放在任何地方，例如其他结构体上或其他函数内。一旦在它们之间打开一个通道，无论它们位于何处，都可以从发送者向接收者发送信息。

12.5.1 通道基础

可以使用 std::sync::mpsc 中的 channel() 函数在 Rust 中创建一个通道。字母 mpsc 代表“多生产者，单消费者”。换句话说，就是“多个发送者发送到一个地方”。mpsc 通道就像河流的分支：可以有很多小溪流，但它们都汇入同一个下游的大河。要启动一个通道，只需使用 channel() 函数，它会创建一个 Sender 和一个 Receiver。这两者是绑定在一起的，并且都持有相同的泛型类型。可以在函数签名中看到这一点：

```
pub fn channel<T>()-> (Sender<T>, Receiver<T>)
```

一个发送 T，另一个接收 T。

channel() 函数的输出是一个元组，所以最好的方法是选择一个名称作为发送者，另一个名称作为接收者（解构赋值）。通常你会看到类似于 let (sender, receiver) = channel(); 的写法来开始使用。因为这个函数是泛型的，如果只写 channel()，Rust 将不会知道具体的类型：

```
use std::sync::mpsc::channel;

fn main(){
    let (sender, receiver) = channel();
}
```

编译器会显示：

```
error[E0282]: type annotations needed for `(std::sync::mpsc::Sender<T>,
        std::sync::mpsc::Receiver<T>)`
 --> src\main.rs:30:30
  |
30|    let (sender, receiver) = channel();
  |        ---------------- ^^^^^^^ cannot infer type for type parameter `T` declared
     on the function `channel`
  |        |
  |        consider giving this pattern the explicit type `(std::sync::mpsc::Sender<T>,
     std::sync::mpsc::Receiver<T>)`, where
the type parameter `T` is specified
```

它建议为 Sender 和 Receiver 添加类型。如果你愿意，也可以指定类型：

```
use std::sync::mpsc::{channel, Sender, Receiver};

fn main(){
    let (sender, receiver): (Sender<i32>, Receiver<i32>) = channel();
}
```

但通常没必要这样做。一旦开始使用 Sender 和 Receiver，Rust 将能够推断出类型。

12.5.2 实现一个通道

因此，让我们来看看使用通道的最简单方法。

```
use std::sync::mpsc::channel;

fn main(){
    let (sender, receiver) = channel();

    sender.send(5);
    receiver.recv(); //recv stands for "receive," not "rec v"
}
```

我们已经从发送方发送了一个类型为 i32 的数字 5 到接收方，因此现在 Rust 知道了这个类型。

这些方法中的每一个都可能失败，所以它们都返回一个 Result。发送方的.send( )方法返回一个 Result<( ), SendError<i32>>。

而接收方的方法返回一个 Result<i32, RecvError>。因此，可以使用.unwrap( )来查看发送是否成功，或者使用更好的错误处理方式。让我们添加.unwrap( )和 println! 来看看得到了什么：

```
use std::sync::mpsc::channel;

fn main(){
    let (sender, receiver) = channel();

    sender.send(5).unwrap();
    println!("{}", receiver.recv().unwrap());
}
```

这将打印出 5，显示我们成功地从发送方发送了这个值到接收方。

通道类似于 Arc，因为我们可以克隆它并将克隆发送到其他线程。现在创建两个线程并向接收方发送值。

```
use std::sync::mpsc::channel;

fn main(){
    let (sender, receiver) = channel();
    let sender_clone = sender.clone();

    std::thread::spawn(move ||{
        //move sender in
        sender.send("Send a &str this time").unwrap();
        sender.send("Send a &str this time").unwrap();
    });

    std::thread::spawn(move ||{
        //move sender_clone in
        sender_clone.send("And here is another &str").unwrap();
        sender_clone.send("And here is another &str").unwrap();
    });

    while let Ok(res) = receiver.recv(){
        println!("{res}");
    }
}
```

这将按接收方接收到它们的顺序打印出这 4 个 &str。我们可以证明这些线程正在同时工作。

.recv()是一个阻塞函数。发送方在其作用域结束时会被丢弃（与 Rust 中的其他变量一样），但是使用 .recv()的接收方如果发送方仍然存活，将会一直阻塞。因此，如果发送方线程在发送之前花费了很长时间进行处理，接收方将会一直等待。

事实上，在这个例子中，我们的接收方确实等待了相当长的时间。如果将最后一部分改为 while let Ok（res）= receiver.try_recv()，可能就看不到任何输出，因为接收方会立即检查是否有东西可以接收，发现还没有发送任何东西，就会立即放弃。

此外，如果将 .recv()改为 .try_recv()，可能会出现 panic，因为接收方只尝试一次就被丢弃，而发送方仍在尝试发送。当然这是因为我们在这里使用了 .unwrap()。在真实的代码中，不希望到处都简单地使用 .unwrap()。

最后，让我们快速看一下 .send()和 .recv()方法如何失败。

如果接收方已经被丢弃，.send()方法将始终失败。可以通过丢弃接收方并尝试发送来轻松测试这一点：

```
use std::sync::mpsc::channel;

fn main(){
    let (sender, receiver) = channel();

    drop(receiver);
    if let Err(e) = sender.send(5) {
        println!("Got an error: {e}")
    }
}
```

这将打印出：

```
Got an error: sending on a closed channel
```

如果发送方已经被丢弃且没有更多数据可接收，.recv()将返回一个错误（Err）。如果仍有发送给接收方的数据可以接收，即使发送方已经被丢弃，它也会返回包含数据的正常值（Ok）。

如果发送方发送了两次，接收方尝试接收三次，它将一直阻塞，程序将永远不会结束。

```
use std::sync::mpsc::channel;

fn main(){
    let (sender, receiver) = channel();

    sender.send(5).unwrap();
    sender.send(5).unwrap();

    println!("{:?}", receiver.recv());
    println!("{:?}", receiver.recv());
    println!("{:?}", receiver.recv());
}
```

如果首先丢弃发送方，那么在第三次尝试时，.recv()方法将不再阻塞。相反，它会意识到所有数据已接收并且通道已关闭，因此它会返回一个错误（Err），而不是继续阻塞。

```
use std::sync::mpsc::channel;

fn main(){
    let (sender, receiver) = channel();

    sender.send(5).unwrap();
    sender.send(5).unwrap();
    drop(sender);

    println!("{:?}", receiver.recv());
    println!("{:?}", receiver.recv());
    println!("{:?}", receiver.recv());
}
```

输出是：

```
Ok(5)
Ok(5)
Err(RecvError)
```

这一章包含了很多内容。我们学习了如何通过选择 Fn、FnMut 和 FnOnce 以及编写闭包的签名，将闭包传递到自己的函数中。还学习了 impl trait 以及它与常规泛型的区别。最后，了解了一些与线程相关的功能：Arc（类似 Rc，但线程安全），作为常规线程替代的作用域线程，以及作为另一种线程安全的方式从一端传递信息到另一端的通道。

经过前几章的努力，这本书的内容终于已经过半。相信你已经掌握了很多 Rust 中最难的概念。在我们继续学习本书的内容时，还有很多东西要学，但学习曲线不会那么陡峭。与这一章相比，下一章会比较容易，因为我们将学习如何阅读文档以及关于智能指针 Box 及其用途。

12.6 总结

- 一个闭包的类型永远不会与另一个闭包的类型相同。它们唯一的共同点是实现的特性（Fn、FnMut 和 FnOnce）以及其余的签名。
- 当使用闭包作为输入时，首先将其想象为一个函数：它会接受什么参数，并返回什么？之后，只需将 fn 改为需要的三个闭包特性之一：Fn 以引用方式获取，FnMut 以可变引用方式获取，或 FnOnce 以值方式获取。
- 在某些方面，impl trait 比常规泛型更灵活，而在其他方面则不如常规泛型灵活：如果在某处使用常规泛型，试试看是否可以用 impl trait 来代替，反之亦然。如果不能，编译器会进行提示。
- 当常规线程捕获项目时，它们需要具有 'static 生命周期。这样可以生成一个线程并忘记它，或者使用 .join()来等待线程结束。
- 标准库中的通道允许创建任意数量的发送方。可以尝试创建一个通道，并将发送方放在其他线程的任何地方，例如作为结构体的参数、函数输入等。
- 作用域线程允许使用线程而不必考虑 'static 生命周期。只需确保你的线程最终结束，因为如果它们不结束，那么它们的作用域也不会结束。这样你的程序将永远不会结束。

第 13 章 Box和Rust文档

本章涵盖了以下内容：

- 阅读 Rust 文档。
- 属性：一些额外的小信息。
- Box：提供大量额外灵活性的智能指针。

这一章在过去两章的基础上稍事休息，其中 Box 是唯一真正的新概念。但在 Rust 中，Box 是最重要的类型之一，因为它使许多事情成为可能，否则不可能实现，特别是在处理特性时。不过在进入本章的正题之前，我们先学习一个轻松的部分：如何阅读文档，在 Rust 中文档都是以相同的方式生成的。因为一旦习惯了在 Rust 中阅读文档，就能理解其他人的代码文档了。我们还将学习关于属性的内容，这些属性是以 # 开始的小片段代码，你会在类型的上方（例如 #[derive(Debug)]）或文件的开头看到它们。

13.1 阅读 Rust 文档

了解如何阅读 Rust 文档是很重要的，这样就能理解其他人编写的内容。俗话说，阅读别人的代码和编写自己的代码同样重要。幸运的是，Rust 在这方面也表现出色，因为 Rust 的文档总是按照相同的方式组织起来。在第 18 章中，我们将更详细地查看生成文档的工具，如果你已经安装了 Rust 并且迫不及待想试试，可以在任何包含你的 Rust 代码的目录中输入 cargo doc --open。Rust 会生成文档并在浏览器中打开！

cargo doc 工具用于生成标准库和几乎所有其他内容的文档，因此只需要学习一次如何阅读 Rust 文档即可。以下是阅读 Rust 文档时需要知道的一些内容：

13.1.1 assert_eq!

我们之前看到 assert_eq! 在代码中用于添加保证。将两个项目放入宏中，如果它们不相等，程序将会 panic。这里是一个简单的例子，我们需要一个偶数。

```
fn main(){
    prints_number(56);
}

fn prints_number(input: i32) {
    assert_eq!(input % 2, 0);     #A
```

```
        println!("The number is not odd. It is {input}");
    }
```

#A 变量 number 必须是偶数。如果 number % 2 不等于 0，它会导致 panic。

输出是“The number is not odd. It is {input}”，显示它满足了 assert_eq! 宏并返回 true，因此程序没有发生 panic。

也许你没有计划在代码中使用 assert_eq!，但它在 Rust 文档中随处可见。否则需要使用 println! 并让读者实际运行你的代码来查看输出。此外，还要为需要打印的任何内容实现 Display 或 Debug。这就是为什么文档中到处都有 assert_eq! 的原因。

下面的例子来自于 std::vec::Vec 官方文档，展示了如何使用 Vec：

```
fn main(){
    let mut vec = Vec::new();
    vec.push(1);
    vec.push(2);

    assert_eq!(vec.len(), 2);
    assert_eq!(vec[0], 1);

    assert_eq!(vec.pop(), Some(2));
    assert_eq!(vec.len(), 1);

    vec[0] = 7;
    assert_eq!(vec[0], 7);

    vec.extend([1, 2, 3].iter().copied());

    for x in &vec {
        println!("{}", x);
    }
    assert_eq!(vec, [7, 1, 2, 3]);
}
```

在这样的例子中，可以将 assert_eq!(a, b) 理解为“在这一点上，a 和 b 应该相同”。现在看看相同的例子。

```
fn main(){
    let mut vec = Vec::new();
    vec.push(1);
    vec.push(2);

    assert_eq!(vec.len(), 2);    #A
    assert_eq!(vec[0], 1);    #B

    assert_eq!(vec.pop(), Some(2));    #C
    assert_eq!(vec.len(), 1);    #D

    vec[0] = 7;
    assert_eq!(vec[0], 7);    #E

    vec.extend([1, 2, 3].iter().copied());
```

```
        for x in &vec {
            println! ("{}", x);
        }
        assert_eq! (vec, [7, 1, 2, 3]);     #F
    }
```

#A “现在 vec 的长度是 2”。

#B “现在 vec[0] 的值是 1”。

#C “当你在这里使用 .pop()时，它返回 Some(2)”。

#D “现在 vec 包含一个项目”。

#E “现在 vec[0] 的值是 7”。

#F “现在 vec 包含 [7, 1, 2, 3] ”。

如果两个项目不相等，assert_eq! 会触发 panic，也可以运行代码，如果没有 panic，就知道内部的项目是正确的。我们将在第 15 章看到更多关于这个宏的内容，这一章专门讨论测试。

13.1.2 搜索

在 Rust 文档中，搜索栏总是显示在页面顶部，并在输入时显示结果。当向下滚动页面时，搜索栏会消失，但如果按下键盘上的 S 键，它会将你带回到顶部。因此，在任何地方按下 S 键都可以立即进行搜索，如下图所示。

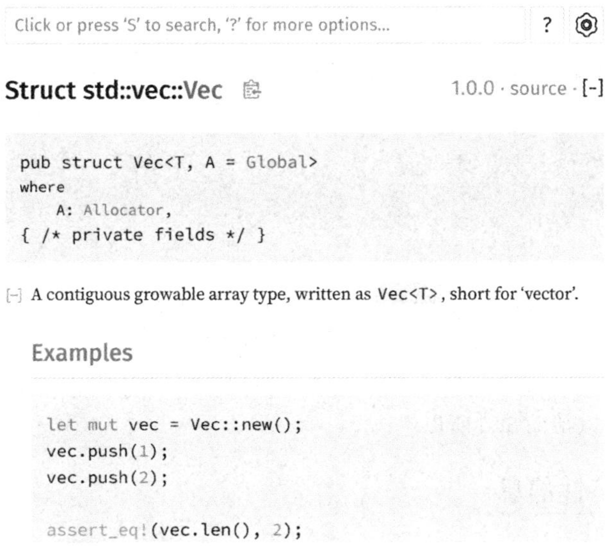

Click or press ‘S’ to search, ‘?’ for more options...
?
Struct std::vec::Vec
1.0.0 · source · [-]
pub struct Vec<T, A = Global>
where
    A: Allocator,
{ /* private fields */ }
[-] A contiguous growable array type, written as Vec<T>, short for ‘vector’.
Examples
let mut vec = Vec::new();
vec.push(1);
vec.push(2);
assert_eq!(vec.len(), 2);

13.1.3 [src] 按钮

通常，一个方法、结构体等的代码不会完整显示。这是因为通常不需要看到完整的源码就能了解它的工作原理，而且完整的代码可能会让人感到困惑。此外，非 pub 的项目不会在文档中显示。如果确实想看到所有内容，可以随时单击 [src]。例如在 String 的页面上可以看到 with_capacity()的这个签名：

```
pub fn with_capacity(capacity: usize) -> String
```

输入一个数字，它会给你一个 String。这很简单，但它究竟是如何工作的呢？如果单击 [src]，可以看到完整的代码：

```
pub fn with_capacity(capacity: usize) -> String {
    String { vec: Vec::with_capacity(capacity) }
}
```

这里显示了 String 是一种 Vec。实际上，String 类型是一个 u8 字节的 Vec，这一点很有趣。不需要知道这一点就可以使用 with_capacity()方法，因此完整代码仅在单击 [src] 时显示。

让我们来看一下最近学到的另一种类型 Cell 的源码。在第 10 章中，我们了解到 Cell 的 .get()方法仅在内部类型实现了 Copy 时才有效。直接记住这一点很好，如果我们查看文档，这一点会变得更加清晰：

```
impl<T: Copy> Cell<T> {
    pub fn get(&self) -> T {
        // Function details...
    }

    pub fn update<F>(&self, f: F) -> T
    where
        F: FnOnce(T) -> T,
    {
        // Function details...
    }
}
```

并且 Cell 也仅在内部类型实现 Copy 时才允许 .clone()：

```
impl<T: Copy> Clone for Cell<T> {
    fn clone(&self) -> Cell<T> {
        Cell::new(self.get())
    }
}
```

如果内部类型不实现 Copy，这些方法就不存在，因为它们是在单独的 impl 块中编写的，这些块以 impl<T: Copy>开始，因此要求 T 必须是 Copy 才能使用。

“Cell 的 .get()、.update()和 .clone()方法仅在内部类型实现 Copy 时才有效”只是知其然，查看代码的源细节可以帮助知其所以然。

13.1.4 特性信息

官方文档中有的特性在左边会展示“Required Methods”。如果看到一个特性有必需方法，那就意味着可能需要自己编写该方法。例如对于 Iterator，需要编写 .next()方法。对于 From 特性，需要编写 from()方法。但有些特性可以通过一个“属性”来实现，比如在 #[derive(Debug)] 中看到的那样。Debug 需要 .fmt()方法，但通常只需使用 #[derive(Debug)]，除非想自己实现。这就是为什么 std::fmt::Debug 页面说“一般来说，应该只派生一个 Debug 实现”。

13.1.5 属性

让我们更详细地看看属性。属性是编译器以不同方式解释的一小段代码。它们并不总是容易创建，但非常容易使用。一些属性内建于语言中，一些用于派生特性（比如 #[derive(Debug)]），还有一些用于配置工具，如上面提到的 cargo doc 就是一个例子。

如果用 # 写一个属性，它会影响下一行的代码。如果用 #! 写，则会影响整个文件中的所有内容。

带有 # 的属性称为外部属性，因为它位于其后的项目之外。带有 #! 的属性称为内部属性，因为它影响其所在文件中的所有内容。内部属性需要放置在所使用的文件或模块的最顶部。关于文件和模块的内容，我们将在第 15 章学习。现在只需记住这个简单的规则：将内部属性放置在文件的最顶部。

无论如何，如果不把内部属性放在所有其他内容之上，编译器都会报错。如果运行这段代码：

```
fn empty_function() {}

#![allow(dead_code)]
```

编译器会准确告诉问题所在及其原因：

```
error: an inner attribute is not permitted in this context
 --> src/lib.rs:3:1
  |
3 | #![allow(dead_code)]
  | ^^^^^^^^^^^^^^^^^^^^
  |
  = note: inner attributes, like `#![no_std]`, annotate the item enclosing them, and are
          usually found at the beginning of source files
  = note: outer attributes, like `#[test]`, annotate the item following them
```

这里有一些会经常看到的属性：

#[allow(dead_code)]和 #[allow(unused_variables)]。如果写了一些没有使用的代码，Rust 会编译通过，但会提醒：有一些代码我们没有使用到。

```
struct JustAStruct {}

fn main() {
    let some_char = 'ん';
}
```

如果你写了这段代码，Rust 会提醒你没有使用它们：

```
warning: unused variable: `some_char`
  --> src\main.rs:4:9
  |
4 |     let some_char = 'ん';
  |         ^^^^^^^^^ help: if this is intentional, prefix it with an underscore:
    `_some_char`
  |
  = note: `#[warn(unused_variables)]` on by default

warning: struct is never constructed: `JustAStruct`
 --> src\main.rs:1:8
  |
```

```
1 | struct JustAStruct {}
  |        ^^^^^^^^^^^
  |
  = note: `#[warn(dead_code)]` on by default
```

我们知道可以在名称前面加一个下画线（_）让编译器保持安静：

```
struct _JustAStruct {}

fn main() {
    let _some_char = 'ん';
}
```

但也可以使用属性。你会注意到在警告信息中使用了 #[warn(unused_variables)] 和 #[warn(dead_code)]。在代码中，JustAStruct 是死代码，some_char 是未使用的变量。warn 的反义词是 allow，因此可以写下这个使编译器不再提醒任何内容：

```
#![allow(dead_code)]
#![allow(unused_variables)]

struct Struct1 {} //Create five structs
struct Struct2 {}
struct Struct3 {}
struct Struct4 {}
struct Struct5 {}

fn main() {
    let char1 = 'ん'; //and four variables. We don't use any of them but the compiler is
        quiet
    let char2 = ';';
    let some_str = "I'm just a regular &str";
    let some_vec = vec!["I", "am", "just", "a", "vec"];
}
```

如果希望编译器对所有未使用的内容保持安静，可以将这两个属性合并成一个：#![allow(unused)]。

当然，处理死代码和未使用的变量很重要。但有时候可能希望编译器暂时保持安静。或者需要展示一些代码，或者给别人教授 Rust，不希望他们被编译器的消息搞糊涂。

#[derive(TraitName)]允许为自己创建的结构体和枚举类型派生一些特性。这适用于许多常见的可以自动派生的特性。但有些像 Display 这样的特性不能自动派生，因为 Display 用于产生一个友好的可读的显示，这需要人为决定如何实现。因此以下代码不能工作：

```
#[derive(Display)]
struct HoldsAString {
    the_string: String,
}

fn main() {
    let my_string = HoldsAString {
        the_string: "Here I am!".to_string(),
    };
}
```

错误消息会告诉你这一点。

```
error: cannot find derive macro `Display` in this scope
 --> src\main.rs:2:10
  |
2 | #[derive(Display)]
  |
```

但对于自动派生的特性，可以一次性放入尽可能多的特性。让我们给 HoldsAString 在一行中加上 7 个特性。在 Rust 中会经常看到这种做法。

```
#[derive(Debug, PartialEq, Eq, Ord, PartialOrd, Hash, Clone)]
struct HoldsAString {
    the_string: String,
}

fn main(){
    let my_string = HoldsAString {
        the_string: "Here I am!".to_string(),
    };
    println!("{:?}", my_string);
}
```

此外，如果一个结构体实现了 Clone，并且其所有字段实现了 Copy，那么可以将其标记为 Copy。HoldsAString 包含的 String 类型不是 Copy，因此不能使用 #[derive(Copy)]。但对于这个结构体，可以这样做：

```
#[derive(Clone, Copy)]
struct NumberAndBool {
    number: i32, //i32 is Copy
    true_or_false: bool  // bool is also Copy, so no problem
}

fn does_nothing(input: NumberAndBool) {}

fn main(){
    let number_and_bool = NumberAndBool {
        number: 8,
        true_or_false: true
    };

    does_nothing(number_and_bool);
    does_nothing(number_and_bool); //This would err if it didn't have Copy
}
```

#[cfg()]是另一个代表“配置”的属性，用来告诉编译器是否执行代码等信息。通常会看到它是这样使用的：#[cfg(test)]。在编写测试函数时会用到它，这样编译器就知道除非进行测试，否则不会编译和运行它们。这样就可以把测试函数放在代码旁边，但除非告诉编译器，否则它会忽略这些测试函数。我们将在下一章学习有关测试的内容。

cfg 属性的另一个示例是 #[cfg(target_os = "windows")]。通过这个属性，可以告诉编译器只在 Windows、Linux 或其他特定操作系统上运行代码。

#![no_std] 是一个有趣的属性，它告诉 Rust 不要引入标准库。这意味着不能使用 Vec、

String 或其他任何标准库中的内容。会在小型设备的代码中看到这个属性，因为这些设备内存和空间有限，只能使用栈，而不能使用堆。

当在类型上方放置 #［non_exhaustive］属性时，会告诉编译器该类型可能在将来添加更多的变体或字段。这种属性几乎完全用于枚举类型。这些枚举类型仍然可以被任何人使用，但是当匹配别人创建的 #［non_exhaustive］枚举时，需要在所有变体后面加上最后的检查，以防将来添加新的变体。

#［deprecated］允许标记一个项目（通常是函数）为已废弃（不再使用）。这个属性不会阻止别人继续使用这个函数，但会发出警告。允许别人继续使用旧项目是有道理的，因为新的项目或类型可能完全不同，使用你的代码的人可能需要做一些工作来适应新变化。以下是使用这个属性的最简单方法：

```
#[deprecated]
fn deprecated_function(){}

fn main(){
    deprecated_function();
}
```

接下来会得到一个警告，指示该函数已被废弃，但代码可以编译并运行。

```
warning: use of deprecated function `deprecated_function`
 --> src/main.rs:17:5
  |
17|    deprecated_function();
  |    ^^^^^^^^^^^^^^^^^^^
  |
  = note: `#[warn(deprecated)]` on by default
```

在集成开发环境（IDE）中，可能会看到对这些函数的特殊突出显示，例如删除线清楚地表明它们已被废弃。以下是在 Visual Studio 中的代码效果：

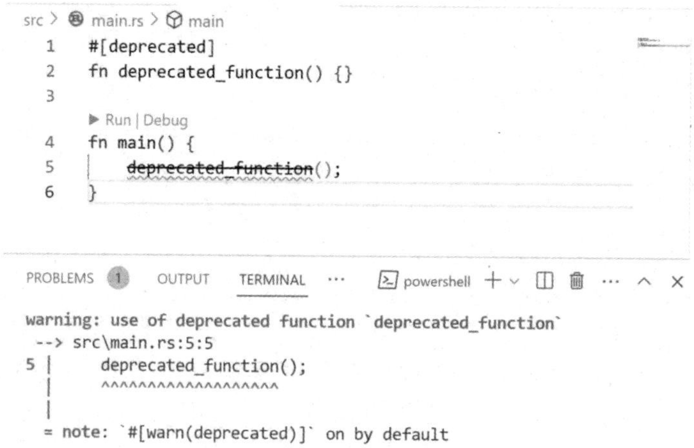

可以在废弃的属性里添加一条注释，提供更多信息。通常这样的注释建议用户使用哪个替代函数，或者警告该函数将来会被完全移除。以下是一个带有注释的快速示例：

```
#[deprecated(note = "Always panics for some reason, not sure why. Please use new_function
    instead")]
```

```
fn old_function(){
    panic!();
    println!("Works well");
}

fn new_function(){
    println!("Works well");
}

fn main(){
    old_function();
}
```

如预期的那样，程序输出了完整的消息，然后发生了 panic。

```
warning: use of deprecated function `old_function`: Always panics for some reason, not sure
        why. Please use new_function instead
  --> src/main.rs:14:5
   |
14 |     old_function();
   |     ^^^^^^^^^^^^
   |
   = note: `#[warn(deprecated)]` on by default
```

可以在这里看到更多的属性。

本章主要学习如何阅读文档和使用已经内置的属性。现在将转向一种大家会主动使用并且可能经常使用的类型：Box。下面看看 Box 有什么特别之处，以及它为什么经常是必需的。

13.2 Box

Box 是一种指针类型，也是 Rust 中一种非常方便的类型。使用 Box 时，可以将变量的数据放在堆上而不是栈上。要创建一个新的 Box，只需使用 Box::new() 并将项目放入其中。让我们把一个 i32 放入 Box 中，看看会发生什么。

```
fn just_takes_a_variable<T>(item: T) {}     #A

fn main(){
    let my_number = 1;  // This is an i32
    just_takes_a_variable(my_number);
    just_takes_a_variable(my_number);     #B

    let my_box = Box::new(1);  // A Box<i32>
    just_takes_a_variable(my_box.clone());     #C
    just_takes_a_variable(my_box);
}
```

#A 接受任何东西并将其丢弃。

#B 使用此函数两次是没有问题的，因为它是 Copy。

#C 如果没有 .clone()，第二个函数会产生错误，因为 Box 没有实现 Copy。

那么有什么意义呢？让我们来看看。

13.2.1 Box 的基础知识

一开始很难想象 Box 的使用场景，让我们先从 Box 的基本工作原理开始。首先，可以将 Box 看作是一种类似引用的东西，区别在于它拥有其数据。

我们已经知道 & 用于 str 是因为编译器不知道 str 的大小：它可以是任意长度。但 & 引用总是相同的长度，所以编译器可以使用它。Box 类似，但它拥有数据。此外，可以像对 & 一样使用 * 访问 Box 内的值：

```
fn main(){
    let my_box = Box::new(1);  // This is a Box<i32>
    let an_integer = *my_box;  // This is an i32
}
```

这就是为什么 Box 被称为“智能指针”，因为它类似于 & 引用（一种指针），但可以做更多的事情。

还可以使用 Box 创建包含相同结构体的结构体。这些被称为递归结构体，这意味着在结构体 A 内部可能还有另一个结构体 A。在 Rust 中，不能直接这样做（编译器会告诉你）。

如果想创建一个递归结构体，可以使用 Box。让我们创建一个简单的结构体，称为 Holder，它可能在自身内部包含另一个 Holder。以下是如果不使用 Box 尝试时会发生的情况：

```
struct Holder {
    next_holder: Option<Holder>,
}
```

可以看到，在创建一个 Holder 时，可以选择给它一个 Some<Holder>（另一个 Holder），或者 None。因为可以选择 None，所以创建一个不总是需要包含另一个 Holder 的 Holder。例如可能想创建一个包含 Some（Holder）的 Holder，而这个 Some（Holder）自身又包含一个 Some（Holder），但最终以 None 结束。然而，这样做是无法编译的！

```
struct Holder {
    next_holder: Option<Holder>
}

fn main(){
    let x = Holder {
        next_holder: Some(Holder {
            next_holder: Some(Holder { next_holder: None }),
        }),
    };
}
```

它无法编译，因为编译器不知道大小。

```
error[E0072]: recursive type `Holder` has infinite size
 --> src/main.rs:1:1
  |
1 |struct Holder {
  |^^^^^^^^^^^^^
2 |    next_holder: Option<Holder>, //⚠
  |                    ------ recursive without indirection
  |
```

```
help: insert some indirection (e.g., a `Box`, `Rc`, or `&`) to break the cycle
  |
2 |    next_holder: Option<Box<Holder>>, //⚠
  |                        ++++       +
```

你可以看到错误，甚至建议尝试使用一个 Box，并且准确地告诉我们如何编写它。所以在 Holder 周围加上一个 Box：

```
struct Holder {
    item: Option<Box<Holder>>,
}
fn main(){}
```

现在编译器对 Holder 没问题了，因为一切都在一个 Box 后面，编译器知道 Box 的大小。现在可以使用 Box::new()把下一个 Holder 放进去了，之前尝试的代码现在会起作用：

```
#[derive(Debug)]
struct Holder {
    next_holder: Option<Box<Holder>>
}

fn main(){
    let x = Holder {
        next_holder: Some(Box::new(Holder {
            next_holder: Some(Box::new(Holder { next_holder: None })),
        })),
    };

    println!("{x:#?}");
}
```

这里是输出结果：

```
Holder {
    next_holder: Some(
        Holder {
            next_holder: Some(
                Holder {
                    next_holder: None,
                },
            ),
        },
    ),
}
```

即使对于如此简单的类型，这段代码看起来有点复杂，而 Rust 并不经常使用递归。

如果你有其他编程语言的基础，现在可能会认为在 Rust 中使用 Box 可以帮助创建一个链表，但要警告一下：Rust 对借用和所有权的严格规则会让这变得很麻烦。事实上，Rust 中编写链表确实相对其他语言更麻烦。

Box 也允许在堆上使用 drop()，因为它在堆上。有时这可能很方便。

因此，Box 允许将数据放在堆上，可以使用它们来创建递归类型，并且可以用它来创建一个数据结构……虽然这在 Rust 中并不是很合适，但这些都不解释为什么 Box 在 Rust 中如此受欢迎。最主要的原因是在处理特性时，Box 非常有用，有时甚至是必需的。让我们看看它是如何工作的。

13.2.2 将 traits 放入 Box

我们知道可以像这个例子中那样在泛型函数中编写 traits：

```
use std::fmt::Display;

struct DoesntImplementDisplay {}

fn displays_it<T: Display>(input: T) {
    println!("{}", input);
}
```

这个函数只接受实现了 Display 特性的类型，所以它不能接受我们的结构体 DoesntImplement-Display。但它可以接受很多其他实现了 Display 的类型，比如 String。

可以使用 impl Trait 返回其他 traits 或闭包。Box 可以用类似的方式使用。可以使用 Box，否则编译器无法知道值的大小。这个示例展示了一堆不同的结构体和枚举，表明 trait 可以用在任何大小的对象上：

```
use std::mem::size_of; //This function gives the size of a type

trait JustATrait {}//We will implement this on everything

enum EnumOfNumbers {
    I8(i8),
    AnotherI8(i8),
    OneMoreI8(i8),
}
impl JustATrait for EnumOfNumbers {}

struct StructOfNumbers {
    an_i8: i8,
    another_i8: i8,
    one_more_i8: i8,
}
impl JustATrait for StructOfNumbers {}

enum EnumOfOtherTypes {
    I8(i8),
    AnotherI8(i8),
    Collection(Vec<String>),
}
impl JustATrait for EnumOfOtherTypes {}

struct StructOfOtherTypes {
    an_i8: i8,
    another_i8: i8,
    a_collection: Vec<String>,
```

```
}
impl JustATrait for StructOfOtherTypes {}

struct ArrayAndI8 {
    array: [i8; 1000], // This one will be very large
    an_i8: i8,
    in_u8: u8,
}
impl JustATrait for ArrayAndI8 {}

fn main() {
    println!(
        "{}, {}, {}, {}, {}",
        size_of::<EnumOfNumbers>(),
        size_of::<StructOfNumbers>(),
        size_of::<EnumOfOtherTypes>(),
        size_of::<StructOfOtherTypes>(),
        size_of::<ArrayAndI8>(),
    );
}
```

当打印这些时，得到的结果是 2、3、32、32、1002。每个显然都有不同的大小。因此，如果写一个返回 JustATrait 的函数，编译器会报错：

```
fn returns_just_a_trait() -> JustATrait {
    let some_enum = EnumOfNumbers::I8(8);
    some_enum
}
```

它说：

```
error[E0746]: return type cannot have an unboxed trait object
  --> src\main.rs:53:30
   |
53 | fn returns_just_a_trait() -> JustATrait {
   |                              ^^^^^^^^^^ doesn't have a size known at compile-time
```

因为大小可能是 2、3、32、1002 或其他任何值。所以把它放在一个 Box 里。在这里还添加了关键字 dyn。这个 dyn 是一个关键字，表明你是在谈论一个 trait，而不是结构体或其他东西。

技术术语是"动态分派"，这类似于泛型，只不过 Rust 在运行时访问类型，而不是编译时。这就是 dyn 的来源。

顺便说一下，dynamic 意味着"动态的"，dispatch 意味着"发送"或"传递"。动态分派的反义词是静态（即不动的）分派。静态分派发生在编译器运行之前将泛型类型转换为具体类型时，所以没有任何东西在"移动"：类型在程序启动之前已经被具体化了。

可以将函数改成这样：

```
trait JustATrait {}

enum EnumOfNumbers {
    I8(i8),
    AnotherI8(i8),
```

```
    OneMoreI8(i8),
}
impl JustATrait for EnumOfNumbers {}

fn returns_just_a_trait() -> Box<dyn JustATrait> {
    let some_enum = EnumOfNumbers::I8(8);
    Box::new(some_enum)
}
```

现在它可以工作了，因为在栈上只是一个 Box，编译器知道 Box 的大小。

你经常会看到 Box<dyn Error>这种形式，因为正如在前几章中看到的，有时必须处理不止一种可能的错误。现在让我们了解它是如何工作的。

13.2.3 使用 Box 处理多种错误类型

要创建一个正式的错误类型，必须为它实现 std::error::Error。这部分很简单，因为 Error 特性没有任何必需的方法：只需写 impl std::error::Error {}。但错误还需要实现 Debug 和 Display，这样它们才能提供问题信息。可以在特性的签名中看到这一点，即 pub trait Error: Debug + Display。

使用 #[derive(Debug)] 可以轻松实现 Debug，但 Display 需要实现 fmt()方法。我们在第 7 章学习了如何实现 Display。

让我们快速创建两个错误类型，以了解如何实现 Error。代码如下：

```
use std::error::Error;
use std::fmt;

#[derive(Debug)]
struct ErrorOne;

impl Error for ErrorOne {}     #A

impl fmt::Display for ErrorOne {
    fn fmt(&self, f: &mut fmt::Formatter) -> fmt::Result {
        write!(f, "You got the first error!")
    }
}

#[derive(Debug)]
struct ErrorTwo;

impl Error for ErrorTwo {}

impl fmt::Display for ErrorTwo {
    fn fmt(&self, f: &mut fmt::Formatter) -> fmt::Result {
        write!(f, "You got the second error!")
    }
}

fn returns_errors(input: u8) -> Result<String, Box<dyn Error>> {     #B
    match input {
        0 => Err(Box::new(ErrorOne)), //Don't forget to put it in a box
```

```
        1 => Err(Box::new(ErrorTwo)),
        _ => Ok("Looks fine to me".to_string()), //This is the success type
    }

}

fn main(){

    let vec_of_u8s = vec![0_u8, 1, 80]; //Three numbers to try out

    for number in vec_of_u8s {
        match returns_errors(number) {
            Ok(input) => println!("{}", input),
            Err(message) => println!("{}", message),
        }
    }
}
```

#A ErrorOne 是一个具有 Debug 的错误类型，同时也实现了 Display。

#B 这个函数将返回一个 String 或一个 Error。通过返回一个 Box<dyn Error>，可以返回一个包含任何实现了 Error 特性的 Box。

这将打印出：

```
You got the first error!
You got the second error!
Looks fine to me
```

如果没有 Box<dyn Error>，写成这样会出现问题：

```
fn returns_errors(input: u8) -> Result<String, Error> {
    match input {
        0 => Err(ErrorOne),
        1 => Err(ErrorTwo),
        _ => Ok("Looks fine to me".to_string()),
    }
}
```

它会告诉你：

```
21 | fn returns_errors(input: u8) -> Result<String, Error> {
   |                                        ^^^^^^^^^^^^^^^^^^^^^ doesn't have a size known at
     compile-time
```

这并不奇怪，因为我们知道一个 trait 可以被多种类型实现，它们可能有不同的大小。即使在 ErrorOne 和 ErrorTwo 大小相同的情况下，Rust 也不允许这样做，因为 Rust 关注的是类型安全，而不仅仅是大小。

顺便说一下，当以这种方式在 trait 后面使用类型时，它们被称为“trait 对象”。一个 trait 对象表示实现了某个 trait 的某种类型，但不显示具体的对象是什么。换句话说，可以访问类型对 trait 的实现，但无法访问具体的类型本身。类型无法获知也被称为“类型擦除”，因为具体类型被擦除了：函数只表示它是某种具有这个 trait 的类型。它可能是任何东西。

有时你并不在乎知道确切的类型。所有的错误都可以被打印出来：

```
fn handle_error_inside_function(){
    println!("{:?}", "seven".parse::<i32>());
}

fn main(){
    handle_error_inside_function();
}
```

这里会报错 Err(ParseIntError { kind: InvalidDigit })。足够好了。

这个例子展示了一个函数可能出现两种类型的错误：当解析为 i32 时的错误，以及当解析为 f64 时的错误。然后尝试将它们相加，并返回一个 f64。但可能会发生两种错误，所以会返回一个 Result<f64, Box<dyn Error>>。然后使用问号运算符，看看会发生什么，并解包。

```
use std::error::Error;

fn parse_numbers(int: &str, float: &str) -> Result<f64, Box<dyn Error>> {
    let num_1 = int.parse::<i32>()?;
    let num_2 = float.parse::<f64>()?;
    Ok(num_1 as f64 + num_2)
}

fn main(){
    let my_number = parse_numbers("8", "ninepointnine").unwrap();
}
```

错误消息告诉我们发生了什么：线程'main'在'src/main.rs'的第 10 行第 57 列处 panic，因为在一个 Err 值上调用了 Result::unwrap()：ParseFloatError { kind: Invalid }。

如果你有一些 dyn Error trait 对象，不知道它们的确切类型，但又想知道呢？让我们想象一下可能出现的最糟糕的错误。将为它派生 Error，并且为它实现 Debug 和 Display，但是让错误消息对用户完全不透露实际出了什么问题。甚至可以通过手动实现 Debug 让它更加糟糕。以这种方式实现 Debug 看起来有些类似于 Display，但是使用一个叫作 .debug_struct()的方法来完成。就像实现 Display 一样，可以在文档中找到一个示例，稍微修改一下——这就是接下来要做的。

```
use std::fmt;

enum MyError {
    TooMuchStuff,
    CantConnect,
    NoUserRegistered,
    SomethingElse,
}

impl std::error::Error for MyError {}

impl fmt::Display for MyError {
    fn fmt(&self, f: &mut fmt::Formatter<'_>) -> Result<(), fmt::Error> {
        write!(f, "Wouldn't you like to know...")
    }
}
```

```
impl fmt::Debug for MyError {
    fn fmt(&self, f: &mut fmt::Formatter<'_>) -> fmt::Result {
        f.debug_struct("Lol not telling you what went wrong").finish()
    }
}

fn main() {
    let err = MyError::TooMuchStuff;
    println!("{err}");
    println!("{err:?}");
}
```

这将打印出：

```
Wouldn't you like to know...
Lol not telling you what went wrong
```

如果这是一个 dyn Error trait 对象，永远不会知道它是什么。即使消息很好，仍然可能希望得到具体的类型并对枚举进行匹配，例如 TooMuchStuff、CantConnect 等。有时仅仅打印一个字符串是不够的。幸运的是，有一种称为 downcasting 的方法，让我们尝试将一个 trait 对象转换回具体的类型。

13.2.4 将 trait 对象向下转型为具体类型

Error trait 允许我们通过一个叫作 .downcast()（以及 .downcast_ref() 和 .downcast_mut()）的方法进行向下转型。可以使用这个方法尝试将 dyn Error trait 对象转换回具体的错误类型。我们将使用无用错误类型，并随机选择标准库中的另一个，选择 RecvError，它可以从我们在上一章学习使用的通道中返回。然后将尝试进行向下转型。

在这个例子中将创建一个函数，如果传入 true，则返回一个 Box<dynMyError>，如果传入 false，则返回一个 Box<dynRecvError>。这些将是 trait 对象，除非对它们进行向下转型（或使用 .downcast_ref() 或 .downcast_mut()）。

```
use std::sync::mpsc::RecvError;
use std::error::Error;
use std::fmt;

enum MyError {
    TooMuchStuff,
    CantConnect,
    NoUserRegistered,
    SomethingElse,
}

impl std::error::Error for MyError {}

impl fmt::Display for MyError {     #A
    fn fmt(&self, f: &mut fmt::Formatter<'_>) -> Result<(), fmt::Error> {
        write!(f, "Wouldn't you like to know...")
    }
}
```

```
impl fmt::Debug for MyError {
    fn fmt(&self, f: &mut fmt::Formatter<'_>) -> fmt::Result {
        f.debug_struct("Lol not telling you what went wrong")
            .finish()
    }
}

fn give_error_back(is_tru: bool) -> Box<dyn Error> {     #B
    if is_true {
        Box::new(MyError::TooMuchStuff)
    } else {
        Box::new(RecvError)
    }
}

// Make a vec of these errors
fn main() {
    let errs = [true, false, false, true]
        .into_iter()
        .map(|boolean| give_error_back(boolean))
        .collect::<Vec<_>>();
    // Print them out
    println!("{errs:#?}");

    for err in errs.iter() {
        if let Some(my_error) = err.downcast_ref::<MyError>() {     #C
            println!("Got a MyError!");     #D
        } else if let Some(parse_error) = err.downcast_ref::<RecvError>() {
            println!("Got a RecvError!");
        }
    }
}
```

#A MyError 是可能的最糟糕的错误类型。**Display** 和 **Debug** 都没有任何有用的信息。作为一个 **Box<dyn Error> trait** 对象，甚至不会知道类型名称是 **MyError**。

#B 这个函数只返回两种错误之一，作为一个 **Box<dyn Error> trait** 对象。具体类型是未知的。

#C 我们将使用 **.downcast_ref( )** 方法，因为 **.iter( )** 给我们的是引用。

#D 现在错误类型再次具体化了，可以对枚举进行匹配或执行任何想做的操作，它不再是一个 **trait** 对象。

输出结果如下：

```
[
    Lol not telling you what went wrong,
    RecvError,
    RecvError,
    Lol not telling you what went wrong,
]
Got a MyError!
```

```
Got a RecvError!
Got a RecvError!
Got a MyError!
```

第一次打印它们时，它们是 Box<dyn Error> trait 对象，这意味着它们具有 Error trait，并且还实现了 Debug 和 Display（因为 Error 需要这两者），但我们对它们并不了解。

之后使用 .downcast_ref( ) 尝试将它们转换为 MyError 和 VarError，并得到了具体的对象。

我们学会了阅读 Rust 的文档，现在可以浏览标准库的源代码，找到我们已经了解的类型的更多信息。我们还对属性以及一些最常用的属性有了大致的了解。也许最重要的是，现在明白了为什么 Box 在 Rust 中如此常用。下一章将基于本章内容，学习如何构建和测试我们的代码，以证明它确实按预期工作。准备好经常看到 assert_eq! 宏吧！

13.3 总结

- 单击文档中的 [src] 按钮是一个很好的习惯。可以更深入地了解其他代码是如何工作的。
- assert_eq! 宏在文档中随处可见，用于向读者展示代码中某些点的变量值。
- Box 是一个指向堆上数据的智能指针。Box 拥有其数据。
- 使用 Box<dyn trait>可以“擦除”类型。Box 内的类型仍然是具体的，但在 Box 内它只能用作 trait 对象。换句话说，只能使用它的 trait 方法。
- 可以将一个 trait 对象向下转型回具体类型，只要知道可能是什么具体类型，每次只能尝试向下转型为一种类型。
- 静态分派在编译时发生，此时编译器将泛型类型转换为具体类型。动态分派在运行时发生。
- 任何类型都可以实现 Error，但类型的大小可以是任意的。为了在返回错误时满足编译器，可以返回一个 Box<dyn Error>。

第 14 章 测　　试

本章涵盖了以下内容：

- 包和模块：构建你的代码结构并限制他人使用它。
- 测试：验证你的代码按预期运行。
- 测试驱动开发：先编写测试，然后编写代码。

随着代码的增长，需要开始考虑它的结构。写得越多，越会发现某些代码需要与其他代码分开，放在自己的空间中。随着代码的增长，你也想要开始测试它，因为即使 Rust 是严格的编译器，也不能保护你免受逻辑错误的困扰。当修改代码时，测试还有助于提醒你是否出现了问题。编写测试有时可能有点无聊，但通常测试越多，越能捕捉问题，这样更好。我们还将学习测试驱动开发（TDD），这意味着在编写任何代码之前先编写测试！在 TDD 中，先编写所有测试，这些测试一开始都会失败。然后编写代码，让测试一个个通过，直到最终所有内容都按预期工作。

14.1 包和模块

首先将学习代码放在哪里，哪些部分应该是 pub（供他人使用的）等。

在 Rust 中，每当编写代码时，都是在一个包（crate）中编写它。一个包是你的代码文件或文件集合（它还有一些其他文件来管理项目，但我们稍后再看）。在编写的文件中，还可以使用关键字 mod 来创建模块。在其他编程语言中，模块通常称为命名空间。mod 是一个用于放置函数、结构体和其他任何认为应该放在自己空间中的东西的地方。以下是使用 mod 的一些理由：

- 构建你的代码：它帮助思考代码的总体结构，并记住代码放置的位置。随着代码变得越来越大，这一点变得尤为重要。
- 定义名称并避免类型与其他相似或相同名称的类型发生冲突。一个很好的例子是标准库中有三个名为 CommandExt 的 trait。但是看看它们所属的模块，就很清楚它们为什么都有相同的名称：分别属于 linux::process::CommandExt、unix::process::CommandExt 和 windows::process::CommandExt。
- 便于阅读：大家更容易理解你的代码。例如 std::collections::HashMap 这个名称告诉大家它位于 std 内的 collections 模块中。这给了一个提示，也许在 collections 中还有更多的集合类型可以尝试使用。
- 访问控制：模块内部的所有内容默认都是私有的。模块本身也是私有的，除非将它们设为公共的。这样做可以防止用户直接使用类型和函数。这个理念有时被称为封装：将私有的东西放在它们的“胶囊”中，并限制对它们的访问。

随着代码的增长，可能已经知道为什么要使用 mod 了。让我们创建一个模块，看看它是什么样子的。

14.1.1 模块基础

要创建一个模块，只需使用关键字 mod 并以 {} 开始一个代码块。我们将创建一个名为 print_things 的模块，其中包含一些与打印相关的函数。

```
mod print_things {
    use std::fmt::Display;

    fn prints_one_thing<T: Display>(input: T) {
        println!("{input}");
    }
}

fn main() {}
```

在 print_things 内部写了 use std::fmt::Display;，因为模块是一个独立的空间。如果把 use std::fmt::Display; 写在 print_things 模块之外的顶部，代码就无法编译，因为它找不到 Display trait 的路径。

此外，还不能从 main() 函数调用这个函数。如果没有在 fn 前面加上 pub 关键字，它会保持私有状态，无法访问，因此代码将无法编译：

```
mod print_things {
    use std::fmt::Display;

    fn prints_one_thing<T: Display>(input: T) {
        println!("{}", input)
    }
}

fn main() {
    use print_things::prints_one_thing;

    prints_one_thing(6);
    prints_one_thing("Trying to print a string...".to_string());
}
```

错误如下：

```
error[E0603]: function `prints_one_thing` is private
  --> src\main.rs:10:30
   |
10 |     use crate::print_things::prints_one_thing;
   |                              ^^^^^^^^^^^^^^^^ private function
   |
note: the function `prints_one_thing` is defined here
  --> src\main.rs:4:5
```

```
   |
 4 |     fn prints_one_thing<T: Display>(input: T) {
   |     ^^^^^^^^^^^^^^^^^^^^^^^^^^^^^^^^^^^^^^^^^^^^^
```

很容易理解函数 prints_one_thing 是私有的。错误消息中 src\ main.rs:4:5 提示了我们函数的位置。这很有帮助，因为我们可以在多个文件中编写模块，而不仅仅是一个文件。

解决方法很简单：可以将 fn 改为 pub fn，这样一切就能正常工作了。

```
mod print_things {
    use std::fmt::Display;

    pub fn prints_one_thing<T: Display>(input: T) {
        println!("{}", input)
    }
}

fn main(){
    use print_things::prints_one_thing;

    prints_one_thing(6);
    prints_one_thing("Trying to print a string...".to_string());
}
```

输出如下：

```
6
Trying to print a string...
```

pub 关键字的作用会根据所公开的内容而有所不同。让我们来看一下这些区别。

14.1.2 关于 pub 关键字的更多信息

pub 关键字的作用会因为它前面是 struct、enum、trait 还是 module 而有所不同。这些区别在你思考它们时是合理的。具体如下：

- pub 用于结构体：pub 使结构体公开，但其字段仍然是私有的。要使字段公开，也必须在字段前写 pub。对于元组结构体也是同样的规则，因此要使 pub Email（String）完全公开，必须写成 pub Email（pub String）。所以 pub Email（String）是一个名为 Email 的类型，用户可以使用这个类型，但不能使用 .0 来访问内部的 String 字段（在下一章中，我们将学习一个名为 Deref 的流行 trait，它允许在保持类型参数私有的情况下使用内部方法，比如在这种情况下所有 String 的方法）。
- pub 用于枚举或 trait：所有内容都会变为公开。对于 trait，这意味着 trait 中的每个方法；对于枚举，这意味着枚举的每个变体。这是合理的，因为 trait 是关于为某些东西提供相同行为，而枚举是关于在变体之间进行选择，必须看到所有变体才能选择它们。
- pub 用于模块：顶级模块在其自身的 crate 内默认是公开的（如上面的例子所示），但没有 pub 将无法从外部访问。而模块内部的模块都需要 pub 才能公开。

Rust 官方文档用一句话很好地总结了这一点：

```
"By default, everything is private, with two exceptions: items in a pub Trait are public by
    default; Enum variants in a pub enum are also public by default."
```

为了演示这一点，我们在 print_things 内创建一个名为 Billy 的结构体。这个结构体几乎是完全公开的，但并不完全如此。结构体本身是公开的，所以写作 pub struct Billy。内部有一个 name 和 times_to_print。参数 name 不会是公开的，因为我们不希望用户能够选择除了 Billy 以外的任何名字。但用户可以选择打印的次数，所以这一部分将是公开的。代码如下：

```
mod print_things {

    #[derive(Debug)]
    pub struct Billy {     #A
        name: String,
        pub times_to_print: u32,
    }

    impl Billy {
        pub fn new(times_to_print: u32) -> Self {     #B
            Self {
                name: "Billy".to_string(),     #C
                times_to_print,
            }
        }
        pub fn print_billy(&self) {
            for _ in 0..self.times_to_print {
                println!("{}", self.name);
            }
        }
    }
}

fn main() {
    use print_things::*;     #D

    let my_billy = Billy::new(3);
    my_billy.print_billy();
}
```

#A 结构体 Billy 是公开的，但其中的参数 name 是私有的。
#B 现在用户需要使用 new()来创建一个 Billy。用户只能更改 times_to_print 的数量。
#C 我们选择了名字——用户不能更改。任何 Billy 结构体的名字只能是 Billy。
#D 现在使用 *，它会导入模块 print_things 中的所有内容。

这将打印：

```
"Billy"
"Billy"
"Billy"
```

这里用于导入所有内容的 * 被称为 "glob 运算符"。Glob 代表 "global"，即所有内容。

14.1.3 模块内的模块

在一个模块内部，可以创建其他模块。子模块（一个在另一个模块内部的模块）可以使用父模块内的任何内容。在下面的示例中，我们有一个城市模块在省份模块内部，在国家模块内部。

可以这样想这种结构：即使在一个国家里，可能不在某个省份（或州，或府）。而即使在某个省份里，可能不在某个城市。但如果在某个特定的城市，就肯定在它所在的省份和国家里。

在这里需要注意的另外两件事是 crate:: 和 super::。如果从 crate:: 开始路径到一个类型或函数，那么它从最外层开始：从外到内。但如果在一个模块内部，可以使用 super:: 来向上移动一个模块。

来看一下 City 模块，在这个模块内部，我们调用了同一个函数两次，一次使用从 crate:: 开始的路径，另一次使用 super:: 两次来向上移动两级。这两种方式都调用相同函数。

```
mod country {    #A
    fn print_country(country: &str) {    #B
        println!("We are in the country of {country}");
    }
    pub mod province {    #C
        fn print_province(province: &str) {    #D
            println!("in the province of {province}");
        }
        pub mod city {    #E
            pub fn print_city(country: &str, province: &str, city: &str) {

                crate::country::print_country(country);    #F
                super::super::print_country(country);

                crate::country::province::print_province(province);    #G
                super::print_province(province);
                println!("in the city of {city}");
            }
        }
    }
}

fn main(){
    country::province::city::print_city("Canada", "New Brunswick", "Moncton");
}
```

#A 最顶层的模块不需要是 pub 的。

#B 注意：这个函数不是 pub 的。

#C 把这个模块设为 pub。

#D 这个函数也不是 pub 的。

#E 这个模块及其包含的函数都是 pub 的。

#F 调用 print_country 函数的路径可以从 crate 层级向下，也可以从当前位置向上使用关键词 super。

#G 可以从 crate 层级向下调用，也可以从当前层级向上调用。

有趣的是，print_city()可以访问 print_province()和 print_country()，即使后两者不是 Pub 的。因为 city 模块在其他模块内部。不需要在 print_province()前面加上 pub 就可以被使用。这很合理：一个城市不需要做任何事情就已经在一个省份和一个国家内。

输出结果如下：

```
We are in the country of Canada
We are in the country of Canada
in the province of New Brunswick
in the province of New Brunswick
in the city of Moncton
```

在组建自己的项目时，一般的设置如下：一个用于主函数和相关代码的 main.rs 文件，以及一个 lib.rs 文件，这是一个库文件，用于存放与你正在构建的软件的主要运行无关的类型、函数等。当然，如果把所有内容放在 main.rs 里也是可以的，但是通常不推荐。当创建单独的文件时（例如一个叫作 functions.rs 的文件），可以在这个新文件里写各种各样的垃圾代码，尽管你的 IDE 可能会提示，但程序仍然会毫无问题地编译：

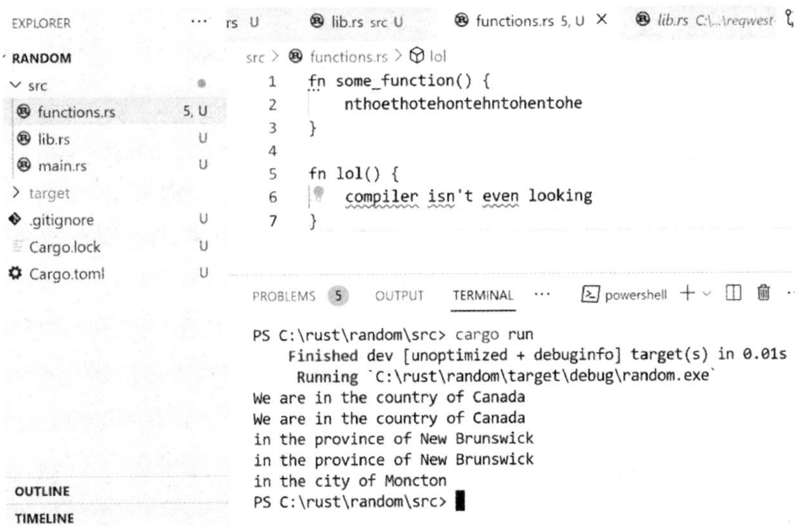

要让 Rust 注意到这些文件，需在 lib.rs 中使用 mod 关键字声明它们。因此，如果创建了一个 functions.rs 文件，那么必须在 lib.rs 中输入 mod functions;。否则 Rust 不会看到它。一旦这个文件被声明，Rust 就会看到它，如果其中有问题，代码将无法编译。

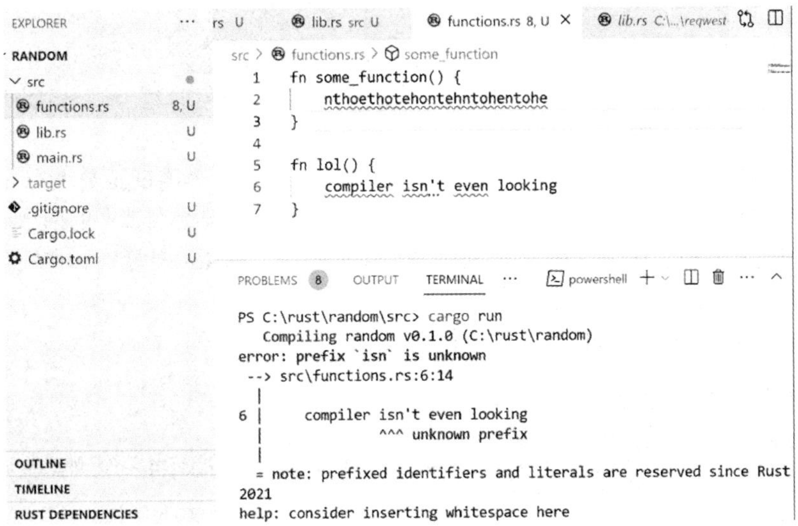

我们将在第 18 章更深入地研究如何构建一个项目，届时将学习如何在计算机上使用 Rust，而不仅是在 Playground 中。但是现在让我们先来学习一下如何编写测试。

14.2 测试

现在我们理解了模块，学习测试是一个很好的主题。在 Rust 中测试代码很简单，因为可以在代码旁边编写 test。当然也可以创建单独的测试文件。让我们来看一下如何简单地写一个 test。

14.2.1 只需添加 #[test]，它就变成了一个 test

开始测试的最简单方法是在函数上方添加 #[test]。这是一个简单的例子：

```
#[test]
fn two_is_two(){
    assert_eq!(2, 2);
}
```

如果尝试在 Playground 中用 Run 按钮运行它，会出现一个错误：error[E0601]：在 crate playground 中未找到 main 函数。这是因为不应该用 Run 来运行测试，而是用 test。要在 Playground 中运行这个测试，单击左上角 Run 旁边的 ··· 并将其更改为 TEST。现在如果单击它，会运行所有的测试，但是目前这里只写了一个测试用例。

如果已经安装了 Rust，需要输入 cargo test 来运行测试，而不是 cargo run 或 cargo check。

另外，测试不需要使用 main()函数——它们是在 main()函数之外的。可以直接删除 main()函数，仍然可以运行测试。

下面是上述测试的输出结果：

```
running 1 test
test two_is_two ... ok

test result: ok. 1 passed; 0 failed; 0 ignored; 0 measured; 0 filtered out
```

One other point to note：test functions can't take any arguments. So this won't compile：

```
#[test]
fn test_that_wont_work(input: i32) {}
```

编译器的信息很清楚：错误，作为测试使用的函数不能有任何参数。从这个角度来看，测试函数与 main()函数非常相似。

那么编译器是如何知道测试是否通过的呢？很简单：如果一个测试函数没有 panic，那么它就是通过的；如果发生了 panic，那么它就是失败的。assert_eq! 宏会在其中的两个参数不匹配时引发 panic，当使用其他宏函数（例如.unwrap()、.expect()、panic! 宏等），引发 panic 时也同样会失败。

下面来看看当测试发生 panic 时会发生什么。

14.2.2 当测试失败时发生了什么

将 assert_eq!(2, 2) 改为 assert_eq!(2, 3)，看看会发生什么。当一个测试失败时，会得到更多的信息：

```
running 1 test
test two_is_two ... FAILED

failures:

---- two_is_two stdout ----
thread 'two_is_two' panicked at 'assertion failed: `(left == right)`
  left: `2`
 right: `3`,src/lib.rs:3:5
note: run with `RUST_BACKTRACE=1` environment variable to display a backtrace

failures:
    two_is_two

test result: FAILED. 0 passed; 1 failed; 0 ignored; 0 measured; 0 filtered out
```

在 Rust 中，assert_eq!（left，right）和 assert!（bool）可能是测试函数最常见的方式。对于 assert_eq!，如果左右两边不匹配，它会引发 panic 并显示值不同的信息：left 是 2，但 right 是 3。

assert! 宏的输出几乎相同：

```
#[test]
fn two_is_two() {
    assert!(2 == 3);
}
```

输出结果是：

```
---- two_is_two stdout ----
thread 'two_is_two' panicked at 'assertion failed: 2 == 3', src/lib.rs:3:5
note: run with `RUST_BACKTRACE=1` environment variable to display a backtrace
```

那么 RUST_BACKTRACE=1 是什么意思呢？这是计算机上的一个设置，当断言失败时，可以用它来获取更多的详细信息。实际上，它是一个环境变量。我们之前使用了 std::env::var() 函数来查看它们。让我们使用这个函数来查看 RUST_BACKTRACE 的默认值：

```
fn main() {
    println!("{:?}", std::env::var("RUST_BACKTRACE"));
}
```

默认情况下，这将打印出 Err（NotPresent）。但在 Playground 中，启用它很容易：单击 STABLE 旁边的 ···，将 backtrace 设置为 ENABLED。也可以使用函数 set_var() 来完成同样的事情：std::env::set_var（"RUST_BACKTRACE"，"1"）；

如果这样做，它将提供更多的信息：

```
running 1 test
test two_is_two ... FAILED

failures:

---- two_is_two stdout ----
thread 'two_is_two' panicked at 'assertion failed: `(left == right)`
 left: `2`,
```

```
right: `3`', src/lib.rs:3:5
stack backtrace:
    0: rust_begin_unwind
              at
   /rustc/a8314ef7d0ec7b75c336af2c9857bfaf43002bfc/library/std/src/panicking.rs:584:5
    1: core::panicking::panic_fmt
              at
   /rustc/a8314ef7d0ec7b75c336af2c9857bfaf43002bfc/library/core/src/panicking.rs:142:14
    2: core::panicking::assert_failed_inner
    3: core::panicking::assert_failed
              at
   /rustc/a8314ef7d0ec7b75c336af2c9857bfaf43002bfc/library/core/src/panicking.rs:181:5
    4: playground::two_is_two
              at ./src/lib.rs:3:5
    5: playground::two_is_two::{{closure}}
              at ./src/lib.rs:2:1
    6: core::ops::function::FnOnce::call_once
              at
   /rustc/a8314ef7d0ec7b75c336af2c9857bfaf43002bfc/library/core/src/ops/function.rs:248
   :5
    7: core::ops::function::FnOnce::call_once
              at
   /rustc/a8314ef7d0ec7b75c336af2c9857bfaf43002bfc/library/core/src/ops/function.rs:248
   :5
note: Some details are omitted, run with `RUST_BACKTRACE=full` for a verbose backtrace.

failures:
    two_is_two

test result: FAILED. 0 passed; 1 failed; 0 ignored; 0 measured; 0 filtered out; finished in
    0.02s
```

当我们需要找到问题出在哪里时，可以使用 backtrace。从底部向上阅读，很快就能找到错误发生的地方：在第 4 行标明 playground 的地方，那里讲述了你的代码。这里是那部分内容：

```
4: playground::two_is_two
          at ./src/lib.rs:3:5
5: playground::two_is_two::{{closure}}
          at ./src/lib.rs:2:1
```

消息告诉我们可以设置 "RUST_BACKTRACE=full" 来获取更详细的 backtrace 信息。这曾经是 Rust 的默认输出，后来被改进为刚刚看到的简化输出。

详细的 backtrace 输出非常详细，占据了本书的整整一页。Playground 没有一个按钮来启用详细的 backtrace，但可以使用 std::env::set_var()来设置它。如果想看看它有多详细，可以尝试这段代码：

```
#[test]
fn two_is_two() {
    std::env::set_var("RUST_BACKTRACE", "full");
    assert!(2 == 3);
}
```

输出确实非常详细：大约长了四倍！

现在让我们再次关闭回溯，并回到常规的测试。

14.2.3 编写多个测试

现在开始编写多个测试。把几个简单的函数放在一起，然后编写测试函数来确保它们的工作正常。下面是一些示例：

```
fn return_two()-> i8 {
    2
}
#[test]
fn it_returns_two(){
    assert_eq!(return_two(), 2);
}

fn return_six()-> i8 {
    4 + return_two()
}
#[test]
fn it_returns_six(){
    assert_eq!(return_six(), 6)
}
```

现在它运行了两个测试：

```
running 2 tests
test it_returns_two ... ok
test it_returns_six ... ok

test result: ok. 2 passed; 0 failed; 0 ignored; 0 measured; 0 filtered out
```

Rust 程序员通常会将测试放在自己的模块中。要做到这一点，使用 mod 关键字创建一个新的模块，并在其上方添加 #[cfg(test)]（记住：cfg 意味着 "configure"）。这个属性告诉 Rust 只有在进行测试时才编译它。你还需要继续在每个测试函数上面写 #[test]。当安装 Rust 后，可以进行更复杂的测试。你将能够运行一个测试，或者所有测试，或者一些测试。还要记得写上 use super::*;，因为测试模块需要访问上面的函数。现在它看起来会像这样：

```
fn return_two()-> i8 {
    2
}
fn return_six()-> i8 {
    4 + return_two()
}

#[cfg(test)]
mod tests {
    use super::*;

    #[test]
    fn it_returns_six(){
        assert_eq!(return_six(), 6)
```

```
    }
    #[test]
    fn it_returns_two(){
        assert_eq!(return_two(), 2);
    }
}
```

这通常是在 Rust 中以及其他编程语言中进行测试的方式。先编写代码，然后希望确保它表现出应有的行为，再编写一些测试。这可能是人类本性，因为创造和完成工作的欲望往往强于对质量的关心。但也可以反过来先编写测试，即所谓的测试驱动开发。让我们看看这是如何运作的。

14.3 测试驱动开发（TDD）

当阅读有关 Rust 或其他语言的文章时，可能会看到“测试驱动开发”这个词。TDD 有点独特，有些人喜欢它，而其他人可能更喜欢其他方式（所以如何测试自己的代码取决于你）。

“测试驱动开发”意味着首先编写一些测试，所有的测试会失败！再开始编写代码，并持续进行，直到所有的测试通过。之后，这些测试将留下来，用于在以后添加和重写代码时检查是否出现问题。在 Rust 中做到这一点相当容易，因为编译器会提供很多关于需要修复的信息。让我们写一个小例子来展示测试驱动开发是什么样子。

14.3.1 构建一个计算器：从编写测试开始

让我们想象一个接受用户输入字符串的计算器。为了尽可能简单，只允许计算器进行减法（甚至将其称为减法器）。如果用户输入 "5 - 6"，它应返回 -1；如果用户输入 "15 - 6 - 7"，它应返回 2；如果用户输入 "1 -- 1"，它应返回 2，以此类推。由于我们使用 TDD，将在编写代码之前先编写测试函数。虽然尚未编写减法器，但仍然需要稍做思考，以便编写它需要通过的测试。计划是使用一个名为 math()的函数来执行所有操作。它将返回一个 i32 类型的结果（我们不会使用浮点数）。

对于减法器，需要有至少 5 个测试：

- 简单运算包含一个减号："1 - 2" 应返回 -1。
- 简单运算包含两个减号："1 - - 1" 应返回 2。
- 复杂一点的运算："3-3-3--3" 应返回 0。
- 忽略最后一个数字后的空格和字符："18 - 9 -9-- ---" 应返回 0。
- 如果输入不包含数字、空格或减号，程序 panic："7 - seven"。

要编写使测试通过的最少代码，需要有一个空的 Subtractor 结构体和一个返回 i32 的 .math()方法。对于 .math()方法，可以让它返回一个随机数，比如 6，稍后再考虑实现细节。最初的代码如下所示：

```
struct Subtractor;

impl Subtractor {
    fn math(&mut self, input: &str) -> i32 {
        6
    }
```

```
    }

    #[test]
    fn one_minus_two_is_minus_one() {
        let mut calc = Subtractor;    #A
        assert_eq!(calc.math("1 - 2"), -1);
    }
    #[test]
    fn one_minus_minus_one_is_two() {
        let mut calc = Subtractor;
        assert_eq!(calc.math("1 - -1"), 2);
    }
    #[test]
    fn three_minus_three_minus_three_minus_minus_three_is_zero() {
        let mut calc = Subtractor;
        assert_eq!(calc.math("3-3-3--3"), 0);
    }
    #[test]
    fn eighteen_minus_nine_minus_nine_is_zero_even_with_characters_on_the_end() {
        let mut calc = Subtractor;
        assert_eq!(calc.math("18 - 9     -9-----"), 0);
    }
    #[test]
    #[should_panic]    #B
    fn panics_when_characters_not_right() {
        let mut calc = Subtractor;
        calc.math("7 - seven");
    }
```

#A 目前在 Subtractor 中没有任何需要改变的内容，但我们计划让它保存输入并解析数字，因此从一开始它就是可变的。

#B 这个测试使用了 #[should_panic] 注释。如果它没有 panic，那就是失败。

测试输出的第一部分只是告诉我们哪些测试通过了，哪些没有通过：

```
running 5 tests
test eighteen_minus_nine_minus_nine_is_zero_even_with_characters_on_the_end ... FAILED
test nine_minus_three_minus_three_minus_three_is_zero ... FAILED
test one_minus_two_is_minus_one ... FAILED
test one_minus_minus_one_is_two ... FAILED
test panics_when_characters_not_right - should panic ... FAILED
```

同时，对于每个失败的测试，还会提供失败原因的信息，例如线程'tests::one_plus_one_is_two'在'assertion failed：(left == right)'处发生 panic。我们还没有开始实现 .math() 方法，所以这些输出对我们来说仍然没有用。

测试中的函数名称通常非常具有描述性，比如 one_plus_one_is_two。随着代码的增长，可能会编写几十甚至上百个测试，描述性强的测试名称让你能够立即理解哪些测试失败了。

现在是时候考虑如何制作 Subtractor 了。首先，将接受任何数字、减号和空格。可以使用一个名为 OKAY_CHARACTERS 的 const 来表示所有可能的输入。为了检查输入，可以对这个 const 使用 .chars() 来创建一个字符的迭代器，并使用 .any() 来检查，如果有任何字符不包含在 OKAY_CHARACTERS 中，则引发崩溃并显示错误信息。

现在，测试之前的代码如下所示：

```
const OKAY_CHARACTERS: &str = "1234567890- ";

struct Subtractor;

impl Subtractor {
    fn math(&mut self, input: &str) -> i32 {
            if input
            .chars()
            .any(|character| !OKAY_CHARACTERS.contains(character))
        {
            panic!("Please only input numbers, -, or spaces.");
        }
        6
    }
}
```

运行测试会得到以下结果：

```
running 5 tests
test one_minus_minus_one_is_two ... FAILED
test one_minus_two_is_minus_one ... FAILED
test panics_when_characters_not_right - should panic ... ok
test six_minus_three_minus_three_minus_minus_three_is_zero ... FAILED
test eighteen_minus_nine_minus_nine_is_zero_even_with_characters_on_the_end ... FAILED
```

一个测试成功了！我们的 .math()方法现在只接受正确的输入。这是最简单的部分。现在是时候真正把 Subtractor 拼凑起来了。

14.3.2 真正将计算器拼凑起来

将 Subtractor 组装起来的第一步是思考.math()方法应该如何返回结果。不再每次返回 6，而是应该返回某个总数。首先，将专注于以下事情：

- 给 Subtractor 结构体添加一个名为 total 的参数，初始值为零。
- 首先从输入中删除任何空格，并修剪输入字符串，以便忽略末尾的任何空格或减号。这样只留下数字和减号作为可能的字符。
- 然后我们将遍历每个字符并进行匹配。如果是数字，将其推入一个名为 num_to_parse 的参数（一个字符串）中。如果看到减号，就知道这个数字结束了。例如对于输入 "55-7"，会推入一个 5，再推入一个 5，然后看到一个减号，并知道数字结束了。在这种情况下，我们将解析 num_to_parse 成为一个 i32，并从 total 中减去。
- 由于 total 起始值为 0，而 num_to_parse 是一个空字符串，可以实现 Subtractor 的默认行为。
- 至于双减号的情况，稍后再考虑。现在先试着让另一个测试通过。

这里是新代码：

```
const OKAY_CHARACTERS: &str = "1234567890- ";

#[derive(Default)]
```

```
struct Subtractor {
    total: i32,
    num_to_parse: String,
}

impl Subtractor {
    fn math(&mut self, input: &str) -> i32 {
            if input
            .chars()
            .any(|character| !OKAY_CHARACTERS.contains(character))
        {
            panic!("Please only input numbers, -, or spaces.");
        }
        let input = input
            .trim_end_matches(|x| "- ".contains(x))      #A
            .chars()
            .filter(|x| *x != ' ')
            .collect::<String>();

        for character in input.chars() {
            match character {
                '-' => {
                    let num = self.num_to_parse.parse::<i32>().unwrap();
                    self.total -= num;
                    self.num_to_parse.clear();
                }
                number => self.num_to_parse.push(number),
            }
        }
        self.total
    }
}

#[test]
fn one_minus_two_is_minus_one() {      #D
    let mut calc = Subtractor::default();
    assert_eq!(calc.math("1 - 2"), -1);
}
#[test]
fn one_minus_minus_one_is_two() {
    let mut calc = Subtractor::default();
    assert_eq!(calc.math("1 - -1"), 2);
}
#[test]
fn three_minus_three_minus_three_minus_minus_three_is_zero() {
    let mut calc = Subtractor::default();
    assert_eq!(calc.math("3-3-3--3"), 0);
}
#[test]
fn eighteen_minus_nine_minus_nine_is_zero_even_with_characters_on_the_end() {
    let mut calc = Subtractor::default();
```

```
    assert_eq!(calc.math("18 - 9      -9-----"), 0);
}
#[test]
#[should_panic]
fn panics_when_characters_not_right(){
    let mut calc = Subtractor::default();
    calc.math("7 - seven");
}
```

#A .trim_end_matches()移除在字符串末尾匹配的任何内容。顺便一提，trim_end_matches()和.trim_start_matches()曾用名.trim_right_matches()和.trim_left_matches()。但后来人们发现很多语言习惯是从右到左的（如波斯语、希伯来语等），所以右和左并不总是指末尾和开头。当在一些旧的Rust代码中看到left和right命名时不要困惑就好。

#B 在这个测试中，使用default设置来创建Subtractor。

非常棒，我们又通过了一个测试！

```
running 5 tests
test eighteen_minus_nine_minus_nine_is_zero_even_with_characters_on_the_end ... FAILED
test one_minus_minus_one_is_two ... FAILED
test panics_when_characters_not_right - should panic ... ok
test three_minus_three_minus three minus minus three is zero ... FAILED
test one_minus_two_is_minus_one ... ok
```

我们仍然没有让Subtractor足够聪明到理解减号也可以表示加法，所以仍然有三个测试未通过。但有趣的是，其中两个测试给了我们一个意外的提示，指引接下来该做什么。这里是错误信息：

```
---- one_minus_minus_one_is_two stdout ----
thread 'one_minus_minus_one_is_two' panicked at 'called `Result::unwrap()` on an `Err`
        value: ParseIntError { kind: Empty }', src/lib.rs:28:64
```

代码不复杂，我们尝试想象这里的逻辑。在这个测试中，输入是"1 - -1"。末尾的空格和不必要的输入被移除，将输入变为了"1--"。如果我们按照逻辑来看，程序正在做如下操作：

- 程序看到了1，将1推入num_to_parse。
- 程序看到了一个减号，解析num_to_parse，并将其加到总数中。
- 程序看到了一个减号，解析num_to_parse，它正试图解析一个不存在的数字。

可以通过快速检查num_to_parse是否为空来修复这个问题。将以for character in input.chars()开始的范围更改为以下内容：

```
for character in input.chars(){
    match character {
        '-' => {
            if !self.num_to_parse.is_empty(){
                let num = self.num_to_parse.parse::<i32>().unwrap();
                self.total -= num;
                self.num_to_parse.clear();
            }
        }
        number => self.num_to_parse.push(number),
    }
}
```

完成了这一步之后……仍然有三个测试失败。但至少我们不再试图解析空字符串了，而且 ParseIntErrors 也消失了，这多亏了测试让我们注意到了这一点。

接下来要做的是告诉 Subtractor 何时应该加，何时应该减。这并不太难：一个减号表示减法，两个减号表示加法，三个减号表示减法，以此类推。可以计算减号的数量，但有一种更易于使用和阅读的方法：使用枚举。我们将创建一个名为 Operation 的枚举，其中包含两个变体：Add（加法）和 Subtract（减法）。减法器将默认为 Add，每次看到一个减号时它将简单地切换。

让我们试一试：

```
const OKAY_CHARACTERS: &str = "1234567890- ";

#[derive(Default)]
struct Subtractor {
    total: i32,
    num_to_parse: String,
    operation: Operation,
}

#[derive(Default)]
enum Operation {
    #[default]    #A
    Add,
    Subtract,
}

impl Subtractor {
    fn switch_operation(&mut self) {
        self.operation = match self.operation {
            Operation::Add => Operation::Subtract,
            Operation::Subtract => Operation::Add,
        }
    }
    fn math(&mut self, input: &str) -> i32 {
        if input
            .chars()
            .any(|character| !OKAY_CHARACTERS.contains(character))
        {
            panic!("Please only input numbers, -, or spaces.");
        }

        let input = input
            .trim_end_matches(|x| "- ".contains(x))
            .chars()
            .filter(|x| *x != ' ')
            .collect::<String>();

        for character in input.chars() {
            match character {
                '-' => {
                    if !self.num_to_parse.is_empty() {
                        let num = self.num_to_parse.parse::<i32>().unwrap();
```

```
                    match self.operation {
                        Operation::Add => self.total += num,
                        Operation::Subtract => self.total -= num
                    }
                    self.operation = Operation::Add;    #B
                    self.num_to_parse.clear();
                }
                self.switch_operation();
            }
            number => self.num_to_parse.push(number),
        }
    }
    self.total
}
}
```

#A 自 Rust 1. 62 版本（发布于 2022 年 7 月）起，现在可以为枚举选择一个默认变体，只要它是一个“单元枚举变体”（没有数据）即可。可以在顶部使用 #［derive（Default）］属性，然后在默认变体上使用 #［default］。

#B 这两行代码只是在操作结束后将 Subtractor 恢复到默认状态。

现在只有一个测试通过了！让我们仔细查看失败的测试（左边 = 测试输出，右边 = 期望输出），看看它们有什么共同点。

```
Input: "18 - 9 -9-- ---"
left: `9`, right: `0`

Input: "1 - 2"
left: `1`, right: `-1`

Input: "1 - -1"
left: `1`, right: `2`

"3-3-3--3"
left: `-3`, right: `0`
```

它们都忽略了最后一个数字。在遍历 self.input 的最后阶段，我们总是有一个最终数字，但只是将它推入 self.num_to_parse 并在不进行加法或减法的情况下结束程序。为了解决这个问题，可以在结束时检查一下 num_to_parse 是否为空，如果不为空，就可以对总数进行加法或减法操作。由于这个操作与之前的代码相同，可以创建一个名为 .do_operation( ) 的方法，这样就不会重复编写代码。

在这样做之后，测试通过了。以下是最终的代码：

```
const OKAY_CHARACTERS: &str = "1234567890- ";

#[derive(Default)]
struct Subtractor {
    total: i32,
    num_to_parse: String,
    operation: Operation,
}
```

```
#[derive(Default)]
enum Operation {
    #[default]
    Add,
    Subtract,
}

impl Subtractor {
    fn switch_operation(&mut self) {
        self.operation = match self.operation {
            Operation::Add => Operation::Subtract,
            Operation::Subtract => Operation::Add,
        }
    }

    fn do_operation(&mut self) {
        let num = self.num_to_parse.parse::<i32>().unwrap();
        match self.operation {
            Operation::Add => self.total += num,
            Operation::Subtract => self.total -= num,
        }
        self.operation = Operation::Add;
        self.num_to_parse.clear();
    }

    fn math(&mut self, input: &str) -> i32 {
        if input
            .chars()
            .any(|character| !OKAY_CHARACTERS.contains(character))
        {
            panic!("Please only input numbers, -, or spaces.");
        }

        let input = input
            .trim_end_matches(|x| "- ".contains(x))
            .chars()
            .filter(|x| *x != ' ')
            .collect::<String>();

        for character in input.chars() {
            match character {
                '-' => {
                    if !self.num_to_parse.is_empty() {
                        self.do_operation();
                    }
                    self.switch_operation();
                }
                number => self.num_to_parse.push(number),
            }
        }
```

```
        if !self.num_to_parse.is_empty(){
            self.do_operation();
        }
        self.total
    }
}
```

现在测试通过了，可以开始稍微重构一下代码。可以返回一个 Result 而不是直接 panic，或者创建一些小的方法来使代码更清晰。

在测试驱动开发中可以看到有一种往复的过程。大致是这样的：

- 首先，写下你能想到的所有测试。它们都会失败，因为你还没有写代码使它们通过。
- 然后，开始编写代码。测试开始通过，最终所有测试都会通过。
- 在编写代码的过程中，会得到其他测试的想法。
- 添加这些测试，你的测试越来越多。测试越多，你的代码被检验的次数就越多。

当然，测试并不检查所有内容，认为“所有测试通过 = 代码完美无缺”是错误的。归根结底，测试只检查程序员认为应该检查的内容。但是测试在修改代码时也非常有用。如果其中一个测试不通过，就会知道需要修复什么。在团队合作或编写其他人可能需要管理的代码时，这一点尤为重要。

在这一章节中，我们学习了如何组织和测试项目，甚至还没有需要安装 Rust！这将为书中稍后安装 Rust 到计算机上的章节提供良好的实践。但与此同时，在 Playground 上还有很多 Rust 知识可以学习。在下一章中，我们将学习一些有趣的模式，还有一个叫作 Deref 的流行特性，它可以让你在自己的类型中自由使用其他类型的方法！

14.4 总结

- 将代码放入模块是开始考虑哪些部分应该对外公开的好方法。
- Rust 默认将所有内容设为私有，只需在需要编译代码时使用 pub 关键字即可。如果不想让类型参数可访问，可以重新编写代码。
- 测试函数类似于 main()，因为它不接受任何参数。
- 在测试代码上使用 #［cfg（test）］，让编译器知道除非进行测试，否则不需要编译它。你仍然可以将测试代码放在其他代码附近，只是不要忘记添加注解。
- 如果你已经知道最终产品的样子，测试驱动开发是个不错的选择。如果你对最终产品大致有所了解，它也能提供帮助。随着编写 Test，你会越来越清楚地了解你要做什么。
- 在测试驱动开发中，所有测试一开始都会失败。尽可能多地写测试，然后开始编写代码使其通过。

第 15 章　默认值、构建者模式和Deref

本章涵盖了以下内容：

- Default 特性。
- 构建者模式：控制类型的生成方式。
- Deref 和 DerefMut：继承其他类型的方法，以供自己使用。

这一章很有趣。你将学习构建者模式，这种模式让你通过方法链声明变量，而不是为结构体写所有参数。这对于编写其他人可能使用的代码特别有用，因为你可以控制他们能接触到哪些部分，不能接触哪些部分。本章后面的 Deref 特性可以创建自己的类型，并自由继承另一种类型的所有方法。这使你能够轻松创建包含其他类型的类型，并在其上添加自己的方法。

15.1 实现 Default

你可以实现 Default 特性，为结构体或枚举赋予最常见的值，或代表该类型的基础状态的值。下一节中的构建者模式很好地配合了这一点，让用户在使用默认值的基础上轻松进行任何更改。

Rust 标准库中最常用的类型已经实现了 Default。常见的默认值有 0,"" （空字符串），false 等。可以通过一个简单的例子来看看一些默认值：

```
fn main() {
    let default_i8: i8 = Default::default();
    let default_str: String = Default::default();
    let default_bool: bool = Default::default();

    println!("'{default_i8}', '{default_str}', '{default_bool}'");
}
```

这段代码会打印 '0'、''、'false'。

因此，Default 有点像空参数的 new( ) 方法。让我们尝试用它来实现自己的类型。首先，将创建一个未实现 Default 的结构体。它有一个 new 函数，用来创建一个名为 Billy 的角色，并附带一些属性。

```
struct Character {
    name: String,
    age: u8,
    height: u32,
```

```
    weight: u32,
    lifestate: LifeState,
}

enum LifeState {
    Alive,
    Dead,
    NeverAlive,
    Uncertain
}

impl Character {
    fn new(name: String, age: u8, height: u32, weight: u32, alive: bool) -> Self {
        Self {
            name,
            age,
            height,
            weight,
            lifestate: if alive { LifeState::Alive } else { LifeState::Dead }
        }
    }
}

fn main() {
    let character_1 = Character::new("Billy".to_string(), 15, 170, 70, true);
}
```

假设我们的角色默认名叫作 Billy，年龄 15，身高 170，体重 70，并且是 Alive。如果实现 Default，只需写 Character::default()就不需要输入任何参数了：

```
#[derive(Debug)]
struct Character {
    name: String,
    age: u8,
    height: u32,
    weight: u32,
    lifestate: LifeState,
}

#[derive(Debug)]
enum LifeState {
    Alive,
    Dead,
    NeverAlive,
    Uncertain,
}

impl Default for Character {
    fn default()-> Self {
        Self {
            name: "Billy".to_string(),
```

```
            age: 15,
            height: 170,
            weight: 70,
            lifestate: LifeState::Alive,
        }
    }
}

fn main(){
    let character_1 = Character::default();

    println!(
        "The character {:?} is {:?} years old.",
        character_1.name, character_1.age
    );
}
```

它打印了 The character "Billy" is 15 years old。

但不需要输入参数并不是实现 Default 的主要原因。毕竟可以编写其他任何返回带有这些参数的 Character 的函数。那么为什么要实现 Default 而不是直接写一个 new()或其他函数呢？以下是实现 Default 的几个好处：

- Default 是一个特性，如果实现了 Default，就可以将你的类型传递给任何需要它的东西。有时会遇到要求实现 Default 的函数或特性，例如 .unwrap_or_default()方法。
- 你的类型可能需要作为另一个结构体或枚举的参数，而该结构体或枚举希望实现 Default。要使用 #[derive (Default)] 实现 Default，所有类型的参数也需要实现 Default。
- 拥有 Default 能给你的类型的用户提供一个关于如何使用它们的总体概念。例如可能希望有一个名为 new()或 create()的方法，用于创建具有大量自定义设置的类型。但也可以实现 Default，这样用户就可以在不考虑所有设置的情况下创建一个类型。
- 在处理结构体的参数时，Default 真的非常方便。

最后一点最容易通过一个例子来解释。考虑一下这个简单的结构体：

```
#[derive(Default)]
struct Size {
    height: f64,
    length: f64,
    width: f64,
}
```

结构体的每个参数都是 f64 类型，它实现了 Default，因此也可以轻松地为它使用 #[derive(Default)]。这使我们可以写 Size::default()，如果希望每个参数都是 0.0，可以做如下操作：

```
#[derive(Debug, Default)]
struct Size {
    height: f64,
    length: f64,
    width: f64,
}

fn main(){
```

```
    let only_height = Size {
        height: 1.0,    #A
        ..Default::default()    #B
    };
    println!("{only_height:?}");
}
```

#A 将高度设为 1.0。

#B 其余参数使用它们的默认值。在 Rust 中，使用 .. 表示“对于每个剩余的参数”。

输出是：

```
Size { height: 1.0, length: 0.0, width: 0.0 }
```

你也会经常在构建者模式中看到 Default。现在我们来看看这个模式。

15.2 构建者模式

构建者模式是一种构建类型（通常是结构体）的有趣方式。有些人喜欢这种模式，因为它非常易读，允许你为想要改变的所有参数链式调用方法。如果我们在刚刚查看过的 Size 结构体上使用构建者模式，可能这样写：

```
let my_size = Size::default().height(1.0).width(5.0);
```

其易读性源于它与日常对话中的表达方式非常接近：“创建一个名为 my_size 的 Size 结构体，使用默认值，但将高度改为 1.0，宽度改为 5.0”。

但构建者模式不仅仅是为了可读性：它还能让你对别人使用你的类型时有更多控制力。通常情况下，当你的类型有很多字段，其中大部分是默认值时，构建者模式最有意义。比如一个数据库客户端有很多字段，包括用户名、密码、连接超时、端口地址等。在大多数情况下，用户可能只希望使用默认值，但构建者模式允许在必要时修改这些值。

然而为了保持我们的例子简短，将继续使用上面的 Character 结构体，其默认名称为 Billy，我们将从这个默认值开始学习这种模式。希望在默认命名 Billy 之上，为用户提供一些修改的选项。

15.2.1 编写构建者方法

现在假设有一个 Character 结构体，并希望在声明后输入 .height( ) 来改变高度。我们该如何实现呢？一种方法是通过值获取整个结构体，改变一个值并将其传回。换句话说，每个构建者方法将返回 Self。具体实现如下：

```
fn height(mut self, height: u32) -> Self {
    self.height = height;
    self
}
```

注意它接受了一个 mut self，这是一个拥有的 self，而不是可变引用（&mut self）。它获取了 Self 的所有权，并且使用 mut 关键字将其变为可变的，即使之前它不可变也可以。这是因为 .height( ) 拥有完全的所有权，其他任何人都无法触及它，因此可以安全地进行可变操作。然后该方法只是改变了 self.height，并返回 Self（在这种情况下是 Character）。

因此，让我们编写三个这样的构建者方法。它们非常容易编写。只需获取一个 mut self 和一个值，将一个参数更改为该值，然后返回 self。

```
fn height(mut self, height: u32) -> Self {
    self.height = height;
    self
}

fn weight(mut self, weight: u32) -> Self {
    self.weight = weight;
    self
}

fn name(mut self, name: &str) -> Self {
    self.name = name.to_string();
    self
}
```

由于每个方法都返回一个 Self，现在可以链式调用方法来编写像这样创建角色的代码：

```
let character_1 = Character::default().height(180).weight(60).name("Bobby");
```

最终我们的代码如下所示：

```
#[derive(Debug)]
struct Character {
    name: String,
    age: u8,
    height: u32,
    weight: u32,
    lifestate: LifeState,
}

#[derive(Debug)]
enum LifeState {
    Alive,
    Dead,
    NeverAlive,
    Uncertain,
}

impl Character {
    fn height(mut self, height: u32) -> Self {
        self.height = height;
        self
    }

    fn weight(mut self, weight: u32) -> Self {
        self.weight = weight;
        self
    }

    fn name(mut self, name: &str) -> Self {
```

```
        self.name = name.to_string();
        self
    }
}

impl Default for Character {
    fn default()-> Self {
        Self {
            name: "Billy".to_string(),
            age: 15,
            height: 170,
            weight: 70,
            lifestate: LifeState::Alive,
        }
    }
}

fn main(){
    let character_1 = Character::default().height(180).weight(60).name("Bobby");
    println!("{character_1:?}");
}
```

这将打印出 Character { name: "Bobby", age: 15, height: 180, weight: 60, lifestate: Alive }。

这就是构建者模式的第一部分，但是如何避免别人胡乱配置你的类型呢？例如 height 是一个 u32，所以没有什么可以阻止别人创建一个身高达 4294967295（u32 的最大可能数值）的角色。让我们思考如何避免这种情况。

15.2.2 在构建者模式中添加最终检查

在构建者模式中通常还会添加一个称为 .build() 的方法。这个方法是一种最终检查。当你给用户提供像 .height() 这样的方法时，可以确保他们只输入一个 u32 类型的值，但是如果他们输入了 5000 作为身高呢？这可能在你制作的游戏中是不允许的。对于最后的 .build() 方法，将使它返回一个 Result。在方法内部，将检查用户输入是否合适，如果合适，将返回 Ok(Self)。

这里引发一个问题：我们如何强制用户使用这个 .build() 方法呢？目前用户可以写 let x = Character::new().height (76767)；就能得到一个 Character。有很多方法可以做到这一点。首先看一个快速而粗略的方法。我们将在 Character 中添加一个 can_use: bool 值。

```
#[derive(Debug)]     //
struct Character {
    name: String,
    age: u8,
    height: u32,
    weight: u32,
    lifestate: LifeState,
    can_use: bool,     #A
}

// Cut other code
```

```
impl Default for Character {
    fn default()-> Self {
        Self {
            name: "Billy".to_string(),
            age: 15,
            height: 170,
            weight: 70,
            lifestate: LifeState::Alive,
            can_use: true,     #B
        }
    }
}
```

#A 设置用户是否可以使用该角色。

#B Default::()default()总是提供一个良好的角色，因此它是 true。

对于像 .height()这样的其他方法，我们将把 can_use 设置为 false。只有 .build()方法会再次将其设置为 true，因此现在用户必须使用 .build()进行最终检查。我们将确保身高不超过 200，体重不超过 300。此外，在游戏中有一个叫作 smurf 的敏感词，不希望角色使用。

.build()方法如下所示：

```
fn build(mut self) -> Result<Character, String> {
    if self.height < 200 && self.weight < 300 &&
        !self.name.to_lowercase().contains("smurf") {
         self.can_use = true;
         Ok(self)
    } else {
        Err("Could not create character. Characters must have:
1) Height below 200
2) Weight below 300
3) A name that is not Smurf (that is a bad word)"
             .to_string())
    }
}
```

使用 !self.name.to_lowercase().contains("smurf")确保用户不能输入类似 "SMURF" 或 "IamSmurf" 的字符。它将整个字符串转换为小写，并使用 .contains()方法进行检查，而不是使用 == 进行比较。

如果一切正常，将 can_use 设置为 true，并将角色通过 Ok 返回给用户。

现在我们的代码已经完成，将创建三个不起作用的角色和一个起作用的角色。代码如下所示：

```
#[derive(Debug)]
struct Character {
    name: String,
    age: u8,
    height: u32,
    weight: u32,
    lifestate: LifeState,
    can_use: bool,
}
```

```
#[derive(Debug)]
enum LifeState {
    Alive,
    Dead,
    NeverAlive,
    Uncertain,
}

impl Default for Character {
    fn default()-> Self {
        Self {
            name: "Billy".to_string(),
            age: 15,
            height: 170,
            weight: 70,
            lifestate: LifeState::Alive,
            can_use: true,
        }
    }
}

impl Character {

    fn height(mut self, height: u32) -> Self {
        self.height = height;
        self.can_use = false;     #A
        self
    }

    fn weight(mut self, weight: u32) -> Self {
        self.weight = weight;
        self.can_use = false;
        self
    }

    fn name(mut self, name: &str) -> Self {
        self.name = name.to_string();
        self.can_use = false;
        self
    }

    fn build(mut self) -> Result<Character, String> {
        if self.height < 200 && self.weight < 300 &&
      !self.name.to_lowercase().contains("smurf") {
            self.can_use = true;       #B
            Ok(self)
        } else {
            Err("Could not create character. Characters must have:
1) Height below 200
2) Weight below 300
```

```
3) A name that is not Smurf (that is a bad word)"
                .to_string())
        }
    }
}

fn main() {
    let character_with_smurf = Character::default().name("Lol I am Smurf!!").build();
#C
    let character_too_tall = Character::default().height(400).build();    #D
    let character_too_heavy = Character::default().weight(500).build();    #E
    let okay_character = Character::default()
        .name("Billybrobby")
        .height(180)
        .weight(100)
        .build();    #F

    let character_vec = vec![character_with_smurf, character_too_tall, character_too_heavy,
        okay_character];    #G

    for character in character_vec {
        match character {
            Ok(character) => println!("{character:?}\n"),
            Err(err_info) => println!("{err_info}\n"),
        }
    }
}
```

#A 每次参数变化时将其设置为 false。

#B 此时一切没问题，因此设置为 true 并返回角色。

#C 这个包含 "smurf"，不可以。

#D 太高了，不可以。

#E 太重了，不可以。

#F 这个角色没问题。名称没问题，身高和体重都没问题。

#G 每一个都是 Result<Character, String>。让我们把它们放到一个 Vec 中看看。

这将打印出：

```
Could not create character. Characters must have:
1) Height below 200
2) Weight below 300
3) A name that is not Smurf (that is a bad word)

Could not create character. Characters must have:
1) Height below 200
2) Weight below 300
3) A name that is not Smurf (that is a bad word)

Could not create character. Characters must have:
1) Height below 200
2) Weight below 300
```

```
3) A name that is not Smurf (that is a bad word)

Character { name: "Billybrobby", age: 15, height: 180, weight: 100, lifestate: Alive,
        can_use: true }
```

只要我们的代码检查 can_use 是否为 true 就可以。但是如果我们正在为其他人编写一个库来使用呢？我们无法强制他们检查 can_use，因此我们无法阻止他们创建一个错误的 Character。有没有一种方法在第一次就不生成 Character 结构体，如果不应该构建它的话？让我们现在看看这种模式。

15.2.3 使构建者模式更严格

为了确保没有人能够自己生成 Character 结构体的主要方法是从另一种类型开始。这种类型看起来类似，但不能在任何地方使用——它只能在参数正确时转换为 Character。我们将其称为 CharacterBuilder。任何接受 Character 的函数都需要 Character 类型，因此即使 CharacterBuilder 具有相同的属性，它也不是相同的类型。为了将 CharacterBuilder 转换为 Character，我们将创建一个名为 .try_build( ) 的方法。

为了让最后的例子更易读，让我们简化一下 Character 结构体。它可能如下所示：

```
#[derive(Debug)]
pub struct Character {
    name: String,
    age: u8,
}

//This is fine because we control both name and age
//We know that these two parameters are acceptable
impl Default for Character {
    fn default()-> Self {
        Self {
            name: "Billy".to_string(),
            age: 15,
        }
    }
}
#[derive(Debug)]
pub struct CharacterBuilder {
    pub name: String,
    pub age: u8,
}

impl CharacterBuilder {
    fn new(name: String, age: u8) -> Self {     #A
        Self { name, age }
    }

    fn try_build(self) -> Result<Character, &'static str> {     #B
        if !self.name.to_lowercase().contains("smurf") {
            Ok(Character {
                name: self.name,
```

```
                age: self.age,
            })
        } else {
            Err("Can't make a character with the word 'smurf' inside it!")
        }
    }
}

fn do_something_with_character(character: &Character) {}    #C

fn main() {
    let default_character = Character::default();
    do_something_with_character(&default_character);
    let second_character = CharacterBuilder::new("Bobby".to_string(), 27)
        .try_build()
        .unwrap();
    do_something_with_character(&second_character);
    let bad_character = CharacterBuilder::new("Smurfysmurf".to_string(), 40).try_build();
    println!("{bad_character:?}");
    // do_something_with_character(&bad_character);    #D
}
```

#A 这返回了一个 CharacterBuilder，因此可以让用户完全控制参数。CharacterBuilder 本身是无用的，只是用来创建 Character。

#B 一个合适的错误类型会更好，但为了简洁起见，我们在 Err 情况下返回一个 &'static str。

#C 这个函数目前什么都不做，但它只接受 Character，而不是 CharacterBuilder。

#D 这个 bad_character 变量只是一个 Result::Err。它未能转换为 Character，因此无法在此函数中使用。

在这个例子中，除了 bad_character 一切都工作正常。我们没有解包它，但它看起来是这样的：Err ("Can't make a character with the word 'smurf' inside it!")。

我们应该对如何使用构建者模式有了一定理解了。这种模式最有趣的地方不是你可以使用像 .name()这样的简洁名称，而是它让你思考别人如何使用你的类型。从 Default 开始，然后添加这些小方法，使你能够很容易地预测人们将如何使用你的类型，因为你对它们有完全的控制权。

接下来将学习 Deref 特性，它让你能够创建自己控制的类型，同时也可以快速访问其他类型的方法。

15.3 Deref 和 DerefMut

早在第 7 章，我们在学习 newtype 模式时见到了 Deref 这个词。以下是用来创建新类型的元组结构体：

```
struct File(String);

fn main() {
    let my_file = File(String::from("I am file contents"));
    let my_string = String::from("I am file contents");
}
```

File 结构体包含一个 String，但它不能使用 String 的任何方法。如果你只是在一个单一的文件中编写一些代码，那么当然可以使用.0 来访问内部的 String。但是如果 File 在另一个模块中，并且没有写成 struct File（pub String）；那么将无法使用.0 来访问 String，也无法使用 String 的任何方法。这就是 Deref 特性派上用场的地方，所以让我们来看看它是如何工作的。

15.3.1 Deref 基础知识

如前文所述，Deref 是一个让你可以使用 * 操作符来解引用某个东西的 trait。例如引用和值是不一样的：

```
fn main(){
    let value = 7; //This is an i32
    let reference = &7; //This is a &i32
    println!("{}", value == reference);
}
```

这段代码不会返回 false，因为 Rust 拒绝比较两者：它们是不同的类型。

```
error[E0277]: can't compare `{integer}` with `&{integer}`
 --> src\main.rs:4:26
  |
4 |     println!("{}", value == reference);
  |                          ^^ no implementation for `{integer} == &{integer}`
```

解决方法是使用 * 进行解引用。现在这段代码将打印 true：

```
fn main(){
    let value = 7;
    let reference = &7;
    println!("{}", value == *reference);
}
```

让我们想象只包含一个数字的简单类型。如果可以像使用 Box 那样使用 * 进行解引用就好了，而且我们对它的一些额外功能也有一些想法。但对于一个只包含数字的结构体，目前还没什么可做的事情。

例如不能像使用 Box 那样使用 *：

```
struct HoldsANumber(u8);

fn main(){
    let boxed_number = Box::new(20);
    println!("This works fine: {}", *boxed_number);
    let my_number = HoldsANumber(20);
    println!("This fails though: {}", *my_number + 20);
}
```

错误是：

```
error[E0614]: type `HoldsANumber` cannot be dereferenced
  --> src\main.rs:24:22
   |
24 |     println!("{:?}", *my_number + 20);
```

当然可以这样做：println!("{:?}", my_number.0 + 20);。但也只是手动将 u8 加上 20。而

且有时也不希望将其中的 u8 设为 pub，因为不想其他人访问我们的代码。如果能找到一种方法直接将它们加在一起就好了。

无法解引用的消息给了我们一个线索：需要实现 Deref。有时被称为“智能指针”的东西是一个简单地实现了 Deref 的东西。智能指针可以指向它的项目，可能会有关于它的信息（元数据），并且可以使用它的方法。因为现在可以对 my_number.0（一个 u8）进行加法操作，但对于 HoldsANumber 来说不能做更多事情：它目前只有 Debug 功能。

有趣的事实是：String 本质上是对 &str 的智能指针，而 Vec 是对数组（或其他类型）的智能指针。Box、Rc、RefCell 等也是智能指针。所以我们实际上一直在使用智能指针。现在让我们实现 Deref，将 HoldsANumber 结构体也变成一个智能指针。

15.3.2 实现 Deref

实现 Deref 并不太难，标准库中的示例很简单。让我们来看一下标准库中的示例代码：

```
use std::ops::Deref;

struct DerefExample<T> {
    value: T
}

impl<T> Deref for DerefExample<T> {
    type Target = T;

    fn deref(&self) ->&Self::Target {
        &self.value
    }
}

fn main() {
    let x = DerefExample { value: 'a' };
    assert_eq!('a', *x);
}
```

可以按照这段代码修改，以适应我们的 HoldsANumber 类型。使用了 Deref 后，代码现在看起来是这样的：

```
impl Deref for HoldsANumber {
    type Target = u8;    #A

    fn deref(&self) ->&Self::Target {    #B
        &self.0    #C
    }
}
```

#A 这是“关联类型”：与一个特性一起的类型。返回值是 Self::Target，我们决定它将是一个 u8。

#B 当使用 * 或者点运算符调用方法时，Rust 会调用 .deref()。我们刚刚定义了 Target 为 u8，因此 &Self::Target 很容易理解：它只是对 u8 的引用。如果 Self::Target 是一个 u8，那么 &Self::Target 就是一个 &u8。

#C 这里使用 &self.0，因为它是一个元组结构体。在结构体中，类似 "&self.number" 的形式。

通过这些改变，现在可以使用 * 运算符了：

```
use std::ops::Deref;
#[derive(Debug)]
struct HoldsANumber(u8);

impl Deref for HoldsANumber {
    type Target = u8;

    fn deref(&self) ->&Self::Target {
        &self.0
    }
}

fn main() {
    let my_number = HoldsANumber(20);
    println!("{:?}", *my_number + 20);
}
```

这样将会打印出 40，而无须编写 my_number.0。

这里有个有趣的部分：Deref 让我们能够访问 u8 的方法，除此之外，还可以为 HoldsANumber 编写自己的方法。让我们为 HoldsANumber 编写一个简单的方法，并使用 u8 提供的另一个方法 .checked_sub()。.checked_sub()方法是一种安全的减法，返回一个 Option。如果它可以在数值范围内进行减法运算，则返回 Some 中的值，如果不能，则返回 None。请记住，u8 不能为负数，因此使用 .checked_sub()更安全，避免发生 panic。

```
use std::ops::Deref;

struct HoldsANumber(u8);

impl HoldsANumber {
    fn prints_the_number_times_two(&self) {
        println!("{}", self.0 * 2);
    }
}

impl Deref for HoldsANumber {
    type Target = u8;

    fn deref(&self) ->&Self::Target {
        &self.0
    }
}

fn main() {
    let my_number = HoldsANumber(20);
    println!("{:?}", my_number.checked_sub(100)); //A method from u8
    my_number.prints_the_number_times_two(); //Our own method
}
```

这将打印出：

```
None
40
```

然而，仅仅通过 Deref 并不能给予对内部类型的可变访问：

```
use std::ops::Deref;

struct HoldsANumber(u8);

impl Deref for HoldsANumber {
    type Target = u8;

    fn deref(&self) ->&Self::Target {
        &self.0
    }
}

fn main() {
    let mut my_number = HoldsANumber(20);
    *my_number = 30;
}
```

这里尝试将解引用中的数字从 20 变为 30，但是编译器报错如下：

```
error[E0594]: cannot assign to data in dereference of `HoldsANumber`
  --> src/main.rs:21:5
   |
21 |     *my_number = 30;
   |     ^^^^^^^^^^^^^^^ cannot assign
   |
   = help: trait `DerefMut` is required to modify through a dereference, but it is not
     implemented for `HoldsANumber`
```

但是问题不大，在已经实现了 Deref 之后，实现 DerefMut 非常简单。现在让我们来做这件事。

15.3.3 实现 DerefMut

如果需要可变访问，也可以实现 DerefMut，但如签名所示，在实现 DerefMut 之前，需要先实现 Deref：

```
pub trait DerefMut: Deref
```

Deref 和 DerefMut 的签名非常相似，所以比较一下两者，看看哪些部分不同。首先是 Deref：

```
pub trait Deref {
    type Target: ?Sized;

    fn deref(&self) ->&Self::Target;
}
```

然后是 DerefMut：

```
pub trait DerefMut: Deref {
    fn deref_mut(&mut self) ->&mut Self::Target;
}
```

这里有一些需要注意的事项：

- Deref 有一个关联类型。DerefMut 看起来好像没有涉及关联类型，但注意它写的是 DerefMut：Deref。这意味着需要先实现 Deref 才能实现 DerefMut，所以任何实现了 DerefMut 的东西都会有关联类型 Self∷Target。因此，不需要在 DerefMut 中再次声明关联类型，它已经存在了。
- 在 deref_mut( ) 方法的输出中会看到 &mut Self∷Target。如果在签名中看到关联类型，但在特性中没有关联类型，检查是不是另一个必需的特性创建了关联类型。
- 函数签名完全相同，只是它们是可变版本。我们用 &mut self 代替 &self，deref_mut( ) 代替 deref( )，以及 &mut Self∷Target 代替 &Self∷Target。

要在实现 Deref 之后实现 DerefMut，只需复制粘贴 Deref 的实现，删除第一行，并在所有地方添加 mut。知道这一点后，可以为我们的 HoldsANumber 实现 Deref 和 DerefMut：

```
use std::ops::{Deref, DerefMut};

struct HoldsANumber(u8);

impl HoldsANumber {
    fn prints_the_number_times_two(&self) {
        println!("{}", self.0 * 2);
    }
}

impl Deref for HoldsANumber {
    type Target = u8;

    fn deref(&self) ->&Self::Target {
        &self.0
    }
}

impl DerefMut for HoldsANumber {
    fn deref_mut(&mut self) ->&mut Self::Target {
        &mut self.0
    }
}

fn main(){
    let mut my_number = HoldsANumber(20);
    *my_number = 30;//DerefMut lets us do this
    println!("{:?}", my_number.checked_sub(100));
    my_number.prints_the_number_times_two();
}
```

可以看到，Deref 为你的类型提供了很强大的功能。只要实现 Deref，就能获得内部类型的所有方法。

在日常代码中，Deref 最常见的用途可能是用于类型安全。假设你有一个 Email 类型，它只是一个 Email（String），或者一个 Quantity 类型。如果你实现了 Deref，那么就可以获得内部类型的方法。但同时，别人不能在你的函数要求 Email 或 Quantity 的地方随便使用 String 和 u32，因为它们不是同一种类型。

可以感觉到，Deref 可能会成为你最喜欢的新特性。不过最好只在合理的情况下使用 Deref。让我们看看为什么。

15.3.4 错误使用 Deref

标准库对如何使用 Deref 有一个强烈的建议，即 Deref 只为智能指针实现，以避免混淆。这是因为，对于一个与其解引用内容没有真正关系的类型，可以使用 Deref 做一些奇怪的事情（编译器不会认为这是奇怪的，但任何阅读代码的人都会这样觉得）。

让我们试着想象一下最糟糕的使用 Deref 的方式来理解它们的意思。我们以游戏中的角色结构体为例。一个新的角色需要一些属性，比如智力和力量。所以这是我们的第一个角色：

```
struct Character {
    name: String,
    strength: u8,
    dexterity: u8,
    intelligence: u8,
    hit_points: i8,
}

impl Character {
    fn new(
        name: String,
        strength: u8,
        dexterity: u8,
        intelligence: u8,
        hit_points: i8,
    ) -> Self {
        Self {
            name,
            strength,
            dexterity,
            intelligence,
            hit_points,
        }
    }
}

fn main() {
    let billy = Character::new("Billy".to_string(), 9, 12, 7, 10);
}
```

现在想象一下，当角色受到攻击时（生命值会减少），我们希望修改他们的生命值，或者当他们恢复生命（比如喝药水时）时增加生命值。也许我们希望将角色的生命值存储在一个大的 Vec 中。也许我们会把怪物数据也放在里面，一起存储并稍后进行一些计算。由于 hit_points 是一个 i8，我们实现了 Deref，这样就可以在其上进行各种数学运算。为了修改生命值，还实现了 DerefMut。但是现在它在我们的 main()函数中看起来多么奇怪：

```
use std::ops::{Deref, DerefMut};

// All the other code is the same until after the enum Aligmment
```

```
struct Character {
    name: String,
    strength: u8,
    dexterity: u8,
    intelligence: u8,
    hit_points: i8,
}

impl Character {
    fn new(
        name: String,
        strength: u8,
        dexterity: u8,
        intelligence: u8,
        hit_points: i8,
    ) -> Self {
        Self {
            name,
            strength,
            dexterity,
            intelligence,
            hit_points,
        }
    }
}

impl Deref for Character {     #A
    type Target = i8;

    fn deref(&self) ->&Self::Target {
        &self.hit_points
    }
}

impl DerefMut for Character {

    fn deref_mut(&mut self) ->&mut Self::Target {
        &mut self.hit_points
    }
}

fn main(){
    let mut billy = Character::new("Billy".to_string(), 9, 12, 7, 10);     #B
    let mut brandy = Character::new("Brandy".to_string(), 10, 8, 9, 10);

    *billy -= 10;     #C
    *brandy += 1;

    let mut hit_points_vec = vec![];     #D
    hit_points_vec.push(*billy);
    hit_points_vec.push(*brandy);
}
```

#A 通过 Character 的 Deref，可以对生命值进行任何整数运算，而通过 DerefMut，可以修改生命值。

#B 这里将创建两个角色。

#C 然后修改生命值。看起来开始有些奇怪了。

#D 开始分析生命值。把 *billy 和 *brandy 推入 Vec 中。即把它们的生命值推入其中。

现在代码对读者变得非常奇怪。读者能理解在一个角色身上执行 -= 10 后会发生什么吗？还有谁能知道在 Character 结构体上使用 .push()是在推入一个 i8 呢？必须去查看 Deref 的实现才能了解发生了什么。

我们可以在 main()函数上方阅读 Deref，并理解 *billy 表示 i8，但如果代码很长怎么办？我们很难看清 .push()一个 *billy 的意图。Character 显然不仅仅是一个指向 i8 的智能指针。

当然，写 hit_points_vec.push（*billy）并不违法，编译器可以正常运行这段代码，但这样会让代码看起来很奇怪。一个简单的 .get_hp()或 .change_hp()方法会更好。Deref 提供了很强大的功能，但确保代码逻辑清晰是很重要的。

希望本章给了你很多将类型组合起来的想法。Rust 的丰富类型系统，以及像 Default 和 Deref 这样的特性为你提供了许多选项和很大的控制力。我们学习的构建者模式并不是 Rust 的内置类型或特性，但它是一种常用的设计模式。在下一章中，我们将学习 Rust 泛型的最后一种类型——常量泛型，并开始探讨外部的 crate（由他人编写且供我们使用的代码）。我们还将看一下不安全的 Rust，这是 Rust 中的一种类型，也许你永远不需要使用，但它的存在有重要意义。

15.4 总结

- 为你的类型实现 Default 具有不少好处。首先使你的代码更清晰，并且让你的类型可以在需要 Default 特性约束的任何地方使用。
- 构建者模式具有很大的灵活性。写法上很好用，同时可以控制你的类型如何被使用。
- 创建一个单独的类型，让其只能作为构建者使用并转换为另一种类型。这是确保你的类型不被误用的好方法。
- 使用 Deref 和 DerefMut，可以使你的类型能够访问它们包装的其他类型的方法。
- 在实现了 Deref 后实现 DerefMut 很容易：只需复制粘贴代码，删除带有关联类型的行，并在所有地方添加 mut 关键字。
- Deref 最适合用于简单的类型，比如智能指针。将其用于更复杂的类型可能会使你的代码难以理解。

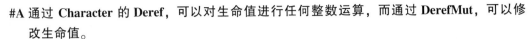

第 16 章　常量、不安全的Rust、外部crates

本章涵盖了以下内容：

- 常量泛型：针对常量值的泛型。
- 常量函数：始终可以在编译时调用的函数。
- 可变静态变量：修改静态变量的不安全方法。
- 不安全的 Rust。
- 外部 crates：rand。

本章将学习 Rust 的第三种泛型类型（常量泛型）以及所有与 Rust 中的常量和各种静态成员。常量泛型允许你对常量值进行泛型，这在处理数组时最有用。常量函数类似于常规函数，但它们可以在程序启动前的编译时被调用。我们还将学习 Rust 的不安全部分，从 static mut 开始，即一种不安全使用的静态变量。我们将了解为什么不安全的 Rust 存在，以及为什么你可能永远不需要触碰它。然后将开始介绍外部 crates，由于 Cargo 的存在，它们非常容易使用。

16.1 常量泛型

到目前为止，我们已经学习了两种类型的 Rust 泛型参数：

- 类型泛型：这是我们最熟悉的泛型，在第 5 章中学到过。泛型 T：Debug 意味着任何实现了 Debug 特性的类型。当 Rust 用户提到泛型时，通常指的是类型泛型。
- 生命周期泛型：生命周期实际上是另一种泛型。例如当在函数中使用 'static 生命周期时，这意味着任何具有 'static 生命周期的类型。

通过常量泛型，我们将遇到 Rust 中使用的第三种也是最后一种泛型参数。常量泛型允许项目对常量值进行泛型化。常量泛型是最近在 2021 年实现的。许多人希望看到常量泛型的实现，因为处理数组时会遇到困难。

让我们看看在常量泛型之前处理数组时的痛点是什么。我们了解到，一个数组只有在包含相同类型和相同数量的元素时，才能与另一个数组是同一种类型。因此，即使第二个数组只多一个元素，[i32；3] 也不是 [i32；4] 同一种类型。这种对数组的严格要求使得在引入常量泛型之前处理数组相当困难。

为了体验这种严格性，假设一个包含两个数组的结构体。这两个数组包含一些 u8，可能是用于存储某些数据的字节缓冲区。没有常量泛型，必须明确指定它将有多少个元素：

```
struct Buffers {
    array_one: [u8; 640],
    array_two: [u8; 640]
}
```

这样是可行的，但如果我们想要一个更大的缓冲区，比如 1280 字节而不是 640 字节呢？那就需要一个新的结构体。让我们添加一个：

```
struct Buffers {
    array_one: [u8; 640],
    array_two: [u8; 640]
}

struct BigBuffers {
    array_one: [u8; 1280],
    array_two: [u8; 1280]
}
```

任何其他的数组大小都需要一个新的结构体。现在考虑为我们的 Buffers 或 BigBuffers 结构体实现一个 trait。如果我们想要实现类似 Display 的 trait 呢？将不得不为每个结构体实现该 trait。如果需要很多不同的数组大小呢？将需要为每个不同的大小创建一个新的结构体，并且每个结构体需要实现这些 trait。

这就是为什么在实现常量泛型之前，Rust 用户不得不经常使用宏来处理这些类型的结构体。让我们看看常量泛型是如何简化这一过程的。我们将把 Buffers 结构体转换成这样：

```
struct Buffers<T, const N: usize> {
    array_one: [T; N],
    array_two: [T; N]
}
```

现在只需要一个结构体来完成之前尝试做的事情。我们的 Buffers 结构体以两种方式进行泛型化。首先，它是对类型 T 进行泛型化的，可以是 u8 或 i32 等类型。第二种泛型化是常量泛型，我们称为 N，类型为 usize。这里的 const 关键字告诉我们这是一个常量泛型。在这里只有 usize 可以使用，因为 Rust 使用 usize 来索引数组。因此，类型在这里是固定的，但数字不是：它是 N，可以是任何数字。

现在让我们试试一些非常小的数组，以便在这里打印它们。

```
#[derive(Debug)]     #A
struct Buffers<T, const N: usize> {
    array_one: [T; N],
    array_two: [T; N],
}

fn main() {
    let buffer_1 = Buffers {
        array_one: [0u8; 3],
        array_two: [0; 3],
    };

    let buffer_2 = Buffers {
```

```
        array_one: [0i32; 4],
        array_two: [10; 4],
    };

    println!("{buffer_1:#?}, {buffer_2:#?}");
}
```

这段代码给出了以下输出：

```
Buffers {
    array_one: [
        0,
        0,
        0,
    ],
    array_two: [
        0,
        0,
        0,
    ],
}, Buffers {
    array_one: [
        0,
        0,
        0,
        0,
    ],
    array_two: [
        10,
        10,
        10,
        10,
    ],
}
```

#A 现在 Debug trait 对于任何大小的数组都可以正常工作，就像对于任何其他结构体一样！

常量泛型不仅仅用于数组，但处理数组是它解决的主要痛点。

16.2 常量函数

除了普通的 fn，Rust 还有 const fn。Rust 的文档将 const fn 定义为可以在“常量上下文中调用”的函数，这类函数在编译时由编译器解释使用，但 const fn 也不是只能用于编译，可以在运行时的任何地方调用，而不仅限于常量上下文。正如参考文档所述，“你可以自由地对 const fn 做任何与普通函数相同的操作”。

这里是一个简单的例子：

```
const NUMBER: u8 = give_eight();

const fn give_eight()-> u8 {
    8
```

```
}

fn main() {
    let mut my_vec = Vec::new();
    my_vec.push(give_eight());
}
```

所以这个 give_eight( ) 函数用于生成一个常量，在编译时被 NUMBER 使用来获取其值。但是在 main( ) 函数中，同样的函数被用来将一个数值推送到一个 Vec 中，这是一个分配操作（分配操作在编译时是不允许的）。这个函数既在编译时使用，也在编译后使用。

现在如果将 const fn give_eight( ) 改为普通的 fn give_eight( )，它将无法工作。Rust 报告：我们的函数不是 const，因此不能保证可以在编译时调用：

```
error[E0015]: cannot call non-const fn `give_eight` in constants
 --> src/main.rs:1:20
  |
1 | const NUMBER: u8 = give_eight();
  |                    ^^^^^^^^^^^^
  |
  |
  = note: calls in constants are limited to constant functions, tuple structs and tuple
     variants
```

这就是为什么并非所有函数都可以是 const 的原因：并不是所有的事情都可以在常量上下文中允许（比如分配内存）。

如果想尝试使用 const fn，只需在函数前加上 const，然后查看编译器的反馈。也许你能找到一种方法使其正常工作。

这有点模糊，但这是因为在 Rust 的 const fn 中可以做的事情有时候也会比较模糊，并且总是在不断改进中。const fn 在一开始时的功能相当有限，但 Rust 团队持续努力扩展其功能，使其内部能力越来越丰富。例如 2022 年的 Rust 1.61 版本添加了以下功能：

```
Several incremental features have been stabilized in this release to enable more
        functionality in const functions:

Basic handling of fn pointers: You can now create, pass, and cast function pointers in a
        const fn. For example, this could be useful to build compiletime function tables
        for an interpreter. However, it is still not permitted to call fn pointers.

Trait bounds: You can now write trait bounds on generic parameters to const fn, such as T:
        Copy, where previously only Sized was allowed.

dyn Trait types: Similarly, const fn can now deal with trait objects, dyn Trait.

impl Trait types: Arguments and return values for const fn can now be opaque impl Trait
        types.

Note that the trait features do not yet support calling methods from those traits in a
        const fn.
```

所以当开始学习 Rust 的时候，可能会有越来越多的事情允许在 const fn 中执行。

此外，每个 Rust 版本通常都会列出现在可以使用 const 的函数。再看一次版本 1.61，可以发现以下这些函数现在是 const 的。在这之前它们在 const 上下文中是无法工作的，但现在可以：

```
The following previously stable functions are now const:

<*const T>::offset and <*mut T>::offset
<*const T>::wrapping_offset and <*mut T>::wrapping_offset
<*const T>::add and <*mut T>::add
<*const T>::sub and <*mut T>::sub
<*const T>::wrapping_add and <*mut T>::wrapping_add
<*const T>::wrapping_sub and <*mut T>::wrapping_sub
```

这些函数有些相当晦涩。让我们看看一些最近被声明为 const 的关键函数（截至 Rust 1.63），因为它们非常有用！

16.3 可变的静态变量

可变的全局变量在其他语言中被广泛使用，但在 Rust 中它们更加困难。首先，Rust 有其严格的借用和数据变异规则。其次，全局变量（常量和静态变量）在常量上下文中初始化，这意味着只能使用 const fn。有一些外部 crate 可以帮助解决这个问题，但在 Rust 1.63 中发生了升级：Mutex::new()和 RwLock::new()变成了 const 函数！有了这个，你可以把任何在 const 上下文中创建的东西放进去。甚至包括一些我们在堆上了解的类型，因为它们的 new()函数不分配内存。例如 String::new()，Vec::new()在 Rust 1.39 中成为 const fn，所以它们也可以使用。

让我们试着定义一个全局 logger，它只是一个 Vec<Log>，其中 Log 只是一个具有两个字段的结构体。在 2022 年 8 月之前，这段代码是不可执行的，感谢 Rust 的持续升级。

```
use std::sync::Mutex;

#[derive(Debug)]
struct Log {
    date: &'static str,    #A
    message: String,
}

static GLOBAL_LOGGER: Mutex<Vec<Log>> = Mutex::new(Vec::new());    #B

fn add_message(date: &'static str) {
    GLOBAL_LOGGER.lock().unwrap().push(Log {    #C
        date,
        message: "Everything's fine".to_string(),
    });
}

fn main(){
    add_message("2022-12-12");
    add_message("2023-05-05");
    println!("{GLOBAL_LOGGER:#?}");
}
```

这打印出：

```
Mutex {
    data: [
        Log {
            date: "2022-12-12",
            message: "Everything's fine",
        },
        Log {
            date: "2023-05-05",
            message: "Everything's fine",
        },
    ],
    poisoned: false,
    ..
}
```

#A 时间戳通常是 i64，但在这里我们将使用一个 &str。

#B 初始化时不需要动态分配，因此可以作为静态变量声明。而且是一个 Mutex，可以更改里面的内容。

#C GLOBAL_ LOGGER 是全局的，所以不需要将它作为函数参数传递进去。

本节这里没有什么新的东西需要学习：我们只是使用了一个普通的 Mutex 和 Vec。只要它们起始时是空的，就可以作为静态变量使用，然后在运行时进行修改。

16.4 不安全的 Rust

在 Rust 中，静态变量有另一个有趣的特性，这引出了一个新的讨论主题：它们实际上可以是可变的。使静态变量变为可变的方法和使其他任何东西可变一样简单：只需声明为 static mut 而不是 static。这是静态变量的另一个特性，使它们与常量大不相同。一旦将静态变量声明为可变的，它可以在整个程序中的任何时候被任何东西改变。

希望这已经在你的脑海中引起了警示！看起来有点太方便了，不是吗？

事实上，可变静态变量在这本书中尚未提到，因为 static mut 只能与 unsafe 关键字一起使用，与语言早期相比，Rust 有更多安全的方法来修改静态变量。那么什么是不安全的 Rust，为什么在使用 static mut 时需要 unsafe 关键字？

16.4.1 概述

什么是不安全的 Rust 呢？Rust 不应该是安全的吗？

确实是这样，但 Rust 也是一种系统编程语言。这意味着可以用它来构建操作系统，也可以用于机器人技术，等等。举个例子，硬件通常需要向特定的内存地址发送信号来启动或执行其他任务。Rust 编译器无法知道这些内存地址中的内容，因此需要使用 unsafe 关键字来处理这些情况。

另一个原因是，还可以用 Rust 来与其他语言（如 C 和 Javascript）进行交互。在这里，Rust 编译器同样无法确定它们的函数是否安全，因为它们是完全不同的语言。所以在这里也需要使用 unsafe。例如在 Rust 和 libc（C 语言的标准库）之间的绑定中，每个函数都是不安全的。尽管已经进行了大量工作以尽可能确保它们的安全性，但由于是不同的语言，Rust 仍然无法提供任何保证。

关于 "unsafe" 这个词有很多讨论，因为这个关键字本身可能会有些令人震惊，而且 "unsafe" 并不一定意味着代码存在问题。毕竟，任何人都可以看到，这段代码（完全安全的代码只是包裹在一个 "unsafe" 块中）是完全安全的：

```
fn main(){
    let my_name = unsafe { "My name" };
    println!("{my_name}");
}
```

但 "unsafe" 关键字被有意选择为令人震惊的，以确保人们知道开发者现在承担更多责任，因为编译器允许一些代码在 "unsafe" 块中编译通过，而在其他情况下则不会。本质上，一个 "unsafe" 块更像是一个 "trust_me_i_know_what_im_doing" 块。

除了上述提到的情况，使用 "unsafe" 是非常罕见的。如果你不是在处理低级系统资源或直接连接到其他语言的函数，可能永远不会使用 "unsafe"。许多 Rust 程序员甚至从未使用过一行 "unsafe" 代码块。

让我们来看看一些有趣的不安全代码。你会在不安全块和不安全函数中看到这个词。包含不安全代码的函数需要被标记为不安全函数（unsafe fn），而要调用它，也需要使用不安全块：

```
unsafe fn uh_oh(){}

fn main(){
    uh_oh();
}
```

编译器会显示：

```
error[E0133]: call to unsafe function is unsafe and requires unsafe function or block
 --> src/main.rs:6:5
  |
6 |    uh_oh();
  |    ^^^^^^^ call to unsafe function
  |
```

只需添加一个不安全块即可：

```
unsafe fn uh_oh(){}

fn main(){
    unsafe {
        uh_oh();
    }
}
```

完成了！

16.4.2 在不安全的 Rust 中使用静态可变变量

现在让我们看看静态可变变量是什么。顾名思义，它就是一个可以直接修改的静态变量，不需要 Mutex 或其他任何包装器来实现。让我们试试。这段代码几乎可以编译通过：

```
static mut NUMBER: u32 = 0;
```

```
fn main(){
    NUMBER += 1;
    println!("{NUMBER}");
}
```

然而，除非将其放入一个标记为 unsafe 的块中，否则编译器不允许我们修改甚至打印 NUMBER。它还告诉了我们为什么可变静态变量是不安全的：

```
error[E0133]: use of mutable static is unsafe and requires unsafe function or block
 --> src/main.rs:4:5
  |
4 |    NUMBER += 1;
  |    ^^^^^^^^^^^ use of mutable static
  |
  = note: mutable statics can be mutated by multiple threads: aliasing violations or data
    races will cause undefined behavior
```

原因是“aliasing violations for data races will cause undefined behavior”。当讨论不安全的 Rust 时，经常会出现“undefined behavior”未定义行为，有时会缩写为 UB。我们使用诸如 Arc<Mutex> 这样的类型也是想避免出现未定义行为，确保访问符合预期。让我们看看能否通过这个静态可变变量引发一些未定义行为。我们将创建一些线程并修改 NUMBER，看看会发生什么。

在这个例子中，将创建十个线程，每个线程都会有一个循环，循环十次，每次将 NUMBER 增加一。由于每个线程都会将 NUMBER 增加十次，我们期望最终看到的结果是 100。

```
static mut NUMBER: u32 = 0;

fn main(){
    let mut join_handle_vec = vec![];
    for _ in 0..10 {
        join_handle_vec.push(std::thread::spawn(||{
            for _ in 0..10 {
                unsafe {
                    NUMBER += 1;
                }
            }
        }));
    }
    for handle in join_handle_vec {
        handle.join().unwrap();
    }
    unsafe {
        println!("{NUMBER}");
    }
}
```

结果是 100！目前还没有问题。现在将使用 1000 个线程，每个线程循环 1000 次。因此，代码将与上面的代码相同，只需将每个 for _ in 0..10 改为 for _ in 0..1000。1000 乘以 1000 等于1,000,000，所以现在期望看到的最终数字是 1,000,000。

结果是 959696 或者 853775 或者 825266，或者其他任何值。现在可以看到为什么静态可变变量是不安全的了。每个线程在每次循环中都会将 1 添加到 NUMBER，但有时一个线程会与另一个线程同时访问 NUMBER。如果在 NUMBER += 1；后面添加 println!("{NUMBER}")，会在所有递增操作中间看到这种输出：

```
225071
225072//Added one. Looks good...
225073//Added one. Looks good...
225073//Uh oh...
```

因此，在这个例子中，NUMBER 的值是 225072，两个线程同时访问它，每个线程添加了一个，使得 NUMBER 的新值为 225073。这些线程各自完成了它们应该做的事情，但无法阻止它们同时访问 NUMBER。

通过这个例子，现在可以理解 const 和 static 之间的另一个重要区别：const 是在编译时评估的不可变值，而 static 是内存中的静态位置。从技术上讲，并没有规定静态变量不能是可变的。

16.4.3 Rust 中最著名的不安全方法

现在让我们来看看 Rust 中最著名的不安全函数——transmute( )。该函数的文档解释如下：

将一个类型的值的位重新解释为另一个类型。这两种类型必须具有相同的大小。

因此，使用 transmute( ) 函数，实质上是获取一个类型的位，并告诉编译器："取这些位，并将它们作为另一种类型使用"。这是函数的签名：

```
fn transmute<T, U>(e: T) -> U
```

你告诉它将处理哪两种类型（T，U），给它一个 T，它就会返回一个 U。

让我们试试简单的例子，创建一个 i32，并告诉 Rust 现在它是一个 u32。由于 i32 和 u32 都是 4 个字节，所以代码将会编译通过。

```
use std::mem::transmute;

fn main() {
    let x = 19;
    let y = unsafe { transmute::<i32, u32>(x) };
    println!("{y}");
}
```

这会打印出 19，足够简单。如果将 x 设为 -19 呢？u32 不能为负数，所以它不可能还是 -19 的值。让我们再试一次，看看会发生什么：

```
use std::mem::transmute;

fn main() {
    let x = -19;
    let y: u32 = unsafe { transmute::<i32, u32>(x) };
    println!("{y}");
}
```

现在它打印出 4294967277。还记得我们在书的开头学习过如何使用 println! 格式化来显示字节吗？可以用 {:b} 来实现。如果 transmute( ) 只是重新解释相同的字节，那么 -19 和 4294967277u32 作为字节看起来应该是一样的。让我们试试看：

```
fn main() {
    println!("{:b}\n{:b}", -19, 4294967277u32);
}
```

确实如此！得到以下输出，这表明 transmute( )确实只是将相同的字节进行不同的处理。

```
11111111111111111111111111101101
11111111111111111111111111101101
```

好的，让我们看看通过转换一些更复杂的东西是否可以变得更加不安全。让我们创建一个包含一些基本信息的 User 结构体，并查看它的大小。

```
struct User {
    name: String,
    number: u32,
}

fn main() {
    println!("{}", std::mem::size_of::<User>());
}
```

它占用 32 字节。如果给 Rust 一个包含 8 个 i32 的数组，并告诉它将其转换为一个 User，会发生什么呢？这两者的长度都是 32 字节，所以程序将会编译通过，而 transmute( )只是告诉 Rust 将这些字节视为一个 User。让我们看看会发生什么。

```
use std::mem::transmute;

struct User {
    name: String,
    number: u32,
}

fn main() {
    let some_i32s = [1, 2, 3, 4, 5, 6, 7, 8];
    let user = unsafe { transmute::<[i32; 8], User>(some_i32s) };
}
```

我们遇到了一段错误。

```
timeout: the monitored command dumped core
/playground/tools/entrypoint.sh: line 11:     8 Segmentation fault    timeout --
        signal-KILL ${timeout} "$@"
```

正如 transmute( )文档所说：

```
Both the argument and the result must be valid at their given type. The compiler will
        generate code assuming that you, the programmer, ensure that there will never be
        undefined behavior. It is therefore your responsibility to guarantee that every
        value passed to transmute is valid at both types Src and Dst. Failing to uphold this
        condition may lead to unexpected and unstable compilation results. This makes
        transmute incredibly unsafe. transmute should be the absolute last resort.
```

任何选择使用 transmute( )的程序员都已经被提前警告了！

16.4.4 以 _unchecked 结尾的方法

最常见且“最安全”的不安全代码形式可能是许多类型所具有的 _unchecked 方法。例如 Option 和 Result 有不安全的 .unwrap_unchecked( )方法，它们假定你有一个 Some 或 Ok 并在不进行检查的情况下解包。但是如果没有 Some 或 Ok，那么将会发生未定义行为。有时人们会尝试这些方法，以查看它们的代码是否有任何性能提升。在这种情况下，通常会看到这样的注释来解释为什么使用 unsafe：

```
fn main(){
    let my_option = Some(10);
    // SAFETY: my_option is declared as Some(10). It will never be None
    let unwrapped = unsafe {
        my_option.unwrap_unchecked()
    };
    println!("{unwrapped}");
}
```

这会打印出 10，并且不会出现任何问题。但再次强调使用不安全函数意味着要自己担风险。在上面的例子中，如果将第一行改为 let my_option: Option<i32> = None；并在 playground 上运行它，将会导致 core dump：

```
    Running `target/debug/playground`
timeout: the monitored command dumped core
/playground/tools/entrypoint.sh: line 11:     8 Illegal instruction    timeout --
        signal=KILL ${timeout} "$@"
```

而且也不能保证 _unchecked 方法一定更快。有时编译器可以利用非不安全方法中的检查信息来加速你的代码，导致 _unchecked 方法比常规安全方法更慢。所以如果没有十足把握，就不要使用不安全代码！

最后总结一下：

- 作为 Rust 程序员，可以一辈子都不使用不安全代码。构建上层应用并不太需要它。
- 如果对底层熟悉，或者需要直接与其他语言进行链接（比如 C 库），这是可以获得所需灵活性的方式。

在 Rust 初期，它强调了能够链接到 C 和 C++ 库。然而随着时间的推移，越来越多的库被纯 Rust 编写，使用不安全代码在 Rust 外部库中变得非常罕见。而且，还有许多其他有趣的发展正在进行，以减少对不安全代码的使用频率。甚至有一个工作组致力于使 transmute() 函数更安全！

因此，现在是时候把注意力转向外部的 crate 了。

16.5 引入外部 crate

外部 crate 简单来说就是指不是你正在开发的 crate，通常是其他人的 crate。我们在第 14 章学习了关于模块和组织代码以供他人使用的内容，这是创建外部 crate 的第一步。当人们编写可能对其他人有用的 crate 时，会将它们发布到 crates.io 上，这样其他任何人都可以使用。截至 2023 年初，已经发布了超过 100,000 个 crate。

这一节需要安装 Rust，当然我们仍然可以使用 Playground。Playground 已经安装了所有最常用的外部 crate。在 Rust 中使用外部 crate 是很重要的，原因有两个：

- 导入其他 crate 非常简单。
- Rust 标准库相对较小。

在 Rust 中，为了许多基本功能引入外部 crate 是很正常的，这也是 Playground 包含如此多 crate 的原因。如果同样功能的 crate 可能有多个，则选最好的那个。通常一个人会创建一个提供某些功能的 crate，然后另外的人会效仿创建类似的，但可能更好的 crate。

在本书中，只会介绍最流行的 crate，也就是每个使用 Rust 的人都知道的 crate。

我们从一个最简单的 crate 开始介绍：rand。

16.5.1 Crates 和 Cargo.toml

你是否注意到在本书中还没有出现任何随机数函数的使用？这是因为随机数不在标准库中。但是有许多 crate 几乎可以看作是标准库，因为每个人都在使用并信任它们。这些 crate 也被称为 Rust 的“blessed crate”，甚至有一个网站专门列出它们（名为 blessed.rs！）。crate rand 就是这些“blessed crate”之一。

引入一个 crate 非常简单。如果在计算机上有一个 Cargo（Rust）项目，应该会注意到一个名为 Cargo.toml 的文件，其中包含这些信息。当刚开始时，Cargo.toml 文件看起来像这样：

```
[package]
name = "rust_book"
version = "0.1.0"
authors = ["David MacLeod"]
edition = "2021"

# See more keys and their definitions at https://doc.rust-
      lang.org/cargo/reference/manifest.html

[dependencies]
```

现在如果想添加 rand crate，可以在 crates.io 上搜索它，这是所有 crate 的来源地。请访问网址 https://crates.io/crates/rand，进入后会看到屏幕上有一个显示 rand = "0.8.5" 的按钮。单击它会复制代码（或者也可以手动输入）。然后将它添加到 [dependencies] 下面，像这样：

```
[package]
name = "rust_book"
version = "0.1.0"
authors = ["David MacLeod"]
edition = "2021"

# See more keys and their definitions at https://doc.rust-
      lang.org/cargo/reference/manifest.html

[dependencies]
rand = "0.8.5"
```

然后 Cargo 就会为你完成剩下的工作。或者可以在命令行上使用命令 cargo add rand，它会做同样的事情。然后当输入 cargo run 来运行程序时，它会自动引入代码以使用 rand，可以像使用标准库中的代码一样使用这个 crate。唯一的区别是路径的开头部分会是 rand 而不是 std。

要查看 rand 的文档，可以在 crates.io 的页面单击文档按钮，会带你到这里的文档页面。文档的格式和标准库中的文档一样！由于文档的标准化布局，可以轻松地查看 rand crate 的文档，了解它的使用方法。

16.5.2 使用 rand crate

我们仍然默认使用 Playground，幸运的是，Playground 已经预装了前 100 个 crate。在 Playground 上，可以想象它有一个包含 100 个 crate 的长列表，类似于这样：

```
[dependencies]
rand = "0.8.5"
some_other_crate = "0.1.0"
another_nice_crate = "1.7"
and so on....
```

要使用 rand，只需这样做：

```
use rand::random;     #A

fn main(){
    for _ in 0..5 {
        let random_u16 = random::<u16>();
        print!("{random_u16} ");
    }
}
```

#A 表示整个 rand crate。但不能直接写这个；需要首先在 Cargo.toml 文件中写入。

这段代码每次运行都会打印不同的 u16 数字，例如 42266、52873、56528、46927、6867。

rand crate 中的主要函数是 random()和 thread_rng()（rng 意思是 "random number generator"，随机数生成器）。实际上，如果查看 random()，会看到它说："This is simply a shortcut for thread_rng().gen()"，所以实际上几乎所有功能都由 thread_rng()完成。

下面是一个简单的示例，生成从 1 到 10 的数字。我们使用 .gen_range()在 1 和 11 之间生成随机数。会打印出类似 7、2、4、8、6 的随机数字。

```
use rand::{thread_rng, Rng}; //Or just use rand::*; if we are lazy

fn main(){
    let mut number_maker = thread_rng();
    for _ in 0..5 {
        print!("{} ", number_maker.gen_range(1..11));
    }
}
```

16.5.3 使用 rand 函数掷骰子

利用随机数，可以做一些有趣的事情，比如为游戏创建角色。游戏中我们的角色有 6 个属性，可以用一个 6 面骰子（d6）来决定这些属性。d6 是一个有 6 个面的骰子，当投掷它时，会得到 1、2、3、4、5 或 6。每个角色使用 d6 投掷三次，因此每个属性的值都在 3 到 18 之间。

但有时候，如果你的角色某个属性很低，比如 3 或 4，可能会感觉不公平。如果你的力量值是 3，几乎什么都提不动。而如果智力只有 3，这个角色甚至不够聪明以至于无法说话。因此，有一种额外的掷骰方法，使用 d6 骰子投掷 4 次，并且去掉最低的一个数。如果掷出了 3、3、1 和 6，那么去掉 1，剩下 3、3 和 6，总值为 12（而不是 7）。这种方法可以避免角色属性过低，同时最大值仍然保持在 18。

因此，我们将创建一个简单的角色创建器，可以选择投掷三次还是四次。为属性创建一个 Character 结构体，并编写一个掷骰子的函数，使用枚举来选择是投掷三次还是四次。

```
use rand::{thread_rng, Rng};
```

```
#[derive(Debug)]
struct Character {
    strength: u8,
    dexterity: u8,
    constitution: u8,
    intelligence: u8,
    wisdom: u8,
    charisma: u8,
}

#[derive(Copy, Clone)]     #A
enum Dice {
     Three,
     Four,
}

fn roll_dice(dice_choice: Dice) -> u8 {
    let mut generator = thread_rng();
    let mut total = 0;
    match dice_choice {
        Dice::Three => {
            for _ in 0..3 {
                total += generator.gen_range(1..=6);
            }
        }
        Dice::Four => {
            let mut results = vec![];     #B
            (0..4).for_each(|_| results.push(generator.gen_range(1..=6)));
            results.sort();
            results.remove(0);
            total += results.into_iter().sum::<u8>();
        }
    }
    total
}

impl Character {
    fn new(dice_choice: Dice) -> Self {
        let mut stats = (0..6).map(|_| roll_dice(dice_choice));
        Self {
            strength: stats.next().unwrap(),     #C
            dexterity: stats.next().unwrap(),
            constitution: stats.next().unwrap(),
            intelligence: stats.next().unwrap(),
            wisdom: stats.next().unwrap(),
            charisma: stats.next().unwrap(),
        }
    }
}

fn main() {
```

```
    let weak_billy = Character::new(Dice::Three);
    let strong_billy = Character::new(Dice::Four);
    println!("{weak_billy:#?}");
    println!("{strong_billy:#?}");
}
```

#A 骰子不保存任何数据，因此可以将其同时设为 Copy 和 Clone。

#B 当投掷 4 个骰子时，不能简单地将数字相加得出总数，先将它们放入一个 Vec 中。然后使用 .sort( )，移除第 0 项（即最小的数）。

#C 我们确信属性迭代器长度为六，因此会为每个属性使用 unwrap。

它会打印出类似这样的内容：

```
Character {
    strength: 11,
    dexterity: 9,
    constitution: 9,
    intelligence: 8,
    wisdom: 7,
    charisma: 13,
}
Character {
    strength: 15,
    dexterity: 13,
    constitution: 5,
    intelligence: 13,
    wisdom: 14,
    charisma: 15,
}
```

正如你所看到的，使用 4 个骰子的角色在大多数情况下通常会更擅长一些事情。

这很简单！我们学到了在 Cargo.toml 文件中只需一行代码，就可以像使用标准库一样使用外部 crate。我们还学习了关于常量泛型，虽然它不像常见的泛型和生命周期那样频繁出现，但理解它是很有益的。同时，对 Rust 语言为什么在某些情况下需要使用 unsafe 有了一定的了解，以及为什么几乎不需要使用它，除非是在处理嵌入式软件或调用其他语言的罕见情况下。

我们只是初步接触了 Rust 提供的一些出色的外部 crate，所以在下一章中，我们将进一步了解一些“被认可”的 crate。尽管它们在技术上是外部 crate，但几乎可以将它们看作是标准库的扩展。

16.6 总结

- 常量泛型允许在常量数值上使用泛型。由于数组具有独特的类型签名（既有类型又有长度），这些泛型在数组中特别有用。
- 标准库中越来越多的方法变成了 const fn，这使得作为 Rust 用户，如果需要的话，可以更轻松地将自己的函数变成 const fn。
- 不安全的 Rust 之所以存在是有充分理由的，特别是因为 Rust 编译器无法理解其他语言，也无法知道它们是否安全。

- "unsafe"这个词实际上有点像一个 "trust_me_I_know_what_Im_doing" 的块（如果你知道在做什么的话）。
- 在 Rust 中要使用任何不安全函数，必须将其放在一个 unsafe 块内（对于像 static mut 这样的任何不安全操作）。
- 如果已安装 Rust，要添加一个外部 crate，只需打开 Cargo.toml 文件，输入 crate 的名称和版本号即可。如果在使用 Playground 时，且 crate 足够流行，甚至不需要手动添加。

第 17 章　Rust最流行的crate

本章涵盖了以下内容：

- serde crate：在 Rust 类型和 JSON 等格式之间进行转换。
- time 模块：标准库中提供的基本时间功能。
- chrono crate：处理时间和时区。
- rayon crate：通过迭代器的自动线程加速代码。
- anyhow 和 thiserror crate：轻松处理错误和错误类型。
- lazy_static 和 once_cell crate：创建在程序启动后初始化的静态变量。
- Blanket trait：在其他类型上自动实现你的 traits。

本章会介绍一些最流行的外部 crate。可以把它们看作标准库的扩展。学习这几个 crate 就能让你将 JSON 等数据转换为 Rust 结构体，处理时间和时区，用更少的代码处理错误，加速你的代码，以及处理全局静态变量。

此外还将学习 Blanket trait 实现，这非常有趣。通过它们可以将你的 trait 方法赋予其他人的类型，即使他们没有请求这些方法！

17.1 serde

serde crate 是一个非常流行的 crate，它允许你在 JSON、YAML 等格式之间进行转换。它很流行，作为一个 Rust 程序员应该都听过。

JSON 是在线发送请求和接收信息的最常见方式之一，它非常简单，由键和值组成。它看起来是这样的：

```
{
    "name":"BillyTheUser",
    "id":6876
}
```

这是一个更长的示例：

```
[
    {
        "name":"BobbyTheUser",
        "id":6877
```

```
    },
    {
        "name":"BillyTheUser",
        "id":6876
    }
]
```

如何将类似 "name"："BillyTheUser" 这样的内容转换为自己的 Rust 类型呢？JSON 只有 7 种数据类型，而 Rust 的数据类型几乎是无限的。在 Rust 中的自定义数据类型中，可能希望 "BillyTheUser" 是一个 String、&str、Cow、自己的类型（例如 UserName（String）），或者几乎任何其他类型。serde 的作用就是在 Rust 和 JSON 等其他格式之间进行这种转换。

最常用的方式是创建一个带有 serde 的 Serialize 和/或 Deserialize 属性的结构体。为了处理上述数据，可以使用 serde 的属性创建一个这样的结构体，使我们能够在 Rust 和 JSON 之间进行转换：

```
use serde::{Serialize, Deserialize};

#[derive(Serialize, Deserialize, Debug)]
struct User {
    name: String,
    id: u32,
}
```

Serialize 用于将你的 Rust 类型转换为 JSON 等其他格式，而 Deserialize 则相反：它是将其他格式转换为 Rust 类型的 trait。这也是名字的由来："Ser" 来自 Serialize，"De" 来自 Deserialize，组合成 serde。如果你对 Serde 如何实现这一点感到好奇，可以查看 Serde 数据模型的相关页面。

如果使用 JSON，那么还需要使用 serde_json crate；如果使用 YAML，则需要使用 serde_yaml，以此类推。每个 crate 都基于 Serde 数据模型来处理其各自的数据格式。

下面是一个非常简单的示例，假设有一个服务器接收请求来创建新用户。请求需要用户名和用户 ID，因此我们创建了一个名为 NewUserRequest 的结构体，包含这些字段。只要请求中包含这些字段，它就会正确反序列化，并且我们的 NewUserRequest 就能正常工作。为此，使用 serde_json 的 from_str( ) 方法。

```
use serde::{Deserialize, Serialize};
use serde_json;

#[derive(Debug, Serialize, Deserialize)]
struct User {
    name: String,
    id: u32,
    is_deleted: bool,
}

#[derive(Debug, Serialize, Deserialize)]
struct NewUserRequest {
    name: String,
    id: u32,
}
```

```
impl From<NewUserRequest> for User {
    fn from(request: NewUserRequest) -> Self {
        Self {
            name: request.name,
            id: request.id,
            is_deleted: false,
        }
    }
}

fn handle_request(json_request: &str) {
    match serde_json::from_str::<NewUserRequest>(json_request) {
        Ok(good_request) => {
            let new_user = User::from(good_request);
            println!("Made a new user! {new_user:#?}");
            println!(
                "Serialized back into JSON: {:#?}",
                serde_json::to_string(&new_user)
            );
        }
        Err(e) => {
            println!("Got an error from {json_request}: {e}");
        }
    }
}

fn main() {
    let good_json_request = r#"
    {
        "name": "BillyTheUser",
        "id": 6876
    }
    "#;

    let bad_json_request = r#"
    {
        "name": "BobbyTheUser",
        "idd": "6877"
    }
    "#;

    handle_request(good_json_request);
    handle_request(bad_json_request);
}
```

以下是输出结果：

```
Made a new user! User {
    name: "BillyTheUser",
    id: 6876,
    is_deleted: false,
}
```

```
Serialized back into JSON: Ok(
    "{\"name\":\"BillyTheUser\",\"id\":6876,\"is_deleted\":false}",
)
Got an error from
    {
        "name": "BobbyTheUser",
        "idd": "6877"
    }
    : missing field `id` at line 5 column 5
```

由于 User 实现了 Serialize，可以将其转换回 JSON 格式，以便在其他地方发送。

Serde 根据你希望如何序列化或反序列化类型提供了许多定制选项。如果你有一个枚举在序列化时需要全部大写，可以在顶部加上 #[serde(rename_all = "SCREAMING_SNAKE_CASE")]，然后 Serde 将处理剩下的部分。Serde 的文档中提供了这些属性的详细信息。

17.2 标准库中的时间

接下来看看叫作 chrono 的 crate，它是那些需要时间功能的主要 crate：格式化日期、设置时区等。但为什么不直接使用标准库中的 time 模块？std::time 很基础，单独使用它并不能做太多事情。尽管如此，它确实有一些有用的类型，所以会先从这个模块开始，再转向 chrono。

开始使用 time 模块最简单的方法就是使用 Instant::now()来获取当前时刻的快照。这会返回一个 Instant 对象，可以将其打印出来。

```
use std::time::Instant;

fn main() {
    let time = Instant::now();
    println!("{:?}", time);
}
```

然而，Instant 的输出可能有点令人惊讶。在 Playground 上，它看起来可能是这样的：

```
Instant { tv_sec: 949256, tv_nsec: 824417508 }
```

如果快速计算一下，949256 秒大约是不到 11 天。这其中有一个原因：Instant 显示的是系统启动以来的时间，而不是自设定日期以来的时间。显然这无法帮助我们知道今天的日期、月份或年份。Instant 的文档告诉我们，它本身并不具备那样的用途，有如下描述：

```
Opaque and useful only with Duration.
```

Instant "通常用于诸如测量基准或计时操作所需的时间"。而 Duration 是一个用来表示经过了多少时间的结构体。

如果我们查看为 Instant 实现的 trait，就能看到 Instant 和 Duration 是如何配合工作的。例如其中一个 trait 是 Sub<Instant>，它允许我们使用减号符号来计算两个 Instant 之间的时间差。让我们单击［src］按钮来查看源代码。它并不复杂：

```
impl Sub<Instant> for Instant {
    type Output = Duration;

    fn sub(self, other: Instant) -> Duration {
```

```
        self.duration_since(other)
    }
}
```

Instant 有一个叫作 .duration_since( ) 的方法，用来生成一个 Duration。尝试将一个 Instant 减去另一个看看会得到什么结果。我们将使用 Instant :: now( ) 函数两次创建两个 Instant，接着创建一个 Instant :: now( )。最后，看看这段代码花多少时间。

```
use std::time::Instant;
fn main() {
    let start_of_main = Instant::now();
    let before_operation = Instant::now();    #A

    let mut new_string = String::new();
    loop {
        new_string.push('წ');    #B
        if new_string.len() > 100_000 {
            break;
        }
    }
    let after_operation = Instant::now();    #C
    println!("{:?}", before_operation - start_of_main);
    println!("{:?}", after_operation - start_of_main);
}
```

#A 这两个变量之间什么也没有发生，所以这段时间应该非常短。

#B 我们给程序一些耗时的工作。

#C 在耗时工作完成后，创建一个新的 Instant，并查看整个过程花费了多长时间。

上述代码将打印出类似以下内容：

```
1.025µs
683.378µs
```

所以这是略超过 1 微秒对比 683 微秒。通过减去一个 Instant 从另一个 Instant，可以看到程序确实花了一些时间来完成我们给定的任务。

还有一个叫作 .elapsed( ) 的方法，它让我们不需要每次都创建一个新的 Instant 就可以做同样的事情。下面的代码与上面的输出相同，只是调用 .elapsed( ) 来查看自第一个 Instant 起经过了多少时间。

```
use std::time::Instant;

fn main() {
    let start = Instant::now();
    println!("Time elapsed before busy operation: {:?}", start.elapsed());

    let mut new_string = String::new();
    loop {
        new_string.push('წ');
        if new_string.len() > 100_000 {
            break;
        }
```

```
    }
    println!("Operation complete. Time elapsed: {:?}", start.elapsed());
}
```

输出与上面相同。

我们看到使用 Debug 打印的 Instant 每次都有许多不同的数字。可以使用 .chars()将其转换为一个迭代器，使用 .rev()进行反转，然后过滤掉不是数字的字符。而不是使用 .parse()，可以使用 char 具有的 .to_digit()方法，它返回一个 Option。代码如下：

```
use std::time::Instant;

fn bad_random_number(digits: usize) {
    if digits > 9 {
        panic!("Random number can only be up to 9 digits");
    }
    let now_as_string = format!("{:?}", Instant::now());

    now_as_string
        .chars()
        .rev()
        .filter_map(|c| c.to_digit(10))     #A
        .take(digits)
        .for_each(|character| print!("{}", character));
    println!();
}

fn main() {
    bad_random_number(1);
    bad_random_number(1);
    bad_random_number(3);
    bad_random_number(3);
}
```

#A 这里的 .to_digit()方法使用了 10，因为我们想要一个十进制数字（0 到 9）。也可以使用 .to_digit(2) 来得到二进制数字，使用 .to digit(16) 来得到十六进制数字。

这段代码将打印类似以下内容：

```
6
4
967
180
```

这个函数之所以称为 bad_random_number()是有原因的。如果选择打印九位数字，那么最终的数字就不会很随机了：

```
855482162
155882162
688592162
```

因为在打印了几位数字之后，已经输出了所有的纳秒部分，并且现在正在打印秒数，这在这段短代码样本中不会有太大变化。所以还是建议使用像 rand 和 fastrand 这样的 crate。

时间模块还有两个要注意的地方：一个叫作 SystemTime 的结构体和一个叫作 UNIX_EPOCH 的

常量，表示 1970 年 1 月 1 日午夜的 Unix 纪元时间。SystemTime 结构体实际上可以用来获取当前日期，或者至少是自 1970 年以来经过的秒数。SystemTime 页面上很清楚地解释了它与 Instant 的区别：

```
A measurement of the system clock, useful for talking to external entities like the file
        system or other processes.
Distinct from the Instant type, this time measurement is not monotonic. This means that you
        can save a file to the file system, then save another file to the file system, and
        the second file has a SystemTime measurement earlier than the first. In other words,
        an operation that happens after another operation in real time may have an earlier
        SystemTime!
```

了解了这些信息后，让我们打印两者比较一下：

```
use std::time::{Instant, SystemTime};

fn main(){
    let instant = Instant::now();
    let system_time = SystemTime::now();
    println!("{instant:?}");
    println!("{system_time:?}");
}
```

输出将会是类似以下的内容：

```
Instant { tv_sec: 956710, tv_nsec: 22275264 }
SystemTime { tv_sec: 1676778839, tv_nsec: 183795450 }
```

如果我们进行计算，956710（来自 Instant）大约相当于 11 天。但 1676778839（来自 SystemTime）实际上是超过了 53 年，这正好是自 1970 年以来经过的时间。

为了得到更可读的输出，我们可以使用 .duration_since( ) 并将 UNIX_EPOCH 放在内部。

```
use std::time::{SystemTime, UNIX_EPOCH};

fn main(){
    println!("{:?}", SystemTime::now().duration_since(UNIX_EPOCH).unwrap());
}
```

这将打印出类似 1676779741.912581202s 的内容。这基本上是标准库中关于打印日期的全部内容。它没有任何方法可以将 1676779741 秒转换为可读的日期或应用时区等功能。

在我们转向 chrono 之前，标准库中的 std :: time 还有一个最后的内容：通过传递一个 Duration 来使线程进入睡眠状态。

在线程内部，可以使用 std :: thread :: sleep( ) 来让线程暂停一段时间。如果没有使用多线程，调用这个函数将会使整个程序进入睡眠状态，因为在主线程休眠时没有其他线程能够执行任何操作。要使用这个函数，需要传递一个 Duration。创建一个 Duration 相当简单：选择与你想使用的时间单位相匹配的方法，然后给它一个数值。Duration :: from_millis( ) 用于毫秒，Duration :: from_secs( ) 用于秒，以此类推。这里是一个例子：

```
use std::time::Duration;
use std::thread::sleep;

fn main(){
    let three_seconds = Duration::from_secs(3);
```

```
    println!("I must sleep now.");
    sleep(three_seconds);
    println!("Did I miss anything?");
}
```

输出就是第一行，紧接着第二行在 3 秒后出现：

```
I must sleep now.
Did I miss anything?
```

让我们来学习 chrono 吧！

17.3 chrono

时间是一个相当复杂的主题，这要归功于天文学和历史的结合。

从天文学角度来看，时间基本上涉及测量地球围绕太阳的旋转、地球自转以及将地球划分为时区，这样每个人在看到时钟上的时间时，都能有一个类似的概念。因此，中午 12 点意味着太阳高悬在头顶（通常情况下），早上 6 点是清晨，凌晨 12 点是午夜，一天的开始和结束，不论你身处地球上的哪个位置。

从历史上看，时间同样复杂。我们有很多不同的历法，一年有 365 天，一天有 24 小时，此外，还有闰年和闰秒，chrono crate 中的类型可能也同样很复杂。

但在 chrono 中有一些相当简单的类型，它们以 Naive 开头，比如 NaiveDate、NaiveDateTime 等。这里的 Naive 意味着它们没有任何时区信息。创建它们最简单的方法是使用以 from_ 开头并以 _opt 结尾的方法。一个快速的示例将是最简单的演示方式：

```
use chrono::naive::{NaiveDate, NaiveTime};

fn main() {
    println!("{:?}", NaiveDate::from_ymd_opt(2023, 3, 25));
    println!("{:?}", NaiveTime::from_hms_opt(12, 5, 30));
    println!("{:?}", NaiveDate::from_ymd_opt(2023, 3, 25).unwrap().and_hms_opt(12, 5, 30));
}
```

输出如下：

```
Some(2023-03-25)
Some(12:05:30)
Some(2023-03-25T12:05:30)
```

这里的 ymd 表示“年月日”，hms 表示“小时分钟秒”。第一个 println! 显示的是一个 Option<NaiveDate>，第二个是 Option<NaiveTime>，第三个是 Option<NaiveDateTime>。方法 .and_hms_opt() 通过提供小时、分钟和秒，将一个 NaiveDate 转换为 NaiveDateTime，以获取一天中的具体时间。

你可能会想为什么所有这些方法末尾都有 _opt？这引出了一个有趣的讨论。让我们稍微插入一个话题。

17.3.1 检查外部库中的代码

上述问题的简单答案是，这些方法末尾的 _opt 是因为它们返回一个 Option。但是，我们在本书中见过的其他返回 Option 的方法都没有在末尾加上 _opt。为什么这些方法的名称这么长呢？

这是一个有趣的故事。如果查看 chrono crate 的历史记录，会看到在 2022 年 11 月做出的一个更改，即废弃了没有 _opt 的方法，因为这些方法内部可能会引发 panic。例如 from_ymd( )方法只是简单地调用 from_ymd_opt( )并使用 .expect( )，并且在“panics on the out-of-range date, invalid month and/or day.”：

```
/// Makes a new `NaiveDate` from the [calendar date](#calendar-date)
/// (year, month and day).
///
/// Panics on the out-of-range date, invalid month and/or day.
#[deprecated(since = "0.4.23", note = "use `from_ymd_opt()` instead")]
pub fn from_ymd(year: i32, month: u32, day: u32) -> NaiveDate {
    NaiveDate::from_ymd_opt(year, month, day).expect("invalid or out-of-range date")
}
```

也许太多人在使用 .from_ymd( )这样的方法时没有阅读有关可能引发 panic 的说明，因此库的作者明确指出该方法可能会失败。

事实上，chrono crate 计划再次更改这些方法，使其返回 Result 而不是 Option，并使用以 try_开头的不同名称，如 try_from_ymd( )。所以，当你读到这本书时，chrono crate 可能已经对这些方法进行了一些更改。

这里有一个小的教训：单击你在其他库中使用的方法的源代码，并快速检查是否有可能的 panic。有时，库的作者会认为，为了额外的便利或者在某些情况下引发 panic 是值得的。例如标准库中由 thread::spawn( )方法创建的每个线程都会被分配一定数量的内存，如果操作系统无法创建线程（通常是由于内存不足），程序将会 panic。

我们可以自己试试看！让我们生成 100000 个线程，看看 Playground 是否会内存不足：

```
fn main() {
    for _ in 0..100000 {
        std::thread::spawn(|| {});
    }
}
```

输出如下：

```
thread 'main' panicked at 'failed to spawn thread: Os { code: 11, kind: WouldBlock,
        message: "Resource temporarily unavailable" }',
```

无论如何，chrono 的作者决定让用户更清楚地了解这些方法可能会失败，这可能是个好主意。现在回到这个库上。

17.3.2 再次回到 chrono

我们将通过一个示例来结束对 chrono 库的学习，该示例展示了以下内容：

- 使用 SystemTime 和 UNIX_EPOCH 常量来获取自 1970 年以来的秒数。
- 使用这些秒数创建一个不带时区的 NaiveDateTime 来显示日期和时间。
- 从 NaiveDateTime 创建一个 DateTime<Utc>。
- 创建一个 FixedOffset 来表示与 Utc 不同的时区。
- 将 DateTime<FixedOffset>转换回 NaiveDateTime。

通常在使用 chrono 时会做这样的调整工作。以下是代码：

```
use std::time::SystemTime;
use chrono::{DateTime, FixedOffset, NaiveDateTime, Utc};

fn main() {
    let now = SystemTime::now().duration_since(SystemTime::UNIX_EPOCH).unwrap();    #A
    let seconds = now.as_secs();    #B
    println!("Seconds from 1970 to today: {seconds}");

    let naive_dt = NaiveDateTime::from_timestamp_opt(seconds as i64, 0).unwrap();    #C
    println!("As NaiveDateTime: {naive_dt}");

    let utc_dt = DateTime::<Utc>::from_utc(naive_dt, Utc);    #D
    println!("As DateTime<Utc>: {utc_dt}");

    let kyiv_offset = FixedOffset::east_opt(3 * 60 * 60).unwrap();    #E
    let kyiv_dt: DateTime::<FixedOffset> = DateTime::from_utc(naive_dt, kyiv_offset);   #F
    println!("In a timezone 3 hours from UTC: {kyiv_dt}");

    let kyiv_naive_dt = kyiv_dt.naive_local();    #G
    println!("With timezone information removed: {kyiv_naive_dt}");
}
```

#A 上面学习过如何使用 **SystemTime** 和 **.duration_since( )** 与 **UNIX_EPOCH**，这里获取一个 **duration**。

#B 要构造一个 **NaiveDateTime**，我们需要提供秒数和纳秒数。也可以使用 **.as_nanos( )** 方法来获取持续时间中的纳秒数。

#C .as_secs( ) 给了我们一个 **u64** 类型的值。**NaiveDateTime :: from_timestamp_opt( )** 接受一个 **i64** 类型的参数，我们确信生活在 **1970** 年，因此这个数字不会是负数。

#D 如果给定时区，可以从 **NaiveDateTime** 创建一个时区感知的 **DateTime**。在 **chrono** 中，**Utc** 时区是自己的类型，因此可以直接使用它。

#E 对于其他时区，需要创建一个偏移量。**Kyiv** 位于 **Utc** 的东部三小时，即 **3** 小时 * **60** 分钟每小时 * **60** 秒每分钟。

#F 可以基于上面的 **Utc DatcTime** 相同的方式构造一个 **DateTime**。

#G 可以将其转换回 **NaiveDateTime**，从而移除时区信息。

输出将会是这样的：

```
Seconds from 1970 to today: 1683253399
As NaiveDateTime: 2023-05-05 02:23:19
As DateTime<Utc>: 2023-05-05 02:23:19 UTC
In a timezone 3 hours from UTC: 2023-05-05 05:23:19 +03:00
With timezone information removed: 2023-05-05 05:23:19
```

这应该能让你对如何使用 chrono 处理时间有些认识。这需要大量阅读文档，并找到正确的方法将一个类型转换为另一个类型。

最后一个例子，让我们考虑一个更接近自己构建的东西。以下代码设想正在处理一个接收带有 UTC 时间戳和一些数据的事件的服务。然后需要将这些时间戳转换为韩国/日本时区（比 UTC 提前 9 小时），并将它们转换为一个名为 KoreaJapanUserEvent 的结构体。这次还将创建两个小测试来确认数据是否符合我们的预期。

```
use chrono::{DateTime, FixedOffset, Utc};
use std::str::FromStr;    #A

const SECONDS_IN_HOUR: i32 = 3600;    #B
const UTC_TO_KST_HOURS: i32 = 9;
const UTC_TO_KST_SECONDS: i32 = UTC_TO_KST_HOURS * SECONDS_IN_HOUR;

#[derive(Debug)]    #C
struct UtcUserEvent {
    timestamp: &'static str,
    data: String,
}

#[derive(Debug)]    #D
struct KoreaJapanUserEvent {
    timestamp: DateTime<FixedOffset>,
    data: String,
}

impl From<UtcUserEvent> for KoreaJapanUserEvent {    #E
    fn from(event: UtcUserEvent) -> Self {
        let utc_datetime: DateTime<Utc> = DateTime::from_str(event.timestamp).unwrap();
        let offset = FixedOffset::east_opt(UTC_TO_KST_SECONDS).unwrap();
        let timestamp: DateTime<FixedOffset> = DateTime::from_utc(utc_datetime.naive_utc(),
      offset);
        Self {
            timestamp,
            data: event.data,
        }
    }
}

fn main(){
    let incoming_event = UtcUserEvent {
        timestamp: "2023-03-27 23:48:50 UTC",
        data: "Something happened in UTC time".to_string(),
    };
    println!("Event as Utc:\n{incoming_event:?}");

    let korea_japan_event = KoreaJapanUserEvent::from(incoming_event);

    println!("Event in Korea/Japan time:\n{korea_japan_event:?}");
}

#[test]    #F
fn utc_to_korea_output_same_evening(){
    let morning_event = UtcUserEvent {
        timestamp: "2023-03-27 09:48:50 UTC",
        data: String::new(),
    };
    let to_korea_japan = KoreaJapanUserEvent::from(morning_event);
```

```
    assert_eq!(
        &to_korea_japan.timestamp.to_string(),
        "2023-03-27 18:48:50 +09:00"
    );
}

#[test]    #F
fn utc_to_korea_output_next_morning(){
    let evening_event = UtcUserEvent {
        timestamp: "2023-03-27 23:59:59 UTC",
        data: String::new(),
    };
    let korea_japan_next_morning = KoreaJapanUserEvent::from(evening_event);
    assert_eq!(
        &korea_japan_next_morning.timestamp.to_string(),
        "2023-03-28 08:59:59 +09:00"
    );
}
```

#A use 语句允许我们使用 DateTime::from_str( )方法。在下面关于通用特性实现的部分，将学习到这个方法的工作原理。

#B 9 小时等于 32400 秒。可以直接写成 32400，但使用常量值使得代码更易于其他人理解和跟踪。

#C 这个 UtcUserEvent 结构体表示我们从服务外部获取的数据。

#D 而这个 KoreaJapanUserEvent 是希望将 UtcUserEvent 转换成的结构体。

#E 现在构造一个 DateTime<Utc>，引入偏移量来改变时区，并将其转换为 DateTime<FixedOffset>。

#F 最后有两个测试，每个测试中有一个断言。这是向阅读你代码的人展示预期行为的好方式，而无须在 main( )函数中打印输出。

这是这个最终示例的输出：

```
Event as Utc:
UtcUserEvent { timestamp: "2023-03-27 23:48:50 UTC", data: "Something happened in UTC time"
    }
Event in Korea/Japan time:
KoreaJapanUserEvent { timestamp: 2023-03-28T08:48:50+09:00, data: "Something happened in
    UTC time" }
```

这应该足以让你开始使用 chrono 处理时间了。最后，有两个其他的 crate 值得一看：

- time crate，类似于 chrono 但更小更简单。chrono 和 time 都在 Rust 的 blessed crate 列表中。
- chrono_tz，它使得在 chrono 中处理时区变得更加容易。

下一个叫作 rayon 的 crate 也与时间有关：它致力于减少代码运行所需的时间。让我们看看它是如何工作的。

17.4 rayon

rayon 是一个流行的 crate，可以通过在处理迭代器和相关类型时自动创建多个线程来加速你的 Rust 代码。与使用 thread::spawn( )手动创建线程不同，你可以在已经了解的迭代器方法前加上 par_。

例如 rayon 中的.par_iter( )对应于.iter( )，而方法.par_iter_mut( )、.par_into_iter( )和.par_chars( )分别对应于.iter_mut( )、.into_iter( )和.chars( )。（par 意味着“并行”，因为它使用并行工作的线程。）

以下是一个简单代码示例，可能会让计算机做很多工作：

```
fn main(){
    let mut my_vec = vec![0; 2_000_000];
    my_vec
        .iter_mut()
        .enumerate()
        .for_each(|(index, number)| *number += index + 1);
    println!("{:?}", &my_vec[5000..5005]);
}
```

它创建了一个包含 2,000,000 个项目的向量：每个项目都是 0。然后调用.enumerate( )方法获取每个数字的索引，并将 0 更改为索引号加 1。由于输出太长，我们只打印索引从 5000 到 5004 的项目（输出为 [5001, 5002, 5003, 5004, 5005] ）。要通过 rayon 加速这个过程，可以写几乎相同的代码：

```
use rayon::prelude::*; // Import Rayon

fn main(){
    let mut my_vec = vec![0; 2_000_000];
    my_vec
        .par_iter_mut()
        .enumerate()
        .for_each(|(index, number)| *number += index + 1); //Adds par_ to iter_mut
}
```

rayon 有许多其他方法可以自定义想要做的事情，但最简单的方法就是“添加 _par 以使你的程序更快”。

它到底有多快？为什么第一个代码示例可能对计算机来说是一项繁重的工作，而 rayon 可以潜在地加速它呢？

可以进行一个简单的测试来查看 rayon 的加速效果。首先，将使用 std::thread 模块中的 available_parallelism( )方法来查看将会创建多少个线程。rayon 使用类似的方法来决定最佳的线程数量。然后将创建一个 Instant（时间点），按照上述方法更改 Vec，然后使用.elapsed( )方法来查看经过了多少时间。我们将重复这个过程十次，将每次的结果以微秒为单位存入一个 Vec 中，最后打印出平均值。

```
use rayon::prelude::*;
use std::thread::available_parallelism;

fn main(){
    println!(
        "Estimated parallelism on this computer: {:?}",
        available_parallelism()
    );
    let mut without_rayon = vec![];     #A
```

```
    let mut with_rayon = vec![];

    for _ in 0..10 {
        let mut my_vec = vec![0; 2_000_000];
        let now = std::time::Instant::now();
        my_vec.iter_mut().enumerate().for_each(|(index, number)| {
            *number += index + 1;
            *number -= index + 1;
        });
        let elapsed = now.elapsed();
        without_rayon.push(elapsed.as_micros());     #B

        let mut my_vec = vec![0; 2_000_000];
        let now = std::time::Instant::now();
        my_vec
            .par_iter_mut()
            .enumerate()
            .for_each(|(index, number)| {
                *number += index + 1;
                *number -= index + 1;
            });
        let elapsed = now.elapsed();
        with_rayon.push(elapsed.as_micros());
    }
    println!(
        "Average time without rayon: {} microseconds",
        without_rayon.into_iter().sum::<u128>() / 10
    );
    println!(
        "Average time with rayon: {} microseconds",
        with_rayon.into_iter().sum::<u128>() / 10
    );
}
```

#A 在这些 Vec 中，将记录每个测试期间经过的时间。

#B 还有其他方法，比如.as_nanos()和.as_millis()。但微秒应该足够精确了。

rayon 提供的加速效果将在很大程度上取决于你的代码以及计算机上的线程数量。在 Playground 中使用时，可用的并行性通常只有 2。这里的输出体现不出太大提升：

```
Estimated parallelism on this computer: Ok(2)
Average time without rayon: 64570 microseconds
Average time with rayon: 56822 microseconds
```

在这种情况下，有时使用 rayon 会更慢。然而，在不同机器上 rayon 会使用更多线程，因此显示出更大的改进。以下是作者计算机上的一个输出示例：

```
Estimated parallelism on this computer: Ok(12)
Average time without rayon: 27633 microseconds
Average time with rayon: 9661 microseconds
```

如果在 Playground 中单击“Debug”并将其改为“Release”，代码编译所需的时间会更长，但运行速度会更快。在这种情况下，与之相比，rayon 的速度会非常慢：

```
Estimated parallelism on this computer: Ok(2)
Average time without rayon: 0 microseconds
Average time with rayon: 87 microseconds
```

事实上，没有使用 rayon 的代码运行速度如此之快，以至于我们需要使用.as_nanos( )方法而不是.as_micros( )方法来查看它的运行时间。然后它会产生类似于以下的输出：

```
Estimated parallelism on this computer: Ok(2)
Average time without rayon: 74 microseconds
Average time with rayon: 113832 microseconds
```

这是一个巨大的减速！因为在发布模式下，编译器尝试提前计算方法的结果——尤其是像这样简单的方法，只是更改一些数字。实际上，它只是生成代码以返回结果，而无须在运行时计算任何东西（这称为优化，我们将在下一章中详细了解）。但是 rayon 代码涉及很多线程，使代码更加复杂。这意味着编译器在代码运行之前无法知道结果，所以最终会变得更慢。

简而言之，rayon 可能会加速你的代码。但一定要进行检查！

17.5 anyhow 和 thiserror

这两个 crate 用于帮助你处理错误。它们实际上都是由同一个人（David Tolnay）创建的，并且有一些不同之处。

让我们想象一下为什么有人会使用这些 crate。大部分时间，Rust 代码是以下面的方式编写的：

- 开发人员开始编写一些代码，并大量使用.unwrap( )或.expect( )。在开始时这是可以的，因为你只是想先编译代码，稍后再考虑错误处理。而且此时程序崩溃也没关系——没有其他人使用它。
- 代码开始工作，你希望开始正确地处理错误。但是，拥有一个易于使用的统一错误类型会很好。anyhow 就是为此而用的（Box<dyn Error>是另一种常见的处理方式，如我们所见）。
- 也许之后你决定要使用自己的错误类型，但手动实现它们需要大量的输入。这就是 thiserror 的用途（如果 anyhow 足够满足需要，还是首选）。

17.5.1 anyhow

下面一个小示例中可能需要处理多种错误。这段代码还不能编译，但可以理解其中的思路。我们想将一个字节切片转换为 &str。然后会尝试将其解析为 i32。之后，会将其发送给另一个函数，如果数字小于一百万，该函数会返回一个 Ok。因此，这里可能会发生三种类型的错误。

还要注意，我们在其中一个函数中使用了 std::io::Error 作为返回类型。这个错误类型非常方便，因为它有一个包含大量变体的 ErrorKind 枚举。但是，在这个代码示例中，我们尝试对返回不同错误类型的方法使用问号运算符，而 std::io::Error 无法处理这种情况：

```
use std::io::{Error, ErrorKind};

fn parse_then_send(input: &[u8]) { //What's the return type??
    let some_str = std::str::from_utf8(input)?;
```

```
    let number = some_str.parse::<i32>()?;
    send_number(number)?;
}

fn send_number(number: i32) -> Result<(), Error> {
    if number < 1_000_000 {
        println!("Number sent!");
        Ok(())
    } else {
        Err(Error::new(ErrorKind::InvalidData))
    }
}

fn main(){}
```

这就是 anyhow 派上用场的地方。让我们看看 anyhow 的文档怎么说：

```
Use Result<T, anyhow::Error>, or equivalently anyhow::Result<T>, as the return type of any
        fallible function.
```

看起来不错。还可以引入 anyhow! 宏，它可以从字符串或错误类型快速创建一个 anyhow::Error。让我们试试看：

```
use anyhow::{anyhow, Error};    #A

fn parse_then_send(input: &[u8]) -> Result<(), Error> {
    let some_str = std::str::from_utf8(input)?;
    let number = some_str.parse::<i32>()?;
    send_number(number)?;
    Ok(())
}

fn send_number(number: i32) -> Result<(), Error> {
    if number < 1_000_000 {
        println!("Number sent!");
        Ok(())
    } else {
        println!("Too large!");
        Err(anyhow!("Number is too large"))
    }
}

fn main(){
    println!("{:?}", parse_then_send(b"nine"));
    println!("{:?}", parse_then_send(b"10"));
}
```

#A 这里的 Error 现在指的是 anyhow 的 Error 类型，而不是前面示例中的 std::io::Error。也可以写 use anyhow::Error as AnyhowError 来给它起一个不同的名字。

很好！现在 anyhow 的 Error 是我们的单一错误类型。上面的代码生成以下输出：

```
Err(invalid digit found in string)
Number sent!
Ok(())
```

第一个错误有点模糊。anyhow 为其 Error 类型提供了许多方法，但一个特别简单的方法是.with_context()，它实现了 Display 的内容。可以用它来添加一些额外的信息。让我们添加一些上下文信息：

```
use anyhow::{anyhow, Context, Error};

fn parse_then_send(input: &[u8]) -> Result<(), Error> {
    let some_str = std::str::from_utf8(input).with_context(|| "Couldn't parse into a
        str")?;
    let number = some_str
        .parse::<i32>()
        .with_context(|| format!("Got a weird str to parse into a number: {some_str}"))?;
    send_number(number)?;
    Ok(())
}

fn send_number(number: i32) -> Result<(), Error> {
    if number < 1_000_000 {
        println!("Number sent!");
        Ok(())
    } else {
        println!("Too large!");
        Err(anyhow!("Number is too large"))
    }
}

fn main(){
    println!("{:?}", parse_then_send(b"nine"));
    println!("{:?}", parse_then_send(b"10"));
}
```

现在的输出更加有帮助了：

```
Err(Got a weird str to parse into a number: nine

Caused by:
    invalid digit found in string)
Number sent!
Ok(())
```

这就是 anyhow。然而，anyhow 并不是一个真正的 Error 类型（即实现了 std::error::Error 的类型）。如果我们需要一个真正的错误类型，anyhow 建议使用 thiserror：

```
Anyhow works with any error type that has an impl of std::error::Error, including ones
        defined in your crate. We do not bundle a derive(Error) macro but you can write the
        impls yourself or use a standalone macro like thiserror.
```

现在让我们来看看 thiserror。

17.5.2 thiserror

thiserror 的主要便利之处在于一个名为 thiserror::Error 的宏，它可以快速将你的类型转换为实现 std::error::Error 的类型。如果想把我们的代码变成一个库并且有一个合适的错误类型，可以使用 thiserror 来实现这一点。在这个小例子中，有三种可能的错误，所以让我们创建一个枚举：

```
enum SystemError {
    StrFromUtf8Error,
    ParseI32Error,
    SendError
}
```

现在将使用 thiserror 来将其转换成一个合适的错误类型。在顶部使用 #[derive(Error)]，然后在每个变体上方使用另一个 # [error] 属性来添加消息（如果我们需要）。这将自动实现 Display。但如果使用 Debug 打印，将看不到这些额外的消息。

还可以使用另一个名为 #[from] 的属性来自动实现 From trait，用于其他错误类型的转换。使用 thiserror 创建的类型通常会像这样：

```
#[derive(Error, Debug)]    #A
enum SystemError {
    #[error("Couldn't send: {0}")]    #B
    SendError(String),
    #[error("Couldn't parse into a str: {0}")]    #C
    StringFromUtf8Error(#[from] Utf8Error),
    #[error("Couldn't turn into an i32: {0}")]
    ParseI32Error(#[from] ParseIntError),
    #[error("Wrong color: Red {0} Green {1} Blue {2}")]    #D
    ColorError(u8, u8, u8),
    #[error("Something happened")]
    OtherError,
}
```

#A 这里是 thiserror 的 Error 宏。很容易被忽视！

#B 首先是一个与任何其他外部错误类型无关的变体。这些属性宏中的数字 0 只是表示在访问元组时使用.0。

#C 接下来的两个变体将保存标准库中 Utf8Error 和 ParseIntError 类型的信息，因此使用 #[from]。

#D 我们还会加入一个 ColorError，确保可以像访问任何其他元组一样访问内部值，使其更加清晰。

可以看到，error 属性的格式与使用 format! 宏时的格式相同。

现在让我们看看几乎与上面相同的例子，但使用 thiserror 而不是 anyhow。

```
use std::{num::ParseIntError, str::Utf8Error};

use thiserror::Error;

#[derive(Error, Debug)]
enum SystemError {
    #[error("Couldn't send: {0}")]
    SendError(String),
    #[error("Couldn't parse into a str: {0}")]
    StringFromUtf8Error(#[from] Utf8Error),
    #[error("Couldn't turn into an i32: {0}")]
```

```
    ParseI32Error(#[from] ParseIntError),
    #[error("Wrong color: Red {0} Green {1} Blue {2}")]
    ColorError(u8, u8, u8),
    #[error("Something happened")]
    OtherError,
}

fn parse_then_send(input: &[u8]) -> Result<(), SystemError> {
    let some_str = std::str::from_utf8(input)?;    #A
    let number = some_str.parse::<i32>()?;
    send_number(number)?;
    Ok(())
}

fn send_number(number: i32) -> Result<(), SystemError> {
    match number {
        num if num == 500 => Err(SystemError::OtherError),    #B
        num if num > 1_000_000 => Err(SystemError::SendError(format!(
            "{num} is too large, can't send!"
        ))),
        _ => {
            println!("Number sent!");
            Ok(())
        }
    }
}

fn main() {
    println!("{}", parse_then_send(b"nine").unwrap_err());    #C
    println!("{}", parse_then_send(&[8, 9, 0, 200]).unwrap_err());
    println!("{}", parse_then_send(b"109080098").unwrap_err());
    println!("{}", SystemError::ColorError(8, 10, 200));
    parse_then_send(b"10098").unwrap();
}
```

#A 在这里实现了 From trait 让代码看起来非常好用，只需使用问号运算符。

#B 这里只是使用了 OtherError 变体。假设 500 是一个错误码。

#C .unwrap_err()方法类似于.unwrap()，但是在收到 Ok 时会 panic，而不是在收到 Err 时 panic。这是一种快速获取错误类型内部信息的方法。

现在的输出是：

```
Couldn't turn into an i32: invalid digit found in string
Couldn't parse into a str: incomplete utf-8 byte sequence from index 3
Couldn't send: 109080098 is too large, can't send!
Wrong color: Red 8 Green 10 Blue 200
Number sent!
```

看起来很棒！用不多的代码行，就拥有了一个包含所有必要信息的合适的错误枚举。

thiserror 让我们可以为某些其他错误类型实现 From，将它们引入我们的错误枚举中。如果想要创建一个变体，使其能为所有实现了 std::error::Error 的类型都实现 From 特性，那该怎么办呢？让我们先谈谈 Blanket 的特性实现。

17.6 通用特性实现

通用特性实现（或者简称通用实现）允许我们为一系列类型实现某个特性而不需要只针对每个类型。

让我们从创建一个只打印"Hello"的特性开始。

```
trait SaysHello {
    fn hello(&self) {
        println!("Hello");
    }
}
```

想让世界上的每一种类型都拥有这个特性，该怎么做呢？非常简单，只需将其赋予一个泛型类型 T：

```
trait SaysHello {
    fn hello(&self) {
        println!("Hello");
    }
}

impl<T> SaysHello for T {}
```

这个泛型类型 T 没有像 Display 或 Debug 这样的约束，因此整个 Rust 类型系统中的每种类型都被视为类型 T。现在我们的代码中的每种类型都可以调用 .hello( ) 方法。让我们试试看！现在每一种类型都实现了 SaysHello：

```
trait SaysHello {
    fn hello(&self) {
        println!("Hello");
    }
}

impl<T> SaysHello for T {}

struct Nothing;

fn main() {
    8.hello();
    &'c'.hello();
    &mut String::from("Hello there").hello();
    8.7897.hello();
    Nothing.hello();
    std::collections::HashMap::<i32, i32>::new().hello();
}
```

所有这些都会打印出 hello。

一般情况下，通用特性实现是针对某个带有其自身特性的特定类型来实现的，比如 <T: Debug>，我们已经非常熟悉了：通过一个 Debug 特性约束，该类型实现 Debug，因此可以使用 {:?} 打印它，作为需要 Debug 的函数参数。

此时，可以创建一个特性，并为所有实现了 std::error::Error 的类型实现它。然后可以对任何实现了 Error 的类型进行通用实现，并将其放入我们枚举的一个变体中。这样一来，就可以拥有自己的合适错误类型，同时还能容纳来自外部 crate 的所有可能的错误。以下是一个示例：

```
use std::error::Error as StdError;    #A
use thiserror::Error;

#[derive(Error, Debug)]
enum SystemError {
    #[error("Couldn't send: {0}")]
    SendError(String),
    #[error("External crate error: {0}")]
    ExternalCrateError(String),    #B
}

trait ToSystemError<T> {
    fn to_system_error(self) -> Result<T, SystemError>;
}

impl<T, E: StdError> ToSystemError<T> for Result<T, E> {    #C
    fn to_system_error(self) -> Result<T, SystemError> {
        self.map_err(|e| SystemError::ExternalCrateError(e.to_string()))
    }
}
```

#A 区分一下标准库中的 Error 和 thiserror crate 中的 Error。

#B 这个变体将保存所有外部错误。

#C 这个函数将把一个 Result<T, E>转换成 Result<T, SystemError>。任何实现了 std::error::Error 的类型都可以实现 Display，可以简单地调用 .to_string()并将其放入 ExternalCrateError 变体中。

这使用了一个通用实现，将所有 Error 类型的内容转换成字符串，并简单地放入一个名为 ExternalCrateError 的变体中。有了这个特性，每当有来自其他来源的代码，想要放入 SystemError 枚举中时，只需输入.to_system_error()?：

```
use std::error::Error as StdError;
use thiserror::Error;

#[derive(Error, Debug)]
enum SystemError {
    #[error("Couldn't send {0}")]
    SendError(i32),
    #[error("External crate error: {0}")]
    ExternalCrateError(String),
}

trait ToSystemError<T> {
    fn to_system_error(self) -> Result<T, SystemError>;
}

impl<T, E: StdError> ToSystemError<T> for Result<T, E> {
```

```
    fn to_system_error(self) -> Result<T, SystemError> {
        self.map_err(|e| SystemError::ExternalCrateError(e.to_string()))
    }
}

fn parse_then_send(input: &[u8]) -> Result<(), SystemError> {
    let some_str = std::str::from_utf8(input).to_system_error()?;
    let number = some_str.parse::<i32>().to_system_error()?;
    send_number(number).to_system_error()?;
    Ok(())
}

fn send_number(number: i32) -> Result<(), SystemError> {
    if number < 1_000_000 {
        println!("Number sent!");
        Ok(())
    } else {
        println!("Too large!");
        Err(SystemError::SendError(number))
    }
}

fn main() {
    println!("{}", parse_then_send(b"nine").unwrap_err());     #A
    println!("{:?}", parse_then_send(b"nine"));
    println!("{:?}", parse_then_send(b"10"));
}
```

#A 调用该函数两次，以比较显示（Display）和调试（Debug）输出。

将打印出：

```
External crate error: invalid digit found in string
Err(ExternalCrateError("invalid digit found in string"))
Number sent!
Ok(())
```

标准库中还有许多其他的通用实现，可以通过查找在泛型类型（通常是 T）上的 impl 关键字找到它们。让我们来看几个例子。

第一个例子很熟悉：对于 Display，我们让其自动获得 ToString 特性的 .to_string()方法。

```
impl<T> ToString for T
where T: Display + ?Sized,
```

下一个例子也很熟悉。如果实现了 From，就会自动获得 Into。

```
impl<T, U> Into<U> for T
where
    U: From<T>,
```

这个例子也很有趣。如果你有 From，那么就会自动获得 Into；如果你有 Into，那么也会自动获得 TryFrom。

```
impl<T, U> TryFrom<U> for T
where
    U: Into<T>,
```

这也是合理的，因为如果一个函数或参数需要 TryFrom<T>，却拒绝实现了 From<T>的类型，那就很奇怪了！

下面是展示这两个通用特性的最简单的例子：

```
#[derive(Debug)]
struct One;
#[derive(Debug)]
struct Two;

impl From<One> for Two {     #A
    fn from(one: One) -> Self {
        Two
    }
}

fn main(){
    let two: Two = One.into();     #B
    let try_two = Two::try_from(One);
    println!("{two:?}, {try_two:?}");
}
```

#A 这里实现了 From<One>...

#B 现在自动获得了 Into<Two>和 TryFrom<One>!

这会打印出 "Two, Ok(Two)"。

From 特性有很多通用实现。让我们选一个复杂的。如果你慢慢读，就能明白：

```
impl<K, V, const N: usize> From<[(K, V); N]> for BTreeMap<K, V>
  where
    K: Ord,
```

让我们来分解一下：

- 这个实现涉及一个 K（键）和一个 V（值），这很合理——BTreeMap 使用键和值。
- 还有一个 const N：usize。那是常量泛型！
- [(K, V); N]的签名意味着一个任意长度 N 的数组，其中包含了元组 (K,V)。
- BTreeMap 会对其内容进行排序，因此它们的键需要实现 Ord 接口。

所以看起来这是一个通用实现，用于从键和值的元组数组构造 BTreeMap，其中键可以被排序。让我们尝试一下直接从数组中创建一个 BTreeMap：

```
use std::collections::BTreeMap;

fn main(){
    let my_btree_map = BTreeMap::from([
        ("customer_1_money".to_string(), 10),
        ("customer_2_money".to_string(), 200),
    ]);
}
```

成功了！这里的数组类型是 [(String, i32); 2]。

现在是时候继续讲解最后两个外部 crate：lazy_static 和 once_cell。

17.7 lazy_static 和 once_cell

记得上一章关于可变静态变量的部分吗？我们看到从 Rust 1.63 开始（2022 年夏季），这种表达式变成了可能，因为所有这些函数都是 const fn：

```
static GLOBAL_LOGGER: Mutex<Vec<Log>> = Mutex::new(Vec::new());
```

在 Rust 1.63 之前，需要使用 crate lazy_static 或 crate once_cell 来实现这个功能。

然而仍然有一些静态变量需要但却无法使用 const fn 初始化，而这两个 crate 允许你这样做。它们被称为延迟初始化静态变量，意味着它们在运行时而不是编译时初始化。lazy_static 是较旧和较简单的 crate，我们首先看一下它。

17.7.1 lazy_static：延迟评估的静态变量

假设我们的 GLOBAL_LOGGER 还希望通过 HTTP 将数据发送到其他地方的服务器。为了提供信息，可以为它提供一个 Vec<Log>，一个用于发送请求的 String 类型的 URL，以及一个用于发布数据的 Client。因此，从下面的代码开始：

```
use reqwest::Client;

#[derive(Debug)]
struct Logger {
    logs: Vec<Log>,
    url: String,
    client: Client,
}

#[derive(Debug)]
struct Log {
    message: String,
    timestamp: i64,
}
```

顺便提一下，reqwest（注意拼写）是我们接下来要看的下一个外部 crate。在这段代码示例中，暂时不会使用它，但记住 reqwest::Client 用于 POST、GET 和所有其他的 HTTP 操作。

但是像这样将它设为静态变量对我们来说是行不通的：

```
use reqwest::Client;
use std::sync::Mutex;

#[derive(Debug)]
struct Logger {
    logs: Mutex<Vec<Log>>,
    url: String,
    client: Client,
}

#[derive(Debug)]
struct Log {
```

```
    message: String,
    timestamp: i64,
}

static GLOBAL_LOGGER: Logger = Logger {
    logs: Mutex::new(vec![]),
    url: "https://somethingsomething.com".to_string(),
    client: Client::default()
};

fn main() {

}
```

编译器告诉我们，这个 Logger 结构涉及一些不是 const 的函数，因此不能被调用：

```
error[E0015]: cannot call non-const fn `<str as ToString>::to_string` in statics
error[E0015]: cannot call non-const fn `<reqwest::Client as Default>::default` in statics
```

即使我们将 url 更改为 Mutex<String>，client 本身也是一个非 const fn，所以没有帮助，而且我们可能还想向 Logger 结构添加更多参数。

这就是 lazy_static 发挥作用的地方。使用它非常简单。它的 crate 这样描述它：

```
Using this macro, it is possible to have statics that require code to be executed at
        runtime in order to be initialized. This includes anything requiring heap
        allocations, like vectors or hash maps, as well as anything that requires function
        calls to be computed.
```

要初始化一个懒加载静态变量，可以简单地使用 lazy_static! 宏，并声明一个 static ref 而不是一个普通的 static。请注意，static ref 只是这个 crate 中的语法，Rust 本身并没有叫作 static ref 的东西。但它被称为 static ref 是有原因的：

```
For a given static ref NAME: TYPE = EXPR;, the macro generates a unique type that
        implements Deref<TYPE> and stores it in a static with name NAME. (Attributes end up
        attaching to this type.)
```

我们可以不用考虑这些，只需创建一个 lazy_static! 块，把 static ref 的静态变量放在里面就行了：

```
lazy_static! {     #A
    static ref GLOBAL_LOGGER: Logger = Logger {     #B
        logs: Mutex::new(vec![]),
        url: "https://somethingsomething.com".to_string(),
        client: Client::default()
    };
}
```

#A 这里调用了 lazy_static! 宏。

#B 并将其称为 static ref 而不是 static。其他内容保持不变。

只需这两处改动，就有了一个可以在程序的任何地方调用的静态变量。现在代码看起来是这样的：

```
use lazy_static::lazy_static;
use reqwest::Client;
```

```
use std::sync::Mutex;

#[derive(Debug)]
struct Logger {
    logs: Mutex<Vec<Log>>,
    url: String,
    client: Client,
}

#[derive(Debug)]
struct Log {
    message: String,
    timestamp: i64,
}

lazy_static! {
    static ref GLOBAL_LOGGER: Logger = Logger {
        logs: Mutex::new(vec![]),
        url: "https://somethingsomething.com".to_string(),
        client: Client::default()
    };
}

fn main(){
    GLOBAL_LOGGER.logs.lock().unwrap().push(Log {
        message: "Everything's going well".to_string(),
        timestamp: 1658930674
    });
    println!("{:#?}", *GLOBAL_LOGGER.logs.lock().unwrap());
}
```

这就是 lazy_static。另一个叫作 once_cell，稍微难用一些，但更加灵活。once_cell 正在被添加到标准库中，也许在你读这本书的时候，它已经完成了。截至 2023 年 6 月，once_cell crate 的部分功能已经可以在标准库中使用。即使其余功能被移植到标准库之后，未来应该会经常看到 once_cell crate 在 Rust 代码中的使用。

17.7.2 OnceCell：只能写入一次的单元

正如其名称所示，OnceCell 是一个只能写入一次的单元。可以用某种类型（比如 OnceCell<String>或 OnceCell<Logger>）来初始化它，然后调用 .set()来初始化它所持有的类型。

OnceCell 和 Cell 相似，它们有类似的方法名，如 .set()和 .get()。

那么 OnceCell 比 lazy static 更灵活的地方在哪里呢？以下是一些亮点：

- OnceCell 可以持有一个完整的类型（比如我们的整个 Logger），或者它可以是另一个类型内部的参数。
- 可以对程序前期不需要知道的变量使用 OnceCell。也许我们还不知道 Logger 的 url，需要在后面某个地方获取它。可以从 main()函数开始，稍后获取 url，然后使用 .set()将其放入 Logger 中。
- 对于 OnceCell，可以选择同步（sync）或非同步（unsync）版本。如果不需要在线程之间发送数据，可以选择非同步版本。

让我们尝试一下使用与之前相同的 Logger 结构体。我们将创建一个同样的 GLOBAL_LOGGER，但这次它将是一个 OnceCell<Logger>。要初始化一个 OnceCell，只需使用 OnceCell::new()。具体代码如下：

```
static GLOBAL_LOGGER: OnceCell<Logger> = OnceCell::new();
```

这样就得到了一个空单元，可以随时调用 .set()来初始化其中的值。整体代码如下所示：

```
use once_cell::sync::OnceCell;
use reqwest::Client;
use std::sync::Mutex;

#[derive(Debug)]
struct Logger {
    logs: Mutex<Vec<Log>>,
    url: String,
    client: Client,
}

#[derive(Debug)]
struct Log {
    message: String,
    timestamp: i64,
}

static GLOBAL_LOGGER: OnceCell<Logger> = OnceCell::new();

fn fetch_url()-> String {    #A
    //Pretend that there is a lot of code here..
    //And finally returns the url
    "http://somethingsomething.com".to_string()
}

fn main(){
    let url = fetch_url();

    GLOBAL_LOGGER    #B
        .set(Logger {
            logs: Mutex::new(vec![]),
            url,
            client: Client::default(),
        })
        .unwrap();    #C

    // Now GLOBAl LOGGER is initialized, Let's get a reference to it.
    GLOBAL_LOGGER
        .get()    #D
        .unwrap()
        .logs
        .lock()    #E
```

```
        .unwrap()
        .push(Log {
        message: "Everything's going well".to_string(),
        timestamp: 1658930674,
    });

    //Done!
    println!("{GLOBAL_LOGGER:?}");
}
```

#A 我们假设这个函数需要在运行时执行某些操作来查找 URL。

#B 程序启动，我们获取了 URL。现在需要通过放入一个 Logger 结构体来设置 GLOBAL_LOGGER。

#C .set( ) 返回一个 Result，但只有在单元格已经被设置过后才会返回错误。

#D.get( ) 只有在单元格尚未被设置时才会返回 None。在这里也会直接使用 unwrap。

#E 最后，访问 Logger 结构体内部的 .logs，它是一个 Mutex。代码的其余部分涉及对 Mutex 进行加锁，并将消息推送到它持有的 Vec<Log>中。

这将打印出 GLOBAL_LOGGER 内的所有内容。可以看到其中的消息。

```
OnceCell(Logger { logs: Mutex { data: [Log { message: "Everything's going well", timestamp:
        1658930674 }], poisoned: false, .. }, url: "http://somethingsomething.com", client:
        Client { accepts: Accepts, proxies: [Proxy(System({}), None)], referer: true,
        default_headers: {"accept": "*/*"} } })
```

不用担心 oncecell 移植到标准库，因为代码几乎完全相同。以下是与上面相同的示例，只是使用了标准库。唯一的区别是，标准库中的 std::cell::OnceCell 不是线程安全的，而线程安全版本称为 std::sync::OnceLock。除此之外，代码完全相同！

```
use reqwest::Client;
use std::sync::Mutex;
use std::sync::OnceLock;

#[derive(Debug)]
struct Logger {
    logs: Mutex<Vec<Log>>,
    url: String,
    client: Client,
}

#[derive(Debug)]
struct Log {
    message: String,
    timestamp: i64,
}

static GLOBAL_LOGGER: OnceLock<Logger> = OnceLock::new();

fn fetch_url()-> String {
    "http://somethingsomething.com".to_string()
}
```

```
fn main() {
    let url = fetch_url();

    GLOBAL_LOGGER
        .set(Logger {
            logs: Mutex::new(vec![]),
            url,
            client: Client::default(),
        })
        .unwrap();

    GLOBAL_LOGGER
        .get()
        .unwrap()
        .logs
        .lock()
        .unwrap()
        .push(Log {
        message: "Everything's going well".to_string(),
        timestamp: 1658930674,
    });
    println!("{GLOBAL_LOGGER:?}");
}
```

这就是 OnceCell 的工作原理。你现在可能对 reqwest crate 感兴趣，但直到第 19 章才会详细讨论它，因为还有一些事情要先处理。其中之一是在计算机上安装 Rust，因为 Rust Playground 不允许使用 reqwest 进行 HTTP 请求。

下一章将介绍在计算机上使用 Rust 的基础知识：安装 Rust，使用 Cargo 设置项目，使用 Cargo doc 自动生成文档，以及使用 Cargo 设置项目并运行代码所带来的其他好处。这些是 Playground 提供不了的。

17.8 总结

- 在 Rust 中，外部 crate 经常被用来处理诸如时间等关键功能。
- 如果使用迭代器进行大量计算（而且不想手动创建额外的线程），可以尝试使用 rayon crate。
- anyhow 是处理多个错误时最常用的外部 crate，而 thiserror 则可以用来轻松创建自定义的错误类型。
- lazy_static 和 once_cell crate 用于创建不能在编译时构造的全局变量。
- lazy_static 和 once_cell 的功能正在被移植到标准库中，所以最终可能不需要使用任何外部 crate 就能创建全局变量。
- 通用实现允许你为任何想要的类型提供 trait 方法。这些在标准库中也随处可见，比如实现 Display 的类型都免费获得了 .to_string( ) 方法。

第 18 章 在你的计算机上使用Rust

本章涵盖了以下内容：

- Cargo：Rust 的包管理器。
- Cargo doc：Rust 的文档工具。
- 处理用户输入。
- 使用文件。

我们已经看到几乎可以通过 Playground 学习 Rust 的任何内容。但如果你已经读到了本书的这一部分，那么可能已经在计算机上安装了 Rust。在 Playground 上总有一些无法做到的事情，比如处理文件或者编写代码。还有一些需要在计算机上使用 Rust 的情况，比如处理用户输入和命令行参数。但最重要的是，在计算机上安装 Rust 可以使用外部 crate。我们已经学习了一些 crate，但是 Playground 只能访问最流行的一些 crate。有了在计算机上的 Rust，可以使用任何外部 crate。

将所有这些内容绑在一起的工具叫作 Cargo，它是 Rust 的包管理器。

18.1 Cargo

Rust 最大的卖点之一是几乎所有人都使用 Cargo 来构建和管理他们的项目。使用 Cargo 可以给 Rust 项目提供一个共同的结构，使得同时处理由多人编写的外部代码变得更加容易。为了理解为什么几乎每个 Rust 项目都可以找到 Cargo，让我们首先看看如果没有 Cargo，编写 Rust 代码会是怎样的体验。

18.1.1 为什么每个人都使用 Cargo

Rust 编译器被称为 rustc，它负责实际的编译过程。Rust 的文件以 .rs 结尾。可以使用像 rustc main.rs 这样的命令自行编译程序，但这非常麻烦。

让我们体验一下。创建一个新目录，然后在其中创建一个名为 test.rs 的新文件，再放入一些简单的内容：

```
fn main(){
    println!("Does this work?");
}
```

之后输入 rustc test.rs，会看到一个名为 test.exe 的文件。那就是你的程序！现在只需输入 test，会看到类似这样的输出：

```
c:\nothing>test
Does this work?

c:\nothing>
```

还不错！但是如何处理引入外部代码呢？如果我们想要生成一个随机数，可能会使用 rand crate：

```
use rand::{thread_rng, Rng};

fn main() {
    let mut rng = thread_rng();
    println!("Today's lucky number: {}", rng.gen::<u8>());
  }
```

编译器不知道如何处理这个突如其来的 rand 关键字。

```
error[E0432]: unresolved import `rand`
 --> test.rs:1:5
  |
1 | use rand::{thread_rng, Rng};
  |     ^^^^ maybe a missing crate `rand`?
  |
  = help: consider adding `extern crate rand` to use the `rand` crate
```

即使按建议添加 extern crate rand，它仍然感到困惑。

```
error[E0463]: can't find crate for `rand`
--> test.rs:1:1
  |
1 | extern crate rand;
  | ^^^^^^^^^^^^^^^^^^ can't find crate
```

虽然可以输入 rustc --help 并开始查找正确的方法来链接外部代码，但是在使用 Rust 构建程序时，没有人这样做，因为有一个叫作 Cargo 的包管理器和构建工具来处理所有这些事情。Cargo 也使用 rustc 来进行编译，它只是自动化了整个过程，使得编程几乎是无痛的体验。

关于名称的由来，它之所以被称为 Cargo，是因为当你将 crate 放在一起时，就得到了 Cargo。Crate 是你在船或卡车上看到的木箱，但要记住，每个 Rust 项目也被称为一个 crate。所以 Cargo 来自于将所有 crate 放在一起形成完整项目的想法，如下图所示。

当使用 Cargo 运行一个项目时，会看到这一点。要在 Cargo 中开始一个项目，只需输入 cargo new 和项目名称。例如可以输入 cargo new rand，然后会创建一个同名的目录，里面包含了 Cargo.

toml 文件和一个名为 /src 的目录用于存放代码。在 /src 目录内会有一个 main.rs 文件，可以在这里开始编写你的代码。如果想编写一个库（即供他人使用的代码），可以在命令末尾添加 --lib。这样 Rust 就会在 /src 目录中创建一个 lib.rs 而不是 main.rs。

项目创建好后，在 Cargo.toml 中添加 rand = "0.8.5"，然后编写一些代码来随机选择 8 个字母。

```
use rand::seq::SliceRandom;    #A

fn main() {
    let my_letters = vec!['a', 'b', 'c', 'd', 'e', 'f', 'g', 'h'];
    let mut rng = rand::thread_rng();
    for _ in 0..6 {
        print!("{} ", my_letters.choose(&mut rng).unwrap());
    }
}
```

#A 一个通用 trait，它允许我们对 slice 使用 .choose( ) 的方法，需要将它引入作用域才能使用。

在运行时，这将打印类似于 b c g h e a。但在程序开始运行之前，让我们先看看 Cargo 的操作。要使用 Cargo 构建并运行程序，输入 cargo run。但在编译过程中也会有相当多的输出。输出大致如下：

```
Compiling rand_core v0.6.4
Compiling rand_chacha v0.3.1
Compiling rand v0.8.5
Compiling random_test v0.1.0 (C:\rust\random_test)
  Finished dev [unoptimized + debuginfo] target(s) in 2.61s
    Running `target\debug\random_test.exe`
```

所以看起来 Cargo 不仅仅引入了一个叫作 rand 的 crate，还引入了一些其他的 crate。这是因为我们的 crate 需要 rand，而 rand 又需要其他 crate 中的代码。Cargo 会找到所有我们需要的 crate 并将它们整合在一起。可能只有几个 crate，但在其他项目中，可能需要引入 200、600，甚至更多的 crate。在这个例子中，程序编译花费了 2.61 秒，当然实际时间会有所不同。

18.1.2 使用 Cargo 和 Rust 编译时的操作

编译时间是你可以看到 Rust 折中的地方：提前编译是 Rust 如此快速的原因之一，但必须等待 Rust 编译你的代码。不过，Rust 使用增量编译。增量编译意味着当对代码进行更改时，Rust 只会重新编译更改部分，而不是整个程序。在我们的例子中，想象一下将字母 i 添加到 my_letters 中，再次输入 cargo run。

```
let my_letters = vec!['a', 'b', 'c', 'd', 'e', 'f', 'g', 'h', 'i'];
```

在这种情况下，像 rand_core 这样的 crate 已经被引入，因此它们不会被重新编译，整个过程会快得多：

```
  Compiling random_test v0.1.0 (C:\rust\random_test)
    Finished dev [unoptimized + debuginfo] target(s) in 0.55s
    Running `target\debug\random_test.exe`
f h i d e d
```

这次只花了 0.55 秒。因此，为了加快开发时间，尝试在工作中每次添加外部 crate 后都输入 cargo build。Rust 将在后台编译你的代码，每次之后的 cargo build 或 cargo run 都将是更快的增量编译。

Rust 通过多种方式对其代码进行优化（加速），比如将泛型函数和类型转换为具体的实现。例如这里是你可能会写的一些简单的泛型代码：

```
use std::fmt::Display;

fn print_and_return<T: Display>(input: T) -> T {
    println!("You gave me {input} and now I will give it back.");
    input
}

fn main(){
    let my_name = print_and_return("Windy");
    let small_number = print_and_return(9.0);
}
```

这个函数可以接受任何具有 Display 特性的类型，所以我们给它传递了一个 &str 和一个 f64，因为两者都实现了 Display 特性。然而编译器会将泛型函数转换为每种类型的具体实现，这样程序在运行时可以更快速。

因此，当编译器处理第一部分的 "Windy"（一个 &str）时，并不是仅仅生成一个在运行时使用的 fn print_and_return<T: Display>（input: T）-> T。相反，它会将其转换为类似于 fn print_and_return_str（input: &str）->&str 的具体函数。它也会在下一行处理输入的 9.0 时，将函数转换为类似于 fn print_and_return_f64（input: f64）-> f64 的具体函数。所有这些都是在编译时完成的。这就是为什么泛型函数在编译时需要更长时间的原因，因为编译器会为每种不同的类型生成一个在运行时使用的具体函数。

这个过程有时被称为专门化定义或单态化。也就是说，当编译器将上面的泛型函数转换为类似于 fn print_and_return_f64（input: f64）-> f64 的函数时，它将泛型函数专门化为针对 f64 类型的具体函数。而单态化（monomorphism）这个术语源自希腊语，意思是"单一形式主义"，表示函数现在是具体的，只有一个形式。当我们编写泛型函数时，它是多态的（多重形式），因为它在实践中可以采用许多不同的形式。编译器将这些泛型函数根据输入类型进行特化，并转换为单态化（单一形式）函数。

我们写代码时不必考虑这些细节，编译器会在不让你察觉的情况下完成这一切。但了解一些 Rust 编译时间长的原因是有帮助的，一旦编译完成后，Rust 的运行速度非常快。

Rust 的开发者们致力于降低编译时间，因为编译时间是 Rust 的一个主要痛点之一。然而，几乎每个 Rust 版本的编译速度都比上一个版本快一些，如今的 Rust 编译速度比几年前快得多。

以下是关于 Cargo 的最基本的命令：

- cargo build 将会编译你的程序成为一个可执行文件，可以在 /target 文件夹中找到这个可执行文件。
- cargo run 将会构建并运行你的程序。
- cargo build --release 和 cargo run --release 将以 release 模式进行构建和运行。通常情况下，当你的代码最终完成，并且希望它尽可能优化时，会使用 release 模式。release 模式下，

Rust 将花费更长的时间来编译，因为编译器会利用所有的优化手段来提升程序的运行速度。release 模式比 debug 模式要快得多，因为它编译速度更快，同时包含更少的调试信息。cargo build 默认是“debug build”，而 cargo build --release 才是“release build”。调试构建将会存放在 /target/debug 文件夹中，而 release build 则存放在 /target/release 文件夹中。

- cargo check 是检查你的代码最快的方式。它类似于编译，但实际上不会构建程序，因此不需要花费太长时间。如果你正在编写代码，并且只是好奇程序是否能编译通过，可以使用 cargo check。

如果查看一个使用循环运行 1000 次的小函数，会发现在 release 和 debug mode 下的表现有很大差异。

```
pub fn add()-> i32 {
    let mut sum = 0;
    for _ in 0..1000 {
        sum += 1
    }
    sum
}
```

这段代码要求计算机执行大量工作（循环运行 1000 次），但代码本身相当简单。即使人类也可以看到这段代码并知道最终的输出结果。有时候，Rust 也可以做到这一点。

在 debug 模式下，编译器会快速地将代码组合起来，在运行时执行这个循环，并添加一些调试信息。如果将这个函数粘贴到网站 Godbolt（48）上，可以看到生成的汇编代码。对于这个函数，会生成大约 100 行以上的代码。即使你不懂汇编语言，也能注意到编译器生成了运行循环所需的代码。在下面的截图中，可以看到有很多诸如 Iterator、Range、into_iter、PartialOrd 等术语，这些与迭代器和数字比较相关的代码如下图所示。

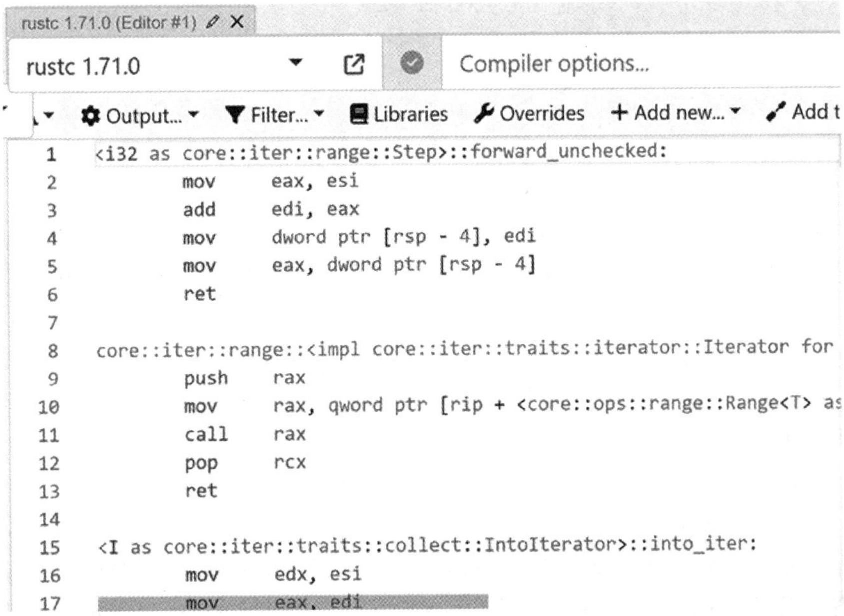

还可以在文件的末尾看到调试信息，比如在数字溢出时程序需要 panic 的错误消息，如下图所示。

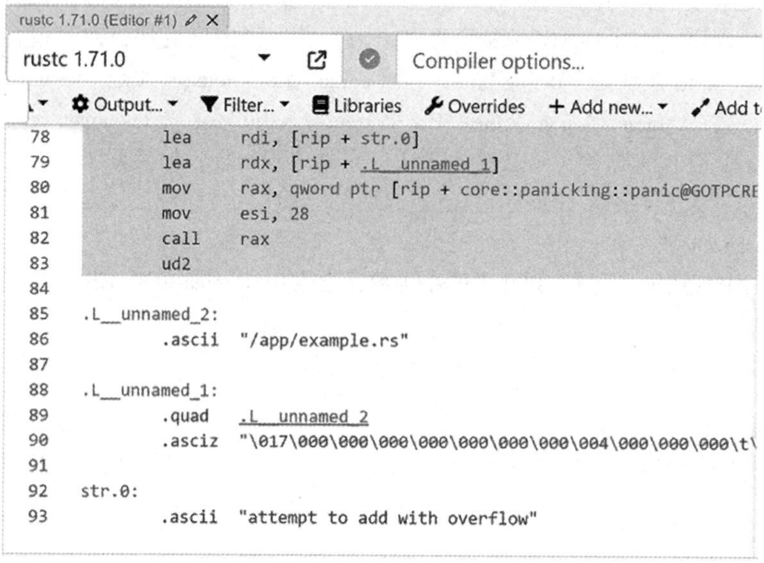

现在来看看 release 模式。单击右上角“编译器选项”旁边的三角形，选择 -C opt-level = val，并将 val 改为 3（3 是发布构建的优化级别）。然后编译器会尽可能地优化，现在汇编代码只有 3 行长！

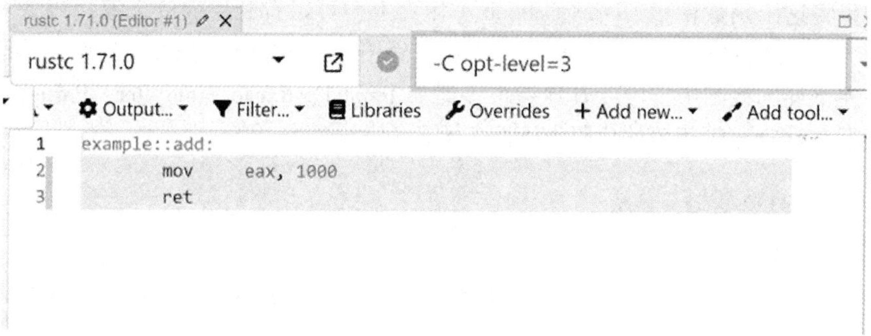

编译器在 release 模式下花费了一些额外的时间来分析循环，并发现它总是返回 1000。那么为什么还要在运行时添加任何额外的代码呢？这本质上就是编译时优化的工作方式。如果选择在编译时花费额外的时间，那么在 release 模式下，编译器将有额外的时间来分析代码并将其尽可能缩短。

以下是一些更多的 Cargo 命令：

- cargoclippy 将运行 clippy。它比 cargo run 花费的时间少，并且包含了 clippy 关于如何改进代码的所有建议。
- cargo build --timings（或者 cargo run --timings）将生成一个漂亮的 html 报告，显示编译每个 crate 所花费的时间。
- cargo clean。当向 Cargo.toml 添加 crates 时，计算机将下载它需要的所有文件，它们可能会占用很多空间。如果不想在计算机上保留它们，可以输入 cargo clean。这也会清理编译代码时生成的任何文件（二进制文件和相关文件）。可以看到这个操作的效果，因为当输入 cargo clean 时，/target 文件夹将消失。

- cargo add 后跟一个 crate 名称将最新的外部 crate 版本添加到你的 Cargo.toml 文件中。
- cargo doc 将为你的代码构建文档。我们在后面会学习关于 Cargo doc 的内容。

18.2 处理用户输入

现在已经安装了 Rust，可以处理用户输入了。通常有两种方式来做这件事：程序运行时通过 stdin，即通过用户的键盘，以及程序运行前通过命令行参数。

18.2.1 通过 stdin 的用户输入

从用户那里获取输入的最简单方式是使用 std::io::stdin。这被称为“标准输入”，在这种情况下是从键盘输入。使用 stdin() 函数，可以得到一个 Stdin 结构体，它是对这个输入的一个句柄，它有一个名为 .read_line() 的方法，允许将输入读取到一个 &mut String。以下是一个简单的例子，这是一个无限循环，直到用户按下 x 键才会结束。它某种程度上有效，但并不是完全按照预期的方式工作。

```
use std::io;

fn main() {
    println!("Please type something, or x to escape:");
    let mut input_string = String::new();

    while input_string != "x" {
        input_string.clear();    #A
        io::stdin().read_line(&mut input_string).unwrap();    #B
        println!("You wrote {input_string}");
    }
    println!("See you later!");
}
```

#A 首先在每次循环中清空字符串，否则它只会变得越来越长。

#B 然后使用 read_line 从用户那里读取并输入到 read_string 中。

以下是输出示例：

```
Please type something, or x to escape:
something
You wrote something

Something else
You wrote Something else

x
You wrote x

x
you wrote x
```

它接收我们的输入并返回，它甚至知道我们输入了 x。但它并没有退出程序。唯一的退出方式是关闭窗口，或者通过输入 ctrl + c 来关闭程序。你注意到在输出 "You wrote x" 后面的空格了吗？这是一个提示。让我们将 println!()中的 {} 改为 {:?}，看看是否还有更多信息。这样做会告诉我们发生了什么：

```
Please type something, or x to escape:
something
You wrote "something\r\n"
Something else
You wrote "Something else\r\n"
x
You wrote "x\r\n"
x
You wrote "x\r\n"
```

当按下回车键时，Windows 会添加 \r\n（回车和换行），而其他操作系统会添加 \n（换行）。在任意情况下，当按下 x 退出程序时，得到的并不是一个简单的 x 输出。

有一个简单的方法可以解决这个问题，叫作 .trim()，它会移除所有的空白字符。顺便说一下，空白字符被定义为以下这些字符中的任何一个：

```
U+0009 (horizontal tab, '\t')
U+000A (line feed, '\n')
U+000B (vertical tab)
U+000C (form feed)
U+000D (carriage return, '\r')
U+0020 (space, '')
U+0085 (next line)
U+200E (left-to-right mark)
U+200F (right-to-left mark)
U+2028 (line separator)
U+2029 (paragraph separator)
```

使用 .trim()会将 x\r\n（或者 x\n）转换成仅仅是 x：

```
use std::io;

fn main() {
    println!("Please type something, or x to escape:");
    let mut input_string = String::new();

    while input_string.trim() != "x" {
        input_string.clear();
        io::stdin().read_line(&mut input_string).unwrap();
        println!("You wrote {input_string}");
    }
    println!("See you later!");
}
```

现在它将打印：

```
Please type something, or x to escape:
something
You wrote something

Something
```

```
You wrote Something

x
You wrote x

See you later!
```

如果需要对用户输入和程序输出进行更精细的控制，std::io模块有许多其他的结构体和方法。

下面来看看另一种类型的用户输入：在程序启动前发生的输入。

18.2.2 访问命令行参数

Rust有另一种用户输入，称为std::env::Args。这个Args结构体保存了用户在启动程序时输入的内容，即命令行参数。实际上，无论用户输入什么，程序中总是至少有一个Arg。让我们编写一个程序，只使用std::env::args()来打印它们，看看它们是什么。

```
fn main(){
    println!("{:?}", std::env::args());
}
```

如果我们输入cargo run，那么它将打印出类似这样的内容：

```
Args { inner: ["target\\debug\\rust_book.exe"] }
```

可以看到无论怎样，Args总是会给你程序的名称。

让我们输入更多内容。尝试输入cargo run，并加上一些额外的单词。它会给出以下结果：

```
Args { inner: ["target\\debug\\rust_book.exe", "but", "with", "some", "extra", "words"] }
```

看起来在cargo run之后的每个单词都被识别了，并且可以通过这个args()方法访问。当查看Args的页面时，我们看到它实现了IntoIterator，这非常方便。因此可以直接将它放入一个for循环中：

```
use std::env::args;

fn main(){
    let input = args();
    for entry in input {
        println!("You entered: {}", entry);
    }
}
```

现在它说：

```
You entered: target\debug\rust_book.exe
You entered: but
You entered: with
You entered: some
You entered: extra
You entered: words
```

由于第一个参数总是程序名称，你通常会想要跳过它。可以使用所有迭代器都有的.skip()方法来实现这一点：

```
use std::env::args;

fn main(){
    let input = args();
    input.skip(1).for_each(|item|{
        println!("You wrote {item}, which in capital letters is {}", item.to_uppercase());
    })
}
```

上面的代码将打印如下：

```
You wrote but, which in capital letters is BUT
You wrote with, which in capital letters is WITH
You wrote some, which in capital letters is SOME
You wrote extra, which in capital letters is EXTRA
You wrote words, which in capital letters is WORDS
```

可以在程序内部对这些命令行参数执行更多操作，而不仅仅是打印它们。它们只是字符串，所以检查是否输入了任何参数，如果找到参数就进行匹配是非常简单的。以下是一个小例子，它可以将字母转换为大写或小写：

```
use std::env::args;

enum Letters {
    Capitalize,
    Lowercase,
    Nothing,
}

fn main(){
    let mut changes = Letters::Nothing;
    let input = args().collect::<Vec<_>>();

    if let Some(arg) = input.get(1) {
        match arg.as_str(){
            "capital" => changes = Letters::Capitalize,
            "lowercase" => changes = Letters::Lowercase,
            _ => {}
        }
    }

    for word in input.iter().skip(2) {
        match changes {
          Letters::Capitalize => println!("{}", word.to_uppercase()),
          Letters::Lowercase => println!("{}", word.to_lowercase()),
          _ => println!("{}", word)
      }
    }
}
```

尝试想象一下输入后将会打印出什么。

输入：cargo run please make capitals：

此时它将查看索引 1，即 please。这个输入 please 不匹配 capital 或 lowercase，所以它将原样打印出剩余的单词，没有任何变化：

```
make capitals
```

输入：cargo run capital

在这种情况下，它将像之前一样匹配，但是索引 1 之后没有任何内容可以打印出来，所以没有输出。

现在有一些来自用户的参数，这位用户开始明白程序是如何工作的：

输入：cargo run capital I think I understand now

```
I
THINK
I
UNDERSTAND
NOW
```

输入：cargo run lowercase 这也会起作用吗？

```
does
this
work
too?
```

在实践中，命令行参数在大多数命令行界面（Command Line Interface，CLI）中的使用方式非常相似。例如 cargo run --help 被识别为：请求打印出一个菜单，以帮助用户了解哪些命令是可用的。Rust 用户用来处理命令行参数的主要 crate 称为 clap（CLAP = Command Line Argument Parser），如果正在构建一个需要接收许多不同类型参数和标志的 CLI，强烈推荐使用它。

18.2.3 访问环境变量

除了 Args，还有 Vars，即环境变量。这些可以通过 std::env::args()查看，它们是用户不需要手动输入的操作系统环境的基本设置。这些变量将包括如下信息：数据库的 urls、日志设置、使用外部服务的密钥等。

即使是最简单的程序，也会有许多根据计算机不同的环境变量。使用 std::env::vars()允许将它们全部作为（String，String）键值对查看。看看在 Rust Playground 上的 Vars 是什么样的：

```
fn main(){
    for (key, value) in std::env::vars(){
        println!("{key}: {value}");
    }
}
```

会看到很多键值对：

```
CARGO: /playground/.rustup/toolchains/stable-x86_64-unknown-linux-gnu/bin/cargo
CARGO_HOME: /playground/.cargo
CARGO_MANIFEST_DIR: /playground
CARGO_PKG_AUTHORS: The Rust Playground
CARGO_PKG_DESCRIPTION:
CARGO_PKG_HOMEPAGE:
```

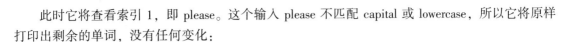

```
CARGO_PKG_LICENSE:
CARGO_PKG_LICENSE_FILE:
CARGO_PKG_NAME: playground
CARGO_PKG_REPOSITORY:
CARGO_PKG_VERSION: 0.0.1
CARGO_PKG_VERSION_MAJOR: 0
CARGO_PKG_VERSION_MINOR: 0
CARGO_PKG_VERSION_PATCH: 1
CARGO_PKG_VERSION_PRE:
DEBIAN_FRONTEND: noninteractive
HOME: /playground
HOSTNAME: 637927f45315
LD_LIBRARY_PATH: /playground/target/debug/build/libsqlite3-sys-
    7c00a5831fa0c673/out:/playground/target/debug/build/ring-
    c92344ea3efaac76/out:/playground/target/debug/deps:/playground/target/debug:/playgro
    und/.rustup/toolchains/stable-x86_64-unknown-linux-gnu/lib/rustlib/x86_64-unknow-
    nlinux-gnu/lib:/playground/.rustup/toolchains/stable-x86_64-unknown-linux-gnu/lib
PATH: /playground/.cargo/bin:/usr/local/sbin:/usr/local/bin:/usr/sbin:/usr/bin:/sbin:/bin
PLAYGROUND_EDITION: 2021
PLAYGROUND_TIMEOUT: 10
PWD: /playground
RUSTUP_HOME: /playground/.rustup
RUSTUP_TOOLCHAIN: stable-x86_64-unknown-linux-gnu
RUST_RECURSION_COUNT: 1
SHLVL: 1
SSL_CERT_DIR: /usr/lib/ssl/certs
SSL_CERT_FILE: /usr/lib/ssl/certs/ca-certificates.crt
USER: playground
_: /usr/bin/timeout
```

环境变量也可以在程序运行时使用 std::env::set_var()设置。

以下代码将为每个现有的键和值添加一个额外的键和值，只是在最后加上一个感叹号。

```
fn main(){
    for (mut key, mut value) in std::env::vars(){
        key.push('!');
        value.push('!');
        std::env::set_var(key, value);
    }
    for (key, value) in std::env::vars(){
        println!("{key}: {value}");
    }
}
```

输出将显示现在的环境变量是之前的两倍，其中一半的环境变量中到处都是感叹号。以下是部分输出：

```
CARGO!: /playground/.rustup/toolchains/stable-x86_64-unknown-linux-gnu/bin/cargo!
CARGO_HOME!: /playground/.cargo!
CARGO_MANIFEST_DIR!: /playground!
CARGO_PKG_AUTHORS!: The Rust Playground!
```

现在来看一个 set_var()的真实例子。

程序通常会将日志信息发送到外部服务，该服务以易于理解的格式显示数据。在 Rust 中，大多数日志记录使用 RUST_LOG 环境变量来跟踪日志的详细程度。4 个主要的日志级别是：

- DEBUG（详细信息）。
- INFO（一般信息）。
- WARN（需要注意的事情）。
- ERROR（实际错误）。

可以在像 env_logger 这样的 crates 中看到这些日志级别。

服务通常首先部署到开发环境，供开发人员测试。在这种情况下，RUST_LOG 将被设置为 DEBUG，并且信息将被发送到一个 url，如果服务被部署到生产环境，并且信息需要发送到不同的 url，那么 RUST_LOG 将被设置为 INFO。当服务启动时，它可以使用 var( )来检查日志级别，然后使用 set_var( )设置发送信息的 url。用于检查的代码非常简单：

```
use std::env;
const DEV_URL: &str = "www.somedevurl.com";
const PROD_URL: &str = "www.someprodurl.com";

fn main() {
    match std::env::var("RUST_LOG") {
        Ok(level) if level == "DEBUG" => {
            println!("Starting up Dev service");
            env::set_var("LOG_URL", DEV_URL);
        }
        Ok(_) => {
            println!("Starting up Prod service");
            env::set_var("LOG_URL", PROD_URL)
        }
        _ => {
            println!("RUST_LOG not set, defaulting to Debug level");
            env::set_var("LOG_URL", DEV_URL)
        }
    }
}
```

如果在 Playground 上运行，将看到这个输出，显示环境变量尚未设置。

```
RUST_LOG not set, defaulting to Debug level
```

你可能觉得这一部分并不是特别难。处理用户输入通常涉及更多关于你的软件如何工作的思考，不会有太多代码需要编写。当然，还有许多其他形式的用户输入。这本书的最后两章包括了处理即时用户输入（例如键盘按键），所以如果你想现在就了解，可以随意查看那些章节。

18.3 使用文件

在计算机上安装了 Rust 之后，现在可以开始处理文件了。你会看到很多 Result 相关的代码。这是有必要的，因为涉及文件操作时，很多事情都可能出错。文件可能根本不存在，也许计算机无法读取它，或者可能没有权限访问它。所有这些可能出错的情况使得在使用文件时 ? 运算符变得非常方便。

18.3.1 创建文件

让我们第一次尝试处理文件。std::fs 模块包含了处理文件的方法，并且有了 std::io::Write 特性的作用域，有了这个，我们可以使用 .write_all()方法向文件中写入数据。以下是一个简单的示例，它创建了一个文件并向其中写入了一些数据：

```
use std::fs;
use std::io::Write;

fn main()-> std::io::Result<()> {
    let mut file = fs::File::create("myfilename.txt")?;    #A
    file.write_all(b"Let's put this in the file")?;    #B
    Ok(())
}
```

#A 使用这个名称创建一个文件。注意如果已经有一个同名文件，它将被删除。

#B 文件使用字节，所以别忘了在前面加上 b。

如果单击生成的文件 myfilename.txt，可以看到我们放入文件中的文本 "Let's put this in the file"。然而，由于问号运算符的存在，甚至不需要使用两行来完成这个操作。如果操作成功，它会传递我们想要的结果，这有点像在迭代器上链式调用方法时一样。

```
use std::fs;
use std::io::Write;

fn main()-> std::io::Result<()> {
    fs::File::create("myfilename.txt")?.write_all(b"Let's put this in the file")?;
    Ok(())
}
```

实际上，还有一个函数同时完成了这两件事情，即 std::fs::write()。在它的内部，给出你想要的文件名，以及想要放入的内容。再次提醒，如果文件已经存在，它将删除该文件中的所有内容。它甚至允许你写入一个不带 b 的 &str，因为 write()接受任何实现了 AsRef<[u8]>的类型，而 str 实现了 AsRef<[u8]>：

```
pub fn write<P: AsRef<Path>, C: AsRef<[u8]>>(path: P, contents: C) -> Result<()>
```

这使其变得非常简单：

```
use std::fs;

fn main()-> std::io::Result<()> {
    fs::write("calvin_with_dad.txt",
"Calvin: Dad, how come old photographs are always black and white? Didn't they have color
      film back then?
Dad: Sure they did. In fact, those photographs are in color. It's just the world was black
      and white then.")?;
    Ok(())
}
```

18.3.2 打开现有文件

打开文件与创建文件一样简单。只需要使用 open()方法代替 create()即可。之后可以使用像 read_to_string()这样的方法将文件的内容读取到一个 String 中。看起来像这样：

```
use std::fs;
use std::fs::File;
use std::io::Read;//This is to use the function .read_to_string()

fn main()-> std::io::Result<()> {
    fs::write("calvin_with_dad.txt",
"Calvin: Dad, how come old photographs are always black and white? Didn't they have color
    film back then?
Dad: Sure they did. In fact, those photographs are in color. It's just the world was black
    and white then.")?;

    let mut calvin_file = File::open("calvin_with_dad.txt")?;    #A
    let mut calvin_string = String::new();    #B
    calvin_file.read_to_string(&mut calvin_string)?;    #C
    calvin_string.split_whitespace().for_each(|word| print!("{} ",
            word.to_uppercase()));    #D
    Ok(())
}
```

#A 打开刚刚创建的文件。

#B 这个 String 将保存文件的内容。

#C 使用 read_to_string 方法将文件内容读入到 String 中。

#D 作为示例将 String 转换为大写。

这将打印出：

```
CALVIN: DAD, HOW COME OLD PHOTOGRAPHS ARE ALWAYS BLACK AND WHITE? DIDN'T THEY HAVE COLOR
    FILM BACK THEN? DAD: SURE THEY DID. IN
FACT, THOSE PHOTOGRAPHS are IN COLOR. IT'S JUST THE WORLD WAS BLACK AND WHITE THEN.
```

18.3.3 使用 OpenOptions 处理文件

现在如果只想在没有同名的其他文件时创建一个文件呢？这将允许我们在尝试创建新文件时避免删除任何现有文件。std::fs 模块有一个名为 OpenOptions 的结构体，它允许我们执行这样的操作或者其他自定义行为。其实我们一直在使用 OpenOptions，甚至没有意识到它。File::open() 的源代码展示了 OpenOptions 结构体被用来打开一个文件：

```
pub fn open<P: AsRef<Path>>(path: P) -> io::Result<File> {
        OpenOptions::new().read(true).open(path.as_ref())
    }
```

看起来很熟悉！这就是在第 15 章中学到的构建者模式。同样的模式出现在 File::create() 方法内部：

```
pub fn create<P: AsRef<Path>>(path: P) -> io::Result<File> {
        OpenOptions::new().write(true).create(true).truncate(true).open(path.as_ref())
    }
```

OpenOptions 有很多方法来设置在处理文件时是否执行某些操作。如果访问 OpenOptions 的文档，可以看到所有这些方法。大多数方法接受一个布尔值：

- .append()：添加到已有的内容中，而非删除。

- .create( )：允许 OpenOptions 创建一个文件。
- .create_new( )：仅当文件不存在时才创建文件，否则失败。
- .read( )：如果想要能够读取文件，请设置为 true。
- .truncate( )：如果想在打开文件时将文件内容截断为 0（删除内容），请设置为 true。
- .write( )：允许写入文件。

在最后使用 .open( )方法并传入文件名，将返回一个 Result。

自从 Rust 1.58 版本开始，可以通过 File 的一个名为 options( )的方法直接访问这个 OpenOptions 结构体。在下一个示例中，将使用 File :: options( )创建一个 OpenOptions。然后赋予它写入的能力。之后设置 .create_new( )为 true，并尝试打开我们创建的文件。它不会工作：

```
use std::fs::{write, File};

fn main()-> std::io::Result<()> {
    write("calvin_with_dad.txt",
"Calvin: Dad, how come old photographs are always black and white? Didn't they have color
        film back then?
Dad: Sure they did. In fact, those photographs are in color. It's just the world was black
        and white then.")?;

    let calvin_file = File::options()
        .write(true)
        .create_new(true)
        .open("calvin_with_dad.txt")?;
    Ok(())
}
```

错误信息告诉我们文件已经存在，所以程序因为错误而退出。

```
Error: Os { code: 80, kind: AlreadyExists, message: "The file exists." }
```

接下来尝试使用 .append( )方法，这样就可以写入一个已存在的文件。这次还会使用 write! 宏，这是我们可用的另一个选项。之前在为我们的结构体实现 Display 特性时已经见过这个宏。

```
use std::fs::{read_to_string, write, File};
use std::io::Write;

fn main()-> std::io::Result<()> {
    write("calvin_with_dad.txt",
"Calvin: Dad, how come old photographs are always black and white? Didn't they have color
    film back then?
Dad: Sure they did. In fact, those photographs are in color. It's just the world was black
    and white then.")?;

    let mut calvin_file = File::options()
        .append(true)
        .read(true)
        .open("calvin_with_dad.txt")?;
    calvin_file.write_all(b"Calvin: Really? \n")?;
    write!(&mut calvin_file, "Dad: Yep. The world didn't turn color until sometime in the
        1930s...\n")?;
    println!("{}", read_to_string("calvin_with_dad.txt")?);
```

```
    Ok(())
}
```

多亏了追加功能，文件现在包含了 calvin 和他的爸爸之间更多的对话内容。

```
Calvin: Dad, how come old photographs are always black and white? Didn't they have color
        film back then?
Dad: Sure they did. In fact, those photographs are in color. It's just the world was black
        and white then.
Calvin: Really?
Dad: Yep. The world didn't turn color until sometimes in the 1930s...
```

最后，Rust 有一个方便的宏，叫作 include_str!，它可以在编译时将文件内容作为字符串字面量（&'static str）直接嵌入到编译生成的二进制文件里。如果找不到文件，程序将无法编译。下一个示例将简单地将 main.rs 的内容取出并打印出来：

```
fn main() {
    // Text, text, text
    let main = include_str!("main.rs");
    println!("Here's what main.rs looks like:\n\n{main}");
}
```

include_str! 宏提供了编译时检查，编译时读取文件内容，但它也会增加二进制文件的大小。例如将布拉姆·斯托克的《德古拉》的内容复制到一个文件中，使用 include_str!()，然后输入 cargo build，此时 target/debug 目录中的文件大小大约为 999 KB。如果使用 std::fs::read_to_string() 来代替，只能在运行时访问文件并处理错误。但文件大小应该会小得多，只有 166 KB。宏名称中的 include 部分就是指将文件内容包含在二进制产物内。

```
fn main() {
    let content = include_str!("dracula.txt"); //999 KB
    // let content = std::fs::read_to_string("dracula.txt").unwrap();//166 KB
}
```

打开和写入文件并不复杂，只需注意，在创建新文件时不要删除现有的文件。可以依靠 File::options() 帮助设置遇到同名文件时如何处理。

18.4 Cargo doc

无论代码来自标准库还是别人的外部 crate，Rust 的文档看起来几乎都是一样的。文档的左侧显示结构体和特性，代码示例在右侧，你找到的每个 crate 几乎都是如此。因为你可以通过输入 cargo doc 来自动生成文档。

即使是只包含一两个简单结构体的项目，也可以使用 cargo doc。例如这里有两个几乎不做任何事情的结构体。

```
pub struct DoesNothing {}
pub struct PrintThing {}

impl PrintThing {
    pub fn prints_something() {
```

```
        println!("I am printing something");
    }
}
```

仅有两个空结构体和一个方法，你可能会认为 cargo doc 只会生成结构体名称和一个方法。但是如果输入 cargo doc --open（--open 会在文档生成完成后，在浏览器中打开它），会看到比预期多得多的信息。首页看起来像这样，如下图所示。

如果单击其中一个结构体，它会显示很多你没想到且存在的特性。如果单击 DoesNothing 结构体，它会显示很多特性，尽管我们没有编写一行代码来实现它们。首先看到的是一些自动实现的特性：

```
Auto Trait Implementations
impl RefUnwindSafe for DoesNothing
impl Send for DoesNothing
impl Sync for DoesNothing
impl Unpin for DoesNothing
impl UnwindSafe for DoesNothing
```

接下来是一些通用实现（blanket implementations），我们在上一章中学习过这些内容。

```
Blanket Implementations
impl<T> Any for T where T: 'static + ? Sized,
impl<T> Borrow<T> for T where T: ? Sized,
impl<T> BorrowMut<T> for T where T: ? Sized,
impl<T> From<T> for T
impl<T, U> Into<U> for T where U: From<T>,
impl<T, U> TryFrom<U> for T where U: Into<T>,
impl<T, U> TryInto<U> for T where U: TryFrom<T>
```

如果使用 /// 添加一些文档注释，可以在输入 cargo doc 时看到它们。以下是同一代码，在每个结构体和方法上方添加了一些注释。

```
/// This is a struct that does nothing
pub struct DoesNothing {}

/// This struct only has one method.
pub struct PrintThing {}
```

```
impl PrintThing {
    /// This function just prints a message.
    pub fn prints_something() {
        println! ("I am printing something");
    }
}
```

这些注释现在将显示在文档中，如下图所示。

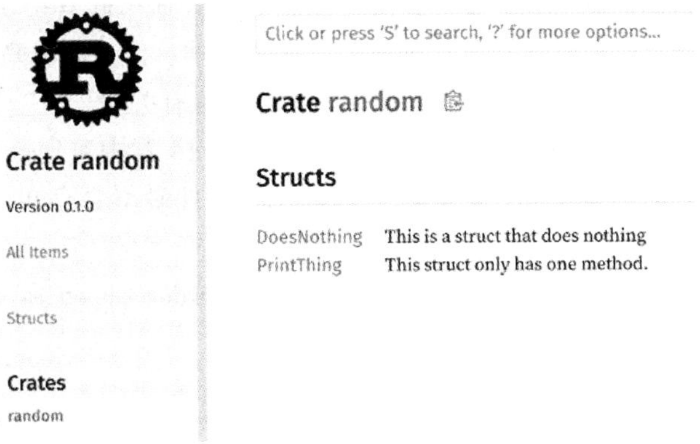

当单击 PrintThing 时，它还会显示这个结构体的方法，如下图所示。

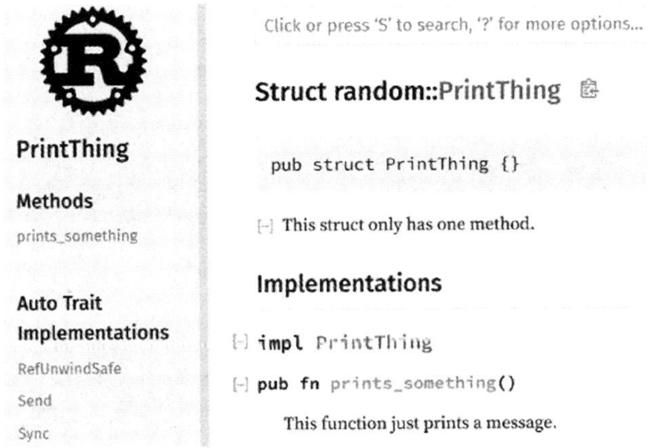

Cargo 文档在处理大量外部代码时很方便。因为这些 crates 分布在不同的网站上，搜索它们可能需要一些时间。但是如果使用 Cargo doc，可以将它们全部同步到自己的硬盘上。如果不想为所有外部代码生成文档，可以传入一个 --no-deps，这样它只编译你的代码。

Cargo 是 Rust 语言受欢迎的主要原因之一，在本章之后，你可能就会明白为什么了。它允许你开始一个项目，构建代码、文档化它、检查它、添加外部 crates，以及更多。现在安装了 Rust 和 Cargo，我们还能够首次接收用户输入和命令行参数，并处理文件。

安装了 Rust 之后，也可以开始学习 HTTP 请求，在下一章中，将使用上一章看到的 reqwest crate 来实现这一点。我们不仅将学习这个 crate 如何工作，而且还将首次介绍异步 Rust：在进行一些工作时不会阻塞线程。我们还将学习如何使用特性标志仅引入外部 crate 的一部分，从而缩短编译时间。

18.5 总结

- 在构建代码时使用 cargo check 检查是否可以编译，并使用 cargo run 来测试它。除非使用 --release 标志构建，否则它不会针对速度进行优化！
- 如果你好奇代码是否正在被优化，可以尝试在不同的优化级别上使用 Godbolt。即使不懂汇编语言，也可以大致了解在更底层发生了什么。
- 在处理用户输入时，对 String 进行调试打印能更深入地了解将会提供更多关于实际传入的输入内容是什么。而常规的显示输出看起来更简洁，但可能会隐藏一些重要信息。
- Args 是通过命令行传入的参数，而 Vars 是与整体配置有关的环境变量。一个参数的例子是 Cargo doc 的 --open，而环境变量的例子是我们在第 14 章中看到的 RUST_BACKTRACE。
- 在处理文件时务必格外小心，除非确定在创建新文件时不会有文件被无意中删除，否则请使用 File::options()。
- 如果你正在为其他人编写开源代码，推荐使用 cargo doc --open 命令。这将立即展示你的代码文档对于读者是否完善。

第 19 章　更多crate和异步Rust

本章涵盖了以下内容：

- 另一个外部 crate：reqwest。
- 特性标志：只编译 crate 的一部分。
- 异步 Rust：不阻塞的代码。

在本章中，我们终于要开始使用 reqwest crate 了。之所以把它放到 crate 之后学习，是因为 reqwest crate 是我们遇到的第一个涉及异步 Rust 的 crate。

同时还将学习关于特性标志的知识，特性标志用于允许你只引入外部 crate 的一部分，从而帮助减少编译时间。

19.1 reqwest crate

回到第 17 章中，我们有一个代码示例，其中在一个结构体中包含了一个来自 reqwest crate 的 Client。当时没有使用它，因为 Rust Playground 不允许发起 HTTP 请求。代码看起来像这样：

```
use reqwest::Client;

struct Logger {
    logs: Vec<Log>,
    url: String,
    client: Client,
}
```

让我们进一步简化这个代码，去掉 Logger 结构体，只创建一个 Client。代码非常简单：

```
use reqwest::Client;

fn main() {
    let client = Client::default();
}
```

创建 client 很简单。那么如何使用它呢？可以使用我们的客户端来 .post( ) 数据，.get( ) 数据，.delete( ) 数据等。最简单的方法是使用 .get( )。通过这个方法，可以直接请求服务器提供网站的 html，或者从服务器获取 JSON 格式的响应。.get( ) 方法非常简单：

```
pub fn get<U: IntoUrl>(&self, url: U) -> RequestBuilder
```

这个 IntoUrl 特性是 reqwest crate 创建的，而不是标准库，所以不需要记住它。从名字上不难猜测，IntoUrl 可以让某类型转为 URL，它为 &str 和 String 都实现了。换句话说，我们可以直接使用 .get( )并在其中插入一个网站 URL。.get( )方法返回给我们一个 RequestBuilder，这个结构体有许多配置方法，如 .timeout( )、.body( )、.headers( )。但其中有一个叫作 .send( )，由于我们不需要特别配置任何东西，所以这个方法就是我们想要使用的：

```
use reqwest::Client;

fn main() {
    let client = Client::default();
    client.get("https://www.rust-lang.org").send();
}
```

编译后得到了一个错误：

```
no method named `unwrap` found for opaque type `impl Future<Output = Result<Response,
        reqwest::Error>>` in the current scope
 --> src\main.rs:5:52
  |
5 |    client.get("https://www.rust-lang.org").send().unwrap();
  |                                                   ^^^^^^ method not found in `impl
      Future<Output = Result<Response, reqwest::Error>>`
  |
help: consider `await`ing on the `Future` and calling the method on its `Output`
  |
5 |    client.get("https://www.rust-lang.org").send().await.unwrap();
  |                                                   ++++++
  It seems to be returning a type called impl Future<Output = Result<Response,reqwest::
Error>>! The Future trait is used in async Rust, which we haven't learned yet. We'll learn
about this return type in the next section and see what Future and async mean. But in the
meantime, let's go back to the main page of reqwest and see if it can help. On the page we see
the following information:
  The reqwest::Client is asynchronous. For applications wishing to only make a few HTTP
requests, the reqwest::blocking API may be more convenient.
```

看起来有一个所谓的“阻塞”client，它不是异步的。我们还没有学习异步，所以先用阻塞 client 继续尝试。阻塞 client 可以在 reqwest::blocking::Client 找到，下面来试一下。

这里的消息已经给了关于异步是什么的线索，因为我们已经看到过“blocking”这个词，它“获取一个互斥锁，阻塞当前线程直到能够这样做为止。”我们可以合理地假设阻塞意味着阻塞当前线程。如果常规的 Rust 是阻塞的（操作会阻塞线程直到它们完成），那么异步 Rust 必须是非阻塞的（它们不会阻塞线程）。关于这一点我们稍后再讨论。现在尝试一下阻塞式的 Client：

```
// ⚠
fn main() {
    let client = reqwest::blocking::Client::default();
    client.get("https://www.rust-lang.org").send();
}
```

这是怎么回事，又是一个错误！

```
error[E0433]: failed to resolve: could not find `blocking` in `reqwest`
--> src\main.rs:2:37
```

```
  |
2 |    let client = reqwest::blocking::Client::default();
  |                                    ^^^^^^ not found in `reqwest::blocking`
  |
help: consider importing this struct
  |
1 |use reqwest::Client;
  |
help: if you import `Client`, refer to it directly
  |
2 -    let client = reqwest::blocking::Client::default();
2 +    let client = Client::default();
  |
```

很奇怪，阻塞式 client 明明在文档中有写，为什么编译器找不到呢？

为了找出原因，我们先学习一下什么是特性标志。

19.2 特性标志

Rust 代码有时需要一段时间来编译。为了尽可能减少这种情况，许多 crate 使用了一种称为特性标志的东西，它允许你只编译 crate 的一部分。使用标志的 crate 默认启用了一些代码，如果想要使用其他功能，那么必须在 Cargo.toml 中指定它们。

在 Playground 中我们不需要这样做，因为 Playground 为每个 crate 启用了所有特性。但在自己的项目中，我们不想花时间编译不会使用的东西，所以需要选择启用哪些特性。

这就是上一节中出现问题的地方：就 Rust 而言，如果一个特性标志没有启用，那么那段代码就不存在。当试图创建一个阻塞式 Client 时，实际上没有代码供编译器查看，这就是为什么没有出现一个友好的错误消息建议我们启用特性标志。因为编译器要想给出一个友好的错误消息，首先需要拉入代码，而如果它拉入了代码，那么特性标志就必须是启用的。

代码会增加编译时间，这是谁都不希望看到的。最终结果是，Rust 用户有时需要直接查看源代码，以确定一个特性是否被隐藏在特性标志后面。

让我们再次尝试使用命令 cargo add reqwest。这个命令会添加 reqwest crate，并且还会显示哪些特性被启用。默认启用的特性在左侧有一个 +，而未启用的特性则有一个 -。其中有一个叫作 blocking：

```
Adding reqwest v0.11.18 to dependencies.
        Features:
        + __tls
        + default-tls
        + hyper-tls
        + native-tls-crate
        + tokio-native-tls
        - __internal_proxy_sys_no_cache
        - __rustls
        - async-compression
        - blocking
        - brotli
```

```
- cookie_crate
- cookie_store
- cookies
- deflate
- gzip
- hyper-rustls
- json
- mime_guess
- multipart
- native-tls
- native-tls-alpn
- native-tls-vendored
- proc-macro-hack
- rustls
- rustls-native-certs
- rustls-pemfile
- rustls-tls
- rustls-tls-manual-roots
- rustls-tls-native-roots
- rustls-tls-webpki-roots
- serde_json
- socks
- stream
- tokio-rustls
- tokio-socks
- tokio-util
- trust-dns
- trust-dns-resolver
- webpki-roots
```

现在可以明白为什么大多数特性不是默认启用的了。我们只想发起一个简单的 HTTP 请求，当然不希望引入关于 cookies、gzip、cookie_store、socks 等的代码。

要在文档中查看特性标志，请单击顶部靠近中间的“Feature flags”按钮。

```
reqwest
This version has 42 feature flags, 5 of them enabled by default.

default:
default-tls

default-tls:
hyper-tls
native-tls-crate
__tls
tokio-native-tls
... (and many others)
```

它有一个名为 default-tls 的标志，这个标志启用了其他 4 个标志。但要如何获得阻塞式的 Client 呢？使用 cargo add 的话就很简单。将 cargo add reqwest 改为 cargo add reqwest --feature blocking 就可以看到了。

或者可以在 Cargo.toml 文件中手动将其更改为如下内容：

```
reqwest = "0.11.11"
```

对于：

```
reqwest = { version = "0.11.22", features = ["blocking"] }
```

除了查阅文档之外，还可以通过检查源代码中的属性 #[cfg(feature = "feature_name")] 来确定一个特性是否被一个特性标志所控制。通常可以在 crate 的 lib.rs 文件中找到这个属性，那里是模块声明的地方。这个来自 reqwest crate 的示例展示了阻塞特性被特性标志隐藏的确切位置：

```
async_impl;
cfg(feature = "blocking")]
mod blocking;
connect;
cfg(feature = "cookies")]
mod cookie;
mod dns;
proxy;
mod redirect;
cfg(feature = "__tls")]
mod tls;
util;
```

简而言之，如果 Rust 完全找不到某样东西，检查一下是否有对应的特性标志。

掌握了这个知识后，可以回到阻塞式的 Client。特性启用后，这段代码就不再报错了：

```
fn main(){
    let client = reqwest::blocking::Client::default();
    client.get("https://www.rust-lang.org").send();
}
```

编译器警告我们有一个 Result 没有使用。现在先解包（unwrap）。这给了我们一个名为 Response 的结构体：对 .get( ) 的响应。这个 Response 结构体也有自己的方法，如 .status( ) 和 .content_length( ) 等，但我们感兴趣的是 .text( )：它只返回一个 Result<String>。让我们解包它并打印出来：

```
fn main(){
    let client = reqwest::blocking::Client::default();
    let response = client.get("https://www.rust-lang.org").send().unwrap();
    println!("{}", response.text().unwrap());
}
```

输出了以下内容：

```
<!doctype html>
<html lang="en-US">
  <head>
    <meta charset="utf-8">
    <title>

          Rust Programming Language

      </title>
```

```
<meta name="viewport" content="width=device-width,initial-scale=1.0">
<meta name="description" content="A language empowering everyone to build reliable and
    efficient software.">
```

这里只展示开头部分，实际输出了整个主页的文本。

通过查看 reqwest crate 的文档可以获得更多可用的方法。如果想要以 json 格式发布某些内容，可以在这里使用一个名为 .json( ) 的方法。

```
Available on crate feature json only.
```

然而 reqwest 上的 Client 默认是异步的，所以看起来是时候学习异步是什么了。

19.3 异步 Rust

常规的 Rust 代码在等待时会阻塞它所在的线程。异步 Rust 与常规 Rust 代码相反，因为它不会阻塞。reqwest 包是为什么经常使用异步 Rust 的完美例子：如果发送一个 get 或 post 请求，但它需要很长时间才能响应怎么办？Rust 代码非常快，如果必须等待某个服务器响应，那么就无法完全享受到 Rust 提供的速度优势。解决这个问题的一个方法就是使用异步，即允许代码的其他部分在等待时处理其他任务。让我们看看这是如何实现的。

19.3.1 异步基础

异步 Rust 是通过一个名为 Future 的 trait 实现的（一些语言有类似的东西，称为“promise”，但底层的结构是不同的）。Future trait 的命名非常贴切，因为它指的是将来某个时刻可用的值。这个“未来”可能只有 1 微秒，也可能有 10 秒。

Future trait 有点像 Option。如果一个 Future 已经准备好（Ready），那么它内部会有一个值，如果它还是挂起的（Pending，即未准备好），那么就没有值可以访问。

```
pub enum Poll<T> {
    Ready(T),
    Pending,
}
```

以下是这个 trait 的签名：

```
pub trait Future {
    type Output;
    fn poll(self: Pin<&mut Self>, cx: &mut Context<'_>) -> Poll<Self::Output>;
}
```

Pin 用于将内存固定在原地。但是深入理解 Pin 并不是在 Rust 中使用异步的必要条件，所以如果不是特别好奇，可以暂时忽略它。

重要的是，有一个关联类型叫作 Output，并且异步中的主要方法叫作 poll，就是检查是否准备好了。

在异步中首先会注意到的第一个大区别是，函数以 async fn 开头，而不是 fn。然而有趣的是，返回类型看起来却是相同的！

```
fn give_8()-> u8 {
    8
```

```
}

async fn async_give_8()-> u8 {
    8
}
```

两个函数都返回一个 u8，但方式不同。fn 函数立即返回一个，但 async fn 返回的是将来的某个时刻会是一个 u8 的东西，也许它会立即完成，也许不会。由于它是异步的，如果它还没有完成，那么你的代码可以在等待的时候做其他工作。

Rust 实际上在这里隐藏了一些东西。一个 async_give_8( )-> u8 并不是真的只返回一个 u8。下面通过一个不存在的方法，让编译器报错来看看返回的类型：

```
async fn async_give_8()-> u8 {
    8
}

fn main(){
    let y = async_give_8();//gets the output from async_give_8
    y.thoethoe(); //Makes up a method that doesn't exist to see the error
}
```

这是错误信息：

```
error[E0599]: no method named `thoethoe` found for opaque type `impl Future<Output = u8>`
        in the current scope
  --> src/main.rs:12:7
   |
12|    y.thoethoe();
   |      ^^^^^^^^ method not found in `impl Future<Output = u8>`
```

所以这就是类型。它不是一个 u8，而是一个 impl Future<Output = u8>！这是 Rust 从我们这里隐藏的实际类型签名。异步 Rust 的开发者们认为这比让人们一直输入 impl Future<Output = u8> 要好。

19.3.2 检查 Future 是否准备好

现在来说说 poll 方法。Poll 的意思是询问一个 Future 是否准备好了，如果还没有准备好，稍后再回来检查。在 Rust 中轮询 Future 的主要方式是添加 .await 关键字，它会让异步运行时来处理轮询（下一节将详细介绍什么是异步运行时）。每次轮询 Future 时，它都会返回以下两种情况之一：

- Poll :: Pending（如果它还没有准备好）。
- Poll :: Ready（val）（如果它已经准备好了）。

这部分看起来像是 Option：

- 如果没有结果，Option 有 None，而如果 Future 还没有准备好，poll 有 Pending。None 不持有值，Pending 也不持有值。
- 如果有结果，Option 有 Some（T），而如果 Future 准备好了，poll 有 Ready（T）。Some 持有一个值，Pending 也是如此。

我们将添加 .await 来尝试将这个 impl Future<Output = u8>转换成一个实际的 u8。函数内部没有复杂的代码，poll 应该会立即解析。

```
async fn async_give_8()-> u8 {
    8
}

fn main(){
    let some_number = async_give_8().await;
}
```

还是不行，原因如下：

```
error[E0728]: `await` is only allowed inside `async` functions and blocks
  --> src/main.rs:6:37
   |
5  | fn main(){
   |    ---- this is not `async`
6  |    let some_number = async_give_8().await;
   |                                      ^^^^^^ only allowed inside `async` functions and
      blocks
```

.await 只能在带有 async 关键字的函数或块内部使用。既然我们试图在 main 中使用 .await，而 main 是一个函数，那么 main 也应该是一个 async fn。再试一次，将 fn main()改为 async fn main()

```
error[E0752]: `main` function is not allowed to be `async`
 --> src/main.rs:5:1
  |
5 | async fn main(){
  | ^^^^^^^^^^^^^^^ `main` function is not allowed to be `async`
```

这到底是怎么回事？

因为 main 只能返回 ( ) 、Result 或 ExitStatus。但是 async fn 返回的是一个 Future，这并不是那三种返回类型之一。此外，如果 main 返回一个 Future，那是不是意味着必须有其他东西来对这个 Future 执行 .await？

还记得 .await 是如何轮询一个 Future 的吧，如果还没准备好，就稍后回来再次询问吗？谁来决定这个？这两个问题的答案都是：你需要一个异步运行时，来处理所有这些事情。Rust 没有官方的异步运行时，但截至 2023 年，几乎所有的东西都使用一个名为 tokio 的 crate。它不是官方的运行时，但大家都用它，可以被认为是 Rust 的默认异步运行时。

19.3.3 使用异步运行时

在这番解释之后，幸运的是解决方案相当简单：可以通过在 main 上方添加 #[tokio::main] 来使 main 成为异步的。只需这样做，代码就会工作：

```
use tokio;

async fn async_give_8()-> u8 {
    8
}

#[tokio::main]     #A
async fn main(){
    let some_number = async_give_8().await;
}
```

#A 这个在 Playground 上自动工作，而在你的计算机上，需要启用两个特性标志："macros"引入 main 上方的宏，"rt-multi-thread" 启用 Tokio 的多线程运行时。将它们一起添加到 Cargo. toml 中才能使代码编译通过：tokio = { version = "1.30.0", features = ["macros", "rt-multi-thread"] }

现在 some_number 成为一个普通的 u8，并且程序结束。

异步如何工作而无须轮询 main 呢？Tokio 通过在 main 里面不可见地创建一个作用域来实现这一点，在其中它完成所有的异步工作。完成之后，它退出并返回到常规的 main 函数，程序也随之退出。

实际上，可以在 Playground 中通过单击 Tools -> Expand macros 来看到这一点。让我们看看这个 async fn main()实际上是什么！使用几乎相同的代码，只是添加一个 .await 并打印出结果：

```
use tokio;

async fn async_give_8()-> u8 {
    8
}

#[tokio::main]
async fn main() {
    let some_number = async_give_8().await;
    let second_number = async_give_8().await;
    println!("{some_number}, {second_number}");
}
```

现在这里是扩展后的代码（已移除无关部分）：

```
use tokio;

async fn async_give_8()-> u8 {
    8
}

fn main() {     #A
    let body = async {     #B
        let some_number = async_give_8().await;
        let second_number = async_give_8().await;
        {
            ::std::io::_print(format_args!("{0}, {1}\n", some_number, second_number));
        };
    };

    {
        return tokio::runtime::Builder::new_multi_thread()     #C
            .enable_all()
            .build()
            .expect("Failed building the Runtime")
            .block_on(body);     #D
    }
}
```

#A -这里 async fn 实际上只是一个普通的 fn main()。就 Rust 而言，main()函数根本不是

异步的。

#B 所有东西被包含在一个名为 body 的大 async 块内。可以在里面使用 . await 关键字。

#C 现在 Tokio 运行时启动了。它使用构建器模式来设置一些配置。

#D 最后是关键部分：一个名为 block_ on( )的方法。Tokio 实际上只是在阻塞，直到所有的事情解决完毕！

所以归根结底，一个 async fn main( )只是一个普通的 fn main( )，Tokio 通过阻塞直到其中的所有内容运行完成后来管理它。当它完成后，返回 async 块的输出，fn main( )和整个程序也就完成了。

在开始使用异步时，以下是主要的要点：

- 需要在一个 async fn 或 async 块内部才能使用 .await 关键字。
- 输入 .await 将输出转换回具体的类型（不需要手动使用 poll 方法）。
- 需要一个运行时来管理轮询，需要添加 #[tokio::main]。
- 常规函数不能等待异步函数，所以如果有一个常规函数需要调用一个异步函数，它也会变成异步。所以一旦开始使用异步，会看到很多其他函数也会变成异步。
- 异步函数可以调用常规函数。但请记住，常规函数会阻塞线程，直到它们完成。

知道了这些，我们再次尝试使用 reqwest。这次终于使用了默认的异步客户端。现在变得相当简单：

```
use reqwest;
use tokio;

#[tokio::main]
async fn main() {
    let client = reqwest::Client::default();
    let response = client
        .get("https://www.rust-lang.org")
        .send()
        .await
        .unwrap();
    println!("{}", response.text().await.unwrap());
}
```

看出区别了吗？每个异步函数后面都有一个 .await。在这里只是简单地解包，但在实际的代码中，你会想要正确地处理错误，这通常意味着使用 ? 运算符。这就是为什么在异步代码中到处都能看到 .await?。

19.3.4 关于异步 Rust 的其他一些细节

可能已经注意到，到目前为止还没有真正以异步的方式使用异步 Rust。我们的代码只是使用了 .await 来（在移动到下一行之前）解析值。从技术上讲，这没有问题，因为代码仍然可以编译并且运行得很好。但为了利用异步 Rust，需要设置代码，以同时轮询多个 Futures。实现这一点的方法之一是使用 join! 宏。

首先看一个不使用这个宏的例子。我们将创建一个函数，使用 rand 来等待一段时间，然后返回一个 u8。在 Tokio 内部有一个名为 sleep( )的异步函数，它导致非阻塞的休眠，在这种情况下是在 1~100 毫秒（我们将在异步部分之后的下一节学习关于 sleep( )和 Duration 的内容）。休眠结束后，它会给出一个数字。然后将得到三个数字，看看得到它们的顺序是什么。

```
use rand::*;

async fn wait_and_give_u8(num: u8) -> u8 {
    let mut rng = rand::thread_rng();
    let wait_time = rng.gen_range(1..100);
    tokio::time::sleep(std::time::Duration::from_millis(wait_time)).await;     #A
    println!("Got a number! {num}");
    num
}

#[tokio::main]
async fn main() {
    let num1 = wait_and_give_u8(1).await;
    let num2 = wait_and_give_u8(2).await;
    let num3 = wait_and_give_u8(3).await;

    println!("{num1}, {num2}, {num3}");
}
```

#A 这个函数依赖于另一个名为 "time" 的特性标志，如果在计算机上运行这段代码，需要将这个特性标志添加到 Cargo.toml 中。

当运行这个时，结果是相同的：

```
Got a number! 1
Got a number! 2
Got a number! 3
1, 2, 3
```

所以我们等待一个值，得到它，然后调用下一个函数，等待它，以此类推。它总是先 1，然后 2，然后 3。

现在稍微改变一下，将它们连接起来。不是在每个上面使用 .await，我们将使用 join 来同时轮询它们。将代码改为如下：

```
use rand::*;
use tokio::join;
use std::time::Duration;

async fn wait_and_give_u8(num: u8) -> u8 {
    let mut rng = rand::thread_rng();
    let wait_time = rng.gen_range(1..100);
    tokio::time::sleep(Duration::from_millis(wait_time)).await;
    println!("Got a number! {num}");
    num
}

#[tokio::main]
async fn main(){

    let nums = join!(
        wait_and_give_u8(1),
```

```
        wait_and_give_u8(2),
        wait_and_give_u8(3)
    );

    println!("{nums:?}");
}
```

在这里，数字（在 nums 变量内部）也总会是（1，2，3），但是 println! 向我们展示了现在它是以异步方式轮询。有时它会打印出这样的内容：

```
Got a number! 1
Got a number! 2
Got a number! 3
(1, 2, 3)
```

有时它可能会打印出这样的内容：

```
Got a number! 1
Got a number! 3
Got a number! 2
(1, 2, 3)
```

这是因为每次函数等待的时间长度是随机的，其中一个可能会在另一个之前完成，并且一旦它们完成，就会打印出数字，轮询也就结束了。如果想要尽可能从异步代码中获得最快的速度，就应该使用这个 join! 。

在使用异步代码时，你可能想要做的不仅仅是使用 .await 和 join! 宏。如果有多个函数想要同时轮询，并且只取第一个完成的那个，此时可以使用一个名为 select! 的宏来实现。看起来像这样：

```
name_of_variable = future => handle_variable
```

首先为你正在轮询的 Future 分配一个名称，然后添加一个 =>并决定如何处理输出。这在轮询不返回相同类型的 Futures 时尤其有用，因为你可以修改输出以返回相同的类型，这将允许代码编译通过。

通过一个例子来理解这个概念。我们将同时轮询 4 个 Futures。其中 3 个会休眠一段相近的时间，所以输出会根据哪一个首先完成而有所不同。第 4 个 Future 没有名称，只是在 100 毫秒过去后返回，表示超时。尝试改变休眠时间以查看不同的结果，比如降低超时持续时间。

```
use tokio::select;
use std::time::Duration;

async fn sleep_then_string(sleep_time: u64) -> String {     #A
    sleep(Duration::from_millis(sleep_time)).await;
    format!("Slept for {sleep_time} millis!")
}

async fn sleep_then_num(sleep_time: u64) -> u64 {     #B
    tokio::time::sleep(Duration::from_millis(sleep_time)).await;
    sleep_time
}

#[tokio::main]
```

```
async fn main(){

    let num = select!(    #C
        first = sleep_then_string(10) => first,
        second = sleep_then_string(11) => second,
        third = sleep_then_num(12) => format!("Slept for {third} millis!"),    #D
        _ = tokio::time::sleep(Duration::from_millis(100)) => format!("Timed out after 100
      millis!")    #E
    );

    println!("{num}");
}
```

#A 这个异步函数休眠后返回一个 String。

#B 这个异步函数休眠后返回一个 u64。

#C 在这个 select! 中的前三个 Futures 休眠的时间几乎相同，不确定哪一个会首先返回。

#D 变量 num 必须是一个 String，所以不能直接在这里传递变量 third。但是通过快速使用 format!，它现在也是一个 String。

#E 最后在 select 中添加一个超时。如果在前 100 毫秒内前三个都没有返回，那么 select 将以一个超时消息结束。

还有许多其他类似的宏，例如 try_join!，它会在所有 Futures 成功时加入，如果其中一个 Future 失败，则返回一个 Err。以下是 try_join! 宏的一个小示例：

```
use tokio::try_join;

async fn wait_and_give_u8(num: u8, worked: bool) -> Result<u8, &'static str> {
    if worked {
        Ok(num)
    } else {
        Err("Oops, didn't work")
    }
}

#[tokio::main]
async fn main(){

    let failed_join = try_join!(
        wait_and_give_u8(1, true),
        wait_and_give_u8(2, false),
        wait_and_give_u8(3, true)
    );

    let successful_join = try_join!(
        wait_and_give_u8(1, true),
        wait_and_give_u8(2, true),
        wait_and_give_u8(3, true)
    );

    println!("{failed_join:?}");
```

```
    println!("{successful_join:?}");
}
```

这个输出的结果是：

```
Err("Oops, didn't work")
Ok((1, 2, 3))
```

Rust 异步是一个庞大的主题，但希望你能够初步掌握。Rust 中的异步生态系统仍然相对较新，因此很多功能都发生在外部 crate 中（主要的一个是 futures64 crate）。futures_concurrency crate 是另一个方便的 crate，它包含了处理 futures 的连接、链式调用、合并、拉链和其他方法的 traits。当然，tokio crate 充满了处理异步代码的方法。

异步生态系统的很多部分正在慢慢迁移到标准库中。例如 futures crate 中的 Stream trait 在 2022 年作为实验性的 AsyncIteratortrait 出现在标准库中。另一个例子是 async_trait crate，它包含一个宏，允许 traits 是异步的，而相关工作在 2023 年继续进行，以实现不需要外部 crate 的异步 traits。所以当阅读这本书的时候，一些异步外部 crate 中的宏或 traits 可能已经包含在标准库中了！

有了这个对异步 Rust 的介绍，我们可以稍微放松一下，接下来的两章将快速游览标准库。有很多模块和一些我们还没遇到过的类型。

19.4 总结

- 如果编译器无法找到类型，请检查你是否需要启用一个特性标志来支持它。
- 关于异步，最重要的是异步不会阻塞线程。常规函数会阻塞它们。
- 异步函数只是返回一个 Future，它本身不会做任何事情。你必须 .await 它才能得到一些实际可用的输出。
- 有许多处理多个 Futures 的方法。可以将它们一起 join!，或者使用 select! 让它们相互竞争，取第一个完成的。
- 在异步生态系统中，很多这样的功能可以在外部 crate 中找到。这些通常作为测试新功能的过渡场所，以便稳定并将它们添加到标准库中。

第 20 章　标准库之旅

本章涵盖了以下内容：

- 复习和更深入地了解已经知道的类型，如数组、字符、布尔值、数值类型、Vec 和 String。
- 关联常量。
- Rust 中三个关联项的总结。
- 最近添加的函数，如 from_fn 和 then_some。
- 之前未见过的一些类型，如 OsString 和 CString。

你几乎快读完了这本书，只剩下 5 个章节。在本章和下一章中，我们现在要放松一下，进行一次标准库的游览，包括对我们已经了解的一些类型的进一步详细介绍。随着你继续使用 Rust，肯定会遇到这些模块和方法，所以现在不妨学习它们。本章中的内容都不难学，每一小节介绍一种类型。

20.1 数组

Rust 的数组随着升级正变得越来越好用，正如我们在关于常量泛型的章节中看到的那样。还有一些其他的变化，我们现在来看看。

20.1.1 数组现在实现了迭代器

在过去（Rust 1.53 之前），数组没有实现 Iterator，在 for 循环中需要使用像 .iter( ) 这样的方法。(另一种方法是在 for 循环中使用 & 来获取一个切片)。所以以下代码在过去是无法工作的：

```
fn main() {
    let my_cities = ["Beirut", "Tel Aviv", "Nicosia"];

    for city in my_cities {
        println!("{}", city);
    }
}
```

编译器过去会给出以下信息：

```
error[E0277]: `[&str; 3]` is not an iterator
 --> src\main.rs:5:17
```

```
   |
   |                ^^^^^^^^^ borrow the array with `&` or call `.iter()` on it to iterate
   over it
```

现在已经不是问题了。如果看到任何旧的 Rust 教程提到数组不能用作迭代器，只需记住这已经不再适用即可。所以以下这三者都可以工作：

```
fn main(){
    let my_cities = ["Beirut", "Tel Aviv", "Nicosia"];

    for city in my_cities {
        println! ("{city}");
    }
    for city in &my_cities {
        println! ("{city}");
    }
    for city in my_cities.iter(){
        println! ("{city}");
    }
}
```

这将打印出：

```
Beirut
Tel Aviv
Nicosia
Beirut
Tel Aviv
Nicosia
Beirut
Tel Aviv
Nicosia
```

20.1.2 解构和映射数组

解构也适用于数组。要从数组中提取变量，可以将它们的名称放在 [ ] 中以解构它，就像在元组或命名结构体中一样。这和使用 match 语句中的元组或者从结构体中获取变量是一样的。

```
fn main(){
    let my_cities = ["Beirut", "Tel Aviv", "Nicosia"];
    let [city1, _city2, _city3] = my_cities;
    println! ("{city1}");
}
```

这将打印出 Beirut。

以下是一个更复杂的解构示例，它提取了一个数组中的第一个和最后一个变量：

```
fn main(){
    let my_cities = [
        "Beirut", "Tel Aviv", "Calgary", "Nicosia", "Seoul", "Kurume",
    ];
    let [first, .., last] = my_cities;
    println! ("{first}, {last}");
}
```

这次输出将是 Beirut，Kurume。

数组也有一个 .map( ) 方法，它允许返回一个相同大小但类型不同的数组（或者如果你愿意，也可以是相同类型的数组）。它类似于迭代器的 .map( ) 方法，只不过不需要调用 .collect( )，因为它已经知道数组的长度和类型。以下是一个示例：

```
fn main(){
    let int_array = [1, 5, 9, 13, 17, 21, 25, 29];
    let string_array = int_array.map(|i| i.to_string());
    println!("{int_array:?}");
    println!("{string_array:?}");
}
```

输出结果并不意外，请注意，原始数组并没有被破坏：

```
[1, 5, 9, 13, 17, 21, 25, 29]
["1", "5", "9", "13", "17", "21", "25", "29"]
```

下面是一个更有趣的例子。我们将创建一个 Hours 枚举，它实现了 From<u32>，用来确定一个小时是工作时间、非工作时间，还是错误（一个小时大于 24）。

```
#[derive(Debug)]
enum Hours {
    Working(u32),
    NotWorking(u32),
    Error(u32),
}

impl From<u32> for Hours {
    fn from(value: u32) -> Self {
        match value {
            hour if (8..17).contains(&hour) => Hours::Working(value),      #A
            hour if (0..=24).contains(&hour) => Hours::NotWorking(value),    #B
            wrong_hour => Hours::Error(wrong_hour),
        }
    }
}

fn main(){
    let int_array = [1, 5, 9, 13, 17, 21, 25, 29];
    let hours_array = int_array.map(Hours::from);
    println!("{hours_array:?}");
}
```

#A 我们将使用一个开区间闭合（直到但不包括 17），因为如果你工作到下午 5 点，这时候你已经回家而不是在工作了。

#B 对于其余的数字，将使用闭区间闭合。我们已经检查了工作时间，所以可以安全地匹配 0~24 的任何时间。

以下是输出结果：

```
[NotWorking(1), NotWorking(5), Working(9), Working(13), NotWorking(17), NotWorking(21),
    Error(25), Error(29)]
```

了解这个 .map( ) 方法将在下一个方法 from_fn( ) 中派上用场。

20.1.3 使用 from_fn 创建数组

from_fn( )方法是在 2022 年夏季与 Rust 1.63 版本一起发布的，相对较新，它允许你现场构建一个数组。from_fn( )方法是与以下代码示例一起引入的。如果现在你觉得它不是很有意义，不用担心，因为很多人第一次看到它时也有同样的感觉。

```
fn main() {
    let array = std::array::from_fn(|i| i);
    assert_eq!(array, [0, 1, 2, 3, 4]);
}
```

关于这个示例有很多讨论。这究竟是如何工作的？怎么能只写（|i| i）就得到［0, 1, 2, 3, 4］？这个示例后来被改进，让我们看看为什么这段代码能工作。首先看看 from_fn( )里面的代码。

```
pub fn from_fn<T, const N: usize, F>(mut cb: F) -> [T; N]
where
    F: FnMut(usize) -> T,
{
    let mut idx = 0;
    [(); N].map(|_| {
        let res = cb(idx);
        idx += 1;
        res
    })
}
```

第一行告诉我们，这个方法创建了一个类型为 T、长度为 N 的数组，并且它接收一个闭包。闭包被称为 cb（作为回调），但它可以被称为任何名字：f、my_closure 等。然后在函数内部，它从一个名为 idx（索引）的变量开始，该变量从 0 开始。然后它迅速创建了一个与 N 相同长度的单元类型（即( )类型）的数组，并使用 .map( )来创建新数组。对于每个项目，它执行内部的指令，包括在返回变量名 res 下的值之前，每次将索引增加 1。

换句话说，当调用 from_fn 时，可以选择使用索引号。如果不想使用，那么可以写 |_| 代替。例如：

```
fn main() {
    let array = std::array::from_fn(|_| "Don't care about the index");    #A
    assert_eq!(
        array,
        [
            "Don't care about the index",
            "Don't care about the index",
            "Don't care about the index",
            "Don't care about the index",
            "Don't care about the index"
        ]
    );
}
```

#A 在这里可以取索引，但并不关心它。

它是怎么知道长度的呢？这里是因为类型推断。一个数组只能与相同类型和长度的数组进行比较，所以当使用 assert_eq! 时，编译器会知道要比较的数组也必须是相同的类型和长度。

这意味着，如果移除了 assert_eq!，那么代码将无法编译！

```
fn main(){
    let array = std::array::from_fn(|_|"Don't care about the index");
}
```

错误信息显示编译器能够确定数组的类型，但不能确定其长度：

```
error[E0282]: type annotations needed for `[&str; _]`
 --> src\main.rs:2:9
  |
2 |     let array = std::array::from_fn(|_|"Don't care about the index");
  |         ^^^^^
  |
help: consider giving `array` an explicit type, where the the value of const parameter `N`
      is specified
  |
2 |     let array: [&str; _] = std::array::from_fn(|_|"Don't care about the index");
  |              +++++++++++
```

因为编译器能够确定类型，这意味着我们既可以写 [&str; 5] 也可以写 [_; 5]，这些信息就足够了。下面的两个数组可以正常工作：

```
fn main(){
    let array: [_; 5] = std::array::from_fn(|_|"Don't care about the index");
    let array: [&str; 5] = std::array::from_fn(|_|"Don't care about the index");
}
```

总结一下：

- 当使用 from_fn() 来创建数组时，如果需要使用索引，可以引入每个项目的索引，或者如果不需要它，可以使用 |_|。
- 大多数情况下，需要告诉编译器数组的长度。
- 如果正在将数组与另一个数组进行比较，不需要告诉编译器长度。但你可能还是想写出长度，以便于其他阅读代码的人理解。

20.2 字符（char）

我们的老朋友字符（char）现在应该很熟悉了，让我们看看可能遗漏的一些整洁的特性。

可以使用 .escape_unicode() 方法来获取字符的 Unicode 编码数值：

```
fn main(){
    let korean_word = "청춘예찬";
    for character in korean_word.chars(){
        print!("{} ", character.escape_unicode());
    }
}
```

这将打印出 \u{ccad} \u{cd98} \u{c608} \u{cc2c}。

可以使用 From 特性从 u8 获取一个字符，但是要从 u32 创建一个字符，必须使用 TryFrom，因为它可能不起作用。u32 中的数字比 Unicode 中的字符多得多。可以通过一个简单的演示来看这一点。首先从一个随机的 u8 打印一个字符，然后尝试 100,000 次从一个随机的 u32 创建一个字符。

```
use rand::random;

fn main(){
    println!("This will always work: {}", char::from(100));    #A
    println!("So will this: {}", char::from(random::<u8>()));

    for _ in 0..100_000 {
        if let Ok(successful_character) = char::try_from(random::<u32>()) {
            print!("{successful_character}");
        }
    }
}
```

#A 对于字符（char）的 From 实现，唯一的是 From<u8>，所以 Rust 会自动选择一个 u8。如果数字对于 u8 来说太大，它将无法编译。

输出每次都会不同，但即使在 100,000 次尝试之后，成功创建的字符数量也会非常少：

```
This will always work:  D
So will this: Ñ
 艉  新          됀   眝 掾
```

这很有道理，因为目前 Unicode 总共有 149186 个字符，而一个 u32 可以达到 4294967295。所以随机得到一个 149186 或更小的 u32 的机会极低。此外，如果没有安装显示该字符所需的语言字体，那么这个字符很可能不会在你的屏幕上显示。

我们在本书的开始部分了解到，所有的字符（chars）长度都是 4 个字节。让我们输入一些问候语，然后看看每个字符是多少个字节，可以使用 len_utf( ) 方法。让我们输入一些问候语，看看每个字符会是多少个字节：

```
fn main(){
    "Hi, привіт,안녕, 𓋹𓍑𓋴".chars().for_each(|c|println!("{c}: {}", c.len_utf8()));
}
```

以下是输出结果：

```
H: 1
i: 1
,: 1
 : 1
п: 2
р: 2
и: 2
в: 2
і: 2
т: 2
,: 1
 : 1
안: 3
녕: 3
,: 1
```

```
 : 1
𓋹: 4
[illegible]: 4
[illegible]: 4
```

对于字符（char），有很多便捷方法，它们的名字很容易理解，比如 .is_alphanumeric()，.is_whitespace() 和 .make_ascii_uppercase()。如果需要在代码中验证或修改一个字符，很可能已经有一个便捷方法存在。

20.3 整数

对于这些类型，有很多数学方法，比如乘以幂、欧几里得模、对数等，这里我们不需要查看。但也有一些其他在日常工作中很有用的方法。

20.3.1 检查操作

整数都有方法 .checked_add()，.checked_sub()，.checked_mul() 和 .checked_div()。如果你认为可能会产生一个会溢出或下溢（大于类型的最大值，或者小于类型的最小值）的数字，这些方法很好用。它们返回一个 Option，可以安全地检查你的数学运算是否正确，而不会使程序 panic。

如果数字溢出，Rust 为什么还能编译通过？确实，如果编译器在编译时知道一个数字将会溢出，它是不会编译通过的。例如：

```
fn main() {
    let some_number = 200_u8;
    println!("{}", some_number + 200);
}
```

这相当明显（甚至对我们来说也是），这个数字将是 400，它不适合放入一个 u8，编译器也知道这一点：

```
error: this arithmetic operation will overflow
 --> src/main.rs:3:20
  |
3 |    println!("{}", some_number + 200);
  |                   ^^^^^^^^^^^^^^^^^ attempt to compute `200_u8 + 200_u8`, which would
    overflow
  |
  = note: `#[deny(arithmetic_overflow)]` on by default
```

然而，如果数字在编译时未知，那么行为将会有所不同。

- release 模式：程序将会 panic。
- debug 模式：数字将会溢出。

让我们欺骗编译器以实现这种情况。首先，将创建一个值为 255 的 u8，这是 u8 能取到的最高值。然后将使用 rand crate 向其添加 10。

```
use rand::{thread_rng, Rng};
```

```
fn main(){
    let mut rng = thread_rng();
    let some_number = 255_u8;
    println!("{}", some_number + rng.gen_range(10..=10));    #A
}
```

#A 范围 10..=10 只会返回 10，但 Rust 编译器在编译时并不知道这一点，所以它会让我们运行程序。

在 release 模式下，数字会溢出，程序会打印 10 而不会 panic。但在 debug 模式下，我们会看到这个：

```
    Running `target/debug/playground`
thread 'main' panicked at 'attempt to add with overflow', src/main.rs:6:20
note: run with `RUST_BACKTRACE=1` environment variable to display a backtrace
```

我们当然不希望发生 panic，也不希望将 10 加到 255 上得到 10。所以改用 .checked_add()。

```
use rand::random;

fn add_numbers(one: u8, two: u8) {
    match one.checked_add(two) {
        Some(num) => println!("Added {one} to {two}: {num}"),
        None => println!("Error: couldn't add {one} to {two}"),
    }
}

fn main(){
    for _ in 0..3 {
        let some_number = random::<u8>();
        let other_number = random::<u8>();
        add_numbers(some_number, other_number);
    }
}
```

输出每次都会不同，但它看起来像这样：

```
Error: couldn't add 199 to 236
Added 34 to 97: 131
Added 61 to 109: 170
```

多年来，忽略整数溢出一直被指责为各种崩溃和安全问题的根源，这也是为什么像 .checked_add() 这样的方法对于系统编程语言来说特别好用。当你认为可能会发生溢出时，一定要使用 .checked_ 方法！如果你经常处理比标准库中的任何整数都大的数字，可以看看 num_bigint 这个 crate。

20.3.2 Add 特性和其他类似特性

你可能已经注意到，整数的方法经常使用变量名 rhs。例如 .checked_add() 方法的文档开头是这样的：

```
pub const fn checked_add(self, rhs: i8) -> Option<i8>
Checked integer addition. Computes self + rhs, returning None if overflow occurred.
```

rhs 这个术语只是意味着“右手边”——换句话说，就是当进行一些数学运算时的右手边。

例如在 5 + 6 中，数字 5 在左边，6 在右边，所以 6 是 rhs。它不是一个关键字，但在标准库中会经常看到 rhs，所以了解它是有好处的。

既然提到了这个话题，就让我们学习如何实现 Add 特性，这是 Rust 中用于 + 操作符的特性。换句话说，实现 Add 之后，可以在创建的类型上使用 +。需要自己实现 Add（不能仅仅使用 #［derive（Add）］），因为无法预判你会如何将一种类型添加到另一种类型。以下是标准库文档上的示例：

```
use std::ops::Add;    #A

#[derive(Debug, Copy, Clone, PartialEq)]    #B
struct Point {
    x: i32,
    y: i32,
}

impl Add for Point {
    type Output = Self;    #C

    fn add(self, other: Self) -> Self {
        Self {
            x: self.x + other.x,
            y: self.y + other.y,
        }
    }
}
```

#A Add 特性位于 std::ops 模块内，该模块包含所有用于操作的特性。还有其他特性类似 Sub、Mul 等名称。

#B PartialEq 可能是这里最重要的部分。希望能够比较数字。

#C 这被称为“关联类型”：与特性“一起使用”的类型。在这个例子中，它只是另一个 Point。

现在，让我们为自己的类型实现 Add。假设有一个 Country 结构体，想要将它与另一个 Country 相加。只要告诉 Rust 我们想要如何将一个加到另一个上，Rust 就会配合，然后就能够使用 + 来将它们相加。看起来像这样：

```
use std::fmt;
use std::ops::Add;

#[derive(Clone)]
struct Country {
    name: String,
    population: u32,
    gdp: u32,//Size of the economy
}

impl Country {
    fn new(name: &str, population: u32, gdp: u32) -> Self {
        Self {
          name: name.to_string(),
```

```
            population,
            gdp,
        }
    }
}

impl Add for Country {
    type Output = Self;

    fn add(self, other: Self) -> Self {
        Self {
            name: format! ("{} and {}", self.name, other.name),     #A
            population: self.population + other.population,
            gdp: self.gdp + other.gdp,
        }
    }
}

impl fmt::Display for Country {
    fn fmt(&self, f: &mut fmt::Formatter<'_>) -> fmt::Result {
        write! (
            f,
            "In {} are {} people and a GDP of ${}",
            self.name, self.population, self.gdp
        )
    }
}

fn main() {
    let nauru = Country::new("Nauru", 12_511, 133_200_000);
    let vanuatu = Country::new("Vanuatu", 219_137, 956_300_000);
    let micronesia = Country::new("Micronesia", 113_131, 404_000_000);

    println! ("{}", nauru);
    let nauru_and_vanuatu = nauru + vanuatu;
    println! ("{nauru_and_vanuatu}");
    println! ("{}", nauru_and_vanuatu + micronesia);
}
```

#A 我们定义 "add" 的意思是连接名称、合并人口，以及合并 GDP。"add" 的具体含义完全由我们决定。

这会打印出：

```
In Nauru are 12511 people and a GDP of $133200000
In Nauru and Vanuatu are 231648 people and a GDP of $1089500000
In Nauru and Vanuatu and Micronesia are 344779 people and a GDP of $1493500000
```

其他三个分别叫作 Sub、Mul 和 Div，它们的实现基本上是相同的。

在同一模块中还有不少其他操作符，比如 +=、-=、*= 和 /=，它们使用以 Assign 名称开头的特性：AddAssign、SubAssign、MulAssign 和 DivAssign。可以在这里看到此类特性的列表。它们的命名都是相当可预测的。例如% 叫作 Rem，- 叫作 Neg，等等。

另外两个方便的特性：PartialEq 和 PartialOrd，用于比较和排序一个变量与另一个变量。实现这些特性后，你将能够像使用 + 符号一样，使用<和 == 等符号对你的类型进行比较。

由于相等性和排序是在相同类型的变量之间进行的，这些特性更容易实现，通常使用 #[derive] 实现，正如我们在第 13 章中看到的那样。标准库包含了一些实现这些特性的简单示例，可以复制粘贴，然后根据需要修改，以适应自己的类型。

20.4 浮点数

f32 和 f64 有大量在进行数学运算时使用的方法。我们不会深入研究这些，但以下是一些可能使用的方法。它们包括：.floor()、.ceil()、.round() 和 .trunc()。所有这些方法都返回一个类似于整数的 f32 或 f64（即一个整数)。它们是这样工作的：

- .floor()：给你下一个最低的整数。
- .ceil()：给你下一个最高的整数。
- .round()：如果数值是 0.5 或更高，给你一个更高的数；如果数值低于 0.5，则给相同的数。这被称为四舍五入，因为它给你一个“圆润”的数（一个形式简短、简单的数)。
- .trunc()：只是截断小数点后面的部分。截断的意思是“切断”。

下面是一个打印它们的简单示例。

```
fn four_operations(input: f64) {
    println!(
"For the number {}:
floor: {}
ceiling: {}
rounded: {}
truncated: {}\n",
            input,
            input.floor(),
            input.ceil(),
            input.round(),
            input.trunc()
    );
}

fn main(){
    four_operations(9.1);
    four_operations(100.7);
    four_operations(-1.1);
    four_operations(-19.9);
}
```

这将打印出：

```
For the number 9.1:
floor: 9
ceiling: 10
rounded: 9 // because less than 9.5
truncated: 9
```

```
For the number 100.7:
floor: 100
ceiling: 101
rounded: 101 // because more than 100.5
truncated: 100

For the number -1.1:
floor: -2
ceiling: -1
rounded: -1
truncated: -1

For the number -19.9:
floor: -20
ceiling: -19
rounded: -20
truncated: -19
```

f32 和 f64 有一个方法叫作 .max()和 .min()，它们可以返回两个数中较大或较小的那个（对于其他类型，可以直接使用 std::cmp::max()和 std::cmp::min()函数）。

这些 .max()和 .min()再次展示了迭代器的 .fold()方法不仅仅用于数字的累加。可以使用 .fold()来返回一个向量 Vec 中最大或最小的数字，或者返回任何实现了 Iterator 接口的类型中的最大或最小元素：

```
fn main(){
    let nums = vec![8.0_f64, 7.6, 9.4, 10.0, 22.0, 77.345, -7.77, -10.0];
    let max = nums
        .iter()
        .fold(f64::MIN, |num, next_num| num.max(*next_num));    #A
    let min = nums
        .iter()
        .fold(f64::MAX, |num, next_num| num.min(*next_num));    #B
    println!("{max}, {min}");
}
```

#A 要获取最高数，首先从可能的最低 f64 值开始。

#B 相反，要从最高可能的 f64 值开始以获取最低数。

现在，我们得到了最高值和最低值：77.345 和 -10.0。

在 Rust 浮点类型文档的左侧，你可能会注意到有很多常量，称为“关联常量”：DIGITS、EPSILON、INFINITY、MANTISSA_DIGITS 等。加上在上面的示例中使用了 MIN 和 MAX，我们也用在其他类型上，比如整数。

20.5 关联项和关联常量

Rust 有三种关联项。我们已经在前面熟悉了前两种，现在将要学习第三种，所以这是一个总结所有三种的好时机。关联项通过 ::（双冒号）与它们关联的类型或特性相连接。让我们从第一种开始：函数。

20.5.1 关联函数

当在类型或特性上实现一个方法时，实际上是给它一个关联函数。大多数时候，当看到 variable_name.function( )格式时，是因为有一个 self 参数。但实际上，这只是使用 TypeName :: function（&variable_name）或 TypeName :: function（&mut variable_name）等形式的一种便捷方式。当使用点操作符（一个句点）调用方法时，Rust 实际上是在背后使用 :: 语法来调用函数，只是你没有看到。下面看一个例子。

```
struct MyStruct(String);

impl MyStruct {     #A
    fn print_self(&self) {
        println!("{}", self.0);
    }
    fn add_exclamation(&mut self) {
        self.0.push('!')
    }
}

fn main(){
    let mut my_struct = MyStruct("Hi".to_string());

    my_struct.print_self();    #B
    MyStruct::print_self(&my_struct);

    my_struct.add_exclamation();    #C
    MyStruct::add_exclamation(&mut my_struct);

    MyStruct::print_self(&my_struct);
}
```

#A MyStruct 有两个方法。在 99. 9% 的情况下会使用点操作符。

#B 这里调用 .print_self( )。在这一行使用点操作符，但在下一行使用关联项语法。它们是完全相同的东西！

#C my_struct.add_exclamation( ) 会取得一个 &mut my_struct，而无须我们指定。如果愿意，可以像下一行那样使用完整的关联项语法。

这个示例相当简单，输出是 Hi，Hi，和 Hi！！。

20.5.2 关联类型

我们接下来看到的项是关联类型，它是在实现特性时定义的类型。我们最近在 Add 特性中看到了这个：

```
pub trait Add<Rhs = Self> {
    type Output;

    //Required method
    fn add(self, rhs: Rhs) -> Self::Output;
}
```

当实现特性时，类型 Output 被定义，并且这也通过 ::（双冒号）附加到类型上。也可以使用完整的关联类型签名。让我们用一个非常简单的例子：将 10 加到 10 上。这次将从完整的签名开始，然后反向工作。

```
use std::ops::Add;

fn main() {
    let num1 = 10;
    let num2 = 10;

    print!("{} ", i32::add(num1, num2));    #A
    print!("{} ", num1.add(num2));    #B
    print!("{}", num1 + num2);    #C
}
```

#A i32 类型实现了 Add 特性，这给了它一个 add 函数：i32::add()。这个函数接收 self，以及另一个数字。

#B 由于我们有 self 参数，也可以使用点操作符。

#C 最后一步是语言内置的：如果实现了 Add，可以使用 + 来进行加法。如果总是需要输入 use std::ops::Add 和 10.add(10) 来将 10 和 10 相加，则很麻烦。

在每一行都在进行相同的操作，所以输出就是 20 20 20。

我们再看一个简单的例子。这次将有一个特性，它只要求一个类型销毁自己并转换成另一种形式。这由实现特性的人定义，可以是任何东西。

```
trait ChangeForm {
    type SomethingElse;    #A
    fn change_form(self) -> Self::SomethingElse;    #B
}

impl ChangeForm for String {    #C
    type SomethingElse = char;
    fn change_form(self) -> Self::SomethingElse {
        self.chars().next().unwrap_or('')
    }
}

impl ChangeForm for i32 {
    type SomethingElse = i64;
    fn change_form(self) -> Self::SomethingElse {
        println!("i32 just got really big!");
        i64::MAX
    }
}

fn main() {
    let string1 = "Hello there!".to_string();    #D
    println!("{}", string1.change_form());

    let string2 = "I'm back!".to_string();
    println!("{}", String::change_form(string2));
```

```
    let small_num = 1;
    println!("{}", small_num.change_form());

    let also_small_num = 0;
    println!("{}", i32::change_form(also_small_num));
}
```

#A SomethingElse 表示可以是任何类型。

#B 注意这里的签名：它与 Self 相关联，并使用 ::（双冒号）。

#C 然后将为 String 和 char 实现它。这是我们的特性，可以在外部类型上实现它。

#D 最后，这里同样有两种调用函数的方式：使用点操作符的方法签名，或者完整的关联类型签名。

以下是输出：

```
H
I
i32 just got really big!
9223372036854775807
i32 just got really big!
9223372036854775807
```

带有 :: 的关联函数和类型签名现在应该看起来相当熟悉了！

有了这个，我们现在来到了最后一个关联项：关联常量。

20.5.3 关联常量

关联常量实际上非常容易使用。只需开始一个 impl 块，输入 const CONST_NAME：type_name = value，然后就完成了！这里有一个示例：

```
struct SizeTenString(String);

impl SizeTenString {
    const SIZE: usize = 5;
}

fn main(){
    println!("{}", SizeTenString::SIZE);
}
```

有了这个关联常量，我们的 SizeTenString 可以简单地将这个 SIZE 常量传递给需要它的任何地方。

以下是这个关联常量的一个更长但仍然简单的示例。在这个示例中，可以使用关联常量来确保这个类型始终是十个字符的长度。

```
#[derive(Debug)]
struct SizeTenString(String);

impl SizeTenString {
    const SIZE: usize = 10;
}
```

```
impl TryFrom<&'static str> for SizeTenString {
    type Error = String;
    fn try_from(input: &str) -> Result<Self, Self::Error> {
        if input.chars().count() == Self::SIZE {
            Ok(Self(input.to_string()))
        } else {
            Err(format!("Length must be {} characters!", Self::SIZE))
        }
    }
}

fn main(){
    println!("{:?}", SizeTenString::try_from("This one's long"));
    println!("{:?}", SizeTenString::try_from("Too short"));
    println!("{:?}", SizeTenString::try_from("Just right"));
}
```

关联常量也可以与特性（traits）一起使用，方式类似于特性上的函数。类型也可以覆盖这些关联常量，就像即使存在默认方法，也可以编写自己的特性方法：

```
trait HasNumbers {
    const SET_NUMBER: usize = 10;     #A
    const EXTRA_NUMBER: usize;     #B
    // fn set_number()-> usize { 10 }     #C
    // fn extra_number()-> usize;
}

struct NothingSpecial;

impl HasNumbers for NothingSpecial {
    const EXTRA_NUMBER: usize = 10;
    // const SET_NUMBER: usize = 20;     #D
}

fn main(){
  print!("{} ", NothingSpecial::SET_NUMBER);
  print!("{}", NothingSpecial::EXTRA_NUMBER);
}
```

#A const SET_NUMBER 的值是 10，所以在实现特性时，不需要决定它的值。

#B 这个其他的 const 是未知的。在实现这个特性时，必须选择它的值。

#C 这两个被注释掉的函数的行为与常量类似。一个有默认的实现，而另一个只显示了返回类型，并且必须由实现特性的人编写出来。

#D 如果取消注释这部分，结构体 NothingSpecial 的 SET_NUMBER 值将是 20 而不是 10。所以这段代码将打印 10 10，但如果取消注释那一行，它将打印 20 10。

让我们继续看下一个标准库类型吧！

20.6 bool

在 Rust 中，布尔值相当简单，但与一些其他语言相比却非常健壮。还有一些使用布尔值的方式我们还没有遇到，所以现在来看看它们。

在 Rust 中，如果你愿意，可以将布尔值转换为整数，因为这样做是安全的。但是不能反其道而行之。正如你所看到的，true 转换为 1，而 false 转换为 0。

```
fn main(){
    let true_false = (true, false);
    println!("{} {}", true_false.0 as u8, true_false.1 as i32);
}
```

这将打印出 1 0。如果告诉编译器类型，可以使用 .into( )：

```
fn main(){
    let true_false: (i128, u16) = (true.into(), false.into());
    println!("{} {}", true_false.0, true_false.1);
}
```

这将打印出同样的东西。

在 Rust 1.50 和 1.62 版本中，有两个方法称为 .then( ) 和 .then_some( )，这两个方法都能将一个布尔值转换为一个 Option。使用 .then( ) 时，需要编写一个闭包，如果元素为 true，则调用该闭包。然后闭包返回的内容将被包装在一个 Option 中。这里有一个小例子：

```
fn main(){
    let (tru, fals) = (true.then(||8), false.then(||8));
    println!("{:?}, {:?}", tru, fals);
}
```

这将打印出 Some(8), None。

这些方法对于错误处理来说相当有用。下面的代码展示了如何将一个简单的 Vec<bool>在处理过程中转换为一个带有一些额外信息的 Result 的 Vec。

```
use std::time::{SystemTime, UNIX_EPOCH};

fn timestamp()-> f64 {     #A
    SystemTime::now()
        .duration_since(UNIX_EPOCH)
        .unwrap()
        .as_secs_f64()
}

fn send_data_to_user(){}     #B

fn main(){
    let bool_vec = vec![true, false, true, false, false];

    let result_vec = bool_vec
        .into_iter()
        .enumerate()
```

```
            .map(|(index, b)| {
                b.then(|| {     #C
                    let timestamp = timestamp();
                    send_data_to_user();
                    timestamp
                })
                .ok_or_else(|| format!("Error with item {index} at {}",timestamp()))     #D
            })
            .collect::<Vec<_>>();
        println!("{result_vec:#?}");
    }
```

#A 一个小函数，用于生成一个 f64 类型的时间戳，使下面的代码更易于阅读。

#B 这个函数是空的，但假设它在遇到 true 时，会向我们的系统用户发送一些数据。

#C 在这里，将 bool 转换为 Option<f64>（时间戳），在传递之前向用户发送数据。

#D 然后使用 ok_or_else() 将 Option 转换为 Result，并添加一些错误信息（失败的索引号）。

最后的输出看起来像这样：

```
        Ok(
            1685149117.2468076,
        ),
        Err(
            "Error with item 1 at 1685149117.246808",
        ),
        Ok(
            1685149117.246833,
        ),
        Err(
            "Error with item 3 at 1685149117.2468333",
        ),
        Err(
            "Error with item 4 at 1685149117.2468338",
        ),
    ]
```

20.7 Vec

Vec 有很多我们还没有讨论的方法。可以从 .sort() 开始。它使用 &mut self 来对向量进行原地排序（不返回任何值）。

```
fn main() {
    let mut my_vec = vec![100, 90, 80, 0, 0, 0, 0, 0];
    my_vec.sort();
    println!("{:?}", my_vec);
}
```

这将打印出 [0, 0, 0, 0, 0, 80, 90, 100]。但还有一种更有趣的排序方式，称为 .sort_unstable()，它通常更快，因为它不关心相同数字的顺序。在常规的 .sort() 中，你知道在执行 .sort() 之后，最后的 0, 0, 0, 0, 0 将保持相同的顺序。但是 .sort_unstable() 可能会将最后一个零移动到索引

0，然后将倒数第三个零移动到索引 2，以此类推。标准库中的文档对此解释得非常清楚：

```
It is typically faster than stable sorting, except in a few special cases, e.g., when the
    slice consists of several concatenated sorted sequences.
```

.dedup()的意思是“去重”。它将移除向量中相邻的相同项。下面的代码不仅会打印 "sun"，"moon"：

```
fn main(){
    let mut my_vec = vec![ "sun", "sun", "moon", "moon", "sun", "moon", "moon"];
    my_vec.dedup();
    println!("{:?}", my_vec);
}
```

相反，它只移除了相邻的 "sun" 和 "sun"，然后是相邻的一个 "moon" 和另一个 "moon"。结果是：["sun", "moon", "sun", "moon"]。

所以如果想要使用 .dedup()来移除所有重复项，只需先进行 .sort()：

```
fn main(){
    let mut my_vec = vec![ "sun", "sun", "moon", "moon", "sun", "moon", "moon"];
    my_vec.sort();
    my_vec.dedup();
    println!("{:?}", my_vec);
}
```

结果：["moon", "sun"]。

可以使用 .split_at()来分割一个 Vec，而如果需要更改值，可以使用 .split_at_mut()来做同样的事情。这些方法会给你两个切片，同时保留原始的 Vec 不变。

```
fn main(){
    let mut big_vec = vec![0; 6];
    let (first, second) = big_vec.split_at_mut(3);

    std::thread::scope(|s|{
        s.spawn(||{
            for num in first {
                *num += 1;
            }
        });
        s.spawn(||{
            for num in second {
                *num -= 5;
            }
        });
    });
    println!("{big_vec:?}");
}
```

输出是 [1, 1, 1, -5, -5, -5]。

.drain()允许你从 Vec 中提取一系列值，并返回一个迭代器。这个迭代器保持对原始 Vec 的可变借用，如果将其收集到另一个 Vec 中或者直接使用 drop()方法，还需要再次访问原始 Vec。

```
fn main(){
    let mut original_vec = ('A'..'K').collect::<Vec<_>>();
```

```
    println!("{original_vec:?}");

    let first_drain = original_vec.drain(2..=5);
    println!("Pulled these chars out: {first_drain:?}");
    drop(first_drain);
    println!("Here's what's left: {original_vec:?}");

    let second_drain = original_vec.drain(2..=4).collect::<Vec<_>>();
    println!("Original vec: {original_vec:?}\nSecond drain: {second_drain:?}");
}
```

以下是输出结果：

```
['A', 'B', 'C', 'D', 'E', 'F', 'G', 'H', 'I', 'J']
Pulled these chars out: Drain(['C', 'D', 'E', 'F'])
Here's what's left: ['A', 'B', 'G', 'H', 'I', 'J']
Original vec: ['A', 'B', 'J']
Second drain: ['G', 'H', 'I']
```

20.8 String

我们之前学过，String 类似于 Vec，因为它包含一个（Vec<u8>）。String 不仅仅是一个简单的智能指针覆盖在 Vec<u8>上，但有时几乎感觉就像是一个，因为许多方法完全相同。

其中一个是 String::with_capacity()。如果使用 .push()向它推入字符，或者使用 .push_str()向它推入 &str，这个方法可以帮助避免过多的内存分配。以下是一个 String 过多分配的例子：

```
fn main() {
    let mut push_string = String::new();

    for _ in 0..100_000 {
        let capacity_before = push_string.capacity();    #A
        push_string.push_str("I'm getting pushed into the string!");
        let capacity_after = push_string.capacity();
        if capacity_before != capacity_after {
            println!("Capacity raised to {capacity_after}");
        }
    }
}
```

#A 在这里我们检查了在将 &str 推入之前和之后的容量，并在容量发生变化时打印出新的容量。

这将打印出：

```
Capacity raised to 35
Capacity raised to 70
Capacity raised to 140
Capacity raised to 280
Capacity raised to 560
Capacity raised to 1120
Capacity raised to 2240
```

```
Capacity raised to 4480
Capacity raised to 8960
Capacity raised to 17920
Capacity raised to 35840
Capacity raised to 71680
Capacity raised to 143360
Capacity raised to 286720
Capacity raised to 573440
Capacity raised to 1146880
Capacity raised to 2293760
Capacity raised to 4587520
```

我们不得不重新分配18次。现在知道最终的容量了，所以将立即给它所需的容量，并且不需要重新分配：只需要一个String容量就足够了。

```
fn main() {
    let mut push_string = String::with_capacity(4587520);    #A

    for _ in 0..100_000 {
        let capacity_before = push_string.capacity();
        push_string.push_str("I'm getting pushed into the string!");
        let capacity_after = push_string.capacity();
        if capacity_before != capacity_after {
            println!("Capacity raised to {capacity_after}");
        }
    }
}
```

#A 在这个案例中我们知道确切的数量。即使只有一个大致的想法（比如"至少10,000"），仍然可以使用with_capacity()来避免过多的分配。

修改后将不再出现分配的日志，我们不需要重新分配。

当然，实际长度肯定小于最终的4587520，这仅仅是当容量为2293760时的前一个容量的加倍。可以使用.shrink_to_fit()来缩小它，这也是Vec的另一个方法。但是只有在确定了最终长度的情况下才能这样做，因为即使向Vec中推入一个额外的字符，容量也会再次加倍：

```
fn main() {
    let mut push_string = String::with_capacity(4587520);

    for _ in 0..100_000 {
        push_string.push_str("I'm getting pushed into the string!");
    }
    println!("Current capacity as expected: {}", push_string.capacity());
    push_string.shrink_to_fit();
    println!("Actual needed capacity: {}", push_string.capacity());
    push_string.push('a');
    println!("Whoops, it doubled again: {}", push_string.capacity());
    push_string.shrink_to_fit();
    println!("Shrunk back to actual needed capacity: {}", push_string.capacity());
}
```

这将打印出：

```
Current capacity: 4587520
Actual needed capacity: 3500000
Whoops, it doubled again: 7000000
Shrunk back to actual needed capacity: 3500001
```

.pop()方法对 String 同样有效，就像对 Vec 一样。

```
fn main(){
    let mut my_string = String::from(".daer ot drah tib elttil a si gnirts sihT");
    while let Some(c) = my_string.pop(){
        print!("{c}");
    }
}
```

尝试反向读取 String，看看这个示例的输出会是什么。

顺便说一下，.pop()的实现很容易理解：在本书读到这个阶段时，相信你完全可以写出这个方法！

```
pub fn pop(&mut self) -> Option<char> {
    let ch = self.chars().rev().next()?;
    let newlen = self.len()- ch.len_utf8();
    unsafe {
        self.vec.set_len(newlen);
    }
    Some(ch)
}
```

String 的一个方便的方法是 .retain()，它有点像我们知道的用于迭代器的 .filter()方法。这个方法传入一个闭包，可以用它来判断是否保留每个字符。下面的代码只保留 String 中的字母或空格字符：

```
fn main(){
    let mut my_string = String::from("Age: 20 Height: 194 Weight: 80");
     my_string.retain(|character| character.is_alphabetic() || character == ' ');
    dbg!(my_string);
}
```

这将打印出：

```
[src\main.rs:4] my_string = "Age  Height  Weight "
```

20.9 OsString 和 CString

标准库的 std::ffi 是帮助你将 Rust 与其他语言或操作系统结合使用的一个模块。这个模块包含了像 OsString 和 CString 这样的类型，它们都类似于操作系统或 C 语言中的 String。它们也有自己的 &str 类型：OsStr 和 CStr。这三个字母 ffi 代表“外部函数接口”。

当你必须与一个不使用 UTF-8 的操作系统工作时，可以使用 OsString。所有的 Rust 字符串都是 UTF-8，但某些操作系统以不同的方式表达字符串。以下是标准库中关于为什么需要 OsString 的页面内容的简化版本：

- 在 Unix（Linux 等）上，字符串可能是一系列没有零的字节序列。有时将它们读取为 Unicode UTF-8。
- 在 Windows 上，字符串可能由一系列没有零的 16 位值组成。
- 在 Rust 中，字符串总是有效的 UTF-8，这可能包含零。

所以 OsString 被设计成可以被它们所有读取。

```
You can do all the regular things with an OsString like OsString::from("Write something
      here"). It also has an interesting method called .into_string()that tries to make
      it into a regular String. It returns a Result, but the Err part is just the
      original OsString:
pub fn into_string(self) -> Result<String, OsString>
```

如果它不起作用，那么将只是得到之前的 OsString。我们不能调用 .unwrap()，因为它会导致程序 panic，但可以使用 match 来取回 OsString。可以通过调用不存在的方法快速证明错误值是一个 OsString。

```
use std::ffi::OsString;

fn main(){
    let os_string = OsString::from("This string works for your OS too.");
    match os_string.into_string(){
        Ok(valid) => valid.thth(),
        Err(not_valid) => not_valid.occg(),
    }
}
```

然后编译器准确地告诉我们想要知道的信息：

```
error[E0599]: no method named `thth` found for struct `std::string::String` in the current
      scope
 --> src/main.rs:6:28
  |
6 |      Ok(valid) => valid.thth(),
  |                         ^^^^ method not found in `std::string::String`
error[E0599]: no method named `occg` found for struct `std::ffi::OsString` in the current
      scope
 --> src/main.rs:7:37
  |
7 |      Err(not_valid) => not_valid.occg(),
  |                                  ^^^^ method not found in `std::ffi::OsString`
```

至此，我们对标准库的游览已经进行了一半。希望到目前为止一切都很轻松并且富有启发性，没有特别困难的地方。在下一章中，将学习许多与内存相关的方法，如何设置 panic 钩子并查看回溯，以及一些还没有学习到的其他方便的宏。

20.10 总结

- 即使是像 bool 和 char 这样的日常类型，也经常会添加新的方法，所以请密切关注 Rust 每个新版本的发布说明，看看有哪些新功能可用。
- 如果认为你的数值类型可能会溢出，请务必使用检查操作。它们需要更多的输入，但额外的保证是值得的。

- 通过关联常量，现在知道了所有三种关联项。其他两个是关联函数和关联类型。
- 尽管名字很长，关联项其实并不可怕：关联函数只是函数，关联类型只是在特性中声明的类型，关联常量只是类型或特性上的常量值。
- 尝试通过查看你经常在 Rust 中使用的类型的方法和特性来进行自己的游览。标准库中有许多内容，我们只是略窥一二。

第 21 章　继续游览标准库

本章涵盖了以下内容：

- mem 模块。
- std 库。
- 设置 panic 钩子并查看回溯。
- 其他宏。

本章包含了很多新的（但并不难）类型。在接近结尾的部分，我们将查看一些之前没有遇到过的宏，这将引出下一章，在那里将学习如何编写自己的宏！

21.1 std :: mem

如名称所示，std :: mem 模块包含用于处理内存的类型和函数。这个模块内的函数特别有趣（也很有用）。我们已经看到了其中的一些，例如 size_of()、size_of_val() 和 drop()：

```
use std::mem;

fn main() {
    println!("Size of an i32: {}", mem::size_of::<i32>());
    let my_array = [8; 50];
    println!("Size of this array: {}", mem::size_of_val(&my_array));
    let some_string = String::from("You can drop a String because it's not Copy");
    drop(some_string);
    // some_string.clear();    #A
}
```

#A 如果取消注释这一行，它将无法编译。

这将打印出：

```
Size of an i32: 4
Size of this array: 200
```

在上述代码中不需要写 mem :: drop()，只需要写 drop()，因为这个函数是 prelude 的一部分。接下来很快就会介绍 prelude。

从技术上讲，可以在一个 Copy 类型的值上调用 drop()，但它不会有任何效果。正如函数文档中所述：

```
This effectively does nothing for types which implement Copy, e.g., integers. Such values
    are copied and then moved into the function, so the value persists after this
    function call.
```

以下是 std::mem 中的其他一些函数：

swap()函数允许在两个变量之间切换值。为了实现这一点，需要为每个变量使用一个可变引用。当有两个想要切换的东西，但由于借用规则的限制，或者因为参数不是可以使用 take()函数替换为 None 的 Option 类型时，swap()函数就特别有用。

让我们使用这个函数来交换《魔戒》中的至尊魔戒的所有权。

```
use std::mem;

#[derive(Debug)]
struct Ring {
    owner: String,
    former_owners: Vec<String>,
}

impl Ring {    #A
    fn switch_owner_to(&mut self, name: &str) {
        if let Some(position) = self.former_owners.iter().position(|n|n == name) {
            mem::swap(&mut self.owner, &mut self.former_owners[position])    #B
        } else {
            println!("Nobody named {name} found in former_owners, sorry!");
        }
    }
}

fn main(){
    let mut one_ring = Ring {    #C
        owner: "Frodo".into(),
        former_owners: vec!["Gollum".into(), "Sauron".into()],
    };

    println!("Original state: {one_ring:?}");
    one_ring.switch_owner_to("Gollum");    #D
    println!("{one_ring:?}");
    one_ring.switch_owner_to("Sauron");
    println!("{one_ring:?}");
    one_ring.switch_owner_to("Billy");
    println!("{one_ring:?}");
}
```

#A 这个方法将在 former_owners 中找到一个与搜索键匹配的字符，并且如果找到，就切换所有者。在这里可以返回一个 Result 或 Option，如果找不到匹配的字符，只会打印一个错误消息。

#B 直接通过索引访问 Vec 是有风险的，所以将使用 position 方法来确保找到了一个与我们要搜索的名称匹配的 String。

#C 在这本书的大部分内容中，魔戒的所有者是弗罗多，而咕噜和索伦都在寻找它。

#D 现在我们来切换一下所有者。

这将打印出：

```
Original state: Ring { owner: "Frodo", former_owners: ["Gollum", "Sauron"] }
Ring { owner: "Gollum", former_owners: ["Frodo", "Sauron"] }
Ring { owner: "Sauron", former_owners: ["Frodo", "Gollum"] }
Nobody named Billy found in former_owners, sorry!
Ring { owner: "Sauron", former_owners: ["Frodo", "Gollum"] }
```

std::mem 中的下一个函数叫作 replace()。它与 .swap()类似，实际上在内部使用了 swap()。这个函数非常简单：

```
pub fn replace<T>(dest: &mut T, mut src: T) -> T {
    swap(dest, &mut src);
    src
}
```

所以 replace()只进行一次交换，然后返回另一个项——这就是它的全部。换句话说，.replace()用你放入的东西替换值，并返回旧值，这使得它在与 let 绑定一起使用时，可以创建一个变量。这里有一个简单的例子。

```
use std::mem;

struct City {
    name: String,
}

impl City {
    fn change_name(&mut self, name: &str) {
        let former = mem::replace(&mut self.name, name.to_string());
        println!("The city{former} is now called {new}.", new = self.name);
    }
}

fn main() {
    let mut capital_city = City {
        name: "Constantinople".to_string(),
    };
    capital_city.change_name("Istanbul");
}
```

上面的代码打印出 "The city Constantinople is now called Istanbul."（注：君士坦丁堡现在被称为伊斯坦布尔）。

现在让我们来看看上面提到的 take()函数。正如其名所示，这个函数直接从某物中取出值并返回它。但是 take()并不会丢弃现有的变量；相反，它在原位置留下了一个默认值。这就是为什么这个函数要求我们从其中取值的类型必须实现 Default：

```
pub fn take<T>(dest: &mut T) -> T
where
    T: Default,
```

可以这样做：

```
use std::mem;
```

```
fn main(){
    let mut number_vec = vec![8, 7, 0, 2, 49, 9999];
    let mut new_vec = vec![];

    number_vec.iter_mut().for_each(|number|{
        let taker = mem::take(number);
        new_vec.push(taker);
    });
    println!("{:?}\n{:?}", number_vec, new_vec);
}
```

它将所有数字替换成了 0：没有索引被删除。

```
[0, 0, 0, 0, 0, 0]
[8, 7, 0, 2, 49, 9999]
```

当然，对于自己的类型，可以将 Default 实现为任何想要的内容。下面的代码展示了一个名为 Klezkavania 的国家的一家银行，它总是被抢劫。每当它被抢劫时，它就会用 50 个信用点（默认值）替换掉前面的钱。

```
use std::mem;

#[derive(Debug)]
struct Bank {
    money_inside: u32,
    money_at_desk: DeskMoney,
}

#[derive(Debug)]
struct DeskMoney(u32);

impl Default for DeskMoney {
    fn default()-> Self {
        Self(50)  // default is always 50,not 0
    }
}

fn main(){
    let mut bank_of_klezkavania = Bank {
        // Sets up our bank
        money_inside: 5000,
        money_at_desk: DeskMoney(500),
    };

    let money_stolen = mem::take(&mut bank_of_klezkavania.money_at_desk);
    println!("Stole {} Klezkavanian credits", money_stolen.0);
    println!("{bank_of_klezkavania:?}");
}
```

这将打印出：

```
Stole 500 Klezkavanian credits
Bank { money_inside: 5000, money_at_desk: DeskMoney(50) }
```

可以看到，桌上总是有 $50。

在实际应用中，take( )函数通常被用作一个便捷方法，可以快速将 Some 转换为 None，而无须进行任何模式匹配。下面的例子展示了使用这个函数时，你的代码可以有多简洁。

```
use std::time::Duration;

struct UserState {
    username: String,
    connection: Option<Connection>,     #A
}

struct Connection {
    url: String,
    timeout: Duration,
}

impl UserState {
    fn is_connected(&self) -> bool {
        self.connection.is_some()
    }
    fn connect(&mut self, url: &str) {     #B
        self.connection = Some(Connection {
            url: url.to_string(),
            timeout: Duration::from_secs(3600),
        });
    }
    fn disconnect(&mut self) {
        self.connection.take();     #C
    }
}

fn main() {
    let mut user_state = UserState {
        username: "Mr. User".to_string(),
        connection: None,
    };
    user_state.connect("someurl.com");
    println!("Connected? {}", user_state.is_connected());
    user_state.disconnect();
    println!("Connected? {}", user_state.is_connected());
}
```

#A 可以让 **Connection** 结构体持有连接的状态，但另一种方法是将它简单地包装在 **Option** 中。在这种情况下，**Some** 代表连接状态，而 **None** 代表非连接状态。

#B 一个真正的连接方法会比这更复杂，但可以理解这个概念。

#C 要断开连接，只需使用 **take( )** 取出值，不对它做任何处理，让它所在的位置变成 **None**。

输出相当简单：

```
Connected? true
Connected? false
```

21.2 设置 panic 钩子

我们在第 5 章中学到，Rust 中的 panic 表示遇到一个程序无法处理的问题，所以只好放弃继续执行。例如当程序遇到以下代码时，它无能为力：

```
println!("{}", vec![1, 2][3]);
```

这里的程序员告诉程序去访问一个只有两个元素的 Vec 的第四个元素，这是不允许的——所以唯一的选项就是放弃。然后程序打印一条消息并展开栈，这会清理线程的内存。如果这个线程是主线程，那么程序就结束了。

由于 panic 是一个有序的过程，可以稍微修改它的行为。标准库中有一个同样名为 std::panic 的模块，它允许我们在 panic 发生时修改会发生的事情。

首先，回顾一下程序 panic 时我们看到的输出。我们将从使用 panic! 宏开始，这是实现这一点的最简单方式：

```
fn main(){
    panic!();
}
```

输出是：

```
thread 'main' panicked at 'explicit panic', src\main.rs:2:5
note: run with `RUST_BACKTRACE=1` environment variable to display a backtrace
```

panic! 宏可以接收一个消息，这将改变输出的一些内容：

```
fn main(){
    panic!("Oh man, something went wrong");
}
```

现在，输出包含了我们的消息，而不仅仅是 'explicit panic'：

```
thread 'main' panicked at 'Oh man, something went wrong', src\main.rs:2:5
note: run with `RUST_BACKTRACE=1` environment variable to display a backtrace
```

现在看看在 panic! 宏外部发生的 panic 会发生什么。首先，将尝试在不解包的情况下解析一个数字，这将生成一个包含错误信息的 Result。之后，将解包并比较 panic 信息与我们打印出来的内容。

```
fn main(){
    let try_parse = "my_num".parse::<u32>();
    println!("Error output: {try_parse:?}");
    let my_num = try_parse.unwrap();
}
```

可以看到，当发生 panic 时，它首先会告诉我们是哪个线程发生了 panic，为什么发生 panic，任何错误信息，发生问题的代码位置，以及一个关于如何显示 backtrace 的注释：

```
Error output: Err(ParseIntError { kind: InvalidDigit })
thread 'main' panicked at 'called `Result::unwrap()` on an `Err` value: ParseIntError {
        kind: InvalidDigit }', src/main.rs:4:28
note: run with `RUST_BACKTRACE=1` environment variable to display a backtrace
```

以上是发生 panic 的默认行为。但如果我们愿意，可以使用一个名为 set_hook( ) 的方法来改变这一切。这个方法设置了一个全局 panic 钩子，它将取代默认的 panic 钩子。在这个方法内部是一个闭包，可以在 panic 发生时做任何想做的事情。让我们创建一个非常简单的钩子，它在 panic 发生时打印出一条或两条消息——一条英文的和一条韩文的：

```
fn main() {
    std::panic::set_hook(Box::new(|_| {
        println!("Oops, that didn't work.");
        println!("앗뭔가잘못됐네요.");     #A
    }));

    panic!();
}
```

#A 韩文的意思是 "Oops，something's gone wrong."（哎呀，出问题了。）

panic 钩子确实按照我们告诉它的那样执行了，甚至位置和错误信息都消失了。现在运行程序时，看到的就是这些！

```
Well, that didn't work.
앗뭔가잘못됐네요.
```

那么，panic 消息中的默认信息来自哪里呢？如果可以显示这些信息那就太好了。

你可能已经注意到，在 set_hook( ) 内部有一个闭包，它有一个参数，通过使用 |_| 忽略了它。如果给这个参数一个名字，那么可以看到它是一个名为 PanicInfo 的结构体，它实现了 Debug 和 Display 特性。让我们把它打印出来：

```
fn main() {
    std::panic::set_hook(Box::new(|info| {
        println!("Well, that didn't work: {info}");
    }));
    panic!();
}
```

这将打印出：

```
Well, that didn't work: panicked at 'explicit panic', src\main.rs:6:5
```

PanicInfo 结构体本身相当有趣，因为它有一个名为 payload 的参数，该参数实现了 Any：

```
pub struct PanicInfo<'a> {
    payload: &'a (dyn Any + Send),
    message: Option<&'a fmt::Arguments<'a>>,
    location: &'a Location<'a>,
    can_unwind: bool,
}
```

在第 13 章中，我们了解到 Error 特性有方法允许尝试将其向下转型为具体的类型。Any 特性是另一个包含向下转型方法的特性，它默认为任何类型自动实现，除非它包含一个非 'static 引用。换句话说，payload 参数将持有一个特性对象，技术上它可以是任何东西。

然而，PanicInfo 结构体的 .payload( ) 的文档告诉我们 payload 通常会是什么类型：

```
Returns the payload associated with the panic.
This will commonly, but not always, be a &'static str or String.
```

让我们尝试一下这个向下转型：

```
fn main() {
    std::panic::set_hook(Box::new(|info| {
        if let Some(payload) = info.payload().downcast_ref::<&str>() {
            println!("{payload}");
        } else {
            println!("No payload!");
        }
    }));
    panic!("Oh no");
}
```

.downcast_ref::<&str>()方法返回了一个 Some，所以这将简单地打印出 "Oh no"。

这引出一个重要的点：.downcast_ref()是一个可能会失败的方法，所以我们确保使用了 if let 来确保没有发生 panic。在设置 panic 钩子时，尤其要避免发生 panic，因为 panic 期间发生 panic 会导致程序终止，这意味着它不会展开堆栈，而是将所有东西交给操作系统来清理。

此时输出将取决于你的操作系统，但它可能看起来相当糟糕。在 Playground 上，panic 内部发生的 panic 看起来像这样：

```
thread panicked while processing panic. aborting.
timeout: the monitored command dumped core
/playground/tools/entrypoint.sh: line 11:     8 Aborted                 timeout --
    signal=KILL ${timeout} "$@"
```

在 Windows 上，它看起来会像这样：

```
thread panicked while processing panic. aborting.
error: process didn't exit successfully: `target\release\rmol.exe` (exit code: 0xc0000409,
      STATUS_STACK_BUFFER_OVERRUN)
```

所以在设置 panic 钩子时务必要格外小心。

这里引出一个有趣的观点：有时人们会选择默认中止而不是 panic，因为这样做可以稍微减少二进制文件的大小。更小的尺寸是因为现在二进制文件内将没有清理代码。但是，你不想在 panic 钩子内部设置一个 panic 来实现这一点。相反，只需将以下内容添加到 Cargo.toml 文件中：

```
[profile.release]
panic = 'abort'
```

然后以发布模式运行或构建二进制文件（cargo run -release 或 cargo build -release），它将会小一些。但大多数情况下，你不会希望在发生 panic 时中止程序。

让我们用大一点的例子来完成这一节，这个例子中可能想要使用一个 panic 钩子。在这里运行的是一种访问数据库的软件。我们希望确保即使在 panic 发生时，数据库也能被正确关闭，这在堆栈展开和程序停止之前发生。我们还将添加一些假设的类型和函数来演示系统是如何工作的，以及有时会出现什么问题。

```
use rand::Rng;

struct Database {
    data: Vec<String>,
}
```

```
fn get_hour() -> u32 {
    let mut rng = rand::thread_rng();
    rng.gen_range(0..=30)     #A
}

fn shut_down_database(hour: u32) -> Result<(), String> {     #B
    match hour {
        h if (6..18).contains(&h) => {
            //Do some database shutting down stuff.
            Ok(())
        }
        h if h > 24 => Err(format!("Internal error: hour {h} shouldn't exist")),
        h => Err(format!("Hour {h} is not working hours, can't shut down")),
    }
}

fn main() {
    std::panic::set_hook(Box::new(|info| {
        println!("Something went wrong /문제가생겼습니다!");
        println!("Panic info: {info}");
        let hour = get_hour();
        match shut_down_database(hour) {
            Ok(()) => println!("Shutting down database at {hour} o'clock!"),
            Err(e) => println!("Couldn't shut down database before panic finished: {e}"),
        }
    }));
    let mut db = Database { data: vec![] };
    db.data.push("Some data".to_string());
    panic!("Database broke");
}
```

#A 有人犯了一个错误，有时一天中的小时数会超过 24。我们将用一个简单的函数来表示这一点，该函数返回一个最多到 30 的数字。

#B 这个方法只会在工作时间关闭数据库。在工作时间之外，它会保持数据库运行并记录一条消息，还会检查一天中的不正确小时数。

输出将始终包括以下内容：

```
Something went wrong /문제가생겼습니다!
Panic info: panicked at 'Database broke', src\main.rs:38:5
```

输出剩余部分将是以下三行之一，具体取决于 get_hour( )返回的一天的时段：

```
Couldn't shut down database before panic finished: Internal error: hour 27 shouldn't exist
Shutting down database at 17 o'clock!
Couldn't shut down database before panic finished: Hour 1 is not working hours, can't shut
down
```

最后，如果想要撤销 panic 钩子怎么办？这很简单，只需使用 take_hook( )方法。它的使用看起来像这样：

```
fn main() {
    std::panic::set_hook(Box::new(|_| {
```

```
        println!("Something went wrong /문제가생겼습니다!");
    }));

    let _ = std::panic::take_hook();
    panic!();
}
```

现在，它将只打印出常规的线程 'main' 惊慌信息 'explicit panic', src\main.rs:8:5。我们在这里使用 let _，因为 take_hook()返回的是在上面 set_hook()中设置的 PanicInfo 结构体，在这里不需要它。但是如果确实需要它，可以给它一个变量名，按自己喜欢的方式使用它。

在结束这一节之前，让我们快速看一下 take_hook()方法。不用担心里面的所有细节，但你是否注意到了在本章学到的一个方法？我们的老朋友 mem::take()！可以看到它被用来抓取旧的 panic 钩子，之后它将其返回给我们。

```
pub fn take_hook()-> Box<dyn Fn(&PanicInfo<'_>) +'static + Sync + Send> {
    if thread::panicking(){
        panic!("cannot modify the panic hook from a panicking thread");
    }
    let mut hook = HOOK.write().unwrap_or_else(PoisonError::into_inner);
    let old_hook = mem::take(&mut *hook);
    drop(hook);
    old_hook.into_box()
}
```

mem::take()在后面留下了一个默认值，让我们来看看这里提到的 Hook，看看它是什么样子，以及它的默认值是什么。它相当简单，只是一个枚举，表示默认的钩子或自定义钩子。

```
enum Hook {
    Default,
    Custom(Box<dyn Fn(&PanicInfo<'_>) +'static + Sync + Send>),
}
```

所以在这本书的当前阶段，标准库中剩下的大部分内容应该都能理解了。

标准库的下一部分与当前内容非常相关：堆栈跟踪。

21.3 查看回溯（backtrace）

我们在第 14 章的测试代码部分学习了回溯。当发生 panic 时查看回溯是 Rust 语言从一开始就具有的特性。然而，能够在运行时查看回溯是比较新的功能：它是在 2022 年 11 月与 Rust 1.65 版本一起添加的。在此之前，在运行时查看回溯的唯一方式是通过一个名为 backtrace 的 crate。

但现在可以不需要任何外部代码来完成这个操作，并且查看回溯相当简单：只需使用位于 std::backtrace 模块中的一个名为 Backtrace::capture()的函数。但是有一点需要记住。尝试在 Playground 或你的计算机上运行这段代码，看看会发生什么：

```
use std::backtrace::Backtrace;

fn main(){
    println!("{}", Backtrace::capture());
}
```

这只会打印出以下内容：

```
disabled backtrace
```

文档解释说这个方法将寻找一个 RUST_BACKTRACE 或 RUST_LIB_BACKTRACE 环境变量。源代码向我们展示了它只关心环境变量是否被设置为 "0"：

```
let enabled = match env::var("RUST_LIB_BACKTRACE") {
    Ok(s) => s != "0",
    Err(_) => match env::var("RUST_BACKTRACE") {
        Ok(s) => s != "0",
        Err(_) => false,
    },
};
```

即使我们有一个 RUST_BACKTRACE 环境变量，这段代码仍然只会打印出禁用的回溯：

```
use std::backtrace::Backtrace;

fn main() {
    std::env::set_var("RUST_BACKTRACE", "0");
    println!("{:#?}", Backtrace::capture());
}
```

但是任何其他值都将在运行时打印出一个回溯：

```
use std::backtrace::Backtrace;

fn main() {
    std::env::set_var("RUST_BACKTRACE", "1");
    println!("{}", Backtrace::capture());
}
```

将环境变量设置为文字上的任何其他值都将启用回溯的捕获：

```
use std::backtrace::Backtrace;

fn main() {
    std::env::set_var("RUST_BACKTRACE", "Hi I'm backtrace ㅎㅎㅎ");
    println!("{}", Backtrace::capture());
}
```

现在它已经启用了，输出将像我们下面看到的样子。以下是 Playground 显示的内容：

```
0: playground::main
        at ./src/main.rs:5:20
1: core::ops::function::FnOnce::call_once
        at
/rustc/d5a82bbd26e1ad8b7401f6a718a9c57c96905483/library/core/src/ops/function.rs:507
:5
2: std::sys_common::backtrace::__rust_begin_short_backtrace
        at
/rustc/d5a82bbd26e1ad8b7401f6a718a9c57c96905483/library/std/src/sys_common/backtrace
.rs:121:18
3: std::rt::lang_start::{{closure}}
        at
```

```
        /rustc/d5a82bbd26e1ad8b7401f6a718a9c57c96905483/library/std/src/rt.rs:166:18
  4: core::ops::function::impls::<impl core::ops::function::FnOnce<A> for &F>::call_once
             at
        /rustc/d5a82bbd26e1ad8b7401f6a718a9c57c96905483/library/core/src/ops/function.rs:606
        :13
  5: std::panicking::try::do_call
             at
        /rustc/d5a82bbd26e1ad8b7401f6a718a9c57c96905483/library/std/src/panicking.rs:483:40
  6: std::panicking::try
             at
        /rustc/d5a82bbd26e1ad8b7401f6a718a9c57c96905483/library/std/src/panicking.rs:447:19
  7: std::panic::catch_unwind
             at
        /rustc/d5a82bbd26e1ad8b7401f6a718a9c57c96905483/library/std/src/panic.rs:137:14
  8: std::rt::lang_start_internal::{{closure}}
             at
        /rustc/d5a82bbd26e1ad8b7401f6a718a9c57c96905483/library/std/src/rt.rs:148:48
  9: std::panicking::try::do_call
             at
        /rustc/d5a82bbd26e1ad8b7401f6a718a9c57c96905483/library/std/src/panicking.rs:483:40
 10: std::panicking::try
             at
        /rustc/d5a82bbd26e1ad8b7401f6a718a9c57c96905483/library/std/src/panicking.rs:447:19
 11: std::panic::catch_unwind
             at
        /rustc/d5a82bbd26e1ad8b7401f6a718a9c57c96905483/library/std/src/panic.rs:137:14
 12: std::rt::lang_start_internal
             at
        /rustc/d5a82bbd26e1ad8b7401f6a718a9c57c96905483/library/std/src/rt.rs:148:20
 13: std::rt::lang_start
             at
        /rustc/d5a82bbd26e1ad8b7401f6a718a9c57c96905483/library/std/src/rt.rs:165:17
 14: main
 15: __libc_start_main
 16: _start
```

这相当简单。现在让我们通过一个结合了 panic 钩子和回溯的例子来结束。

Backtrace 结构体也有一个名为 status( )的方法，它返回一个名为 BacktraceStatus 的枚举。我们不仅可以打印出 Backtrace 结构体，还可以在 BacktraceStatus 枚举上进行匹配。这个枚举相当简单，但要注意两个原因：

- 它有 #[non_exhaustive] 属性，这意味着它可能在未来被扩展。这意味着必须匹配枚举中列出的三个以外的任何额外可能的变体，以防将来添加新的变体。
- 其中一个变体是 Unsupported，因为有些架构甚至不支持回溯。

```
#[non_exhaustive]
pub enum BacktraceStatus {
    Unsupported,
    Disabled,
    Captured,
}
```

以下是示例：

```
use std::{
    backtrace::{Backtrace, BacktraceStatus::*},
    panic,
};

fn main(){
    panic::set_hook(Box::new(|_|{
        println!("Panicked! Trying to get a backtrace...");
        let backtrace = Backtrace::capture();     #A
        match backtrace.status(){     #B
            Disabled => println!("Backtrace isn't enabled, sorry"),
            Captured => println!("Here's the backtrace!! \n{backtrace}"),
                    Unsupported => println!("No backtrace possible, sorry"),     #C
            other => println!("BacktraceStatus got a new variant: {other:?}"),
        }
    }));

    std::env::set_var("RUST_BACKTRACE", "0");     #D
    panic!();
}
```

#A 当发生 panic 时，我们将尝试捕获一个回溯。

#B 接下来代码在 BacktraceStatus 枚举上进行匹配，以查看是否启用了回溯。

#C 找到一个不支持回溯的架构相当罕见，但如果是这样，那么我们会看到这个消息。

#D 最后，这里是启用或禁用回溯的地方。

输出如下：

```
Panicked! Trying to get a backtrace...
Backtrace isn't enabled, sorry
```

Rust 精确的错误处理意味着回溯的使用不如在其他语言中那么频繁，因为通常不需要筛选一个回溯来找出你的代码中出了什么问题。

21.4 标准库的前言（prelude）

标准库中的前言（prelude）是你不需要写像 use std::vec::Vec 来使用 Vec，或者 std::result::Result::Ok()来代替 Ok()的原因。可以在这里看到所有项目，并且几乎已经知道其中的大部分。

有一个属性叫作 #![no_implicit_prelude]，它可以禁用前言。让我们尝试一下，看看即使是编写最简单的代码，也会变得有多困难：

```
#![no_implicit_prelude]
fn main(){
    let my_vec = vec![8, 9, 10];
    let my_string = String::from("This won't work");
    println!("{my_vec:?}, {my_string}");
}
```

现在 Rust 不知道你想做什么：

```
error: cannot find macro `println` in this scope
 --> src/main.rs:5:5
  |
5 |    println!("{:?}, {}", my_vec, my_string);
  |    ^^^^^^^

error: cannot find macro `vec` in this scope
 --> src/main.rs:3:18
  |
3 |    let my_vec = vec![8, 9, 10];
  |                 ^^^

error[E0433]: failed to resolve: use of undeclared type or module `String`
 --> src/main.rs:4:21
  |
4 |    let my_string = String::from("This won't work");
  |                    ^^^^^^ use of undeclared type or module `String`

error: aborting due to 3 previous errors
```

所以对于这段简单的代码，需要告诉 Rust 使用名为 std 的外部（extern）crate，然后是你想要的项目。以下是我们要做的所有工作，只是为了创建一个 Vec 和一个 String 并打印它：

```
#![no_implicit_prelude]

extern crate std;    #A
use std::convert::From;

fn main() {    #B
    let my_vec = std::vec![8, 9, 10];
    let my_string = std::string::String::from("This won't work");
    std::println!("{my_vec:?}, {my_string}");
}
```

#A 通过 #![no_implicit_prelude] 告诉 Rust 我们不会引入 std 库中的任何内容，所以必须再次让编译器知道我们将使用它。

#B 即使是编写这段简单的代码，也需要 vec 宏、String、From（用于将 &str 转换为 String），甚至，用于打印的 println。

现在输出“[8, 9, 10], This won't work”。可以看出为什么 Rust 有 prelude，没有它的话体验会非常糟糕。

为什么我们之前没有看到 extern 关键字？那是因为你不再需要它了。在几年前（直到 2018 年），当引入外部 crate 时，必须使用这个关键字。所以过去要使用 rand，必须写 extern crate rand，然后跟上 use 语句，以便将你想要引入作用域的其他内容带进来。但是 Rust 编译器现在不再需要这个帮助了，可以直接使用 use，它知道在哪里找到它。所以几乎不需要 extern crate 了。但在其他人的 Rust 代码中，有时可能仍然会看到它。

21.5 其他宏

我们即将进入下一章，在下一章中将学习编写自己的宏。但是标准库中还有许多宏没有看过，所以让我们先学习它们。就像使用过的其他宏一样，它们都非常容易使用。

21.5.1 unreachable!

这个宏有点像 todo!，不过它是用于永远不会执行的代码。也许你有一个枚举中的 match，知道永远不会选择其中一个分支，所以代码永远无法到达。如果是这样，可以写 unreachable!，让编译器知道它可以忽略这部分。

假设你正在使用一个外部 crate 作为金融工具，它包含了一个所有主要银行的大枚举。我们将在这个枚举上进行 match：

```
enum Bank {
    BankOfAmerica,
    Hsbc,
    Citigroup,
    DeutscheBank,
    TorontoDominionBank,
    SiliconValleyBank
    // And so on...
}
```

我们注意到，硅谷银行已经不存在了！100%确信客户将永远不会选择它，所以不希望将这个变体标记为 todo! 或 unimplemented!。这是一个使用 unreachable! 宏的情况。

```
enum Bank {
    BankOfAmerica,
    Hsbc,
    Citigroup,
    DeutscheBank,
    TorontoDominionBank,
    SiliconValleyBank
    // And so on...
}

fn get_swift_code(bank: &Bank) -> &'static str {
    use Banks::*;
    match bank {
        BankOfAmerica => "BOFAUS3N",
        Hsbc => "HSBCHKHHXXX",
        Citigroup => "CITIUS33XXX",
        DeutscheBank => "DEUTINBBPBC",
        TorontoDominionBank => "TDOMCATTTOR",
        SiliconValleyBank => unreachable!()
    }
}
```

另一个使用 unreachable! 宏的情况是当编译器无法看到我们知道的情况时。下面的例子展示了一个函数，它返回一个从 0 到 3 的随机数作为 usize 类型，随后是另一个名为 human_readable_rand_num()的函数，它提供了输出的可读版本："zero" 不是 0，"one" 不是 1，以此类推。我们 100%确信这个函数永远不会遇到不在 0..=3 范围内的任何数字，但编译器不知道这一点。在这种情况下，unreachable!宏非常有用。

```
use rand::{thread_rng, Rng};

fn zero_to_three()-> usize {
    let mut rng = thread_rng();
    rng.gen_range(0..=3)
}

fn human_readable_rand_num()->&'static str {
    match zero_to_three(){
        0 => "zero",
        1 => "one",
        2 => "two",
        3 => "three",
        _ => unreachable!(),
    }
}
```

Unreachable!宏对于阅读代码的人来说是一个很好的提醒，说明了代码是如何工作的：它是一个断言，表示某些事情永远不会发生。但是必须确信代码实际上是不可达的。如果编译器调用了 unreachable!，程序将会 panic。就像 todo!一样，我们有责任确保这个宏永远不会被调用。

与此相关的是，当编译器可以确定某些代码永远不会被执行时，会看到 "unreachable"（不是宏 unreachable!）。以下是一个简单的例子：

```
fn main(){
    let true_or_false = true;

    match true_or_false {
        true => println!("It's true"),
        false => println!("It's false"),
        true => println!("It's true"),
    }
}
```

在这里，编译器知道 match 语句永远不会到达第三行，因为它已经检查了两种可能的情况：true 和 false。

```
warning: unreachable pattern
 --> src/main.rs:7:9
  |
7 |         true => println!("It's true"),
  |         ^^^^
  |
```

有时你会意外地看到这个 "unreachable pattern" 的警告。下面的代码简单地创建了一个表示四个季节的枚举和一个对每个季节进行匹配的函数。仔细看看下面的代码，能否找出为什么编译器会警告我们有代码的部分是不可达的：

```
pub enum Season {
    Spring,
    Summer,
    Autumn,
    Winter
}

pub fn handle_season(season: Season) {
    use Season::*;
    match season {
        Spring => println!("Spring"),
        summer => println!("Summer"),
        Autumn => println!("Autumn"),
        Winter => println!("Winter")
    }
}
```

现在让我们仔细看看输出：

```
warning: unreachable pattern
 --> src/lib.rs:13:9
   |
12 |         summer => println!("Summer"),
   |         ------ matches any value
13 |         Autumn => println!("Autumn"),
   |         ^^^^^^ unreachable pattern
   |
   = note: `#[warn(unreachable_patterns)]` on by default

warning: unreachable pattern
 --> src/lib.rs:14:9
   |
12 |         summer => println!("Summer"),
   |         ------ matches any value
13 |         Autumn => println!("Autumn"),
14 |         Winter => println!("Winter")
   |         ^^^^^^ unreachable pattern
```

当我们试图匹配 Summer 时，犯了一个错，写成了 summer。我们不是在匹配枚举变体，而是创建了一个名为 summer 的通配符变量，它将匹配任何东西。由于它匹配任何东西，代码将永远不会到达 match 语句中的 Summer 和 Winter 部分。

21.5.2 column!，line!，file!，module_path!

这 4 个宏非常简单，只是用来显示代码中的当前位置。以下是它们一起使用的情况：

- column! 提供了宏被调用时的列号。
- file! 提供了宏被调用的文件名。
- line! 提供了宏被调用时的行号。
- module_path! 提供了模块的路径。

当生成错误输入或者仅仅是为了打印出提示信息，以便检查代码中的异常情况时，这些宏可能很有用。我们将使用上面提到的 Bank 枚举示例再次说明这一点。

在下面的代码中，开始组合一些模块来处理银行客户，这次我们认为系统中可能还有某些硅谷银行客户。不过我们不会让程序崩溃，而是会打印出一个警告，并给出代码中的位置，以便于找到并设计修复方案。

```
pub mod input_handling {

    pub struct User {
        pub name: String,
        pub bank: Bank,
    }

    #[derive(Debug, Clone, Copy)]
    pub enum Bank {
        BankOfAmerica,
        Hsbc,
        Citigroup,
        DeutscheBank,
        TorontoDominionBank,
        SiliconValleyBank,
    }

    pub mod user_input {
        use crate::input_handling::{Bank, User};
        pub fn handle_user_input(user: &User) -> Result<(), ()> {
            match user.bank {
                Bank::SiliconValleyBank => {
                    println!(
                        "Darn it, looks like we have to handle this variant even though
        Silicon Valley Bank doesn't exist anymore: {}:{}:{}:{}",
                        module_path!(),
                        file!(),
                        column!(),
                        line!()
                    );
                    Ok(())
                }
                other_bank => {
                    println!("{other_bank:?}, no problem");
                    Ok(())
                }
            }
        }
    }
}

use crate::input_handling::{user_input::handle_user_input, Bank, User};

fn main(){
    let user = User {
        name: "SomeUser".to_string(),
```

```
        bank: Bank::SiliconValleyBank,
    };
    handle_user_input(&user).unwrap();

    let user2 = User {
        name: "SomeUser2".to_string(),
        bank: Bank::TorontoDominionBank,
    };
    handle_user_input(&user2).unwrap();
}
```

它打印出这个：

```
Darn it, looks like we have to handle this variant even though Silicon Valley Bank doesn't
    exist anymore: playground::input_handling::user_input:src/main.rs:25:28
TorontoDominionBank, no problem
```

21.5.3 thread_local!

这个宏与我们在 lazy static crate 中看到的 lazy_static！宏类似，不同之处在于，全局内容是包含它的线程本地的。或者更准确地说，lazy_static！与 thread_local！类似，因为 thread_local！出现得更早——它是随着 Rust 版本 1.0.0 一起发布的！

无论如何，当使用这个宏时，可以创建一个静态变量，它将在每个使用它的线程中具有相同的初始值。然后可以通过一个名为.with( )的方法访问该值，该方法允许在一个闭包内访问内部的值。

要了解它是如何工作的，最简单的方式是使用一个简单的示例，它与我们已经知道的 lazy_static 行为进行比较。下面的代码包含一些测试函数，并且应该使用 cargo test -- --nocapture 运行，这样可以看到输出。每个测试都在自己的线程上运行！

```
use std::cell::RefCell;
use std::sync::Mutex;

lazy_static::lazy_static! {
    static ref INITIAL_VALUE: Mutex<i32> = Mutex::new(10);      #A
}

thread_local! {
    static LOCAL_INITIAL_VALUE: RefCell<i32> = RefCell::new(10);     #B
}

#[test]     #C
fn one() {
    let mut lock = INITIAL_VALUE.lock().unwrap();
    println!("Test 1. Global value is {lock}");
    *lock += 1;
    println!("Test 1. Global value is now {lock}");

    LOCAL_INITIAL_VALUE.with(|cell| {
        let mut lock = cell.borrow_mut();
        println!("Test 1. Local value is {lock:?}");
```

```
            *lock += 1;
            println!("Test 1. Local value is now {lock:?}\n");
        });
    }

    #[test]
    fn two(){
        let mut lock = INITIAL_VALUE.lock().unwrap();
        println!("Test 2. Global value is {lock}");
        *lock += 1;
        println!("Test 2. Global value is now {lock}");

        LOCAL_INITIAL_VALUE.with(|cell|{
            let mut lock = cell.borrow_mut();
            println!("Test 2. Local value is {lock:?}");
            *lock += 1;
            println!("Test 2. Local value is now {lock:?}\n");
        });
    }

    #[test]
    fn three(){
        let mut lock = INITIAL_VALUE.lock().unwrap();
        println!("Test 3. Global value is {lock}");
        *lock += 1;
        println!("Test 3. Global value is now {lock}");

        LOCAL_INITIAL_VALUE.with(|cell|{
            let mut lock = cell.borrow_mut();
            println!("Test 3. Local value is {lock:?}");
            *lock += 1;
            println!("Test 3. Local value is now {lock:?}\n");
        });
    }
```

#A 这个 INITIAL_VALUE 对所有线程都是可访问的。我们必须将它包装在一个线程安全的 Mutex 或 RwLock 中。

#B LOCAL_INITIAL_VALUE 是一个对每个线程本地的静态变量——不需要 Mutex！一个普通的 RefCell 或 Cell 就可以。

#C 现在有三个测试，每个测试都做完全相同的事情。每个测试都将 INITIAL_VALUE 递增 1 并打印它，然后递增 LOCAL_INITIAL_VALUE by 1 并打印它。

每个测试都在自己的线程上运行，所以顺序总是不同的，但输出将看起来像这样：

```
running 3 tests
Test 3. Global value is: 10
Test 3. Global value is now: 11
Test 3. Local value is 10
Test 3. Local value is now 11

Test 1. Global value is: 11
```

```
Test 1. Global value is now: 12
Test 1. Local value is 10
Test 1. Local value is now 11

Test 2. Global value is: 12
Test 2. Global value is now: 13
Test 2. Local value is 10
Test 2. Local value is now 11
```

正如你所看到的，所有三个测试结束后，INITIAL_VALUE（全局值）现在是 13。但是 LOCAL_INITIAL_VALUE（线程局部值）在每个线程内部从 10 开始，其他测试不会影响它。

如果查看 LocalKey（由宏创建的类型）的文档，会看到很多看起来像 Cell 和 RefCell 的方法。这些目前是实验性的，但它们都链接到一个 issue，该 issue 正在努力稳定它们。这些方法可能在你看这本书的时候已经被修复了。

21.5.4 cfg!

使用像#[cfg(test)]和#[cfg(windows)]这样的属性来告诉编译器在某些情况下应该做什么。当有#[test]属性时，Rust 在运行测试时会执行代码。如果用户正在使用 Windows，它就会运行代码。但也许只是想根据配置更改一小部分代码。这时这个宏就很有用。它返回一个布尔值。

```
fn main() {
    let helpful_message = if cfg!(target_os = "windows") {"backslash"} else {"slash"};
    println!(
        "...then in your hard drive, type the directory name followed by a
      {helpful_message}. Then you..."
    );
}
```

这将根据不同系统打印不同的内容。Rust Playground 运行在 Linux 上，所以将输出以下提示：

```
...then in your hard driver, type the directory name followed by a slash, Then you...
```

cfg! 宏适用于任何类型的配置。以下是一个函数示例，它在测试内部使用时表现不同。我们有一个 UserFile 枚举，它可以持有真实数据（一个 File）或测试数据（一个 String）。如果这段代码在 main()内部运行，open_file()函数将打开 main.rs 文件并将其传递。但是如果它在测试内部运行，它将简单地创建一个虚拟的 String 并传递它。尝试在 Playground 上使用 Run 和 Test 运行此代码，以查看行为上的差异。

```
use std::fs::File;
use std::io::Read;

#[derive(Debug)]
enum UserFile {
    Real(File),
    Test(String),
}

fn open_file()-> UserFile {
    if cfg!(test) {
```

```
            UserFile::Test(String::from("Just a test file"))
        } else {
            UserFile::Real(File::open("src/main.rs").unwrap())
        }
    }

    fn get_file_content()-> String {
        let mut content = String::new();
        let file = open_file();
        match file {
            UserFile::Real(mut f) => {
                f.read_to_string(&mut content).unwrap();
                content
            }
            UserFile::Test(s) => s,
        }
    }

    #[test]
    fn test_file(){
        let content = get_file_content();
        println!("Content is: {content}");
        assert_eq!(content, "Just a test file");
    }

    fn main(){
        let content = get_file_content();
        println!("{content}");
    }
```

当这段代码使用 cargo run 运行时，它将打印出 main.rs 文件的全部内容，但是在进行测试时使用 cargo test -- --nocapture，它将简单地打印以下内容：

```
running 1 test
Content: Just a test file
test test_file ... ok
```

希望你认为这次标准库之旅是有用的。标准库中有许多隐藏的宝藏，即使是经验丰富的 Rust 用户，也可能从未使用过，所以不妨自己进行一次探索。还有许多实验性的方法可能会在未来的某一天稳定下来，如果发现了一个你喜欢的方法，可以查看 issue，看看正在进行哪些工作。实验性并不意味着不安全！一个实验性的方法只是一个可能在未来某一天稳定下来，或者没有稳定下来，可能会被废弃的方法。

在经历了这两章轻松的内容之后，只剩下最后一个难度较大的章节了，那就是下一章：编写自己的宏！

21.6 总结

- std::mem 模块中的函数确实方便编写更短的代码，并解决生命周期问题。
- 通过 panic 钩子，可以在发生 panic 时创建自己的行为。

- 可以通过将 panic 行为设置为终止而不是展开栈，来稍微减小二进制文件的大小。
- 现在在运行时捕获回溯变得很容易，无须依赖外部 crate。不过，由于回溯模块是标准库中的新成员，可能仍然会在很多外部代码中看到 backtrace crate。
- cfg! 宏是一种编写代码的方式，它能够根据操作系统或其他配置的不同而做出不同的响应。
- thread_local! 宏允许创建不在线程之间共享的静态值。

第 22 章　编写自己的宏

本章涵盖了以下内容：

- 宏存在的原因。
- 理解和编写基本宏。
- 学习阅读他人编写的宏。
- 使用宏减少代码重复。

现在是学习如何编写自己的宏的时候了。宏非常方便——它们本质上是在为你编写代码。它们的语法与普通的 Rust 相当不同，需要一些时间去适应。

虽然编写宏很难，但是宏提供了其他任何东西都无法比拟的力量，而且随着你使用的次数越来越多，它们会变得越来越友好。我们将从宏的案例开始，探讨它们为什么存在。

22.1 宏存在的原因

宏在 Rust 中非常常见，正如我们在本书开头已经注意到的那样。甚至 println! 本身就是一个宏。但我们还没有学习到它们究竟是什么，除了在第 1 章中提到“宏就像一个为你编写代码的函数”。宏实际上是在编译器开始查看代码之前就生成代码的。

回到第 16 章，我们研究了常量泛型，它在 Rust 用户使用数组时减轻了很多痛苦。该章节引用了一个用户在 2018 年的境遇，那时候常量泛型还没有稳定，需要使用宏来替代：

```
"By far the single biggest pain point is const_generics. It can't be implemented and
    stabilized fast enough. I wrote an elaborate system of macros to solve the issue for
    our particular system. "
```

对于这个用户和他的团队来说，有大量的手动输入需要完成，不得不求助于宏来解决这个任务。他们需要的是一种可以从用户那里获取一些输入并生成编译器可以查看的代码。

而对于这样的任务，普通的函数无法完成。想象一下，如果我们需要创建 100 个结构体。每个结构体都有不同的名字，并且每个结构体都有一些需要命名的参数。尝试编写一个函数来创建这些结构体，立刻会遇到问题，下面的例子展示了这一点：

```
fn create_struct(struct_names: ???, struct_parameters: Vec<??? >) -> ???? {
    struct struct_name {
        struct_parameters.into_iter()???
    }
}
```

可以看到问题出现了。struct_names 的类型是什么呢？它不能是 String，String 是一个分配了内存的 Vec<u8>，之后会被丢弃。那么这个函数究竟返回什么呢？返回一堆可执行代码吗？

我们在普通函数内部编写的一切代码都需要被 Rust 编译。但在这个函数内编写的东西无法通过，而且也不希望这个函数参与编译，只希望它返回的结果随后被编译。

编译器想要将代码转换成机器码，但不希望编译器这么快就检查我们正在输入的内容。我们需要在 Rust 编译器查看代码之前退后一步。这就是宏的作用。

22.2 编写基本宏

有趣的是，在 Rust 中编写宏时，你使用的是一个名为 macro_rules! 的宏。在这之后，添加你的宏名称并打开一个{}块。内部有点像匹配语句。以下是一个只接受()，然后只返回 6 的宏：

```
macro_rules! give_six {
    () => {
        6
    };
}

fn main() {
    let six = give_six!();
    println!("{}", six);
}
```

但这并不像匹配语句，因为这里没有任何东西被检查和编译——宏只是接受一个输入并给出一个输出。从技术上来说，它被称为标记解析器。只有在之后，编译器才会检查它是否有意义。

可以创建一个没有意义的宏，以证明宏在编译器查看任何代码之前就已经工作了。以下宏仅接受输出“Hi Calvin.”，并产生一个有趣的输出。

```
macro_rules! pure_nonsense {
    (Hi Calvin.) => {
        GRITTINGS. MA NAM IS KAHLFIN. HEERYOR LUNBOKS. HOFFA GUT TAY ASKOOL.
    };
}

fn main() {

}
```

如果单击运行，代码竟然能编译通过！实际上这里并没有任何代码，因为我们还没有在任何地方调用这个宏。

现在如果调用这个宏，问题就出现了。

```
macro_rules! pure_nonsense {
    (Hi Calvin.) => {
        GRITTINGS. MA NAM IS KAHLFIN. HEERYOR LUNBOKS. HOFFA GUT TAY ASKOOL.
    };
}
```

```
fn main(){
    let x = pure_nonsense! (Hi Calvin.);
}
```

编译器告诉我们，它完全不知道 GRITTINGS 应该是什么，并且很贴心地提示我们，这很可能是宏的问题。

```
error[E0425]: cannot find value `GRITTINGS` in this scope
 --> src/main.rs:3:9
  |
3 |         GRITTINGS. MA NAM IS KAHLFIN. HEERYOR LUNBOKS. HOFFA GUT TAY ASKOOL.
  |         ^^^^^^^^^ not found in this scope
...
8 |     let x = pure_nonsense! (Hi Calvin.);
  |             ------------------------ in this macro invocation
  |
  = note: this error originates in the macro `pure_nonsense` (in Nightly builds, run with -
    Z macro-backtrace for more info)
```

宏只在表面上类似于匹配语句。我们知道真正的匹配语句需要返回相同的类型，以下代码是不会工作的：

```
fn main(){
    let my_number = 10;
    match my_number {
        10 => println! ("You got a ten"),
        _ => 10,
    }
}
```

编译器会报错：在一种情况下想要返回( )，而在另一种情况下想要返回 i32。

```
error[E0308]: `match` arms have incompatible types
 --> src\main.rs:5:14
  |
3 |/    match my_number {
4 ||        10 => println! ("You got a ten"),
  ||              ----------------------- this is found to be of type `()`
5 ||        _ => 10,
  ||             ^^ expected `()`, found integer
6 ||    }
  ||_____- `match` arms have incompatible types
```

正如上面所看到的，宏与代码编译无关，因此它完全可以接受从一个不同的匹配分支产生完全不同的输出。所以以下代码可以正常工作：

```
macro_rules! six_or_print {
    (6) => {
        6
    };
    () => {
        println! ("You didn't give me 6.");
    };
```

```
    }

    fn main(){
        let my_number = six_or_print!(6);
        six_or_print!();
    }
```

完全没问题，并且会打印出“You didn't give me 6.”。另一个可以看出宏不是匹配语句的方式是，这里没有使用下画线（_）通配符。我们只能给它传递（6）或者()。传递任何其他东西都会导致错误。让我们给宏传入参数 six_or_print!(66)，看看错误是什么样的：

```
error: no rules expected the token `66`
  --> src/main.rs:11:35
   |
1  | macro_rules! six_or_print {
   | ------------------------ when calling this macro
...
11 |     let my_number = six_or_print!(66);
   |                                   ^^ no rules expected this token in macro call
   |
note: while trying to match `6`
  --> src/main.rs:2:6
   |
2  |     (6) => {
   |      ^
```

在编写宏时，经常会看到“没有规则预期该标记”的错误信息。

这又是一个有趣的点：这个宏可以接受的输入 6 甚至不是一个 i32 类型的值，它只是数字 6——一个标记。标记不仅仅是 ASCII 字符或数字，也可以是：

```
macro_rules! might_print {
    (THis is strange input 하하はは哈哈 but it still works) => {
        println!("You guessed the secret message!")
    };
    () => {
        println!("You didn't guess it");
    };
}

fn main(){
    might_print!(THis is strange input 하하はは哈哈 but it still works);
    might_print!();
}
```

这个宏只响应两件事：()和（THis is strange input 하하はは哈哈 but it still works）。但是输出是正确的 Rust 代码，所以上面的代码可以编译，得到以下输出：

```
You guessed the secret message!
You didn't guess it
```

所以很明显，宏并不是严格意义上的 Rust 语法。然而，宏不仅仅是在原始标记上进行匹配，还可以做其他事情。如果你指明了宏可以预期看到的标记类型，它也可以做类似于在普通 Rust

代码中声明变量的事情。例如可以告诉宏它将接收一个表达式、一个类型名称、一个标识符等。以下是一个期望接收表达式的宏的简单示例：

```
macro_rules! might_print {
    ($input:expr) => {
        println!("You gave me: {}", $input);
    }
}

fn main() {
    might_print!(6);
}
```

这将打印出"You gave me：6"。其中的 $input：expr 部分很重要。可以给宏任何表达式，然后这个表达式可以在宏代码块内部使用我们选择的任何名称，在这个例子中我们称之为 $input。在宏中，变量以 $(美元符号) 开头。在这个宏中，如果给它一个表达式它会打印出来。让我们尝试使用 Debug 打印而不是 Display 来做更多的测试：

```
macro_rules! might_print {
    ($input:expr) => {
        println!("You gave me: {:?}", $input);
    }
}

fn main() {
    might_print!(());
    might_print!(6);
    might_print!(vec![8, 9, 7, 10]);
}
```

这将打印出：

```
You gave me: ()
You gave me: 6
You gave me: [8, 9, 7, 10]
```

还要注意，我们写的是 {:?}，但宏不会检查 &input 是否实现了 Debug 特性。

当我们将包含宏输出的代码进行编译时，编译器会进行检查。

如果我们告诉宏去期望一个表达式，却给它一个语句，可以看到宏是如何解析的。

```
macro_rules! wants_expression {
    ($input:expr) => {
        println!("You matched the macro input!");
    };
}

fn main() {
    wants_expression!(let x = 9);
}
```

错误输出明确地告诉我们，它查看了输入，但没有找到想看到的匹配项。

```
error: no rules expected the token `let`
  --> src/main.rs:8:23
```

```
  |
1 |macro_rules!wants_expression {
  |---------------------------- when calling this macro
...
8 |    wants_expression!(let x = 9);
  |                          ^^^ no rules expected this token in macro call
note: while trying to match meta-variable `$input:expr`
 --> src/main.rs:2:6
  |
2 |     ($input:expr) => {
  |      ^^^^^^^^^^^
```

如果现在告诉它去期望一个声明，并给它相同的输入，它将会匹配：

```
macro_rules!wants_statement {
    ($input:stmt) => {    #A
        println!("You matched the macro input!");
    };
}

fn main(){
    wants_statement!(let x = 9);
}
```

#A 这里是我们将表达式（expr）更改为语句（stmt）的位置，指示宏预期一个语句。

除了 expr 和 stmt，宏还能看到什么呢？以下是完整的列表。

```
block |expr |ident |item |lifetime |literal  |meta |pat |path |stmt |tt |ty |
    vis.
```

下面是它们的含义：

- block：花括号 {} 内的一个代码块表达式。
- expr：一个表达式。
- ident：一个标识符，比如变量名。
- item：一个结构体、模块等。
- lifetime：'a，'static 等。
- literal："hello"，9 等。
- meta：属性内部的信息。
- pat：一个路径（例如 std::vec::Vec）。
- stmt：一个语句（例如 let x = 9），不包括分号。
- tt：一个标记树，它可以匹配几乎任何东西。
- ty：一个类型名。
- vis：一个可见性修饰符，如 pub。

对于大多数宏来说，可能只会用到 expr、ident 和 tt。tt 代表标记树，某种程度上意味着任何类型的输入。让我们尝试一个同时使用这三个的简单宏。

```
macro_rules!check {
    ($input1:ident, $input2:expr) => {
        println!(
```

```
                "Is {:?} equal to {:?}? {:?}",
                $input1,
                $input2,
                $input1 == $input2
            );
        };
}

fn main(){
    let x = 6;
    let my_vec = vec![7, 8, 9];
    check!(x, 6);
    check!(my_vec, vec![7, 8, 9]);
    check!(x, 10);
}
```

这将接受一个标识符（比如变量名）和一个表达式，并检查它们是否相同。打印如下：

```
Is 6 equal to 6? true
Is [7, 8, 9] equal to [7, 8, 9]? true
Is 6 equal to 10? false
```

这里有一个宏，它接受一个标记树（tt）并打印它。首先使用一个名为 stringify! 的宏来创建一个字符串。

```
macro_rules!print_anything {
    ($input:tt) => {
        let output = stringify!($input);
        println!("{}", output);
    };
}

fn main(){
    print_anything!(ththdoetd);
    print_anything!(87575oehq75onth);
}
```

这将打印出：

```
ththdoetd
87575oehq75onth
```

如果我们给它一些带有空格、逗号的东西，它不会打印。宏会认为我们给了它多于一个标记或额外的信息。

这就是宏开始变得困难的地方。

为了同时给宏多个项目，必须使用不同的语法。不是 $input，而是（(input1)，*。这里的 * 表示“零个或多个”，而 * 之前的逗号意味着标记必须由逗号分隔。如果想匹配“一个或多个”标记，可以使用 + 而不是 *。

现在我们的宏看起来像这样：

```
macro_rules!print_anything {
    ($($input1:tt),*) => {
```

```
        let output = stringify!($($input1),*);
        println!("{}", output);
    };
}

fn main(){
    print_anything!(ththdoetd, rcofe);
    print_anything!();
    print_anything!(87575oehq75onth, ntohe, 987987o, 097);
}
```

所以它接受由逗号分隔的任何标记树，并使用 stringify! 将其转换为字符串。

然后打印出如下的内容：

```
ththdoetd, rcofe

87575oehq75onth, ntohe, 987987o, 097
```

如果使用 + 而不是，它会给出一个错误，因为有一次我们没有给它输入。所以 * 更加灵活一些。我们尝试将 (((input1:tt),) 中的逗号改为分号，看看会发生什么。宏将会生成一个错误，但这只是因为它现在期望我们给出的标记是由分号分隔的。如果改变我们给出的方式，宏的行为也会相应改变。

```
macro_rules!print_anything {
    ($($input1:tt);*) => {     #A
        let output = stringify!($($input1),*);
        println!("{}", output);
    };
}

fn main(){
    print_anything!(ththdoetd; rcofe);     #B
    print_anything!();
    print_anything!(87575oehq75onth; ntohe; 987987o; 097);
}
```

#A 现在宏和之前唯一的不同是它期望标记由分号分隔。

#B 如果在这里将逗号改为分号，它将像以前一样接受我们的输入。

在下一个示例中，将制作一个宏，为我们编写一个简单的函数。首先它将使用 $name:ident 匹配单个标识符，之后使用 ((input:tt),+ 检查重复的标记，然后打印所有内容。

```
macro_rules!make_a_function {
    ($name:ident, $($input:tt),+) => {     #A
        fn $name(){
            let output = stringify!($($input),+);     #B
            PrintIn!("{}",output);
        }
    };
}

fn main(){
```

```
        make_a_function!(print_it, 5, 5, 6, I);    #C
        print_it();
        make_a_function!(say_its_nice, this, is, really, nice);    #D
        say_its_nice();
    }
```

#A 给它一个函数名，它会检查剩余的输入，直到没有更多的标记需要检查。

#B 它将其他所有内容转换为字符串。

#C 我们想要一个名为 **print_ it( )** 的函数，它打印出我们给它的所有其他内容。

#D 这里我们改变了函数名。

这将打印出：

```
5, 5, 6, I
this, is, really, nice
```

在第 19 章中，我们了解到 Rust 有一个名为 cargo expand 的工具，它可以展开宏以显示实际的生成输出，并且 Playground 也有一个执行相同操作的按钮。让我们单击那个按钮来看看上述函数实际上是什么样子的。相关部分在这里：

```
macro_rules!make_a_function {
    ($name:ident, $($input:tt),+) =>
    {
        fn $name()
        { let output = stringify!($($input),+); println!("{}", output); }
    };
}

fn main(){
    fn print_it(){    #A
        let output = "5, 5, 6, I";    #B
        { ::std::io::_print(format_args!("{0}\n", output)); };    #C
    }
    print_it();    #D
    fn say_its_nice(){
        let output = "this, is, really, nice";
        { ::std::io::_print(format_args!("{0}\n", output)); };
    }
    say_its_nice();
}
```

#A 在这里，宏匹配到了一个名为 **print_it** 的单个标识符，它用这个标识符作为生成的函数的名称。

#B 接下来，它在这一行上查看剩余的标记（由逗号分隔）并将它们转换为字符串。

#C 打印。这里比较简陋，主要是展示 **println**! 宏的内部结构。

#D 函数现在存在，可以在这里调用它。

22.3 从标准库中读取宏

现在来看看是否能理解其他宏。我们已经在标准库中使用的一些宏，实际上有一些相当简单易读。看看在第 18 章中使用的 write! 宏：

```
macro_rules! write {
    ($dst:expr, $($arg:tt)*) => ($dst.write_fmt($crate::format_args!($($arg)*)))
}
```

使用它时，会输入这个：

- 一个表达式（expr），被命名为 $dst。
- 此后的所有内容。如果它写成了 $arg: tt，那么它只会接受一个，但因为它是（$arg:tt)，所以接受零个、一个或任意数量。

然后它取 $dst（代表“目的地”）并在其上使用一个名为 write_fmt 的方法。其中它又使用了一个名为 format_args! 的宏，这个宏接受（$(arg)，即我们放入的所有参数，并将它们传递给另一个宏。format_args! 宏在内部被广泛使用，但它使用了“编译器魔法”：

```
macro_rules! format_args {
    ($fmt:expr) => {{ /* compiler built-in */ }};
    ($fmt:expr, $($args:tt)*) => {{ /* compiler built-in */ }};
}
```

所以我们无法深入查看更多内容。标准库中有许多带有这个 /* compiler built-in */ 消息的宏。允许我们使用 {...} 捕获参数并格式化。

现在来看一下 todo! 宏。当你想要程序编译但还没有编写代码时，会使用这个宏。它看起来像这样：

```
macro_rules! todo {
    () => (panic!("not yet implemented"));
    ($($arg:tt)+) => (panic!("not yet implemented: {}", $crate::format_args!($($arg)+)));
}
```

这个宏有两个选项：可以输入()，或者是一些标记树（tt)。

- 如果输入()，它只是使用带有消息的 panic!。所以实际上，可以直接写 panic!("not yet implemented") 而不是 todo!，效果是一样的。
- 如果你输入一些参数，它会尝试打印它们。可以在里面再次看到相同的 format_args! 宏。

阅读了 todo! 的代码后，现在可以看到这个宏接受与 println! 宏相同的格式。让我们试一试：

```
fn not_done() {
    let time = 8;
    let reason = "lack of time";
    todo!("Not done yet because of {reason}. Check back in {time} hours");
}

fn main() {
    not_done();
}
```

这将打印出以下内容：

```
thread 'main' panicked at 'not yet implemented: Not done yet because of lack of time. Check
    back in 8 hours', src/main.rs:4:5
```

如果一个宏复杂或难以理解，可以查看它可能接受的输入，以了解如何使用它。

宏甚至可以调用自己！让我们试一试。看看能否猜出这个宏的输出是什么：

```
macro_rules! my_macro {
    () => {
        println!("Let's print this.");
    };
    ($input:expr) => {
        my_macro!();
    };
    ($($input:expr),*) => {
        my_macro!();
    }
}

fn main() {
    my_macro!(vec![8, 9, 0]);
    my_macro!(toheteh);
    my_macro!(8, 7, 0, 10);
    my_macro!();
}
```

这个宏可以接受空括号 ()，一个表达式，或者多个表达式。但是请注意，当它接收到一个表达式时，会忽略它们，并用 my_macro!()再次调用自己。而当 my_macro! 收到输入 ()时，它只会打印一条消息。所以上面代码的输出就是 Let's print this，共打印 4 次。

可以在 dbg! 宏中看到类似的行为，它也会调用自己。

```
macro_rules! dbg {
    () => {
        $crate::eprintln!("[{}:{}]", $crate::file!(), $crate::line!());
    };
    ($val:expr) => {
        // Use of `match` here is intentional because it affects the lifetimes
        // of temporaries - https://stackoverflow.com/a/48732525/1063961
        match $val {
            tmp => {
                $crate::eprintln!("[{}:{}] {} = {:#?}",
                    $crate::file!(), $crate::line!(), $crate::stringify!($val), &tmp);
                tmp
            }
        }
    };
    // Trailing comma with single argument is ignored
    ($val:expr,) => { $crate::dbg!($val) };
    ($($val:expr),+ $(,)?) => {
        ($($crate::dbg!($val)),+,)
    };
}
```

可以自己尝试一下。

```
fn main() {
    dbg!();
}
```

在没有特定输入的情况下，它匹配第一个分支：

```
() => {
    $crate::eprintln!("[{}:{}]", $crate::file!(), $crate::line!());
};
```

它会使用 file! 和 line! 宏打印文件名和行号。在 Playground 上，会打印 [src/main.rs:2]。

让我们尝试这个：

```
fn main(){
    dbg!(vec![8, 9, 10]);
}
```

这将匹配下一个分支，因为它是一个表达式：

```
($val:expr) => {
    match $val {
        tmp => {
            $crate::eprintln!("[{}:{}] {} = {:#?}",
                $crate::file!(), $crate::line!(), $crate::stringify!($val), &tmp);
            tmp
        }
    }
};
```

这个宏接受给定的表达式，打印文件名和行号，将构成表达式的标记转换为字符串，然后打印表达式本身。看看下面的输入和输出：

```
[src/main.rs:2] vec![8, 9, 10] = [
    8,
    9,
    10,
]
```

即使多了一个逗号，它也只会调用 dbg!，我们知道 Rust 允许尾随逗号是因为 (,)? 的存在。

(,)? 到底是如何表示可能存在尾随逗号的呢？让我们逐步拆分一下，首先是 ?，这是可以在宏中使用的三种重复操作符之一。我们已经知道其中两个，下面总结一下：

- 使用 * 来表示任意数量的重复。
- 使用 + 来表示任意数量的重复（但至少有一个）。
- 使用 ? 来表示零或一次出现。

所以在宏中的 ? 有点像在普通 Rust 代码中的 Option。在这种情况下，dbg! 宏允许存在尾随逗号的情况下发生匹配，但不会对其做任何处理。

可以通过自己的宏来练习一下。

```
macro_rules! comma_check {
    () => {
        println!("Got nothing!");
    };
    ($input:expr) => {
        println!("One expression!")
    };
    ($input:expr $(,)?) => {
        println!("One expression with a comma at the end!")
    };
```

```
    ($input:expr $(,)? $(,)?) => {
        println!("One expression with two commas at the end!")
    };
    ($input:expr $(;)? $(,)?) => {
        println!("One expression with a semicolon and a comma!")
    };
}

fn main() {
    comma_check!();
    comma_check!(8);
    comma_check!(8,);
    comma_check!(8,,);
    comma_check!(8;,);
}
```

这里输出：

```
Got nothing!
One expression!
One expression with a comma at the end!
One expression with two commas at the end!
One expression with a semicolon and a comma!
```

让我们通过查看 matches! 宏来收尾，这个宏大量使用了 ? 操作符。这个宏在 Rust 中使用得相当频繁，但我们在本书中还没有见过它。先看看代码，是否能弄明白它。

```
macro_rules! matches {
    ($expression:expr, $pattern:pat $(if $guard:expr)? $(,)?) => {
        match $expression {
            $pattern $(if $guard)? => true,
            _ => false
        }
    };
}
```

这个宏接受一个表达式和一个模式，并将表达式与模式进行匹配。在那之后，它还有两个可选的项目，但既然它们是可选的，让我们先将它们移除，以便更容易阅读：

```
macro_rules! matches {
    ($expression:expr, $pattern:pat) => {
        match $expression {
            $pattern => true,
            _ => false
        }
    };
}
```

将几个表达式与几个模式进行匹配。

```
fn main() {
    println!("{}", matches!(9, 9));
    println!("{}", matches!(9, 0..=10));
    println!("{}", matches!(9, 100..=1000));
}
```

很简单！这只会打印出 true，true，和 false。

再看看那些可选的项目。最后那个是 $(,)?，它允许有一个尾随的逗号。所以这段代码可以正常工作并产生相同的输出：

```
fn main() {
    println!("{}", matches!(9, 9,));
    println!("{}", matches!(9, 0..=10,));
    println!("{}", matches!(9, 100..=1000,));
}
```

最后是另一个可选项目：

```
$(if $guard:expr)?
```

允许我们添加一个 if 子句和一个表达式。它将这个表达式称为 $guard，并在下面使用它：

```
            $pattern $(if $guard)? => true,
```

让我们快速尝试一下：

```
const ALLOWS_TRUE: bool = false;

fn main() {
    println!("{}", matches!(9, 9 if ALLOWS_TRUE));
}
```

这段代码即使 9 匹配 9 也会输出 false，因为守卫返回了 false。

为了结束这部分内容，下面看一个更实际的例子，它展示了宏可能非常有用的场景。

22.4 使用宏保持代码整洁

假设有三个结构体，它们只包含一个 String。第一个应该只能容纳小型的 String，第二个应该能容纳中等大小的 String，最后一个应该能容纳大型的 String。它们是这样的：

```
struct SmallStringHolder(String);
struct MediumStringHolder(String);
struct LargeStringHolder(String);
```

确保这些类型接受的 String 足够小的最佳方式是使用 TryFrom 特性。我们将从 SmallStringHolder 开始，并确保它只能接受长度最多为 5 个字符的 String：

```
#[derive(Debug)]
struct SmallStringHolder(String);
#[derive(Debug)]
struct MediumStringHolder(String);
#[derive(Debug)]
struct LargeStringHolder(String);

impl TryFrom<&str> for SmallStringHolder {
    type Error = &'static str;

    fn try_from(value: &str) -> Result<Self, Self::Error> {
        if value.chars().count() > 5 {
            Err("Must be no longer than 5")
```

```
        } else {
            Ok(Self(value.to_string()))
        }
    }
}

fn main(){
    println!("{:?}", SmallStringHolder::try_from("Hello"));
    println!("{:?}", SmallStringHolder::try_from("Hello there"));
}
```

这里输出：

```
Ok(SmallStringHolder("Hello"))
Err("Must be no longer than 5")
```

现在为其他类型做同样的操作，但是这将会有很多重复的代码。

这就是需要使用宏的地方。在这种情况下，编写一个简单的宏非常容易。只需要取一个类型名和一个长度，并实现该特性即可。

```
macro_rules! derive_try_from {
    ($type:ident, $length:expr) => {
        impl TryFrom<&str> for $type {
            type Error = String;    #A

            fn try_from(value: &str) -> Result<Self, Self::Error> {
                let length = $length;    #B
                if value.chars().count() > length {
                    Err(format!("Must be no longer than {length}"))
                } else {
                    Ok(Self(value.to_string()))
                }
            }
        }
    };
}
```

#A 这里将错误类型从 &str 改为 String，现在我们想要格式化错误信息。

#B format! 宏无法识别 { $length} （这是宏语法，不是普通的 Rust 语法），所以我们声明了一个名为 length 的变量，其值等于 $length。现在可以将这个变量放入 format! 中，它将能够识别长度。

现在能够为所有三种类型实现 TryFrom，而无须一遍遍重复。代码看起来像这样：

```
macro_rules! derive_try_from {
    ($type:ident, $length:expr) => {
        impl TryFrom<&str> for $type {
            type Error = String;

            fn try_from(value: &str) -> Result<Self, Self::Error> {
                let length = $length;
                if value.chars().count() > $length {
                    Err(format!("Must be no longer than {length}"))
```

```
                } else {
                    Ok(Self(value.to_string()))
                }
            }
        }
    };
}

#[derive(Debug)]
struct SmallStringHolder(String);
#[derive(Debug)]
struct MediumStringHolder(String);
#[derive(Debug)]
struct LargeStringHolder(String);

derive_try_from!(SmallStringHolder, 5);
derive_try_from!(MediumStringHolder, 8);
derive_try_from!(LargeStringHolder, 12);

fn main(){
    println!("{:?}", SmallStringHolder::try_from("Hello there"));
    println!("{:?}", MediumStringHolder::try_from("Hello there"));
    println!("{:?}", LargeStringHolder::try_from("Hello there"));
}
```

代码可以工作，输出是：

```
Err("Must be no longer than 5")
Err("Must be no longer than 8")
Ok(LargeStringHolder("Hello there"))
```

既然我们使用了宏，为什么要在这里停止呢？也可以在宏内部声明类型本身。可以进一步缩减代码：

```
macro_rules! make_type {
    ($type:ident, $length:expr) => {
        #[derive(Debug)]
        struct $type(String);    #A

        impl TryFrom<&str> for $type {
            type Error = String;

            fn try_from(value: &str) -> Result<Self, Self::Error> {
                let length = $length;
                if value.chars().count() > $length {
                    Err(format!("Must be no longer than {length}"))
                } else {
                    Ok(Self(value.to_string()))
                }
            }
        }
    };
```

```
}

make_type!(SmallStringHolder, 5);
make_type!(MediumStringHolder, 8);
make_type!(LargeStringHolder, 12);

fn main(){
    println!("{:?}", SmallStringHolder::try_from("Hello there"));
    println!("{:?}", MediumStringHolder::try_from("Hello there"));
    println!("{:?}", LargeStringHolder::try_from("Hello there"));
}
```

#A 现在我们在宏内部声明类型本身，derive_try_from！将创建这些类型并为它们实现TryFrom。

我们在第 16 章讨论了常量泛型。如果 Rust 没有常量泛型，会如何使用宏来构建不同大小的数组，并为每个数组实现一些如 TryFrom 或 Display 的特性呢？

```
#[derive(Debug)]
struct Buffers<T, const N: usize> {
    array_one: [T; N],
    array_two: [T; N],
}

fn main(){
    let buffer_1 = Buffers {
        array_one: [0u8; 3],
        array_two: [0; 3],
    };

    let buffer_2 = Buffers {
        array_one: [0i32; 4],
        array_two: [10; 4],
    };
}
```

宏相当复杂！通常，你只想要一个宏来自动完成那些简单函数做不好的事情。学习宏的最佳方式是查看其他宏的例子，直到习惯了语法再尝试上手。

人们经常使用宏，但是很少会编写一个宏，所以很少有人能够一次性就写一个可以工作的宏。希望这一章已经让你对宏足够熟悉，甚至开始尝试自己编写它们。

现在我们已经到了书的最后一个部分，项目实战。在接下来的两章中，我们将看到 6 个小型项目，它们可以独立运行，但也可以根据需要扩展它们。

22.5 总结

- 宏被广泛使用，但很少被编写。很少有人是宏的专家，但学会阅读它们是很重要的。
- 宏可以接受任何输入，如果你告诉宏输入的种类（一个表达式、语句等），那么可以输入一个名字，并以类似于变量的方式使用它。
- 宏可以调用其他宏，甚至可以调用自己。
- 标准库中的许多宏是内置在编译器中的，它们的细节无法被看到。
- 大多数人第一次转向宏是为了节省时间并减少代码重复。

第 23 章　项目实战——半成品项，需要等你完成

本章涵盖了以下内容：

- 制作一个打字教程。
- 制作一个维基百科文章摘要搜索器。
- 制作一个时钟和秒表。

J. R. R. 托尔金（《指环王》的作者）在他的一生中写了很多未完成的故事。这些故事由他的儿子完成，并以《未完成的故事》的名字出版。

这两章就像是为你（开发者）准备的《未完成的故事》，可以拿起它们并自行开发。每一章都包含三个未完成的项目，供自己选择并继续开发。它们在某种程度上是完成的，因为它们都可以运行：只需输入 cargo run 并开始使用它们。但它们很简短，所以只具有最基本的功能。如果你愿意，可以继续在它们上面工作。

这两章还使用了相当多的新 crate，因为 CLI（命令行工具）和 GUI（图形用户界面）的 crate 通过在计算机上的实际使用来学习效果最好。本章使用的 crate 在 Playground 上无法工作，因为它们需要访问系统资源并具备实时获取用户输入和打开新窗口等能力。

23.1 为最后两章设置项目

这 6 个未完成项目的每个工作代码样本大约有 75~100 行长。虽然短，但每次添加新行时查看整个代码仍然有点太长。相反，代码开发将被分为 4 个步骤：

- 第一步，我们将设置项目并编写一些代码。
- 第二步，将涉及代码开发，并将完成大部分工作。
- 第三步，进一步开发和清理。
- 第四步，将包含一些供你进阶开发的建议。

23.2 打字教程

第一个未完成的项目是一个打字教程。它接收一个文本文件并显示它，用户的工作是输入显示的文本。用户将能够看到文本输入错误的位置，打字教程在测试结束后将显示用户的打字表现如何。可以在网上搜索打字测试，以了解这个小应用程序将瞄准的功能性。

23.2.1 设置和第一段代码

第一个项目使用了 crossterm，这是一个能够检测并实时响应用户输入的 crate。Crossterm 让你看到的用户输入包括键盘、鼠标、屏幕大小调整等，但我们只需要监控键盘输入。关于 Crossterm 的另一个好处是它的体积小，因为它只引入了 22 个依赖，并且只需几秒钟就能编译完成。

顺便说一下 Crossterm 这个名字的来源：在 Rust 语言的早期，Rust crates 几乎专门为 UNIX/Linux 构建。Crossterm 是第一个跨界终端库，支持 UNIX 和 Windows。

这个项目的依赖关系相当简单。只需将以下内容添加到你的 Cargo.toml 文件中：

```
[dependencies]
crossterm = "0.26.1"
```

Crossterm 有一个名为 read()的函数，用于查看用户输入，所以将其放入循环中，看看会发生什么。尝试运行这段代码并输入 Hi!：

```
use crossterm::event::read;

fn main() {
    loop {
        println!("{:?}", read().unwrap());
    }
}
```

输出包括按下键和释放键，这一定程度上取决于你的打字方式，它可能看起来像这样：

```
Key(KeyEvent { code: Char('H'), modifiers: SHIFT, kind: Press, state: NONE })
Key(KeyEvent { code: Char('i'), modifiers: NONE, kind: Press, state: NONE })
Key(KeyEvent { code: Char('h'), modifiers: NONE, kind: Release, state: NONE })
Key(KeyEvent { code: Char('i'), modifiers: NONE, kind: Release, state: NONE })
Key(KeyEvent { code: Char('!'), modifiers: SHIFT, kind: Press, state: NONE })
Key(KeyEvent { code: Char('1'), modifiers: NONE, kind: Release, state: NONE })
```

在这里，用户按下了带有 shift 的'H'，然后按下了'i'。然后用户释放了'h'（不再按 shift），接着释放了'i'，然后按下了'!'，最后释放了'1'（即感叹号，但没有按 shift）。

如果你慢慢地打字，它看起来会像这样：

```
Key(KeyEvent { code: Char('H'), modifiers: SHIFT, kind: Press, state: NONE })
Key(KeyEvent { code: Char('h'), modifiers: NONE, kind: Release, state: NONE })
Key(KeyEvent { code: Char('i'), modifiers: NONE, kind: Press, state: NONE })
Key(KeyEvent { code: Char('i'), modifiers: NONE, kind: Release, state: NONE })
Key(KeyEvent { code: Char('!'), modifiers: SHIFT, kind: Press, state: NONE })
```

23.2.2 开发代码

通过查看文档，可以看到上面输出中的 Key 来自一个名为 Event 的枚举，它包括诸如 Key、Mouse 和 Resize 等事件：

```
pub enum Event {
    FocusGained,
    FocusLost,
```

```
    Key(KeyEvent),
    Mouse(MouseEvent),
    Paste(String),
    Resize(u16, u16),
}
```

我们只关心 Key 事件，可以使用 if let 来响应 Key 事件并忽略其他事件。

Event 枚举中的 Key 变体包含一个 KeyEvent 结构体：

```
pub struct KeyEvent {
    pub code: KeyCode,
    pub modifiers: KeyModifiers,
    pub kind: KeyEventKind,
    pub state: KeyEventState,
}
```

让我们看看 KeyEvent 结构体中关心的那些参数：

- code：包含了被按下的按键信息。使用它来向我们的 String 中添加（.push( )）或移除（.pop( )）字符，这个 String 跟踪用户到目前为止输入的内容。
- modifiers：指的是用户是否按下了诸如 shift、ctrl 等键。但是 code 参数本身就能给我们正确的大写或小写字符，所以不需要考虑修饰符。
- kind：因为 KeyEventKind 包含了 Press 和 Release。不需要用户释放键时每次添加或移除，只在用户按下键时处理就可以。
- state：这个参数保存了很多额外的可能状态信息（比如大写锁定是否开启）。

现在是时候引入一个文件供用户尝试打字了。创建一个名为 typing.txt 的文件，并在里面放一些文本——任何文本。为了我们的输出，将假设文件里只写着"Hi, can you type this?"。可以使用第 18 章中学到的 read_to_string( )函数来读取文件并将内容放入一个 String 中，然后会创建一个名为 user_input 的 String 来保存用户已输入的所有内容。我们只需要一个接一个地打印出这两个 String。现在的代码如下：

```
use crossterm::{
    event::{read, Event, KeyCode, KeyEventKind},
};
use std::fs::read_to_string;

fn main() {
    let file_content = read_to_string("typing.txt").unwrap();
    let mut user_input = String::new();

    loop {
        println!("{file_content}");
        println!("{user_input}_");     #A
        if let Event::Key(key_event) = read().unwrap() {
            if key_event.kind == KeyEventKind::Press {
                match key_event.code {
                    KeyCode::Backspace => {
                        user_input.pop();
                    }
                    KeyCode::Esc => break,     #B
```

```
                    KeyCode::Char(c) => {
                        user_input.push(c);
                    }
                    _ => {}
                }
            }
        }
    }
}
```

#A 这里的下画线只是为了向用户展示光标的位置。

#B 这允许用户在不使用难看的 ctrl-c 的情况下退出程序。

输出看起来相当不错！随着用户不断输入，要对照的字符串和当前输入都显示了出来。现在输入时的输出看起来像这样：

```
Hi, can you type this?
_
Hi, can you type this?
H_
Hi, can you type this?
Hi_
Hi, can you type this?
Hi_
Hi, can you type this?
Hi_
Hi, can you type this?
Hi,_
Hi, can you type this?
Hi,_
Hi, can you type this?
Hi, _
Hi, can you type this?
Hi, _
Hi, can you type this?
Hi, c_
```

到目前为止还不错，但是输出很快就会填满屏幕，并且看起来很乱。可以想象，如果输入更长的文本，情况会有多糟糕。

23.2.3 进一步开发和清理

接下来的步骤如下：

- 每次按下一个键时清除屏幕。Crossterm 有一个名为 execute! 的宏，它接受一个写入器（如 stdout）和一个命令。Crossterm 命令是根据它们所做的简单结构体命名的：Clear、ScrollDown、SetSize、SetTitle、EnableLineWrap 等。我们使用 Clear，它持有一个名为 ClearType 的枚举，提供多种清除屏幕的方式。我们想清除整个屏幕，所以将传入 Clear（ClearType::All）。把这些放在一起：

```
execute!(stdout(), Clear(ClearType::All));
```

- 可以使用第 8 章中学到的知识，不仅仅是打印用户输入，而是将待输入内容的迭代器和用

户输出的迭代器用 .zip( )结合在一起。这样可以将每个字符与另一个进行比较。如果它们相同，将打印出字母，如果它们不同（换句话说，如果用户按错了键），将打印出一个 *。

- 当用户按下回车键完成打字测试时，计算正确输入的字母数量。这相当简单，只需要像上面那样再进行一次 .zip( )。
- 用问号操作符替换一些 .unwrap( )调用。
- 组装一个快速的应用程序结构体 App，它将保存两个字符串。这将使 main( )更易于阅读。

最终的代码如下：

```
use crossterm::{
    event::{read, Event, KeyCode, KeyEventKind},
    execute,
    terminal::{Clear, ClearType},
};
use std::{fs::read_to_string, io::stdout};

struct App {
    file_content: String,
    user_input: String,
}

impl App {
    fn new(file_name: &str) -> Result<Self, std::io::Error> {
        let file_content = read_to_string(file_name)?;
        Ok(Self {
            file_content,
            user_input: String::new(),
        })
    }
}

fn main()-> Result<(), std::io::Error> {
    let mut app = App::new("typing.txt")?;

    loop {
        println!("{}", app.file_content);
        for (letter1, letter2) in app.user_input.chars().zip(app.file_content.chars()) {
            if letter1 == letter2 {
                print!("{letter2}");
            } else {
                print!("*");
            }
        }
        println!("_");
        if let Event::Key(key_event) = read()? {
            if key_event.kind == KeyEventKind::Press {
                match key_event.code {
                    KeyCode::Backspace => {
                        app.user_input.pop();
```

```
                    }
                    KeyCode::Esc => break,
                    KeyCode::Char(c) => {
                        app.user_input.push(c);
                    }
                    KeyCode::Enter => {
                        let total_chars = app.file_content.chars().count();
                        let total_right = app
                            .user_input
                            .chars()
                            .zip(app.file_content.chars())
                            .filter(|(a, b)| a == b)
                            .count();
                        println!("You got {total_right} out of {total_chars}!");
                        return Ok(());
                    }
                    _ => {}
                }
            }
            execute!(stdout(), Clear(ClearType::All))?;
        }
    }
    Ok(())
}
```

在使用打字应用程序时，现在的输出看起来相当简单，如下所示：

```
Hi, can you type this?
Hi, can**** type thi_
```

用户已经正确地输入了前几个字符，现在距离完成测试还差两个字符。输出相当整洁，但现在你可能想要为应用程序添加很多功能。

23.2.4 现在轮到你了

现在打字教程的基本功能已经实现，以下是一些继续开发它的想法：

- 检查通过测试所需的时间，并告诉用户他们的打字速度（每分钟多少词）。如果不确定从哪里开始，第 17 章应该能帮助你。
- 使用像 ansi_term 这样的 crate，用红色而不是星号显示错误的输入。
- 目前，如果用户在测试结束后继续打字，user_input 的长度仍然会增加。额外的字符没有显示，如果多输了 10 个字符，那么需要按 10 次退格键才能再次看到输出变化。如何防止 user_input 长度超过 file_content 字符串？
- 重音字符：如果有其他语言的打字测试会怎样？你能否对 Test 进行设置，以便在输入字符时可以使用死键（比如 e + ' 来显示 é）而无须切换键盘布局呢？
- 更多文本样本：也许使用下一个项目中的功能，引入维基百科文章摘要作为打字测试？
- 法国的小说《La Disparition》是一本没有出现字母 e 的书。为了帮助其他人做同样的事情，能把打字教程改造成一个在用户打字时移除任何包含字母 e 的单词的应用程序吗？

23.3 维基百科文章摘要搜索器

第二个未完成的项目能快速拉取维基百科文章的摘要。

开始这个项目相当简单，因为维基百科有一个 API，使用它不需要注册或密钥。维基百科 API 上的一个端点为任何文章提供摘要和其他一些信息，这对我们来说应该很完美。那个 API 的输出有点乱，不适合粘贴到这本书中，但可以通过访问链接（https://en.wikipedia.org/api/rest_v1/page/summary/Interlingue）并将 PAGE_NAME_HERE 更改为任何文章名称来查看一个示例输出：

```
https://en.wikipedia.org/api/rest_v1/page/summary/PAGE_NAME_HERE
```

23.3.1 设置和第一段代码

这个项目的依赖关系相当简单，因为我们已经知道如何使用 crossterm，并且在第 19 章中学习了如何使用 reqwest。将这两个结合起来，得到了 105 个编译单元。编译不应该花费太多时间，如果想要减少编译时间，可以选择一个名为 ureq 的 crate，它比 reqwest 更小更简单。以下是依赖关系：

```
[dependencies]
reqwest = { version = "0.11.16", features = ["blocking"] }
crossterm = "0.26.1"
```

我们像打字教程中那样开始。现有一个 App 结构体，其中有一个名为 user_input 的字符串，按下回车键将会搜索维基百科。第一段代码如下所示：

```
use crossterm::{event::{read, Event, KeyEventKind, KeyCode},execute,terminal::{Clear,
    ClearType}};
use std::io::stdout;

#[derive(Debug, Default)]
struct App {
    user_input: String
}

const URL: &str = "https://en.wikipedia.org/api/rest_v1/page/summary";

fn main() {
    let mut app = App::default();

    loop {
        if let Event::Key(key_event) = read().unwrap() {
            if key_event.kind == KeyEventKind::Press {
                execute!(stdout(), Clear(ClearType::All)).unwrap();
                match key_event.code {
                    KeyCode::Backspace => {
                        app.user_input.pop();
                        println!("{}", app.user_input);
                    }
```

```
                KeyCode::Esc => app.user_input.clear(),
                KeyCode::Enter => {
                    println!("Searching Wikipedia...");
                    let req = reqwest::blocking::get(format!("{URL}/{}",
        app.user_input)).unwrap();
                    let text = req.text().unwrap();
                    println!("{text}");
                }
                KeyCode::Char(c) => {
                    app.user_input.push(c);
                    println!("{}", app.user_input);
                }
                _ => {}
            }
        }
    }
  }
}
```

如果输入一个无意义的单词并按下回车键，会得到一个错误信息：

```
{"type":"https://mediawiki.org/wiki/HyperSwitch/errors/not_found","title":" Not
    found.","method":"get","detail":"Page or revision not
    found.", "uri":"/en.wikipedia.org/v1/page/summary/Nthonthoe"}
```

如果输入一个真实的单词，比如 Calgary，那么会得到一个巨大的 JSON 响应。

23.3.2 开发代码

JSON 响应有很多不需要的属性，比如 "thumbnail" "wikibase_item" 和 "revision"，但其中有三个属性对我们来说似乎很有用：title、description 和 extract。下面创建一个带有这三个属性的 struct。然后为了反序列化，正如在第 17 章中学到的，我们将要把 serde 和 serde_json crates 引入结构体中。

现在依赖关系如下：

```
[dependencies]
reqwest = { version = "0.11.16", features = ["blocking"] }
crossterm = "0.26.1"
serde = { version = "1.0.160", features = ["derive"] }
serde_json = "1.0.96"
```

通过给结构体赋予 Deserialize 特性，并使用 serde_json::from_str() 函数从 JSON 转换，我们得到了一个更加美观的输出：

```
use crossterm::{ event::{read, Event, KeyEventKind, KeyCode}, execute, terminal::{Clear,
    ClearType},};
use serde::Deserialize;
use std::io::stdout;

#[derive(Debug, Deserialize, Default)]
struct App {
    user_input: String
```

```
}

#[derive(Debug, Deserialize, Default)]
struct CurrentArticle {
    title: String,
    description: String,
    extract: String
}

const URL: &str = "https://en.wikipedia.org/api/rest_v1/page/summary";

fn main(){
    let mut app = App::default();

    loop {
        if let Event::Key(key_event) = read().unwrap(){
            if key_event.kind == KeyEventKind::Press {
                execute!(stdout(), Clear(ClearType::All)).unwrap();
                match key_event.code {
                    KeyCode::Backspace => {
                        app.user_input.pop();
                        println!("{}", app.user_input);
                    }
                    KeyCode::Esc => app.user_input.clear(),
                    KeyCode::Enter => {
                        println!("Searching Wikipedia...");
                        let req = reqwest::blocking::get(format!("{URL}/{}",
        app.user_input)).unwrap();
                        let text = req.text().unwrap();
                        let as_article: CurrentArticle =
        serde_json::from_str(&text).unwrap();
                            println!("{as_article:#?}");
                        }
                        KeyCode::Char(c) => {
                            app.user_input.push(c);
                            println!("{}", app.user_input);
                        }
                    _ => {}
                }
            }
        }
    }
}
```

输入 Interlingue（这是一门语言的名字）并按下回车键。输出非常清晰。现在输出看起来会像这样：

```
Searching Wikipedia...
CurrentArticle {
    title: "Interlingue",
    description: "International auxiliary language created 1922",
```

```
    extract: "Interlingue, originally Occidental, is an international auxiliary language
        created in 1922 and renamed in 1949. Its creator, Edgar de Wahl, sought to achieve
        maximal grammatical regularity and natural character. The vocabulary is based on
        pre-existing words from various languages and a derivational system which uses
        recognized prefixes and suffixes.",
}
```

23.3.3 进一步开发和清理

现在改进输出并进行一些重构。最简单的开始方式是移除对 .unwrap( )的调用，并用问号操作符替换它们。可以使用 anyhow crate，让我们练习一下在第 13 章中学到的 Box<dyn Error>方法。将一些代码从 main 移动到一个名为 .get_article( )的方法中，这个方法是 App 的一部分，它将返回一个 Result<( ), Box<dyn Error>>，这意味着 main( )也将返回一个 Result<( ), Box<dyn Error>>。此外，实现 Display 让我们的 App 结构体输出看起来更加美观。

经过这些更改后的代码如下：

```rust
use crossterm::{
    event::{read, Event, KeyCode, KeyEventKind},
    execute,
    terminal::{Clear, ClearType},
};
use reqwest::blocking::get;
use serde::{Deserialize, Serialize};
use std::{error::Error, io::stdout};

#[derive(Debug, Serialize, Deserialize, Default)]
struct CurrentArticle {
    title: String,
    description: String,
    extract: String,
}

#[derive(Debug, Default)]
struct App {
    current_article: CurrentArticle,
    search_string: String,
}

impl App {
    fn get_article(&mut self) -> Result<(), Box<dyn Error>> {
        let text = get(format!("{URL}/{}", self.search_string))?.text()?;
        if let Ok(article) = serde_json::from_str::<CurrentArticle>(&text) {
            self.current_article = article;
        }
        Ok(())
    }
}

impl std::fmt::Display for App {
    fn fmt(&self, f: &mut std::fmt::Formatter<'_>) -> std::fmt::Result {
```

```
        write!(
            f,
            "
                Searching for: {}

Title: {}
-----------
Description: {}
-----------
{}",
            self.search_string,
            self.current_article.title,
            self.current_article.description,
            self.current_article.extract
        )
    }
}

const URL: &str = "https://en.wikipedia.org/api/rest_v1/page/summary";

fn main() -> Result<(), Box<dyn Error>> {
    let mut app = App::default();

    loop {
        println!("{app}");
        if let Event::Key(key_event) = read()? {
            if key_event.kind == KeyEventKind::Press {
                match key_event.code {
                    KeyCode::Backspace => {
                        app.search_string.pop();
                    }
                    KeyCode::Esc => app.search_string.clear(),
                    KeyCode::Enter => app.get_article()?,
                    KeyCode::Char(c) => {
                        app.search_string.push(c);
                    }
                    _ => {}
                }
            }
            execute!(stdout(), Clear(ClearType::All))?;
        }
    }
}
```

现在输出看起来相当整洁!

```
                Searching for: Interlingue

Title: Interlingue
-----------
Description: International auxiliary language created 1922
```

```
-----------
Interlingue, originally Occidental, is an international auxiliary language created in 1922
        and renamed in 1949. Its creator, Edgar de Wahl, sought to achieve maximal
        grammatical regularity and natural character. The vocabulary is based on pre-
        existing words from various languages and a derivational system which uses
        recognized prefixes and suffixes.
```

23.3.4 现在轮到你了

现在基本功能已经实现，让我们思考还可以在这个基础上开发些什么。

- 现在输出相当清晰，但当用户搜索一个不存在的页面时，没有任何内容显示。应该显示什么错误信息来帮助用户在出现问题时知道怎么做呢？如果是其他错误，比如网络连接中断呢？
- 在我们完成下一个项目之后，将能够使输出更加美观，该项目使用一个看起来几乎图形化的终端界面的 crate。
- 维基百科不仅仅有英文版本。如何添加一个选项让用户切换语言？

23.4 终端秒表和时钟

我们要制作的第三个项目是一个持有秒表和时钟的 TUI（文本或基于终端的用户界面）。在之前的例子中，单独使用了 Crossterm，这已经足够好了。有一些 crate 允许你制作一个基于终端的应用程序。这些 crate 相当受欢迎，因为它们编译速度快，响应灵敏，并且在同一个终端窗口中运行，我们用它来运行 cargo 程序。

23.4.1 设置和第一段代码

Rust 中用于 TUI 的主要 crate 称为 ratatui，它实际上在后台使用 crossterm。或者更准确地说，主要 crate 曾被称为 TUI，但 crate 的所有者没有时间维护它（现实生活中有时会发生这种情况）并以新名称 ratatui 进行了分叉。原始的 TUI 工作得很好，但 ratatui 正在被积极维护并添加新功能，所以选择 ratatui。

每个 GUI 和 TUI crate 都有自己的首选方法来构建用户界面，这意味着最快的入门方式是找到一个可工作的示例。

在 ratatui 内部是 Terminal，它持有一个后端，比如 crossterm 后端。还有一个名为 .draw() 的方法，用于在屏幕上绘制输出，我们将运行在一个循环中。在这个方法内部是一个闭包，它提供了一个结构体，可以使用它的方法来创建小部件，然后调用 .render_widget() 来显示它们。

在每一个循环中，我们将创建一个 Layout，给它一个方向（水平或垂直），通过给每个部分设定大小约束来设置布局的大小，然后根据总屏幕大小将布局分割成部分。我们只想要一个简单的水平应用程序，两边各占 50%，所以它将设置如下。注意这里的构建器模式。

```
let layout = Layout::default()
    .direction(Direction::Horizontal)
    .constraints([Constraint::Percentage(50), Constraint::Percentage(50)])
    .split(f.size());    #A
let stopwatch_area = layout[0];
let utc_time_area = layout[1];
```

#A 这里的 f 是一个名为 Frame 的结构体，闭包让我们可以访问它。f 只是一个变量名，也可以是其他任何名字。

这段代码中我们已经分割了布局，但还没有制作任何东西来显示。为了显示内容，可以选择 ratatui 提供的一些小部件，比如 BarChart、Block、Dataset、Row、Table、Paragraph 等。Paragraph 可以显示一些文本，可以将其放入一个 Block 中，Block 是用来给其他小部件添加边框的基础小部件。全部组合起来看起来像这样：

```
let stopwatch_block = Block::default().title("Stopwatch").borders(Borders::ALL);
stopwatch_text = Paragraph::new("First block").block(stopwatch_block);
```

最后是 .render_widget( )方法，它接收一个小部件和一个区域。

```
f.render_widget(stopwatch_text, stopwatch_area);
```

这需要输入相当多的内容，但并没有太复杂：我们只是在指示 TUI 显示什么。现在把所有内容放在一起：

```
use std::io::stdout;
use ratatui::{
    backend::CrosstermBackend,
    layout::{Constraint, Direction, Layout},
    widgets::{Block, Borders, Paragraph},
    Terminal,
};

fn main() {
    let stdout = stdout();
    let backend = CrosstermBackend::new(stdout);
    let mut terminal = Terminal::new(backend).unwrap();     #A

    loop {
        terminal
            .draw(|f| {
                let layout = Layout::default()
                    .direction(Direction::Horizontal)
                    .constraints([Constraint::Percentage(50), Constraint::Percentage(50)])
                    .split(f.size());
                let stopwatch_area = layout[0];
                let utc_time_area = layout[1];

                let stopwatch_block =
        Block::default().title("Stopwatch").borders(Borders::ALL);
                let utc_time_block = Block::default().title("UTC
        time").borders(Borders::ALL);

                let stopwatch_text = Paragraph::new("I'm a
        stopwatch").block(stopwatch_block);
                let utc_text = Paragraph::new("Hi I'm in London").block(utc_time_block);

                f.render_widget(stopwatch_text, stopwatch_area);
                f.render_widget(utc_text, utc_time_area);
```

```
            })
            .unwrap();
        std::thread::sleep(std::time::Duration::from_millis(20));    #B
        terminal.clear().unwrap();    #C
    }
}
```

#A ratatui 终端需要一个 Crossterm 后端。

#B 终端会尽可能快地循环，所以每次都让它休眠，防止屏幕闪烁。在复杂和异步代码中使用 .sleep( ) 是个坏主意，但我们只是在单线程上运行一个小型终端应用。

#C Ratatui 有一个便捷的方法叫作 .clear( )，所以不再需要使用 crossterm 命令来清屏。

如果现在运行代码，应该会看到一个相当不错的终端界面。目前它还没有做任何事情，但可以调整窗口大小并观察显示如何变化。这比单纯使用 crossterm 精致多了！

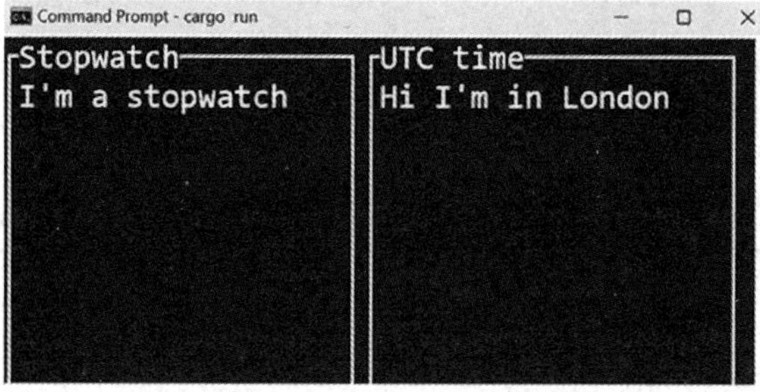

23.4.2 开发代码

现在是开始实现时钟和秒表的时候了。我们在第 17 章中使用过 chrono crate，所以这应该不会太难。获取当前的 UTC 日期时间非常简单：

```
chrono::offset::Utc::now();
```

打印出来的样子可能像这样：

```
2023-06-10T04:13:05.169920165Z
```

输出内容可读性不强。幸运的是，chrono 中的 DateTime 结构有一个名为 .format( ) 的方法，可以指定显示格式。这个方法只接受一个 &str，它识别 % 符号后的标记，如 %Y 显示年份，%H 显示小时等。让我们试一试：

```
chrono::offset::Utc::now().format("%Y/%m/%d %H:%M:%S")
```

现在输出看起来好多了！

```
2023/06/10 04:18:46
```

对于秒表，我们得稍微思考一下。秒表应该有三个状态：

- 未开始：在这个状态下，可以显示 0：00：00。
- 运行中：在这个状态下，可以看到随着时间的推移，秒和毫秒的变化。
- 已停止：在这个状态下，可以看到当停止时经过的秒和毫秒。

这听起来像一个有三个变体的枚举。但状态变化很简单：如果用户按下一个键，秒表就开始运行。再次按键会停止它，并显示过去的时间。最后，另一个按键会重置它，使其回到“未开始”状态。

接下来要解决的是如何显示时间。这也不难，多亏了第 17 章学习的 Instant 结构。当秒表开始时，它应该持有 Instant::now()，当它停止时，它使用 Instant 的 .elapsed().millis()来查看过去了多少毫秒。

接下来需要“取出”分钟、秒和毫秒——按这个顺序。如果秒表停止，并且过去了 70555 毫秒，那么代码应该这样做：

- 一分钟有 60000 毫秒。查看过去了多少分钟：70555 / 60000 = 1 分钟。
- 减去分钟的毫秒数：70555 - 1 * 60000 = 10555 毫秒剩余。
- 一秒有 1000 毫秒。查看过去了多少秒：10555 / 1000 = 10 秒。
- 减去秒的毫秒数：10555 - 10 * 1000 = 555 毫秒剩余。
- 最后，将毫秒除以 10，以得到分裂秒（百分之一秒）。

当把这些放在一起时，我们的 Stopwatch 结构将这样处理逻辑：

```
fn new() -> Self {
    Self {
        now: Instant::now(),
        state: StopwatchState::NotStarted,
        display: String::from("0:00:00"),
    }
}
fn get_time(&self) -> String {
    use StopwatchState::*;
    match self.state {
        NotStarted => String::from("0:00:00"),
        Running => {
            let mut elapsed = self.now.elapsed().as_millis();
            let minutes = elapsed / 60000;      #A
            elapsed -= minutes * 60000;      #B
            let seconds = elapsed / 1000;      #C
            elapsed -= seconds * 1000;
            let split_seconds = elapsed / 10;
            format!("{minutes}:{seconds}:{split_seconds}")
        }
        Done => self.display.clone(),
    }
}
```

#A 在这里我们看到需要显示多少完整的分钟数。

#B 从经过的时间中减去这些分钟的毫秒数。

#C 重复下一个最大的单位，秒。以此类推。

随着秒表逻辑的完成，我们现在有一个可以摆弄的时钟和秒表了。

代码中的最新条目是 crossterm 中的 poll()方法，我们将使用它而不是 read()。使用 read()会等待直到发生用户事件，但我们希望即使没有按任何键，秒表也能运行。poll()方法允许指定等待事件的持续时间。我们将为 Duration 输入 0。这样做将在每个循环中快速检查按键事件，然后重绘屏幕。

这是目前的代码。

```
use std::{
    io::stdout,
    time::Instant,
};

use crossterm::event::{poll, read, Event, KeyCode, KeyEventKind};
use ratatui::{
    backend::CrosstermBackend,
    layout::{Constraint, Direction, Layout},
    widgets::{Block, Borders, Paragraph},
    Terminal,
};

struct Stopwatch {
    now: Instant,
    state: StopwatchState,
    display: String,
}

enum StopwatchState {
    NotStarted,
    Running,
    Done,
}

impl Stopwatch {
    fn new()-> Self {
        Self {
            now: Instant::now(),
            state: StopwatchState::NotStarted,
            display: String::from("0:00:00"),
        }
    }
    fn get_time(&self) -> String {
        use StopwatchState::*;
        match self.state {
            NotStarted => String::from("0:00:00"),
            Running => {
                let mut elapsed = self.now.elapsed().as_millis();
                let minutes = elapsed / 60000;
                elapsed -= minutes * 60000;
                let seconds = elapsed / 1000;
                elapsed -= seconds * 1000;
                let split_seconds = elapsed / 10;
                format!("{minutes}:{seconds}:{split_seconds}")
            }
            Done => self.display.clone(),
        }
    }
    fn next_state(&mut self) {
        use StopwatchState::*;
```

```
        match self.state {
            NotStarted => {
                self.now = Instant::now();
                self.state = Running;
            }
            Running => {
                self.display = self.get_time();
                self.state = Done;
            }
            Done => self.state = NotStarted,
        }
    }
}

fn main(){
    let stdout = stdout();
    let backend = CrosstermBackend::new(stdout);
    let mut terminal = Terminal::new(backend).unwrap();
    let mut stopwatch = Stopwatch::new();

    loop {
        if poll(std::time::Duration::from_millis(0)).unwrap(){
            if let Event::Key(key_event) = read().unwrap(){
                if let (KeyCode::Enter, KeyEventKind::Press) = (key_event.code,
key_event.kind) {
                    stopwatch.next_state();
                }
            }
        }

        terminal
            .draw(|f|{
                let layout = Layout::default()
                    .direction(Direction::Horizontal)
                    .constraints([Constraint::Percentage(50), Constraint::Percentage(50)])
                    .split(f.size());
                let stopwatch_area = layout[0];
                let utc_time_area = layout[1];

                let stopwatch_block =
Block::default().title("Stopwatch").borders(Borders::ALL);
                let utc_time_block = Block::default()
                    .title("UTC time")
                    .borders(Borders::ALL);

                let stopwatch_text =
Paragraph::new(stopwatch.get_time()).block(stopwatch_block);
                let utc_text = Paragraph::new(chrono::offset::Utc::now().format("%Y/%m/%d
%H:%M:%S").to_string())
                    .block(utc_time_block);
                f.render_widget(stopwatch_text, stopwatch_area);
```

```
                f.render_widget(utc_text, utc_time_area);
            })
            .unwrap();
        std::thread::sleep(std::time::Duration::from_millis(20));
        terminal.clear().unwrap();
    }
}
```

你的屏幕上的输出现在应该看起来如下图所示。

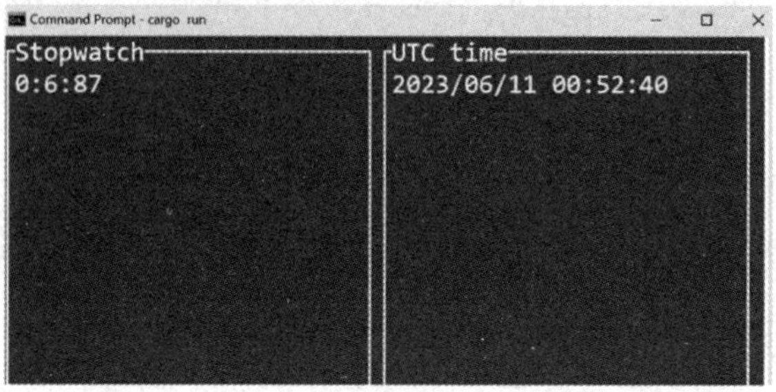

23.4.3 进一步开发和清理

代码已经可以正常工作，现在让我们做一些清理。可以用问号操作符替换对 .unwrap( ) 的调用。这次通过在 main( ) 内返回一个 Result<( ), anyhow :: Error>来练习使用 anyhow。Cargo.toml 中的依赖项现在应该看起来像这样：

```
[dependencies]
anyhow = "1.0.71"
chrono = "0.4"
crossterm = "0.26.1"
ratatui = "0.21"
```

那么还应该清理什么呢？

ratatui 中的构建器模式使得设置应用程序变得容易，但它也相当冗长。当做这件事的时候，我们也来做一些通用的可读性清理。与其在 main 中两次调用 Block :: default( ).title 等，不如创建一个简短的辅助函数，该函数接受一个 &str 并返回一个 Block。同样，生成格式化后的 Utc 时间的调用也使得 main 中的行变得很长。这也可以是一个辅助函数。

这种可读性清理是一种个人决定，但一个好的通用规则是，只要重要信息可以在第一个函数中看到，辅助函数对可读性是有益的。但是太多的辅助函数会对可读性产生不良影响。编写一个调用另一个辅助函数接着调用其他辅助函数的辅助函数，可以帮助每个函数保持小而美，代码清理需要有一定的经验判断，可以想象一年后你是否能看懂自己的代码，再思考如何通过重构提升代码可读性。

以下是清理后的代码样子：

```
use std::{io::stdout, thread::sleep, time::Duration, time::Instant};
use chrono::offset::Utc;
use crossterm::event::{poll, read, Event, KeyCode, KeyEventKind};
use ratatui::{
    backend::CrosstermBackend,
```

```
    layout::{Constraint, Direction, Layout},
    widgets::{Block, Borders, Paragraph},
    Terminal,
};

struct Stopwatch {
    now: Instant,
    state: StopwatchState,
    display: String,
}

enum StopwatchState {
    NotStarted,
    Running,
    Done,
}

impl Stopwatch {
    fn new()-> Self {
        Self {
            now: Instant::now(),
            state: StopwatchState::NotStarted,
            display: String::from("0:00:00"),
        }
    }
    fn get_time(&self) -> String {
        use StopwatchState::*;
        match self.state {
            NotStarted => String::from("0:00:00"),
            Running => {
                let mut elapsed = self.now.elapsed().as_millis();
                let minutes = elapsed / 60000;
                elapsed -= minutes * 60000;
                let seconds = elapsed / 1000;
                elapsed -= seconds * 1000;
                let split_seconds = elapsed / 10;
                format!("{minutes}:{seconds}:{split_seconds}")
            }
            Done => self.display.clone(),
        }
    }
    fn next_state(&mut self) {
        use StopwatchState::*;
        match self.state {
            NotStarted => {
                self.now = Instant::now();
                self.state = Running;
            }
            Running => {
                self.display = self.get_time();
                self.state = Done;
```

```
            }
            Done => self.state = NotStarted,
        }
    }
}

fn block_with(input: &str) -> Block {
    Block::default().title(input).borders(Borders::ALL)
}

fn utc_pretty()-> String {
    Utc::now().format("%Y/%m/%d %H:%M:%S").to_string()
}

fn main()-> Result<(), anyhow::Error> {
    let stdout = stdout();
    let backend = CrosstermBackend::new(stdout);
    let mut terminal = Terminal::new(backend)?;
    let mut stopwatch = Stopwatch::new();

    loop {
        if poll(Duration::from_millis(0))? {
            if let Event::Key(key_event) = read()? {
                if let (KeyCode::Enter, KeyEventKind::Press) = (key_event.code,
  key_event.kind) {
                    stopwatch.next_state();
                }
            }
        }
        terminal.draw(|f| {
            let layout = Layout::default()
                .direction(Direction::Horizontal)
                .constraints([Constraint::Percentage(50), Constraint::Percentage(50)])
                .split(f.size());

            let stopwatch_area = layout[0];
            let utc_time_area = layout[1];

            let stopwatch_block = block_with("Stopwatch");
            let utc_time_block = block_with("Time in London");

            let stopwatch_text =
        Paragraph::new(stopwatch.get_time()).block(stopwatch_block);
            let utc_text = Paragraph::new(utc_pretty()).block(utc_time_block);

            f.render_widget(stopwatch_text, stopwatch_area);
            f.render_widget(utc_text, utc_time_area);
        })?;
        sleep(Duration::from_millis(20));
        terminal.clear()?;
    }
}
```

23.4.4 现在轮到你了

这个应用程序还有很多可以添加的功能。这里有一些想法：

- 秒表输出像 0:9:1 这样的数字，但也输出像 0:10:14 这样多两个字符的数字。你能让显示看起来更整洁吗？
- 在不同的时区添加更多城市，并将它们排列在伦敦时间下方。
- ratatui crate 允许构建其他小部件，如图表。可以尝试使用一个免费的 API，如 open-meteo，来获取一个位置的天气信息，并以漂亮的图表形式显示。
- 焦点：即使窗口不可见，秒表仍在运行，所以即使没有查看它，它也在使用系统资源。crossterm 中的 Event 枚举包括 FocusGained 和 FocusLost 事件，这些事件可以让你在用户没有查看应用程序时避免重绘屏幕。
- 秒表在每次应用程序循环时都返回一个 String，但很多时候它只显示默认时间或停止时的时间。是否能找到一种方法，在秒表处于 NotStarted 或 Done 状态时不分配内存？

希望你喜欢这三个最初的项目。理想情况下，它们应该给你带来满足感，并激发继续工作和改进它们的欲望。下一章是本书的最后一章，将继续介绍另外三个项目供你继续开发。

23.5 总结

- 制作 CLI 应用程序的 crate 是开始制作自己项目的绝佳方式。它们响应迅速，编译快速，而且很少出错。
- GUI 和 TUI 有许多配置选项的结构体，这使得它们成为使用 Default 和构建器模式的理想场所。
- 即使是一个简单的 CLI，如果它被设置为循环并检查用户输入，也可能使用很多系统资源。可以通过短暂的休眠、监控用户事件（如焦点丢失和焦点获得）、只在视觉状态发生变化时重绘等方式来解决。
- Rust 生态系统仍然相当新。新的 crate 不时出现，而旧的 crate 有时停止维护，并以新的名称分叉。

第 24 章 项目实战，继续挑战未完成的项目

本章涵盖了以下内容：

- 制作一个基于网页服务器的猜词游戏。
- 为你的猫制作一支激光笔。
- 制作一个目录和文件导航器。
- 道别！

恭喜，你已经读到了这本书的最后一章！本章将继续三个未完成的项目。本章的第一个项目将是简单的猜词游戏，不过我们将通过设置一个网页服务器来实现它。第二个项目是当你试图触摸它时，会逃跑的激光笔。最后将完成一个 GUI，用于在你的计算机上导航和查看文件。

让我们开始吧！

24.1 网页服务器猜词游戏

第四个未完成的项目是一个猜词游戏。在命令行上的常规猜词游戏本身逻辑非常简单，所以为了使事情更有趣，将制作一个通过网页服务器进行的猜词游戏。

为了制作这个游戏，我们需要使用 Rust 的一个网页框架。截至 2023 年，Rust 有三个主要的网页框架，尽管还有更多其他的框架。让我们快速总结一下这三个主要框架：

- Rocket：最早的网页框架之一，Rocket 非常光滑，使用了很多宏魔法。其文档也非常出色。
- Actix Web：功能丰富，维护者众多，速度极快。通常，项目越大，选择 Actix 的可能性就越高。
- Axum：这三个中最新的，但它属于 tokio 项目的一部分，因此 Axum 和 tokio 之间有很多协作。

我们做的项目不大，所以选择的标准是看看这三个中哪个编译得最快：

- rocket = "0.5.0-rc.3"：218 个编译单元。
- actix-web = "4.3.1"：185 个编译单元。
- axum = "0.6.18"：89 个编译单元。

Axum 的编译单元数量最少，因此我们将使用它。

24.1.1 设置和第一段代码

对于第一段代码，只需要组合一个带有几个路径的服务器，并看看它们是否按预期工作。输入 cargo run 以运行这段代码后，服务器将在本地开始运行，可以访问 http://localhost:8080/ 来

查看它的响应。本章不会详细解释 Axum 的工作原理，但以下是快速开始 Axum 项目的方法：

- 首先，使用 axum :: Router :: new( )来启动一个路由器，它处理将用于接收请求的路径。
- 添加 .route( )来给路由器一个路径，然后是一个 HTTP 方法（如 get）以及一个处理请求的异步函数。
- 如果输入 .route（"/"，get（function_name）），它将在 http://localhost：8080/ 创建一个处理 get 请求的路由。get 是最基本的 HTTP 请求，是当你查看网页时使用的请求。你每天可能通过浏览器和手机发出数百个 get 请求。
- 另一个路由的例子是 .route（"/guessing_game"，get（function_name）），它会在 http://localhost：8080/guessing_game 处理 get 请求。如果这个服务器托管在 http://yourwebsite.com 上，那么它将处理在 http://yourwebsite.com/guessing_game 的请求。
- 在设置好路由之后，需要将路由器放入另一个方法中，该方法将路由绑定到一个地址，在我们的案例中是 127.0.0.1:8080。127.0.0.1 称为 localhost，代表自己的计算机在自己的网络上，而 8080 是一个端口号。
- 在这之后，调用异步的 .serve( )方法，它返回一个持有 Server 的 Future，但这个直到服务器关闭时才返回。即它默认会永远运行。

在我们看代码之前，还有两件事要知道：

- Axum 使用一种称为提取器的类型来处理请求。在我们的案例中，将只使用最简单的一种，称为 Path<String>。Path<String>只保存它所给的路径后的字符串。如果我们访问服务器在 127.0.0.1:8080/guessing_game/my_guess，并且在 127.0.0.1:8080/guessing_game 处有一个路由，那么 Path<String>提取器将给我们一个包含 "my_guess" 的字符串。
- 在 Axum 中处理一个路由需要一个异步函数，包括异步闭包。

上面的信息很多，我们看一些代码，一切就会更清楚。现在构建一个真正简单的服务器。首先在 Cargo.toml 中添加一些依赖项：

```
[dependencies]
axum = "0.6.18"
fastrand = "1.9.0"
tokio = { version = "1.28.1", features = ["macros", "rt-multi-thread"] }
```

fastrand crate 与 rand 类似，但稍微小一些且更简单，我们在这里尝试一下它。现在来看代码：

```
use axum::{extract::Path, routing::get};

async fn double(Path(input): Path<String>) -> String {     #A
    match input.parse::<i32>() {     #B
        Ok(num) => format!("{} times 2 is {}!", num, num * 2),
        Err(e) => format!("Uh oh, weird input: {e}")
    }
}

#[tokio::main]
async fn main() {
    let app = axum::Router::new()
        .route("/", get(|| async { "The server works!" }))     #C
        .route(     #D
```

```
            "/game/:guess",
            get(|Path(guess): Path<String>| async move { format!("The guess is {guess}")
        }),
        )
        .route("/double/:number", get(double));    #E

    axum::Server::bind(&"127.0.0.1:8080".parse().unwrap())
        .serve(app.into_make_service())
        .await
        .unwrap();

}
```

#A 这里的签名可能看起来有点奇怪，但这只是在函数签名内部解构输入。**Axum** 经常使用这种语法，所以我们也照搬。

#B 这个函数中的其他部分并没有特别令人惊讶的地方：它只是尝试将字符串解析为 **i32**，如果能成功，就将它翻倍。

#C 第一条路由只是让我们知道服务器是工作的，在一个异步闭包内部处理响应。

#D 对于第二个路由，也将使用一个异步函数。冒号前的 **:guess** 意味着将 **/game/** 后面的任何内容传递给函数，并以变量名 **guess** 保存。这次需要 **async move**，因为需要函数获取 **guess** 的所有权。然后只需将猜测返回给用户。

#E 对于第三个路由，将使用上面提到的加倍函数。在这里，也把路径作为变量 **number** 传入，但在函数内部它将有一个不同的名字。

现在让我们运行服务器并测试一些输出。如果在浏览器中尝试以下路径，应该能看到下面的输出。

来自路径的响应：http://localhost：8080。

```
The server works!
```

来自路径的响应：http://localhost：8080/thththth

```
This localhost page can't be found
No webpage was found for the web address: http://localhost:8080/thththth
HTTP ERROR 404
```

来自路径的响应：http://localhost：8080/double/10

```
10 times 2 is 20!
```

来自路径的响应：http://localhost：8080/double/TEN

```
Uh oh, weird input: invalid digit found in string
```

来自路径的响应：http://localhost：8080/double/9879879879879

```
Uh oh, weird input: number too large to fit in target type
```

来自路径的响应：http://localhost：8080/game/MyGue

```
The guess is MyGuess
```

到目前为止一切顺利。服务器识别了我们给它的路由，并且在/double 路径下正确处理了我们的输入。下一个任务是组建猜谜游戏。

24.1.2 开发代码

为了每次专注于一个任务，让我们暂时将 Axum 搁一旁，先把猜谜游戏组合在一起，并在命令行上运行它。下面的代码不会有任何难度，所以不需要任何准备就能理解。一边阅读代码，一边做笔记应该就可以了：

```
const RANDOM_WORDS: [&str; 6] = ["MB", "Windy", "Gomes", "Johnny", "Seoul", "Interesting"];
        #A

#[derive(Clone, Debug, Default)]    #B
struct GameApp {
    current_word: String,
    right_guesses: Vec<char>,
    wrong_guesses: Vec<char>,
}

enum Guess {    #C
    Right,
    Wrong,
    AlreadyGuessed,
}

impl GameApp {
    fn start(&mut self) {    #D
         self.current_word =
        RANDOM_WORDS[fastrand::usize(..RANDOM_WORDS.len())].to_lowercase();
         self.right_guesses.clear();
         self.wrong_guesses.clear();
    }
    fn check_guess(&self, guess: char) -> Guess {    #E
        if self.right_guesses.contains(&guess) || self.wrong_guesses.contains(&guess) {
            return Guess::AlreadyGuessed;
        }
        match self.current_word.contains(guess) {
            true => Guess::Right,
            false => Guess::Wrong,
        }
    }
    fn print_results(&self) {    #F
        let output = self
            .current_word
            .chars()
            .map(|c| {
                if self.right_guesses.contains(&c) {
                    c
                } else {
                    '*'
                }
            })
            .collect::<String>();
```

```
        println!("{output}");
    }
    fn take_guess(&mut self, guess: String) {    #G
        match guess.chars().count(){
            0 => println!("What are you doing? Please guess something."),
            1 => {
                let the_guess = guess.chars().next().unwrap();

                match self.check_guess(the_guess) {
                    Guess::AlreadyGuessed => {
                        println!("You already guessed {the_guess}!")
                    }
                    Guess::Right => {
                        self.right_guesses.push(the_guess);
                        println!("Yes, it contains a {the_guess}!")
                    }
                    Guess::Wrong => {
                        self.wrong_guesses.push(the_guess);
                        println!("Nope, it doesn't contain a {the_guess}!")
                    }
                }
                self.print_results();
                println!(
                    "Already guessed: {}",
                    self.wrong_guesses.iter().collect::<String>()
                );
            }
            _ => {    #H
                if self.current_word == guess {
                    println!("You guessed right, it's {}!",self.current_word);
                } else {
                    println!(
                        "Bzzt! It's not '{guess}', it's {}.\nTime to move on to another
            word!",
                        self.current_word
                    );
                }
                self.start();    #I
            }
        }
    }
}

fn main(){
    let mut app = GameApp::default();
    app.start();

    loop {
        println!("Guess the word!");
        let mut guess = String::new();
```

```
            std::io::stdin().read_line(&mut guess).unwrap();    #J
            app.take_guess(guess.trim().to_lowercase());
        }
    }
```

#A 只需 6 个随机单词：作者的 4 只猫咪，居住城市，以及一个最后的随机单词。

#B 这个游戏应用也非常简单。请注意，稍后能够将其设置为静态的，因为 **Vec::new()** 和 **String::new()** 都是我们在第 16 章中学到的常量函数。

#C 选择一个字母时，可能会发生三件事：它可能是正确的，也可能是错误的，或者已经被猜过了。

#D 每次调用. **start()** 时，应用将选择一个新单词并清除其数据。**fastrand::usize (.. RANDOM_WORDS. len())** 这部分将选择一个随机索引，该索引的上限是 **RANDOM_WORDS** 的长度。注意，我们还把单词转换成了小写。

#E **check_guess()** 函数让我们知道猜测的类型。如果字母已经在 **right_guesses** 或 **wrong_guesses** 中，那么它已经被猜过了。如果不是，那么它要么是正确的猜测，要么是错误的猜测。

#F 这个方法仅当字母在 **right_guesses** 中时打印字符，否则打印 *。如果随机单词是 **"school"**，而用户已经猜出了'**l**'和'**o**'，它将打印 * * * **ool**。

#G 最后，我们有一个处理用户猜测的 **main** 方法。如果猜测的长度是一个字符，那么它是一个字母猜测；如果长度超过一个字符，那么它假设用户试图猜测整个单词。

#H 我们已经检查过长度是否为 **0** 或 **1**，所以其他任何东西都会更长。当这种情况发生时，用户要么立即赢，要么立即输。

#I 由于用户要么赢要么输，游戏无论如何都会重置。

#J 最后，别忘了对用户的猜测进行. **trim()** 操作，并将其转换为小写。

现在我们有了两样东西：

- 如何制作一个简单的网络服务器的知识。
- 一个在本地运行的简单猜谜游戏。

现在是将这两者结合起来的时候了。因为目前猜谜游戏在 main() 内部，而我们的处理请求的函数只提供了一个 Path<String>，而不是任何应用的引用。

```
async fn handle request(Path(input): Path<string>)-> string{
// All we have is a variable called input that holds a String
// ... How do we get to the app from here?
}
```

在 Axum 中，获取像 GameApp 这样的结构体的正确方式是通过一个名为.with_state() 的方法，它允许 Axum 路由器内的函数访问像游戏应用这样的结构体。除了 Axum 的文档，Axum 0.6 版本在 2022 的公告中也有一些简单的例子。

然而，对于我们的快速示例，可以直接将 GameApp 变成一个静态的。一个原因是本章没有足够的空间深入探讨 Axum 的内部细节，而且我们的游戏应用非常简单，所有内容都在一个屏幕上。

如果决定将示例继续开发成一个实际工作的服务器，一个好的起点可能是摒弃全局静态变量，并用.with_state() 方法替换它。这样做可以使项目在开始增长时更容易测试。

24.1.3 进一步开发和清理

让我们将应用程序变成一个静态项。很简单，因为下面所有的方法都是 const fn，因此不需要分配内存：

```
static GAME: Mutex<GameApp> = Mutex::new(GameApp {
    current_word: String::new(),
    right_guesses: vec![],
    wrong_guesses: vec![]
});
```

然后当服务器收到一个猜测时，我们将通过一个名为 get_res_from_static( )的新函数来接收它，该函数会将字符串传递给 GameApp，GameApp 将完成它的工作，并最终返回一个字符串作为路由的输出。

```
let app = axum::Router::new()
    .route("/", get(||async { "The server is running well!" }))
    .route("/game/:guess", get(get_res_from_static));
```

那么 get_res_from_static( )函数长什么样呢？它非常简单。它只是锁定 Mutex 以获得对静态 GAME 的可变访问，并调用它的.take_guess( )方法。

```
fn get_res_from_static(guess: String) -> String {
    GAME.lock().unwrap().take_guess(guess)
}
```

最后要做的唯一改变就是用 format! 替换 println! 语句，以便可以返回一个字符串，该字符串将是服务器的响应。我们在获取每一条信息时不再打印出来，而是必须构建一个字符串，并使用.push_str( )在每一步添加信息，最后在结束时返回这个字符串，以便用户可以看到它。

现在的完整代码如下：

```
use axum::{extract::Path, routing::get};
use std::sync::Mutex;

const RANDOM_WORDS: [&str; 6] = ["MB", "Windy", "Gomes", "Johnny", "Seoul", "Interesting"];

static GAME: Mutex<GameApp> = Mutex::new(GameApp {
    current_word: String::new(),
    right_guesses: vec![],
    wrong_guesses: vec![],
});

#[derive(Clone, Debug)]
struct GameApp {
    current_word: String,
    right_guesses: Vec<char>,
    wrong_guesses: Vec<char>,
}

enum Guess {
    Right,
    Wrong,
```

```
    AlreadyGuessed,
}

async fn get_res_from_static(Path(guess): Path<String>) -> String {
    GAME.lock().unwrap().take_guess(guess)
}

impl GameApp {
    fn restart(&mut self) {
        self.current_word = RANDOM_WORDS[fastrand::usize(..RANDOM_WORDS.len())]
            .to_lowercase();
        self.right_guesses.clear();
        self.wrong_guesses.clear();
    }
    fn check_guess(&self, guess: char) -> Guess {
        if self.right_guesses.contains(&guess) || self.wrong_guesses.contains(&guess) {
            return Guess::AlreadyGuessed;
        }
        match self.current_word.contains(guess) {
            true => Guess::Right,
            false => Guess::Wrong,
        }
    }
    fn results_so_far(&self) -> String {
        let mut output = String::new();
        for c in self.current_word.chars() {
            if self.right_guesses.contains(&c) {
                output.push(c)
            } else {
                output.push('*')
            }
        }
        output
    }
    fn take_guess(&mut self, guess: String) -> String {
        let guess = guess.to_lowercase();
        let mut output = String::new();
        match guess {
            guess if guess.chars().count() == 1 => {
                let the_guess = guess.chars().next().unwrap();

                match self.check_guess(the_guess) {
                    Guess::AlreadyGuessed => {
                        output.push_str(&format!("You already guessed {the_guess}! \n"));
                    }
                    Guess::Right => {
                        self.right_guesses.push(the_guess);
                        output.push_str(&format!("Yes, it contains a {the_guess}! \n"));
                    }
                    Guess::Wrong => {
                        self.wrong_guesses.push(the_guess);
```

```
                    output.push_str(&format!("Nope, it doesn't contain a
        {the_guess}! \n"));
                    }
                }
                output.push_str(&self.results_so_far());
            }
            guess => {
                if self.current_word == guess {
                    output.push_str(&format!("You guessed right, it's {}! Let's play
        again! ", self.current_word));
                } else {
                    output.push_str(&format!(
                        "Bzzt! It's not {guess}, it's {}. \nTime to move on to another
        word! ",
                        self.current_word
                    ));
                }
                self.restart();
            }
        }
        output
    }
}

#[tokio::main]
async fn main() {
    GAME.lock().unwrap().restart();

    let app = axum::Router::new()
        .route("/", get(|| async { "The server is running well! " }))
        .route("/game/:guess", get(get_res_from_static));

    axum::Server::bind(&"127.0.0.1:8080".parse().unwrap())
        .serve(app.into_make_service())
        .await
        .unwrap();
}
```

这是我们迄今为止最长的例子，但仅仅用 105 行代码就实现了一个基本的 Web 服务器和一个小游戏！

24.1.4 现在轮到你了

那么猜谜游戏完成后，下一步是什么？

- 如上所述，按照 Axum 的推荐，用.with_state()替换全局静态变量。你会注意到这个方法会以不可变的方式传递结构体，所以需要在参数上使用 Arc<Mutex>来改变它们的值。
- 尝试用另外两个 Web 框架中的一个来实现相同的事情，看看你是否更喜欢某种风格。在大多数时候，这三个主要的 Web 框架感觉非常相似。例如 Rocket 也允许通过一个叫作 State 的类型来访问结构体。

- 尝试在线部署应用程序！部署超出了本书的范围，但搜索部署 Axum 服务器会显示很多可能性。
- 目前服务器上只有一个游戏，所以如果有多个人在同一时间访问服务器，他们会得到一些相当混乱的输出。可以尝试使用 axum_sessions 这样的 crate 为每个用户创建一个适当的会话。可以在主页上给用户提供一个随机的后缀，让他们在短时间内玩这个游戏。例如访问主页的用户会得到一个像 http://localhost：8080/w8ll2/game/这样的只有他们可见的 url。
- 将服务器与会下一个部分学习的图形界面结合起来！

24.2 激光笔

到目前为止，这本书只关注为人类编写代码，但现在是为我们的猫（或其他宠物）制作东西的时候了。制作一个看起来像激光笔的移动红点应该足以让它们开心。这可以通过 egui crate 来完成，它是一个 GUI，允许我们添加按钮、图形、图表等。红点以随机方向和随机速度移动将是使这个激光笔有趣的关键。

24.2.1 设置和第一段代码

在学会了 ratatui 之后，egui 相当直观，因为在屏幕上绘制小部件的方式非常相似：通过调用传递到闭包中的结构体的方法来绘制它们。但让我们一步一步来，从 Cargo.toml 中的依赖项开始：

```
[dependencies]
egui = "0.21.0"
eframe = "0.21.3"
fastrand = "2.0.0"
```

eframe crate 仅仅是被用来编译和运行 egui 应用程序的 crate。你几乎总是会以这种方式一起使用 egui 和 eframe。

以下是在计算机上运行 egui 应用程序所需的最少内容：

- 创建一个结构体来保持你的状态：数字、字符串，无论你在应用程序运行时需要访问什么。
- 为你的应用程序结构体实现 eframe::App 特性。这个特性有一个必要的方法叫作 update()，当运行 egui 应用程序时，这个方法会不断地被调用。这个方法和我们在上一章的 ratatui 示例中使用的循环基本上是相同的。
- 在 main()中使用 eframe::run_native()方法，该方法在你的计算机上运行应用程序。传入一个 Box<dynFnOnce(&CreationContext<'_>) -> Box<dyn App>>;。Box<dyn App>。这是我们为 App 特性实现的应用程序结构体。CreationContext 部分在应用程序启动时访问一次，用于添加字体等长期设置。

为了理解所有这些放在一起意味着什么，让我们构建一个快速的应用程序，它只显示一些小部件。

```
#[derive(Default)]
struct NothingApp {     #A
```

```
    number: i32,
    text: String,
    code: String,
}

impl NothingApp {
    fn new(_cc: &eframe::CreationContext<'_>) -> Self {     #B
        Self {
            number: 0,
            text: String::from("Put some text in here!"),
            code: String::from(
                r#"fn main() {
    println!("Hello, world!");
}"#,
            ),
        }
    }
}

impl eframe::App for NothingApp {     #C
    fn update(&mut self, ctx: &egui::Context, _frame: &mut eframe::Frame) {
        egui::CentralPanel::default().show(ctx, |ui| {     #D
            if ui.button("Counter up").clicked() {     #E
                self.number += 1
            }
            if ui.button("Counter down").clicked() {
                self.number -= 1
            }

            ui.label(format!("The counter is: {}", self.number));

            ui.text_edit_multiline(&mut self.text);
            ui.code_editor(&mut self.code);
        });
    }
}

fn main() {     #F
    let native_options = eframe::NativeOptions::default();
    let _ = eframe::run_native(
        "My egui App",
        native_options,
        Box::new(|cc| Box::new(NothingApp::new(cc))),
    );
}
```

#A 这个应用程序将持有一个数字，可以通过单击按钮来增加或减少，一些文本用于文本编辑器小部件，更多文本用于代码文本编辑器小部件。所有这些小部件都是 **egui** 内置的。

#B 我们创建了一个生成应用程序的方法，为了遵循 **eframe::run_ native( )** 方法，它需要接受一个 **CreationContext**。

#C App 特性，所有的更新逻辑都在这里。这里是开发 **egui** 应用程序最花时间的地方。

#D 应用程序布局从一个面板开始，如 **CentralPanel** 或 **SidePanel**。在面板内部，我们有 **Ui** 结构体的访问权限，它有许多创建小部件的方法。

#E 现在只需在 **Ui** 结构体上调用一些方法来创建一些小部件。我们将制作两个按钮，当它们被单击时会改变数字，一个标签来显示一些文本，然后是一个文本编辑区域和一个代码编辑区域。

#F 最后是 **main( )** 函数，在上面调用 **run_native( )** 方法并添加我们的应用程序。

现在如果输入 cargo run，代码将开始编译。一旦编译完成，会弹出如下图所示的屏幕。可以单击按钮来改变计数器的值，并在两个框内输入内容。

24.2.2 开发代码

现在我们对 egui 有了一些了解，是时候组装激光笔了。

为了做到这一点，首先必须设想一下激光将要在其上四处移动的屏幕画面。屏幕是一个带有 x 轴和 y 轴的矩形。如果有一个 500.0 像素乘以 500.0 像素的屏幕，那么 x 轴的边缘从左上角的 0.0 到右上角的 500.0。而 y 轴的边缘从左上角的 0.0 到左下角的 500.0 开始。

egui 在这里有两个结构体，分别叫作 Pos2 和 Rect，帮助我们处理屏幕尺寸。Pos2 在空间中只是一个点：

```
pub struct Pos2 {
    pub x: f32,
    pub y: f32,
}
```

一个 Rect 包含两个点：左上角的点和右下角的点。这些是包含范围的，在 Rect 的文档中对 RangeInclusive 结构体有详细介绍。

```
pub struct Rect {
    pub min: Pos2,
    pub max: Pos2,
}
```

如果把这些都放在一起，将得到下图中的设置。可以看到 x 和 y 的起始和结束位置，以及一个位于向右 100.0 像素和向下 400.0 像素的 Pos2。

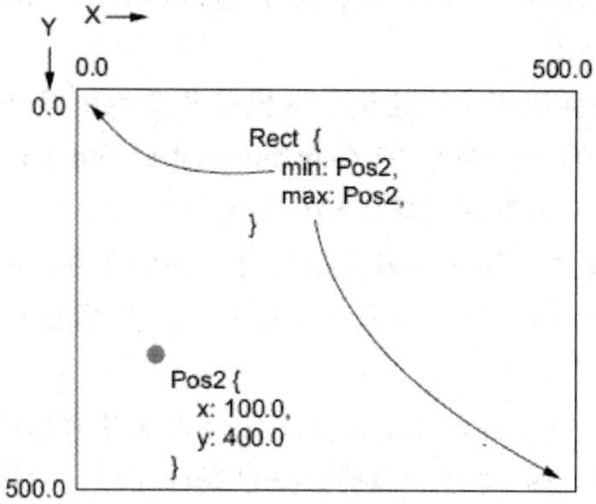

egui 还有一个名为 Vec2 的结构体，它看起来和 Pos2 一模一样。但与表示单个点的 Pos2 不同，Vec2 中的 x 表示向右多少像素，y 表示向下多少像素。

```
pub struct Vec2 {
    pub x: f32,
    pub y: f32,
}
With that in our minds, let's start building the laser pointer!
use eframe::egui;
use egui::{Vec2, Color32, Sense, Pos2};

#[derive(Default)]
struct LaserPointer {      #A
    position: Pos2
}

impl LaserPointer {
    fn new(_cc: &eframe::CreationContext<'_>) -> Self {
        Self {
            position: Pos2 { x: 0.0, y: 0.0 }      #B
        }
    }
}

impl eframe::App for LaserPointer {
    fn update(&mut self, ctx: &egui::Context, _frame: &mut eframe::Frame) {
        egui::CentralPanel::default().show(ctx, |ui| {

            let rect = ctx.screen_rect();      #C
            let screen_size = Vec2 {      #D
                x: rect.width(),
                y: rect.height()
            };
            let (response, painter) = ui.allocate_painter(screen_size, Sense::hover());   #E
            if response.hovered() {      #F
                let Pos2 {x, y} = self.position;      #G
                let Pos2 {x: x2, y: y2} = ctx.pointer_hover_pos().unwrap_or_default();
```

```
                if (x - x2).abs() < 10.0 && (y - y2).abs() < 10.0 {     #H
                    if fastrand::bool() {
                        self.position.x += fastrand::f32() * 20.0;
                    } else {
                        self.position.x -= fastrand::f32() * 20.0;
                    }
                    if fastrand::bool() {
                        self.position.y += fastrand::f32() * 20.0;
                    } else {
                        self.position.y -= fastrand::f32() * 20.0;
                    }
                }
            }
            self.position.x += 0.5;     #I
            self.position.y += 0.5;
            let radius = 10.0;
            painter.circle_filled(self.position, radius, Color32::RED);     #J
        });
    }
}

fn main() {
    let native_options = eframe::NativeOptions::default();
    let _ = eframe::run_native("My egui App", native_options, Box::new(|cc|
        Box::new(LaserPointer::new(cc))));
}
```

#A 激光笔只是一个点，所以只需要一个 **Pos2** 来表示它。

#B 最初将它放在左上角。

#C ctx 变量让我们能够处理应用程序的上下文，其中包括屏幕大小等信息。**screen_ rect( )** 方法给了一个 **Rect**。

#D 现在将 **Rect** 转换成一个 **Vec2**，因为下一个方法将需要它。

#E 这个方法接受一个屏幕大小（一个 **Vec2**）以及一个 **Sense**。**Sense** 是一个枚举，它让程序知道要响应哪种用户输入，比如单击、拖拽、悬停等。我们选择悬停。这个方法返回两样东西：**Response** 和 **Painter**。

#F 现在告诉应用程序，当 **Response** 注意到鼠标悬停时该做什么。在这里添加激光笔逻辑。

#G 首先，尝试在鼠标箭头靠得太近时让激光笔跑开。为此，我们获取激光笔的位置，然后使用 **pointer_hover_pos( )** 方法获取鼠标箭头的位置。

#H 在这些行中，将指示激光笔在鼠标指针在 **10.0** 像素内时随机移动。**fastrand :: bool( )** 方法随机返回 **true** 或 **false**，根据这个结果，它将向前或向后移动最多 **20.0** 像素。

#I 在这里，将激光笔每次循环向右和向下移动 **0.5** 像素。我们将在下一节中开发这个功能。

#J 最后，将绘制实际的激光笔，它是一个圆，且有一个 **10.0** 的半径，颜色为红色。

完成所有这些后，应该会看到类似下图的东西。每当在屏幕上悬停鼠标时，激光笔会稳定地向右和向下移动，如果鼠标指针靠得太近，它会跳开。到这个时候，你的猫可能已经被它吸引了！

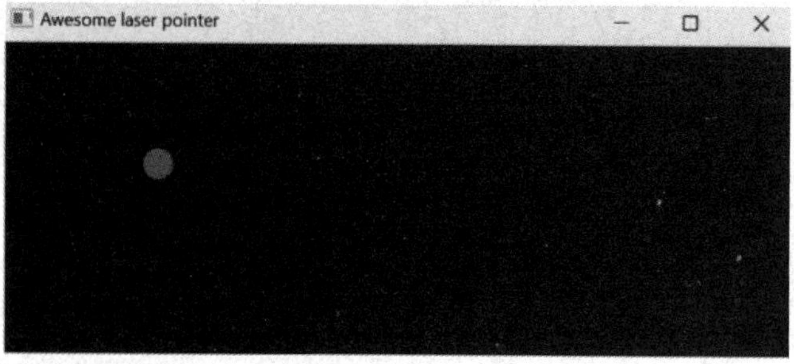

24.2.3 进一步开发和清理

我们的下一个任务是让激光笔在没有鼠标指针悬停在屏幕上时移动，并且尽可能地随机移动。如果没有这种随机移动，猫会很快对它感到无聊。

以下是将要做的一些更改：

- 速度：激光笔将有几个速度，这些速度会随机变化。有时它会静止不动，有时它会缓慢移动，有时它会快速移动，甚至是疯狂快速移动。
- 随机移动：如何让指针随机移动？有很多方法可以做到这一点，但一个简单的方法是给指针一个不可见的目标，每次移动时它都会朝向这个目标。这个目标也会随着时间的推移而变化。
- 无须鼠标悬停的循环：目前，我们的应用程序只有在检测到悬停事件时才会循环，必须不断移动鼠标才能让激光笔做任何事情。幸运的是 egui 有一个名为 request_repaint( ) 的方法，可以让应用程序逻辑在没有检测到用户事件的情况下循环。只需要将这个方法放入 .update( ) 方法中即可。
- 将大部分随机移动逻辑移动到 LaserPointer 的方法中，这样代码看起来就不会那么杂乱。

在进行了所有这些更改后，现在的代码看起来像下面这样：

```
use eframe::egui;
use egui::{Color32, Pos2, Rect, Sense, Vec2};

#[derive(Default, Clone, Copy)]
struct LaserPointer {
    x: f32,     #A
    y: f32,
    speed: Speed,
    imaginary_target: Pos2,
}

#[derive(Clone, Copy, Default)]    #B
enum Speed {
    #[default]
    Still,
    Slow,
    Fast,
    CrazyFast,
}
```

```
impl From<LaserPointer> for Pos2 {     #C
    fn from(pointer: LaserPointer) -> Self {
        Pos2 {
            x: pointer.x,
            y: pointer.y,
        }
    }
}

impl LaserPointer {
    fn random_movement(&mut self, amount: f32) {     #D
        if fastrand::bool() {
            self.x += fastrand::f32() * amount;
        } else {
            self.x -= fastrand::f32() * amount;
        }
        if fastrand::bool() {
            self.y += fastrand::f32() * amount;
        } else {
            self.y -= fastrand::f32() * amount;
        }
    }
    fn try_change_speed(&mut self) {     #E
        use Speed::*;
        if fastrand::f32() > 0.98 {
            self.speed = match fastrand::u8(0..3) {
                0 => Still,
                1 => Slow,
                2 => Fast,
                _ => CrazyFast,     #F
            }
        }
    }
    fn try_change_target(&mut self, rect: Rect) {
        let bottom_right = rect.max;
        if fastrand::f32() > 0.98 {
            self.imaginary_target = Pos2 {
                x: fastrand::f32() * bottom_right.x,
                y: fastrand::f32() * bottom_right.y,
            }
        }
    }
    fn change_speed(&self) -> f32 {
        match self.speed {
            Speed::Still => 0.0,
            Speed::Slow => 0.05,
            Speed::Fast => 0.1,
            Speed::CrazyFast => 0.3,
        }
    }
    fn move_self(&mut self) {     #G
```

```
        let x_from_target = self.imaginary_target.x - self.x;
        let y_from_target = self.imaginary_target.y - self.y;
        self.x += fastrand::f32() * x_from_target * self.change_speed();
        self.y += fastrand::f32() * y_from_target * self.change_speed();
    }
}

impl LaserPointer {
    fn new(_cc: &eframe::CreationContext<'_>) -> Self {
        Self {
            x: 50.0,
            y: 50.0,
            speed: Speed::default(),
            imaginary_target: Pos2 { x: 50.0, y: 50.0 },
        }
    }
}

impl eframe::App for LaserPointer {
    fn update(&mut self, ctx: &egui::Context, _frame: &mut eframe::Frame) {
        ctx.request_repaint();
        egui::CentralPanel::default().show(ctx, |ui| {     #H
            self.try_change_speed();
            self.try_change_target(rect);
            self.move_self();

            let rect = ctx.screen_rect();
            let screen_size = Vec2 {
                x: rect.width(),
                y: rect.height()
            };
            let (_, painter) = ui.allocate_painter(screen_size, Sense::hover());     #I
            let LaserPointer { x, y, .. } = self;
            let Pos2 { x: x2, y: y2 } = ctx.pointer_hover_pos().unwrap_or_default();

            if (*x - x2).abs() < 20.0 && (*y - y2).abs() < 20.0 {
                self.random_movement(50.0);
            }
            painter.circle_filled(Pos2::from(*self), 20.0, Color32::RED);
        });
    }
}

fn main() {
    let native_options = eframe::NativeOptions::default();
    let _ = eframe::run_native(
        "Awesome laser pointer",
        native_options,
        Box::new(|cc| Box::new(LaserPointer::new(cc))),
    );
}
```

#A 我们本可以使用 **Pos2** 结构体来表示激光笔的位置，但是持有 **x** 和 **y** 而不是 **Pos2** 可以使

代码更清晰。

#B 这个枚举并没有太复杂。不过注意一下#[default]属性，这是最近才添加到 **Rust** 中的！

#C 在这里实现 **From** 并不是必需的，但它可以帮助下面的代码更干净。

#D 这个方法现在处理当鼠标箭头太靠近时，激光笔的随机移动。

#E 我们不希望速度变化得太频繁（当激光笔移动得太快时，猫会感到无聊），所以将使用一个从 **0.0** 到 **1.0** 的随机 **f32**，并且只有当数字大于 **0.98** 时才改变。实际上，这将意味着每几秒钟速度变化一次。下面的 **try_change_target()** 以同样的方式改变激光笔的不可见目标。

#F 注意我们在这里使用了_，因为编译器不知道随机数只会达到 **3**。或者可以在这一行使用 **3**，然后在下面添加_和 **unreachable!** 宏。

#G 最后，我们有了这个方法，在每个循环中移动激光笔一次。不过，其中一个速度是 **0.0**，所以在这种情况下它会完全静止。

#H 添加了这些方法后，最终的代码更加清晰。

#I 现在激光笔可以自己移动了，我们正在检查鼠标箭头是否靠近激光笔，所以不再需要使用从 **allocate_painter()** 返回的响应。

在进行了这些更改后，激光笔现在应该会做一些相当不规则的移动。

有时它会静止不动，有时它会缓慢移动，有时它会突然跳过屏幕。看看你的猫或其他宠物是否喜欢它！

24.2.4 现在轮到你了

激光笔可能是这两章 6 个未完成项目中最完整的，但这里有一些进一步开发的想法：

- 激光笔使用一个不可见的随机目标来移动。是否可以画出这个目标呢？这不仅看起来有趣，还可以帮助你测试和改进激光笔的移动。
- 猫对不同类型的激光笔反应不同。有些猫喜欢激光笔静止一段时间，另一些猫，特别是小猫，更喜欢尽可能快移动的疯狂激光笔。能否为激光笔添加一些设置，让用户在几种不同类型的移动之间选择？
- 下一个项目也使用 egui 制作了一个目录和文件导航器。为什么不把这个激光笔也放在那个应用程序里，这样猫就可以在你用计算机处理文件时试着去抓它？
- 尝试查看 https://www.areweguiyet.com/上的一些其他流行的 GUI crates。一些流行的 crates 包括 Yew、Iced 和 Dioxus。
- 查看 egui 网页演示，感受 egui 提供的所有可能性。该页面提供了源代码的链接。

24.3 目录和文件导航器

本书中的最后一个未完成项目将是一个简单的导航器，允许你查看计算机上的目录并查看其中的文件。这个项目也将使用 egui，因为我们仍然只使用 egui 制作了一些简单的图形，但还没有尝试用它制作更完整的 UI。

24.3.1 设置和第一段代码

当再次开始使用 egui 之前，首先需要查看标准库中的一些类型和方法，这些是我们尚未见过的用于操作目录和文件的方法。

- std :: env :: current_dir( )，它提供当前目录。它以 Result<PathBuf>的形式返回目录。
- PathBuf 与 String 相似，但它是为了处理文件和目录路径而设计的。PathBuf 既有.push( )方法也有.pop( )方法，但它们处理的是路径的一部分，而不是一个字符。如果处于"/playground"目录内部，并使用.pop( )方法，那么目录将是"/"。
- std :: fs :: read_dir( )，它返回一个 Result<ReadDir>。ReadDir 是对目录内容的迭代器。
- ReadDir 中的每个条目是一个 io :: Result<DirEntry>。DirEntry 持有我们最终想要访问的信息，可以通过方法，如.file_name( )、path( )、.file_type( )和.metadata( )来访问。

将这些全部放在一起，快速查看 Playground 内的目录：

```
fn main(){
    let mut current_dir = std::env::current_dir().unwrap();
    println!("Current directory: {current_dir:?}");

    let mut read_dir = std::fs::read_dir(&current_dir).unwrap();
    println!("{read_dir:?}");
    let first = read_dir.nth(1).unwrap().unwrap();    #A
    println!("Path: {:?} Name: {:?}", first.path(), first.file_name());    #B

    current_dir.pop();    #C
    println!("Now moved back to: {current_dir:?}");

    let mut read_dir = std::fs::read_dir(&current_dir).unwrap();
    println!("{read_dir:?}");
    let first = read_dir.nth(1).unwrap().unwrap();    #D
    println!("Path: {:?} Name: {:?}", first.path(), first.file_name());
}
```

#A 看看目录中的第二个项目。注意这里的两个 unwrap:. nth( )方法可能返回 None，而 inside 是一个 io :: Result<DirEntry>。

#B 可以获取的一些信息，包括路径和文件名。

#C 然后只需使用. pop( )回到上一个目录

#D 然后对根目录中的第二个项目做同样的操作。

输出应该是这样的：

```
Current directory: "/playground"
ReadDir("/playground")
Path: "/playground/.bashrc" Name: ".bashrc"
Now moved back to: "/"
ReadDir("/")
Path: "/mnt" Name: "mnt"
```

这些方法都返回 Results，因为它们都有失败的可能。

24.3.2 开发代码

现在我们知道如何操作目录和目录条目，下面尝试把应用程序组合起来。在上一节学习了如何在 egui 上添加按钮，可以为目录内的每个条目添加一个按钮，并在每次单击时.push( )到 PathBuf。在顶部，可以添加另一个按钮，它只包含".."，单击它会后退一个目录。这部分很简单：只需在每次单击时从 PathBuf 中.pop( )。

我们还将使用一个名为 RichText 的结构体，它在 egui 中允许你创建带有额外格式化选项（如颜色）的文本。

把这些组合在一起，得到了以下代码：

```
use std::{
    env::current_dir,
    fs::read_dir,
    path::PathBuf,
};

use eframe::egui;
use egui::{Color32, RichText};    #A

struct DirectoryApp {    #B
    current_dir: PathBuf,
}

impl DirectoryApp {
    fn new(_cc: &eframe::CreationContext<'_>) -> Self {
        Self {
            current_dir: current_dir().unwrap(),    #C
        }
    }
}

impl eframe::App for DirectoryApp {
    fn update(&mut self, ctx: &egui::Context, _frame: &mut eframe::Frame) {
        egui::CentralPanel::default().show(ctx, |ui| {
            if ui.button(" .. ").clicked() {    #D
                self.current_dir.pop();
            }
            let read_dir = read_dir(&self.current_dir).unwrap();    #E
            for entry in read_dir.flatten() {    #F
                let metadata = entry.metadata().unwrap();    #G
                let name = entry.file_name().into_string().unwrap();
                if metadata.is_dir() {    #H
                    if ui
                        .button(RichText::new(&name).color(Color32::GRAY))
                        .clicked()
                    {
                        self.current_dir.push(&name);
                    }
                } else if metadata.is_file() {
                    if ui
                        .button(RichText::new(&name).color(Color32::GOLD))
                        .clicked()
                    {}    #I
                } else {
                    ui.label(name);    #J
                }
            }
```

```
            });
        }
    }

    fn main(){
        let native_options = eframe::NativeOptions::default();
        let _ = eframe::run_native(
            "File explorer",
            native_options,
            Box::new( |cc | Box::new(DirectoryApp::new(cc))),
        );
    }
```

#A 如果想改变 **egui** 中组件的文本，可以使用 **RichText**，而 **Color32** 允许我们选择颜色。

#B 目前为止应用程序只持有一个 **PathBuf**，将使用 **.push( )** 和 **.pop( )** 方法对其进行操作。

#C 这是一个很好的例子，说明了我们可能想要保留 **.unwrap( )**，或者将其转换为 **.expect( )**，因为如果在启动时获取当前目录出现问题，那么整个应用程序应该崩溃，以允许我们尝试修复问题。

#D 这部分非常简单！制作一个按钮，并在单击时 **.pop( )**。

#E 现在我们将开始处理目录信息。看看所有的 **unwrap**！这些方法中的每一个都返回一个 **Result**。

#F 注意，这里使用 **.flatten( )** 来忽略 **read_dir( )** 方法中返回的任何 **Err**。

#G 现在获取元数据和平文件/目录名称。通过元数据，可以判断是文件还是目录。

#H 我们将根据是文件还是目录制作不同的按钮文本。如果有一个目录，单击按钮将会 **.push( )** 到 **PathBuf** 中，并移动到该目录。

#I 如果有一个文件，我们应该将其打印出来。我们会在下一节考虑这个问题。

#J 如果条目既不是文件也不是目录，则只打印一个标签来显示它是什么。

运行这段代码，应该能看到如下图所示的应用程序。目录以灰色文字显示，单击它们将显示内部内容。单击..会进入上一级目录。但是，以金色字体显示的文件在单击它们时不会执行任何操作。

由于我们仍然在代码的各个地方使用.unwrap( )，有时当单击一个按钮时，程序可能会因为某种系统错误而崩溃。以下是可能的一个错误：

```
thread 'main' panicked at 'called `Result::unwrap()` on an `Err` value: Os { code: 5, kind:
    PermissionDenied, message: "Access is denied." }', src\main.rs:112:56
```

接下来让我们进一步开发这个应用程序，并确保它永远不会崩溃。

24.3.3 进一步开发和清理

现在需要清理代码中大部分的 . unwrap( )，并添加一个选项，以显示用户单击的文件内容。

当在应用程序中单击一个文件时，需要知道文件的地址，但我们不想通过改变 current_dir 来实现这一点。一种方法是将 current_dir 克隆一份，然后在下一行中推入文件名，但还有一个更快的方法：可以从数组或 Vec 构建一个 PathBuf。PathBuf 的文档中给出了一个这样的例子：

```
let path: PathBuf = [r"C:\", "windows", "system32.dll"].iter().collect();
```

在那之后，是我们在上一个示例中看到的 TextEdit，可以设置应用程序持有一个名为 file_content 的 String，并检查它是否为空。如果不为空，将拉起一个 SidePanel（除了现有的 CentralPanel）来在那里显示它。当应用程序在使用时，egui 往往会改变面板的大小，为了防止这种情况发生，我们将使用上一个示例中的同一个 screen_rect( ) 方法来获取屏幕的大小。然后可以传递给面板的 .min_width( ) 方法，并再次传递给 TextEdit 的.desired_width( ) 方法。

以下是所有这些更改完成后最终的代码：

```
use std::{
    env::current_dir,
    fs::{read_dir, read_to_string},
    path::PathBuf,
};

use eframe::egui;
use egui::{Color32, RichText, TextEdit};

struct DirectoryApp {
    file_content: String,
    current_dir: PathBuf,
}

impl DirectoryApp {
    fn new(_cc: &eframe::CreationContext<'_>) -> Self {
        Self {
            file_content: String::new(),
            current_dir: current_dir().unwrap(),
        }
    }
}

impl eframe::App for DirectoryApp {
    fn update(&mut self, ctx: &egui::Context, _frame: &mut eframe::Frame) {
        egui::CentralPanel::default().show(ctx, |ui| {
            if ui.button(" .. ").clicked() {
                self.current_dir.pop();
            }
            if let Ok(read_dir) = read_dir(&self.current_dir) { #A
                for entry in read_dir.flatten() {
                    if let Ok(metadata) = entry.metadata() {
                        if metadata.is_dir() {
                            if let Ok(dir_name) = entry.file_name().into_string() {
```

```
                            if ui
                                .button(RichText::new(&dir_name).color(Color32::GRAY))
                                .clicked()
                            {
                                self.current_dir.push(&dir_name);
                            }
                        }
                    } else if metadata.is_file() {
                        if let Ok(file_name) = entry.file_name().into_string() {
                            if ui
                                .button(RichText::new(&file_name).color(Color32::GOLD))
                                 .clicked()
                            {
                                if let Some(current_dir) = self.current_dir.to_str() {
                                    let file_loc: PathBuf =     #B
                                        [current_dir, &file_name].iter().collect();
                                    let content = read_to_string(file_loc)
                                        .unwrap_or_else(|e| e.to_string());     #C
                                    self.file_content = content;
                                }
                            }
                        }
                    } else {
                        ui.label(format!("{:?}", metadata.file_type()));
                    }
                }
            }
        }
    });

    let width = ctx.screen_rect().max.x / 2.0;
    if ! self.file_content.is_empty() {     #D
        egui::SidePanel::right("Text viewer")
            .min_width(width)
            .show(ctx, |ui| {
                ui.add(TextEdit::multiline(&mut
    self.file_content).desired_width(width));
            });
        }
    }
}

fn main() {
    let native_options = eframe::NativeOptions::default();
    let _ = eframe::run_native(
        "File explorer",
        native_options,
        Box::new(|cc| Box::new(DirectoryApp::new(cc))),
    );
}
```

#A unwrap 已经被移除，但 egui 的 update( ) 方法并不返回一个 Result，所以不能使用问号操作符。这里的 if let 语法很有帮助。

#B 使用新的 PathBuf 部分，如果单击了文件按钮，它会获取文件的内容。然后我们使用 read_to_string( ) 方法来创建一个 String，以保存文件内容。如果发生错误，它将显示错误信息而不是文件内容。

#C 最后，如果应用程序存有任何文件内容，它就会在旁边显示一个新的面板。

有了这段代码，我们现在拥有一个不会崩溃且运行速度极快的应用程序。它甚至可能比计算机上的文件资源管理器还要快。以下是应用程序的截图，展示了运行它的相同代码：

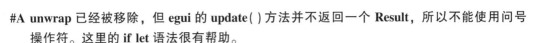

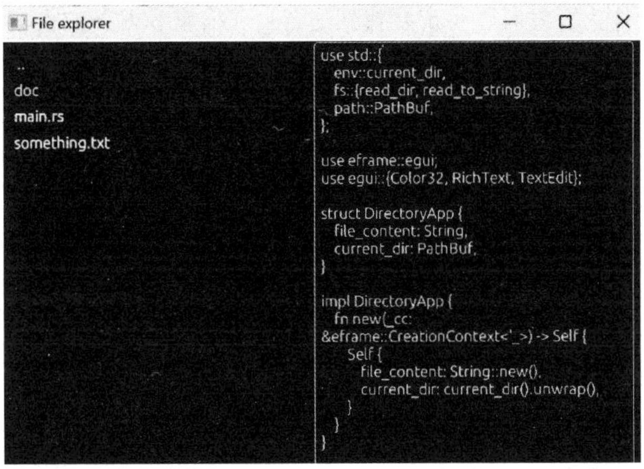

24.3.4 现在轮到你了

你可能已经有一些关于如何进一步开发这个应用程序的想法。但这里还有一些其他想法供你考虑：

- 如果一个目录中有大量文件，你会看到按钮超出屏幕高度，但并没有出现滚动条。你能找出如何在 egui 中添加滚动条吗？
- 当单击一个文件时，右侧的面板会出现，但没有办法再次移除它。可以使用常规按钮、单选按钮、可选择标签或其他方式，让用户使右侧的文本消失。
- 右侧面板中的输入区域允许你复制整个文本，以便可以将其单独保存，但目前没有保存内容的方法。可以添加一种方式来实现这一点，同时跟踪文本是否已被更改。你也可以跟踪文件是否已被更改，以询问用户是否应该保存更改。
- 代码中使用了大量的 if let。这对于处理无法返回 Result 的错误很有用，但代码的缩进相当深。可以通过为应用程序创建一个方法来减少缩进，这个方法可以完成这部分工作。例如这个方法可以查看当前目录并返回一个枚举的 Vec，这个枚举叫作 DirectoryContent，它有 Dir、File 和其他变体。
- 错误被处理，但大多数地方没有显示错误信息。大多数用户可能并不关心这些信息，但可以添加一个复选框，打开一个面板，显示想要密切关注每个返回结果的方法输出的用户的错误信息。

在结束第 6 个未完成项目的同时，我们也来到了本书的结尾！希望这本书能帮你树立信心编写自己的 Rust 工具和项目。

最后，希望你能明白 Rust 虽然有些复杂，但不失为一种好语言，它所谓的“复杂”只是为了让你运行代码之前就确保问题得到暴露和解决，而不是埋下隐患留待运行时爆发。

24.4 总结

- Rust 被用于企业软件中，甚至在 Windows 和 Linux 内核内部，但它同样适用于小工具开发。只需 50 到 100 行代码，就能组装出一个相当可用的工具，而 Rust 的类型正确性和错误处理可以保证不会发生崩溃。
- 截至 2023 年，Rust 拥有许多令人印象深刻的 Web 框架，但还没有一个框架能称得上是“一统江湖”。作为开发者，一定要找到适合自己需求和偏好的框架。
- Rust 的 GUI 框架也是如此，它们已经相当令人印象深刻，但没有一个 crates 能完全超越其他所有。
- Rust 有几个网站跟踪特定领域 crates 的进展，例如游戏开发的 https://arewegameyet.rs、Web 开发的 https://www.arewewebyet.org，以及机器学习的 https://www.arewelearningyet.com。这些跟踪网页的完整列表可以在 https://wiki.mozilla.org/Areweyet 上查看。
- 想知道下一个 Rust 版本是什么，以及何时发布？请查看 http://whatrustisit.com。
- 最后，对坚持读完本书的你表示祝贺，你真的很棒！